축산학, 동물자원학을 재구성한 최고의 학습서

축산 연구직 · 지도직 공무원 시험
중등교사[동물자원] 임용 시험
농업마이스터지정 역량 평가 시험

최신 개정판

축산학개론

(사)한국농업인력개발포럼
축산기술사 안 제 국

- 핵심내용 요약·적중문제 수록
- 사진·삽화·보충·설명 추가
- 축산직공무원및 각종 시험 대비

부 민 문 화 사
www.bumin33.co.kr

머리말

현재 축산업은 우리나라 전체 농업생산액 중에서 약 40% 정도를 차지하고 있으며, 축산업의 경제적 · 사회적 비중은 갈수록 커지고 있다.

과거의 축산업은 노동 집약적 산업이고, 생태오염 등 많은 문제점이 있는 사양산업으로 인식되어 왔다. 그러나 현재의 축산업은 ICT의 융합기술로 스마트팜 농장을 운영하고 있으며, 특히 동물생명공학의 발전은 21세기의 대표적인 미래 유망 산업이자 고부가가치 산업의 블루오션으로 자리매김하고 있다.

이 책의 편성은

첫째, 동물자원의 전공분야를 학습하기 전에 축산의 전반적인 이해와 기초지식, 실무능력을 함양케 하는 총론적 성격의 교과목임을 감안하여 집필하였다.

둘째, 고등학교 교과서인 [축산], [동물자원], 대학의 [축산학], [축산학개론], [동물자원학개론] 등 여러 교재의 내용을 종합하여 핵심 내용을 추출하고 학습 효과를 높이기 위한 체제로 재구성하여 최고의 학습서가 되도록 편성되었다.

셋째, ☞ 서술식의 문장을 요약하여 개조식으로 기술함으로써 학습이 수월하도록 하였다.
☞ 자기 주도적 학습이 가능하도록 사진, 도면, 삽화 등을 첨부하여 이해도를 높였다.
☞ 예상문제, 기출문제를 수록하고 해설을 첨부하여 학습 효과를 증진케 하였다.

따라서 이 책은

☞ 축산연구사, 축산지도사 등 경력경쟁 시험 응시자
☞ 중등교사[동물자원] 임용후보자 선정 경쟁시험 응시자
☞ 농업마이스터지정 역량평가 시험 준비생
☞ 동물자원 관련 특성화고등학교 및 대학교의 재학생
☞ 동물자원에 대한 전반적인 이해와 기초 지식을 습득하고자 하는 귀농, 귀촌인들의 유용한 길잡이가 될 것이다.

아무쪼록 모두가 뜻한 대로 성취하길 간절히 기원한다.

2019년 2월

(사)한국농업인력개발포럼 대표
축산기술사 안제국

| 축산 관련 지방공무원 임용시험 안내 |

1. 축산 관련 지방공무원

▶ 축산직 공무원(9급, 8급, 7급)

▶ 축산연구사, 축산지도사

2. 응시 연령

▶ 7급 및 연구사 · 지도사 : 20세 이상

▶ 8급, 9급 공무원 : 18세 이상

3. 자격

▶ 공개경쟁(공채)

– 학력, 경력 등과 무관

– 서울시를 제외한 각 지역별 거주지 제한 조건(총 거주기간 36개월 이상)이 있음

▶ 경력경쟁(경채)

구 분	응시 자격
연구사(축산)	축산학, 축산경영학, 수의학, 식품가공학, 식품공학, 동물학, 분자생물학, 미생물학, 생화학, 환경공학, 유전공학 전공자(4년제 대학 이상 졸업자)
지도사(축산)	농업계통의 전문대학 이상 졸업자

4. 시험과목

<table>
<tr><th>종 류</th><th>구 분</th><th>시험 과목</th><th>문항</th><th>시험시간</th></tr>
<tr><td>공개경쟁</td><td>9급(축산)</td><td>국어, 영어, 한국사,
가축사양, 가축육종</td><td rowspan="3">과목별
20문항</td><td rowspan="3">과목별
20분</td></tr>
<tr><td rowspan="2">경력경쟁</td><td>축산연구사</td><td>축산학개론,
가축사양학, 가축번식학</td></tr>
<tr><td>축산지도사</td><td>축산학개론,
가축사양학, 가축번식학(또는 농촌지도론)</td></tr>
</table>

※시행기관에 따라 과목이 다를 수 있으므로 공고문 필히 참조

5. 가산점

▶ 공통적용 가산점

임용 구분	자격증 등급별 가산비율			
일반직 8, 9급	– 정보, 컴퓨터 관련 기술사 – 정보처리, 정보보안, 전자계산, 사무자동화 등 관련 기사, 산업기사	1%	정보기기운용기능사 정보처리기능사	0.5%

▶기술직군 가산점

구분	7급 및 연구사 지도사		8, 9급	
	기술사, 기능장, 기사	산업기사	기술사, 기능장, 기사, 산업기사	기능사
가산비율	5%	3%	5%	3%

※ 가산대상 자격증이 2개 이상일 경우 유리한 것 하나만 적용

| 중등교사(동물자원) 임용후보자 선정 경쟁시험 안내 |

1. 응시 자격

▶ 중등학교 준교사 이상 교원자격증 소지자 및 부전공 표시과목 교원자격증 소지자
【당해 학년도 2월 교원자격증 취득예정자 포함】

▶ 응시연령 : 제한 없음. 단, 「교육공무원법」 제47조(정년)에 해당되지 않는 자

2. 시험관리 기관

▶ 시 · 도교육청 : 시행공고, 원서 교부 · 접수, 문답지 운송, 시험 실시, 합격자 발표

▶ 한국교육과정평가원 : 1차 시험 출제 및 채점, 2차 시험 출제

※ 일부 시 · 도교육청은 2차 시험을 자체적으로 출제하므로 반드시 공고문 확인 요망

3. 시험 일정

※ 시 · 도 교육청의 홈페이지 공고문 참조
(공고 : 10월 중순경, 1차 시험 : 11월 하순경, 2차 시험 : 1월 중순경)

▶ 1차 시험

<table>
<tr><th colspan="2">시험과목</th><th>시간</th><th>유형</th><th colspan="2">문항수</th><th>배점</th><th>출제 범위</th></tr>
<tr><td colspan="2">교육학</td><td>1교시
(60분)</td><td>논술형</td><td colspan="2">1문항</td><td>20점</td><td>교육학개론, 교육철학 및 교육사, 교육과정, 교육평가, 교육방법 및 교육공학, 교육심리, 교육사회, 교육행정 및 교육경영, 생활지도 및 상담</td></tr>
<tr><td rowspan="5">전공</td><td rowspan="2">전공 A</td><td rowspan="2">2교시
(90분)</td><td>기입형</td><td>8문항</td><td>16점</td><td rowspan="2">40점</td><td rowspan="5">– 교과교육학(25~35%)
농업교육론
– 교과내용학(75~65%)
축산 전공 분야</td></tr>
<tr><td>서술형</td><td>6문항</td><td>24점</td></tr>
<tr><td rowspan="3">전공 B</td><td rowspan="3">3교시
(90분)</td><td rowspan="2">서술형</td><td>5문항</td><td>20점</td><td rowspan="3">40점</td></tr>
<tr><td>2문항</td><td>10점</td></tr>
<tr><td>논술형</td><td>1문항</td><td>10점</td></tr>
</table>

※ 출제 범위 및 내용에 기초하여 출제하되, 2008. 9. 30 및 2016. 7. 22 공개한 「표시과목의 교사 자격기준과 평가 영역 및 평가 내용 요소」를 참고하여 출제함
[한국교육과정평가원 홈페이지→열린마당→자주하는 질문→중등교사임용시험(15번 및 28번) 탑재]

※ 제1차 시험 한국사과목은 제1차 시험 예정일로부터 역산하여 5년이 되는 해의 1월 1일 이후에 실시된 검정으로 한정하며 3급 이상인 시험성적에 한함

▶ 2차 시험

시험과목	출제 범위 및 내용	시험시간	배점 (일반교과)
교직적성 심층면접	교원으로서의 적성, 교직관, 인격 및 소양	10분	50점
수업실연	수업실연	20분	50점
계			100점

4. 합격자의 결정

구 분	합격자의 결정
제1차 시험	○ 제1차 시험의 합격자는 각 과목 만점의 40퍼센트 이상을 득점한 사람 중에서 점수가 높은 사람부터 차례로 결정한다. ○ 합격자 수는 과목별 선발예정인원의 1.5배수로 한다. – 합격선에 동점자가 있을 경우 동점자 전원을 합격 처리한다.
최종 합격자	제1차 시험의 성적(취업지원대상자 가점 포함), 제2차 시험의 성적(취업지원대상자 가점 포함)을 합산한 점수가 높은 사람부터 차례로 결정한다. ※ 제1차 시험의 성적은 가산점을 제외한 교육학, 전공 시험성적임. ○ 합격자 수는 선발예정과목별 선발예정인원 이내로 한다. ○ 동점자가 있을 경우에는 다음 순으로 한다. – 1순위 : 취업지원 대상자 – 2순위 : 제2차 시험의 성적(가점제외)이 높은 사람 – 3순위 : 병역의무를 마친 사람 – 4순위 : 수업실연(제2차 시험) 성적이 높은 사람 – 5순위 : 교직적성 심층면접(제2차 시험) 성적이 높은 사람 – 6순위 : 전공(제1차 시험) 성적이 높은 사람 – 7순위 : 교육학(제1차 시험) 성적이 높은 사람
제1차 시험(교육학, 전공)의 성적이 각 과목별 해당 배점의 40% 미만(과락)인 사람 및 각 시험 전형별(단계별), 과목별 미응시(결시)한 사람은 합격자 사정에서 제외 ※ 모든 시험성적은 소수점이하 셋째자리에서 반올림	

※ 구체적인 사항은 각 시 · 도교육청에 따라 다를 수 있으므로 필히 공고문 참고할 것

차 례

제1장 동물자원의 이해

제2장 사육환경과 동물복지

제3장 동물의 유전과 육종

제4장 동물의 번식

제5장 동물의 영양

제6장 동물의 사료

제7장 초지와 사료작물

제8장 동물의 사육과 관리

제 1 장

동물자원의 이해

01 가축, 축산, 동물자원의 이해

1. 축산 관련 용어의 정의

▮ 가축의 정의
(축산법 제2조 1항)
소, 말, 면양, 염소(유산양 포함), 돼지, 사슴, 닭, 오리, 거위, 칠면조, 메추리, 타조, 꿩, 그 밖에 농림축산식품부령으로 정하는 동물(노새, 당나귀, 토끼, 개, 꿀벌 등)

(1) 가축(domestic animal)

① 가축은 인간에 의하여 순화 · 개량되어 사육 · 번식하는 유용한 동물

② 가축은 순화되기 쉽고 인위적으로 본래의 형질이 개량되며, 그 성능이 유전되어야 함

(2) 축산(livestock farming, animal husbandry)

① 협의의 뜻

㉠ 가축을 길러 축산물을 생산하고 가공하여 인간의 생활에 필요한 물질을 공급하는 산업

㉡ 과거에는 주로 경제적 동물(소, 돼지, 닭)을 사육하여 축산물 생산

▮ 축산물의 정의
(축산법 2조 3항)
가축에서 생산된 고기, 젖, 알, 꿀과 이들의 가공품, 원피(원모피 포함), 원모, 뼈, 뿔, 내장 등 가축의 부산물, 로얄제리, 화분, 봉독, 프로폴리스, 밀랍 및 수벌의 번데기

▮ 축산업의 정의
(축산법 2조 4항)
종축업, 부화업, 정액 등 처리업, 가축 사육업

② 광의의 뜻

㉠ 토지를 기반으로 가축과 가금의 사육, 가공, 유통, 판매를 목적으로 하는 산업

㉡ 1차 사육업 : 육우생산업, 낙농업, 양돈업, 가금생산업, 특수가축생산업 등

㉢ 2차 산업 : 육가공업, 유가공업, 부산물가공업, 사료생산업, 동물약품업, 축산시설업 등

㉣ 3차 산업 : 축산물 유통업, 축산물 판매업, 축산 금융업, 축산 정보

(3) 동물자원(animal resources)

① 가축(경제적 동물), 야생동물, 어류, 실험동물, 반려동물 등을 포함한 개념

② 동물 생산의 1차 산업 및 가공, 유통업 등 2 · 3차 산업과 첨단 생명공학을 포함한 포괄적인 개념

2. 동물자원의 분류

(1) 야생동물(wildlife)

① 야생에서 태어나서 야생에서 사는 길들이지 않은 동물

② 식량, 의약품 원료, 실험적 연구 및 각종 공업원료의 중요한 자원

③ 자연 생태계의 평형 유지를 위해 보호가 필요

(2) 농장동물(가축; livestock, domestic animal)

① 야생동물을 순화시켜 사육과 번식이 가능하도록 개량시킨 동물

② 고기, 젖, 알, 털, 가죽, 뿔, 꿀 등의 축산물 생산을 위해 경제적 목적으로 사육

(3) 반려동물(companion animal)

① 애완동물(pet animal) : 사람이 가지고 노는 장난감 동물을 칭하는 부적절한 용어

② 반려동물 : 인간과 동물을 평생을 더불어 살아가는 동반자로 인식

③ 개, 고양이뿐만 아니라 말, 파충류, 양서류, 갑각류 등 폭넓게 사용되고 있다.

(4) 실험동물(laboratory animal)

① 의학, 약학, 수의학 등 생물학 연구나 교육의 목적으로 사용되는 동물

② 마우스, 랫(rat), 기니피그, 햄스터, 토끼, 개, 고양이, 원숭이, 돼지, 염소 등

3. 동물의 가축화

(1) 가축화 동기설

① 종교적 동기설 : 제사 시 제물용으로 사용하기 위해

② 경제적 동기설 : 고기와 모피 등을 얻기 위해

③ 비경제적 동기설 : 오락 및 호기심

▮ 동물과 인간과 공존

– 채집과 수렵 생활시대에는 야생동물은 단백질을 제공해 주는 식량자원

– 동물의 용도 : 식량 자원, 사냥용, 농경용, 군사용, 교통 수단, 의료용, 반려동물로 이용

(2) 가축화의 조건(특징)

① 초식성이나 잡식성 : 먹잇감을 구하기 쉽고 무엇이든 잘 먹는 동물

② 성장속도 : 빠른 성장으로 단기간에 이용할 수 있는 동물

③ 번식의 용이성 : 산자수가 많고 임신기간이 짧은 동물

④ 온순한 성격 : 선천적으로 포악성이 적고 잘 순종하며, 신경이 예민하지 않은 동물

⑤ 사회적 구조 : 서열이 있고 무리생활을 하며 세력권이 약한 동물

▮ 가축화의 시기
(동물자원, 충북교육청, 2018)
개 : BC 12,000년
면양과 산양 : BC 8,000년
소와 돼지 : BC 7,000년
말 : BC 5,000년
닭 : BC 2,000~4,000년
※ 가축화의 시기는 학자마다 약간의 차이가 있음

(3) 가축화의 시기 (The Cambridge Encyclopedia of Human Evoiution, 1992)

① 개 : BC 12,000년 전(사냥 목적)

② 염소와 면양 : BC 9,000년 전

③ 돼지, 소 : BC 8,000년 전

④ 말, 노새 : BC 6,000년 전

⑤ 낙타 : BC 5,000년 전

⑥ 닭 : BC 4,000년 전

(4) 가축화의 지역

① 극동 및 동남아시아 : 소, 말, 돼지, 닭, 개, 꿀벌

② 중앙아시아 : 소, 말, 돼지, 닭, 개, 꿀벌

③ 서부아시아 : 산양, 면양, 당나귀

④ 유럽 : 돼지, 면양, 말, 소

⑤ 아프리카 : 고양이, 타조

※ 아메리카(북미, 남미), 오세아니아에서 가축화된 동물은 없다.

02 동물산업(축산업)

1. 동물산업의 구성과 특징

(1) 축산업의 구성

① 사육업(생산업) : 축산물 생산업(낙농업, 육우업, 양돈업, 양계업 등)

② 종축업 : 원종을 사육하여 종축 생산(종축, 종돈, 종계 생산 등)

③ 가공산업 : 육가공업, 유가공업, 부산물 가공업

④ 생산과 가공 지원업 : 사료 생산업, 동물 약품업, 농업 금융 등

(2) 일반적 특징

① 2차 생산의 성격 : 1차 사료작물 생산, 2차 축산물 생산

② 간접적 토지 관계 : 낙농부분을 제외하고 토지는 간접적이다.

③ 물량감소와 가치 증대 성격 : 물량(곡물)은 감소하고 가치(축산물)는 증진된다.

④ 생산물 저장 증진 : 부패하기 쉬운 사료자원(고구마, 생풀 등)을 동물체에 저장

⑤ 기타 : 경영규모의 영세성, 가족 노작적 경영, 경영과 가계의 미분리, 미상품화

(3) 경제적 특징

① 고도의 경영기술 필요 : 타 농업분야보다 전문화된 기술이 필요

② 토지의 이용 증진 : 비 농경지 청예작물 재배 및 임야지 이용 가능

③ 노동력 이용 증진 : 농번기가 없고 노약자 등 유휴 노동력을 연중 균등하게 이용

④ 농작물 생산성 증대 : 퇴구비의 이용으로 지력 증진, 농업 부산물 이용

⑤ 경종 농업과 보완 관계 : 농한기 유휴 노동력 이용, 유휴 기계 이용

■ **축산업의 문제점**
– 에너지 이용효율이 낮음 : 많은 양의 작물 투여, 소량의 단백질 식품 생산
– 가축 배설물에 의한 환경오염 및 생태계 변화 : 토양, 대기, 수질 오염

⑥ 농업경영 효율화 : 연중 현금 수입(우유, 달걀), 자본 회전율이 빠름
⑦ 농업의 안정화 : 자연재해 피해가 적고 사육 조절로 가격 안정성 높음
⑧ 생명공학 발달에 기여 : 이종장기 생산, 치료약품 생산, 동물실험용

2. 동물산업의 발달 과정

(1) 부업적 축산

① 1960년대까지 한우는 주로 논밭을 갈고 짐을 운반하는 일소 및 두엄 생산
② 농가당 돼지 1~2마리, 닭 10마리, 소 1마리 사육
③ 1970년대에는 경제 발전과 더불어 축산물 수요가 증대, 유축농업 형태의 축산

(2) 전업적 축산

① 1980년대에는 경운기의 등장, 한우 비육우로 전환
② 젖소의 도입, 초지 조성, 수입에 의한 배합사료의 생산증대 : 상업 지향의 전업적 축산

(3) 기업적 축산

① 1993년 우루과이라운드(UR) 협상으로 수입 자율화 : 축산물 가격 경쟁력 약화
② 대규모 기업적 축산 탄생, 축산물의 품질 향상 : 국제 경쟁력 강화

3. 가축의 사육두수와 소비량

(1) 가축의 사육두수

① 가장 많이 사육되는 가축은 닭이고, 젖소가 가장 적다.
② 한우는 계속 증가하다가 2010년 전후를 기점으로 약간 감소 추세

③ 젖소는 1980년대 이후 폭발적으로 증가하였으나 2010년 이후 감소 추세에 있다.

④ 돼지와 닭의 사육두수는 계속적으로 증가하고 있다.

⑤ 2015년 기준 한육우는 267만 두, 젖소는 41만 두, 돼지는 1천1십8만 두, 닭은 1억6천4백십만 수

〈표 1-1〉 가축 사육두수의 변화 (단위 : 천 두, 닭은 수)

연도별 \ 구분	한 · 육우	젖소	돼지	닭
1960	1,011	0.9	1,397	12,030
1970	1,286	24	1,126	23,633
1980	1,361	180	1,784	40,130
1990	1.622	504	4,528	74,463
2000	1,590	544	8,214	102,547
2010	2,950	429	9,901	131,366
2015	2,676	411	10,187	164,131

(2) 축산물 소비량

① 축산물은 인류의 건강 개선과 수명의 연장에 기여하고 있다.

② 국민총생산 중 전체 농업의 비중은 낮아졌지만 동물산업은 지속적으로 증가하고 있다.

③ 2015년 1인당 육류 소비량은 약 46㎏으로 매년 증가되고 있다.

④ 2015년 고기 자급율은 70.8%로 매년 낮아지고 수입량은 증가하고 있다.

⑤ 고기 중 돼지고기 소비량이 약 23㎏으로 가장 많다.

⑥ 달걀 소비량 : 약 245개로 꾸준히 증가하고 있다.

⑦ 우유 소비량 : 2000년대 이전까지는 급등하다가 2000년대 이후 둔화 상태이다.

〈표 1-2〉 국민 1인당 축산물 소비량 (단위: ㎏)

연도별 \ 구분	고기					달걀(개)	우유
	쇠고기	돼지고기	닭고기	합계	자급율		
2015	10.7	22.8	12.8	46.3	70.8	254	73.6

출처 : 통계청(2015)

4. 축산업의 과제와 전망

(1) 축산업의 문제점과 과제

① 국제 경쟁력 확보 : 안전하고 위생적인 고품질 축산물 생산

② 수입 곡물가격 상승으로 인한 사료비 부담 : 자급 조사료 확보 및 사육기술 향상

③ 가축질병의 만연 : 다두화로 인한 질병과 해외전염병 유입 차단

④ 공장식 축산과 동물복지 : 친환경적 사육환경에 따른 시설비 부담

⑤ 축산분뇨 대량 발생 : 환경오염 문제 발생

⑥ 소비자의 욕구 다양화와 고급화 충족

⑦ 신소재, 신기능 물질 개발 : 고부가가치 창출

⑧ 유통 및 가공 기능 강화 : 상품의 규격화, 유통체제의 간편화

(2) 향후 동물산업의 전망

① 스마트팜 축산

㉠ ICT를 활용하여 축사의 환경 제어, 사양 및 질병 관리, 번식의 체계적인 관리

㉡ PC 또는 모바일을 통해 원격 · 자동으로 적정하게 유지 · 관리할 수 있는 지능형 목장

② 친환경 축산

㉠ 항생물질, 성장 촉진 호르몬제 및 유기합성 제제를 사용하지 않음

㉡ 가축분뇨의 화학적 성분량 최소화 및 자원화하여 환경을 보전

③ 휴양형 목장과 온라인 판매

㉠ 도시민에게 '생명과 자연의 만남'을 열어주는 공간으로 새롭게 탄생

㉡ 민박을 하면서 휴양을 겸하는 유럽형 '휴양형 체험목장' 등장

㉢ 친환경 농축산물의 온라인 판매 급증

④ 생명공학 산업으로 발전

㉠ 형질전환동물을 생산 : 각종 치료제 및 기능성 신소재 생산

㉡ 치료제의 안전성 검정과 효과 등을 연구할 수 있는 모델 동물로 이용

㉢ 이종 장기용 동물 생산

기출문제

정답 및 해설

01 가장 최초로 가축화된 동물에 관한 설명으로 바르게 짝지어진 것은?

ㄱ. 농경용으로 사용된 동물이다.
ㄴ. 사냥을 목적으로 이용되었다.
ㄷ. 숭배의 대상으로 삼았다.
ㄹ. 식용의 목적으로 사용되었다.
ㅁ. BC 12,000년경에 가축화 되었다.
ㅂ. 현재는 멸종된 동물이다.

㉮ ㄱ, ㄴ, ㄷ, ㄹ
㉯ ㄹ, ㅁ, ㅂ
㉰ ㄴ, ㄷ
㉱ ㄴ, ㅁ

■ 최초의 가축화 동물은 개로 BC 12,000년경 사냥용으로 이용하였다.

정답 ㉱

02 동물자원의 분류에 적합하지 않은 것은?

㉮ 실험동물
㉯ 농장동물
㉰ 오락동물
㉱ 야생동물

■ ㉮㉯㉱ 외에 반려동물로 구분한다.

정답 ㉰

03 가축화된 동물의 특징으로 바르지 못한 것은?

㉮ 초식성이나 잡식성 동물이다.
㉯ 체격이 커서 고기량이 많은 동물이다.
㉰ 인공 번식이 가능한 동물이다.
㉱ 온순하여 잘 순응하는 동물이다.

■ 체격이 큰 동물이라도 선천적으로 공격성이 있는 동물은 제외되었다.

정답 ㉯

정답 및 해설

04 현대 동물산업의 문제점으로 지적되는 당면 과제에 속하지 않는 것은?

㉮ 국제 경쟁력 강화
㉯ 방역 강화
㉰ 가축분뇨의 자원화
㉱ 공장식 축산 확대

■ 공장식 축산은 축소되고 친환경 축산, 유기축산, 복지농장 등이 확대되고 있는 추세이다.

정답 ㉱

05 인간과 동물이 서로 애정을 주고받는 유대관계로 평생을 더불어 살아가는 가족과 같은 동반자 동물의 명칭은?

㉮ 실험동물
㉯ 농장동물
㉰ 반려동물
㉱ 야생동물

■ 애완동물(pet animal)은 사람이 가지고 노는 장난감 동물을 칭하는 부적절한 용어이다.

정답 ㉰

06 우리나라에서 가장 많이 소비되는 축산물은?

㉮ 쇠고기
㉯ 돼지고기
㉰ 닭고기
㉱ 오리고기

■ 1인당 돼지고기 소비량은 약 23 kg으로 고기 중 가장 많다.

정답 ㉯

07 ICT를 활용하여 축사 환경 제어, 사양 및 질병 관리, 번식의 체계적인 관리를 PC 또는 모바일을 통해 원격 · 자동으로 적정하게 유지 · 관리할 수 있는 지능형 목장을 의미하는 것은?

㉮ 스마트 팜
㉯ 휴양목장
㉰ 친환경 축산
㉱ 생명공학

■ PC 또는 모바일을 통해 온 · 습도 등 축사 환경을 모니터링하고 사료 및 물 공급시기와 양 등을 원격 자동으로 제어한다.

정답 ㉮

정답 및 해설

08 축산업의 경제적 특성에 해당하지 않는 것은?

㉮ 고도의 경영기술이 필요하다
㉯ 토지의 이용이 증진된다.
㉰ 노동력 이용이 증진된다.
㉱ 농작물 생산성이 저하된다.

■ ㉮㉯㉰ 외에 경종 농업과 보완관계, 농업경영 효율화, 농업의 안정화, 생명공학 발달에 기여하며 퇴구비의 이용으로 지력이 증진되어 농작물 생산성이 증대된다.

정답 ㉱

09 축산업의 일반적 특징이 아닌 것은?

㉮ 생산물 저장 증진
㉯ 직접적 토지 관계
㉰ 물량감소와 가치 증대 성격
㉱ 2차 생산의 성격

■ 낙농 부분의 사료작물 재배를 제외하고 토지는 간접적이다.
축산업의 일반적 특징 : 경영규모의 영세성, 가족 노작적 경영, 경영과 가계의 미분리, 미상품화 등

정답 ㉯

10 다음 중 축산물의 소비량 및 추세에 대한 설명으로 옳지 않은 것은?

㉮ 고기 자급율은 낮아지고 수입량은 증가하고 있다.
㉯ 우유 소비량은 매년 꾸준히 증가하고 있다.
㉰ 1인당 육류 소비량은 매년 증가되고 있다.
㉱ 고기 중 돼지고기 소비량이 가장 많다.

■ 고기 중 돼지고기 소비량이 약 23㎏ 정도로 가장 많다. 우유는 2000년대 이전까지는 급등하다가 2000년대 이후 정체 상태이다.

정답 ㉯

11 2000년 기준으로 사육두수가 줄어들고 있는 가축은?

㉮ 닭
㉯ 젖소
㉰ 돼지
㉱ 한우

■ 돼지와 닭의 사육두수는 계속적으로 증가하고 있다. 젖소는 2015년 기준으로 41만 두 정도로 감소추세에 있다.

정답 ㉯

12 다음의 (   )에 들어갈 알맞은 말은?

> 가축은 (ㄱ)되기 쉽고 인위적으로 본래의 형질이 (ㄴ)되며, 그 성능이 (ㄷ)되어야 한다.

㉮ 유전, 순화, 개량
㉯ 순화, 개량, 유전
㉰ 개량, 순화, 유전
㉱ 유전, 개량, 순화

■ 가축은 인간에 의하여 순화, 개량되어 사육, 번식하는 유용한 동물이다. 가축은 순화되기 쉽고 인위적으로 본래의 형질이 개량되며, 그 성능이 유전되어야 한다.

정답 ㉯

13 우리나라 축산법의 '가축'에 포함되지 않는 것은?

㉮ 고라니, 고양이
㉯ 사슴, 거위
㉰ 메추리, 칠면조
㉱ 타조, 노새

■ 가축의 정의(축산법 제2조 1항)
소, 말, 양(염소 등 산양 포함), 돼지, 사슴, 닭, 오리, 거위, 칠면조, 메추리, 타조, 꿩, 그 밖에 농림축산식품부령으로 정하는 동물(노새, 당나귀, 토끼, 개, 꿀벌 등)

정답 ㉮

14 우리나라 축산법 2조 4항의 축산업에 속하지 않는 것은?

㉮ 종축업
㉯ 양잠업
㉰ 낙농업
㉱ 부화업

■ 축산법 2조 4항의 축산업은 종축업, 부화업, 정액 등 처리업, 가축 사육업(낙농, 양계 양돈 등)
양잠, 양어는 포함하지 않는다.

정답 ㉯

15 다음 중 동물자원의 분류에 속하지 않는 것은?

㉮ 야생동물
㉯ 반려동물
㉰ 반려동물
㉱ 오락동물

■ ㉮㉯㉰ 외에 농장동물(가축)이 있다.

정답 ㉱

16 **축산물의 소비량에 대한 설명으로 바르지 못한 것은?**

㉮ 국민총생산 중 동물산업의 비중은 증가하고 있다.
㉯ 소득 향상에 따른 축산물 소비량이 증가되고 있다.
㉰ 고기 자급율은 낮아지고 수입량은 증가하고 있다.
㉱ 우유 소비량은 2000년대 이후 급등하고 있다.

17 **동물 중 가장 늦게 가축화된 동물은?**

㉮ 개
㉯ 닭
㉰ 돼지
㉱ 소

정답 및 해설

■ 우유 소비량은 2000년대 이전까지는 급등하다가 2000년대 이후 둔화되고 있다.

정답 ㉱

■ 개 : BC 12,000년
닭 : BC 4,000년 전
돼지, 소 : BC 8,000년 전

정답 ㉯

제 2 장

사육환경과 동물복지

01 동물의 사육환경

1. 사육환경 요인과 분류

(1) 동물 사육환경 요인

① 환경요인 : 생존, 건강, 성장, 번식, 생산 등에 영향을 주는 외부적 요인

② 환경요인의 종류 : 자연환경 요인, 인위환경 요인

③ 가축의 품종, 성장 단계, 연령, 사료의 영양수준, 관리 방식에 따라 다르다.

④ 생산성의 영향 : 열 환경 〉 물리적 환경 〉 지리적 환경 〉 토양 환경

(2) 사육환경의 분류

① 열 환경 : 기온, 습도, 기류(풍속), 태양열 및 기타 열의 방사

② 물리적 환경 : 빛, 소음, 진동, 사육 밀도, 축사의 구조

③ 화학적 환경 : 산소(O_2), 이산화탄소(CO_2), CO(일산화탄소), 암모니아(NH_3), 먼지, 수질, 사료의 질

④ 생물학적 환경 : 흡혈 곤충(모기, 파리, 진드기 등), 위해 동물, 유독 식물, 병원 미생물, 기생충

⑤ 지리 토양적 환경 : 위도, 고도, 지세, 경사도, 토성, 토질

⑥ 사회적 환경 : 사회적 순위제, 텃세, 모자 관계, 암수 관계, 관리인의 성격과 숙련도 등

⑦ 시설 환경 : 축사의 구조, 보온 및 환기 시설, 급이 및 급수 시설, 위생 시설

2. 자연적 환경

(1) 열 환경과 기후

① 열 환경은 기온, 습도(강수량), 바람, 일사량 등의 기후에 영향을 받는다.

② 생산성은 열사병(더위), 일사병(햇빛), 동상 등과 관련이 있다.

③ 닭은 땀샘이 없고, 돼지는 땀샘이 기능을 못하며, 소는 땀샘의 기능이 약하다.

④ 생활 적온 : 말 15℃, 한 · 육우 10~20℃, 비육돈 15~20℃, 젖소 5~15℃, 산란계 13~24℃

⑤ 임계 온도 : 닭 1℃~32℃, 돼지 0℃~27℃, 젖소 −13℃~30℃, 한우 −10~30℃

⑥ 열 환경 관리 : 축사의 단열과 환기, 그늘막 설치, 방풍림 조성

▮ 더위에 대한 반응과 행동

– 반응 : 말초 혈관 확장, 식욕 감퇴, 생산량 감소(비유량, 산란율), 신음, 고통, 허탈, 경련

– 조절 행동 : 개방적 자세, 음수량 증가, 입을 벌리고 헐떡거림, 땀을 흘림

※ 호흡은 가축의 체온조절 기능이 가장 크다.

▮ 추위에 대한 반응과 행동

– 반응 : 열을 냄, 활동이 둔해짐, 생산량 감소, 볏의 동상

– 조절 행동 : 무리를 지음, 바람을 피함, 몸을 움츠림, 채식량 증가

(2) 빛과 가축

① 햇빛은 피부에 직접적으로 작용하여 비타민 D를 합성한다. – 골격 형성

② 자외선은 강력한 살균 작용을 한다.

③ 내분비기관을 자극하여 성 성숙을 촉진한다.– 대사 촉진

④ 장일성 동물의 번식과 산란을 촉진시킨다.

⑤ 닭은 산란 촉진과 유지를 위해 인공조명(점등)을 한다.

▮ 장일성 동물

말, 가금류(닭, 오리, 거위, 칠면조 등), 조류

▮ 단일성 동물

사슴, 염소, 면양 등

※ 소, 돼지 등은 계절에 관계없이 번식함

(3) 고도

① 일반적으로는 해발 3000m 이상을 고해발 환경이라 한다.

② 고도가 100m 높아짐에 따라 기온은 0.6℃, 기압은 10hpa씩 낮아진다.

③ 고지대는 기압이 낮고 산소량이 부족하여 호흡수와 심장 박동수가 증가하고, 생산성이 저하된다.

④ 고지대에서 적응성이 강한 동물은 양과 염소, 고기소 등이다.

(4) 습도

① 높은 습도는 몸의 수분 증발을 방해한다.

② 적당한 습도는 40~70%이며, 80% 이상이면 생산량의 감소 초래

③ 특히 고온 다습일 경우에 심하게 나타난다.

④ 습도가 높으면 병원균과 곰팡이 발생으로 호흡기병, 소화기병, 유방염, 피부병, 부제병 발생

⑤ 습도가 낮으면 먼지로 인하여 호흡기 장해, 결막염 등이 발생

(5) 유해 생물

① 유해 생물에는 병원미생물, 병해충, 유해 동물(곤충), 유독식물 등이 있다.

② 흡혈 곤충 : 쇠파리, 등애, 이, 모기, 진드기 - 채식량 감소, 전염병 전파

③ 축사 내 포충망 설치, 웅덩이의 배수, 분뇨처리장 주변의 소독 실시

④ 축체에 기피제, 살충제 살포

⑤ 방목가축의 유독식물 : 독미나리, 고사리, 천남성, 미국자리공, 독말풀, 미나리아재비 등

3. 사회적 환경

(1) 관리인의 성격과 숙련도

① 관리인의 동물사랑 정신과 세밀한 보살핌, 관리의 숙련도(착유 등)

② 동물의 건강 상태와 행동 습성을 파악하여 조기에 발견하고, 적절한 조치를 취하는 능력

(2) 모자관계, 암수관계

① 조기에 어미와 새끼를 분리하게 되면 심한 스트레스를 받는다.

② 한배새끼끼리 경쟁을 통하여 우위성, 복종성 등 위계질서를 배운다.

③ 번식기의 수컷은 암컷을 차지하기 위한 경쟁과 다툼 - 적당한 암수의 비율로 사육

(3) 동물의 사회적 순위

① 동물은 군거성과 힘의 세기에 의한 서열을 형성한다.

② 서열의 스트레스는 부신피질에서 아드레날린이 분비되어 생산 능력이 떨어지게 된다.

▮ 동물의 사회적 순위

– 직선형(linear type) : 제1위의 것이 다른 전부를, 2위의 것이 제1위를 제외한 전부를 지배하는 직선적 우열관계이며 원숭이, 토끼, 닭 등이 이에 속한다.

– 군주형(despot type) : 한 마리가 다른 모든 개체를 지배하고 그 밖의 개체들간에는 투쟁이 없는 형식이며 mouse, rat, 고양이 등이 이에 속한다.

(4) 텃세

① 텃세는 자기만의 일정한 세력권을 구축하려는 동물의 본능이다.

② 동물을 합사할 때는 2개체를 새로운 장소에 동시에 이전하여 합사하면 텃세를 줄일 수 있다.

(5) 사육밀도

① 밀집사육으로 인해 사육환경이 악화되고, 육성률 저하와 전염병 발생이 증가되고 있다.

② 환기 부족, 과도한 먼지의 발생, 병원미생물 수나 유해가스 농도의 증가

③ 다두사육 시에는 질병을 예방할 수 있는 '올 인–올 아웃(all in–all out)' 방식 채택

4. 시설 환경

(1) 축사의 구조

① 활동에 필요한 사육 공간의 확보, 햇빛을 받을 수 있는 채광 시설

② 미끄럽지 않은 바닥, 적절한 사육시설, 병든 동물 치료 및 격리 사육장 구비

(2) 보온 및 환기 시설

① 더위와 추위를 극복할 수 있는 사육 환경을 갖추어야 한다.

② 지붕, 천장, 벽과 바닥에 단열 처리

③ 신선한 공기 유입과 온도와 습도를 알맞게 조절하기 위해서도 필요하다.

④ 여름철은 환기량을 최대로 하고, 겨울은 보온을 유지하면서 최소로 환기해야 한다.

(3) 급이 및 급수 시설

① 동물체의 수분량이 10% 감소하면 고통과 보행 지장, 15% 이상 감소하면 생명이 위험

② 급수량은 환경, 온도, 사료의 종류와 양, 동물의 체중과 생리 조건 등에 따라 다르다.

③ 축사, 운동장, 방목장에 급수 시설을 마련해 주어야 한다.

(4) 위생 시설

① 각종 오염원을 차단하고 소독을 철저히 해야 한다.

② 일령과 월령이 다른 동물, 사육 목적이 다른 동물, 구입 동물은 분리 사육해야 한다.

③ 축사 입구에는 소독판 설치, 출입 시 신발을 소독하도록 한다.

02 동물의 복지

1. 동물복지의 유래와 정의

(1) 동물복지의 유래

① 중세 유럽에서 동물학대 방지를 위해 시작

② 동물복지의 최초의 기록 : 1822년 제정한「가축 학대 방지법」(미국)

③ 1840년 「동물 학대 방지법」제정(영국)

④ 1964년 해리슨(R. Harrison)의 책 'animal machines(동물기계)'
- 공장식 축산의 경각심을 일깨움

⑤ 1966년 근대적「동물복지법」제정(미국)
- 1980년 페타(People for the Ethical Treatment of Animals ; 동물을 윤리적으로 대우하는 사람들) 설립

⑥ 1993년 영국농장동물복지위원회 : 동물의 5대 자유 제정

(2) 동물복지의 정의

① 국제수역사무국(OIE) : 가축이 건강하고 편안하며 영양상태가 양호하며 안전하고 정상적인 행동을 표현할 수 있고 통증, 두려움, 고통이 없고 불쾌하지 않은 상태

② 미국수의학협회 : 동물에게 적절한 주거 환경의 제공, 관리, 영양제공, 질병예방 및 치료, 책임감 있는 보살핌, 인도적인 취급, 인도적인 안락사(필요시) 등 동물의 복리와 관련한 모든 것을 제공하는 것이 인간의 의무

▮ 동물복지
동물복지는 동물이 생명을 유지하고 생산활동을 하는 데 얼마나 양호 또는 불량한가를 나타내는 말로써 현재의 환경조건이 정신적, 육체적으로 얼마나 편안한가를 의미한다.

2. 동물에 대한 관점과 자유

(1) 동물을 대하는 5가지 관점

① 인간 우월론자

㉠ 인간이 가장 우월하여 동물의 지배권을 가지고 있다.

㉡ 따라서 동물을 마음대로 산업적으로 이용해도 된다.

② 동물 이용론자

동물을 이용하되 양심에 의거 식품, 의료, 연구, 모피, 사역 등을 이용할 수 있다.

③ 동물복지론자

㉠ 동물을 이용하되 최소화하고 편안하고 안락하게 살도록 해야 한다.

㉡ 동물을 보호할 책임과 의무가 있으며 동물이용의 법에 의한 규제가 필요하다.

④ 동물권리론자

㉠ 사람과 같은 천부적인 권리를 가지고 있다.

㉡ 식품, 실험, 놀이 등에 사용되지 않을 권리, 학대, 도살을 피할 수 있는 권리가 있다.

⑤ 동물해방론자

㉠ 동물도 생명체로 동물권이 있고 절대 동물을 이용해서는 안 된다.

㉡ 동물의 애완화도 반대한다.

■ 동물권(animal rights)
동물권은 인권과 같은 개념으로 누구도 동물의 생명을 빼앗을 권리가 없다는 것이다. 동물이 돈의 가치, 음식, 옷의 재료, 실험 도구, 오락 수단으로서 쓰여서는 안 된다.
피터 싱어는 1973년 그의 저서 동물 해방(Animal Liberation)에서 '모든 생명은 소중하며, 인간 이외의 동물도 고통과 즐거움을 느낄 수 있는 생명체'라고 서술하였다.

(2) 동물이 누려야 할 5가지 자유

〈표 2 -1〉 동물이 누려야 할 5가지 자유(영국 농장동물복지위원회, FAWC), 1996년

자유의 항목	내 용
갈증, 배고픔으로부터의 자유	적합한 먹이와 신선한 물의 공급
불편함으로부터의 자유	편안한 잠자리, 휴식 공간, 피난처 제공
고통, 상해, 질병으로부터의 자유	질병의 예방과 신속한 치료
정상적인 행동을 표현할 자유	충분한 공간, 적절한 설비, 동료 집단
두려움과 스트레스로부터의 자유	심리적 고통을 덜어주는 여건을 조성

(3) 인도적 동물실험의 3R's 원칙(1959년 레셀과 버크)

① 대체(replacement)

무척추 동물, 미생물, 식물을 이용하거나 체외 배양이나 비디오, 컴퓨터 시뮬레이션 등으로 동물실험을 대체하는 것이다.

② 감소(reduction)

합리적인 실험군의 크기를 선택하여 동물수를 줄이고 실패로 인한 재 실험을 방지하며, 도태 동물을 다른 연구자와 공유하고 정확한 통계학적 분석과 중복실험을 배제하는 것이다.

③ 정교화(refinement)

실험 절차를 세련되고 정교하게 하여 동물의 고통과 스트레스를 줄이고 동물의 안락한 사육환경 유지와 생리적 욕구를 충족시키는 것이다.

3. 우리나라의 동물보호법

(1) 제정 목적

① 동물에 대한 학대 행위의 방지 등 동물을 적정하게 보호·관리하기 위함

② 동물의 생명 보호, 안전 보장 및 복지 증진

③ 건전하고 책임있는 사육문화를 조성

④ 동물의 생명 존중 등 국민의 정서를 함양, 사람과 동물의 조화로운 공존 목적

▮ 동물보호법

- 우리나라의 동물보호법은 1991년 5월 31일에 최초로 제정되었다.
- 그후 2007년과 2011년에 전면 개정되었으며, 2015년과 2018년에 일부가 개정되었다.

(2) 동물보호의 기본원칙(제3조)

① 동물이 본래의 습성과 신체의 원형을 유지하면서 정상적으로 살 수 있도록 할 것

② 동물이 갈증 및 굶주림을 겪거나 영양이 결핍되지 아니하도록 할 것

③ 동물이 정상적인 행동을 표현할 수 있고 불편함을 겪지 아니하도록 할 것

④ 동물이 고통·상해 및 질병으로부터 자유롭도록 할 것

⑤ 동물이 공포와 스트레스를 받지 아니하도록 할 것

(3) 동물학대 금지(제8조)

① 목을 매다는 등의 잔인한 방법으로 죽음에 이르게 하는 행위

② 노상 등 공개된 장소에서 죽이거나 다른 동물이 보는 앞에서 죽음에 이르게 하는 행위

③ 고의로 사료 또는 물을 주지 않아 죽음에 이르게 하는 행위

④ 그 밖에 농림축산식품부령으로 정하는 정당한 사유 없이 죽음에 이르게 하는 행위

⑤ 벌칙 : 2년 이하의 징역 또는 2천만원 이하의 벌금에 처한다

(4) 동물 등록제(12조)

① 시기 : 2014년 4월 1일부터 동물등록 의무화(동물등록 업무자가 없는 읍면, 도서 제외)

② 등록 대상 : 월령(月齡) 3개월 이상의 개

③ 동물 등록방법 : 내장형 무선식별 장치 삽입, 외장형 무선식별 장치 부착, 등록인식표 부착

④ 과태료 : 50만원

▮ 목줄과 입마개를 해야 하는 맹견의 종류
- 도사견과 그 잡종개
- 아메리칸 핏불 테리어와 그 잡종개
- 아메리칸 스태퍼드셔 테리어와 그 잡종개
- 스태퍼드셔 불 테리어와 그 잡종개
- 로트와일러와 그 잡종개
- 그밖에 사람을 공격하여 상해를 입힐 가능성이 높은 개

※ 다만, 월령이 3개월 미만인 맹견은 입마개를 하지 않을 수 있다.

(5) 맹견의 관리(13조의 2)

① 소유자등 없이 맹견을 기르는 곳에서 벗어나지 아니하게 할 것

② 월령이 3개월 이상인 맹견을 동반하고 외출할 때에는 목줄 및 입마개 등 안전장치를 하거나 맹견의 탈출을 방지할 수 있는 적정한 이동장치를 할 것

③ 맹견의 소유자는 맹견의 안전한 사육 및 관리에 관하여 정기적으로 교육을 받아야 한다.

④ 과태료 : 13조의 2 제1항에서 3항 위반 시 과태료 300만원

⑤ 벌칙

㉠ 13조의 2를 위반하여 사람을 사망에 이르게 한 자는 3년 이하의 징역 또는 3천만원 이하의 벌금

㉡ 목줄 등 안전조치 의무를 위반하여 사람의 신체를 상해에 이르게 한 자는 2년 이하의 징역 또는 2천만원 이하의 벌금

(6) 맹견의 출입금지(13조의 3)

① 어린이집, 유치원, 초등학교 및 특수학교

② 기타 불특정 다수인이 이용하는 장소로서 시 · 도의 조례로 정하는 장소

③ 과태료 300만원

(7) 동물복지 축산농장 인증제(제29조)

① 취지와 시행 현황

㉠ 동물이 본래의 습성 등을 유지하면서 정상적으로 살 수 있도록 관리하는 축산농장을 동물복지 축산농장으로 인증

㉡ 동물복지 기준에 따라 인도적으로 동물을 사육하는 소, 돼지, 닭, 오리농장에 인증

㉢ 2012년 산란계(계란) → 2013년 돼지 → 2014년 육계 → 2015년 한육우, 젖소, 염소 → 2016년 오리

㉣ 동물복지 농장 동물을 동물복지적으로 운송 · 도축한 축산물은 '동물복지 축산물' 표시

㉤ 2018년 2월 기준 147개 농장 인증

② 동물복지 축산농장 인증기준(공통)

㉠ 사육시설 및 환경

- 「축산법」 제22조에 따라 축산업 허가를 받거나 가축사육업 등록을 한 농장
- 농장 내에서 동물복지 사육 방법과 일반(관행) 사육 방법을 병행해서는 안 된다.
- 동물복지 자유방목 농장으로 표시하려는 자는 실외 방목장 기준을 갖추어야 한다.

㉡ 관리자의 의무

- 동물의 복지와 관련된 법과 규정, 급이, 급수, 환기, 보온, 질병 등 관리방법에 대한 지식을 갖추어야 한다.
- 동물의 생리적 요구에 맞는 적절한 사양관리로 동물의 불필요한 고통과 스트레스를 최소화하면서 항상 인도적인 방식으로 동물을 취급하고 질병예방과 건강유지를 위해 노력하여야 한다.
- 관리자는 검역본부장이 주관하거나 교육전문기관에 위탁한 동물복지 규정과 사양 관리 방법 등에 대한 정기교육(원격 교육도 포함한다)을 매년 4시간 이상 받아야 하며, 해당 농장에 동물과 직접 접촉하는 고용인이 있을 경우 교육 내용을 전달하여야 한다.
- 관리자는 검역본부장 또는 인증심사원이 심사를 위하여 필요한 정보를 요구하는 때에는 해당 정보를 제공하여야 한다.

③ 동물의 입식 및 관리

㉠ 다른 농장에서 동물을 입식하려는 경우 해당 동물은 동물복지 축산농장으로 인증된 농장에서 사육된 동물이어야 한다. 다만, 동물의 특성, 사육기간, 사육방법 등을 고려하여 축종별로 검역본부장이 정하여 고시하는 경우에는 일반 농장에서 사육된 동물을 입식할 수 있다.

㉡ 농장 내 동물이 전체적으로 활기가 있고 털에 윤기가 나며, 걸음걸이가 활발하며, 사료와 물의 섭취 행동에 활력이 있어야 한다.

㉢ 수의사의 처방에 따른 질병 치료 목적을 제외하고, 사료 및 음수에 항생제 · 합성항균제 · 성장촉진제 및 호르몬제 등의 동물용의약품을 첨가하여서는 안 된다.

㉣ 질병예방을 위한 적절한 조치를 취하였음에도 불구하고 질병이 발생한 경우에는 동물의 건강과 복지를 위하여 수의사의 처방 및 감독 하에 치료용 동물용의약품을 사용할 수 있다. 이 경우 동물용의약품을 사용한 동물은 해당 약품 휴약기간의 2배가 지나야 해당 축산물에 동물복지축산농장 표시를 할 수 있다.

④ 축종별 인증기준

㉠ 축종별 인증 기준은 검역본부장이 정하여 고시한다.

㉡ 인증받지 않은 농장의 축산물에 인증 표시를 할 경우 500만원 이하의 벌금

03 친환경 축산

1. 친환경 축산의 이해

(1) 친환경 농업의 정의

① 친환경농어업 육성 및 유기식품 등의 관리 · 지원에 관한 법률에 의거함

② 농업생태계와 환경을 유지 보전하면서 지속가능하고 환경친화적인 농업

③ 친환경축산은 향후 미래지향적인 축산업의 발전방향으로 위생적이고 안전성이 확보된 축산물의 생산과 환경 친화적인 지속가능한 축산이다.

(2) 친환경 축산의 종류와 특성

① 무항생제 축산물

㉠ 항생제, 합성항균제, 호르몬제 등이 포함되지 않은 사료를 급여

㉡ 가축의 생물적 · 행동적 요구를 만족시키는 환경과 밀도의 사육조건에서 분뇨의 자원화

㉢ 자연순환 농업이 가능하고 안전성이 확보된 축산물을 생산

㉣ 1년 이상의 경영관련 자료를 보관하고 인증기준을 지켜온 자료를 열람할 수 있어야 한다.

② 유기 축산물

㉠ 수정란 이식이나 유전자 조작을 거치지 않은 가축일 것

㉡ 화학비료, 농약을 사용하지 않고 또한 유전자 조작을 거치지 않은 사료 급여

㉢ 항생물질, 성장호르몬, 동물성 부산물 사료, 동물약품 등 합성 첨가물을 사용하지 않은 사료를 급여

㉣ 집약 공장형 사육이 아니라 운동이나 휴식 공간, 방목 초지가 겸비된 환경

㉤ 자연적 방법으로 분뇨처리와 환경이 제어된 조건에서 사육, 가공, 유통, 평가, 표시된 가축의 사육 체계와 축산물

▮ 친환경농산물
농업생태계와 환경을 유지 보전하면서 생산된 농산물(축산물을 포함)

▮ GMO 농산물
유전자재조합 기술을 이용하여 특정한 목적에 맞도록 변경시킨 농산물

〈표 2-2〉 관행 축산과 친환경 축산의 비교

구분	관행	무항생제 축산	유기축산
환경보전	가축분뇨관리이용법	유기물자원 순환	유기물자원 순환
자연생태 유지	전업화 일반사료	무항생제 무성장촉진제	무농약, 무항생제, 무 GMO, 무성장촉진제
가축건강 유지	일반사료 사육면적: 등록기준	동물복지 무창케이지 허용 사육면적: 등록기준	소 : 자급사료포 확보, 운동장 및 자연채광, 동물복지, 유기사료, 깔짚 바닥, 방사
경관보전	경관기준 없음	경관보전 권장	경관보전
경영	경영기록 자유	경영기록 1년 이상	경영기록 1년 이상

2. 유기축산

(1) 유기축산의 일반원칙

① 초식가축은 목초지에 접근해야 하고, 기타 가축은 자유롭게 방사할 수 있도록 하여야 함

② 가축 사육두수는 해당농가에서의 유기사료 확보능력, 가축의 건강, 영양균형, 환경영향 등을 고려하여 적절히 정하여야 함

③ 농장구조가 초지에 접근이 용이하지 아니할 경우 유기사료 제공으로 가축을 생산할 수 있음

④ 적절한 사양관리 체계로 스트레스를 최소화하면서 질병예방과 건강유지를 위한 가축관리를 하여야 함

⑤ 질병이 발생하였을 때는 수의사의 처방에 따라 치료용 동물용의약품을 사용할 수 있음

(2) 사육장 및 사육조건의 주요 내용

① 충분한 활동면적이 확보되어 있을 것

② 충분한 환기 및 채광으로 쾌적한 환경이 조성될 것

③ 축군의 크기와 성에 관한 가축의 행동적 요구를 고려할 것

④ 방목지 또는 운동장에는 부분적으로 지붕을 설치할 것

⑤ 축사의 바닥은 미끄럽지 아니하고, 휴식공간에서는 건조깔짚을 깔아 줄 것

⑥ 번식돈은 임신말기 또는 포유기간을 제외하고는 군사를 하여야 한다.

⑦ 포유기간의 모돈과 자돈 생체중이 25㎏까지는 케이지에서 사육할 수 있음

⑧ 가금은 개방조건에서 사육되어야 하고, 케이지에서 사육하지 아니할 것

⑨ 물오리류는 기후조건에 따라 시냇물, 연못 또는 호수에 접근이 가능할 것

(3) 자급사료기반

① 초식가축은 상시 급여할 수 있는 목초지 또는 사료작물재배지(답리작 사료작물 재배지를 포함)를 확보하여야 함

② 목초지 및 사료작물재배지에는 화학비료와 유기합성농약을 사용할 수 없음(다만, 멸강충 등 긴급 병해충 방제를 위해서는 관계기관의 허가를 받아 사용)

(4) 번식방법

① 종축을 사용한 자연교배를 권장하되, 인공수정을 허용할 수 있음

② 수정란이식기법이나 번식호르몬 처리는 허용되지 아니함

③ 유전공학을 이용한 번식기법은 허용되지 아니함

(5) 사료 및 영양관리

① 유기축산물의 생산을 위한 가축은 100% 유기사료를 급여하여야 함

② 유기사료 급여기간

㉠ 쇠고기 1년 이상, 돼지고기 5개월 이상

㉡ 닭고기 7주 이상

㉢ 우유 90일 이상

㉣ 계란 5개월 이상

③ 성장촉진제 등 호르몬제, 항생제 사용 금지

④ 예방접종, 비타민 투여, 기생충약 치료, 항생제 제한적 사용

⑤ 반추가축에게 사일리지만 급여해서는 안 되고, 단위가축에게는 반드시 거친 조사료를 일정량 급여하여야 함

⑥ 유전자변형농산물 또는 유전자변형농산물로부터 유래한 것이 함유되지 않아야 한다.

㉠ 다음에 해당되는 물질을 사료에 첨가하여서는 안 됨

㉡ 가축의 대사기능 촉진을 위한 합성화합물

㉢ 우유 및 유제품과 어류 및 어류부산물을 제외한 동물성 사료

㉣ 합성질소 또는 비단백태질소화합물

㉤ 항생제, 합성항균제, 성장촉진제 및 호르몬제

㉥ 그밖의 인위적인 합성 및 유전자조작에 의해 제조 및 변형된 물질

(6) 질병관리 및 동물복지

① 기생충 감염을 위한 구충제, 전염병 예방을 위한 백신을 사용할 수 있음

② 질병이 발생 시 수의사의 처방에 의하여 질병을 치료할 수 있음(이 경우 해당 약품 휴약기간의 2배가 지나야 유기축산물로 인정할 수 있음)

③ 약초 및 미량물질을 이용하여 치료를 할 수 있음

④ 질병이 없는데도 성장촉진제 및 호르몬제를 사용하여서는 안 됨(다만, 호르몬 사용은 치료목적으로만 수의사의 관리하에서 사용할 수 있음)

⑤ 꼬리부분에 접착밴드 붙이기, 꼬리 자르기, 이빨 자르기, 부리 자르기 및 뿔 자르기와 같은 행위는 수행되어서는 안 됨(다만, 안전을 목적, 가축 복지개선을 위한 경우 마취를 실시하고 할 수 있음)

⑥ 생산물의 품질향상 위하여 물리적 거세를 할 수 있음

⑦ 초식가축의 운동장 면적은 축사면적의 3배 이상 확보해야 함

(7) 축산분뇨의 처리

① 축산분뇨를 퇴비 또는 액비로 자원화하여 초지나 농경지에 환원해야 함

② 돼지 사육농가는 분뇨의 분리 · 처리 시설을 설치하여야 하며, 발생되는 분뇨는 완숙퇴비 또는 액비로 처리하여 반출하여야 함

③ 축분 퇴비 및 액비는 표면수 오염을 일으키지 아니하는 수준으로 사용하되, 장마철에는 사용하지 않아야 함

기출문제

정답 및 해설

01 가축 증체율 저하, 비유량 감소, 산란율의 저하, 발정의 약화 등과 가장 관계 깊은 것은?

㉮ 기온이 낮은 때(저온)
㉯ 기온이 높을 때(고온)
㉰ 습도가 낮은 때(저습)
㉱ 기온이 적합할 때(적온)

■ 더위에 대한 반응
말초 혈관 확장, 식욕 감퇴, 생산량 감소(비유량, 산란율), 신음, 고통, 허탈, 경련

정답 ㉯

02 가축의 체온조절기능 중 가장 기능이 큰 것은?

㉮ 호흡
㉯ 음수량
㉰ 배설
㉱ 체표면

■ 더위에 대한 조절 행동
개방적 자세, 음수량 증가, 입을 벌리고 헐떡거림, 땀을 흘림

정답 ㉮

03 다음 중 물리적 환경에 속하는 것은?

㉮ 빛
㉯ 기온
㉰ 암모니아가스
㉱ 태양열

■ 물리적 환경 : 빛, 소음, 진동, 사육 밀도
㉯ 기온 : 열환경 ㉰ 암모니아가스 : 화학적 환경 ㉱ 태양열 : 열환경

정답 ㉮

04 다음 중 더위에 대한 조절 행동은?

㉮ 채식량 증가
㉯ 무리를 지음
㉰ 바람을 피함
㉱ 음수량 증가

■ 더위에 대한 조절 행동
개방적 자세, 음수량 증가, 입을 벌리고 헐떡거림, 땀을 흘림

정답 ㉱

정답 및 해설

05 더위, 즉 열 환경에 가장 약한 동물은?

㉮ 닭
㉯ 돼지
㉰ 한우
㉱ 젖소

■ 닭은 땀샘이 없고, 돼지는 땀샘이 기능을 못하며, 소는 기능이 약하다.

정답 ㉮

06 고지대에 적응성이 강한 동물은?

㉮ 염소
㉯ 닭
㉰ 돼지
㉱ 젖소

■ 고지대에서 적응성이 강한 동물은 양과 염소, 고기소이다.

정답 ㉮

07 다음 가축 중 생활적온이 가장 낮은 가축은?

㉮ 닭
㉯ 한우
㉰ 젖소
㉱ 돼지

■ 생활 적온
한 · 육우 10~20℃
돼지 15~25℃
젖소 5~15℃
산란계 13~24℃

정답 ㉰

08 다음 중 동물의 사회적 환경 요인에 속하지 않는 것은?

㉮ 텃세
㉯ 순위제
㉰ 유해 곤충
㉱ 암수 관계

■ 생물학적 환경
흡혈 곤충(모기, 파리, 진드기 등), 위해동물, 유독식물, 미생물, 기생충
■ 사회적 환경
사회적 순위제, 텃세, 모자 관계, 암수 관계, 관리인의 성격과 숙련도

정답 ㉰

정답 및 해설

09 다음 중 동물과 빛에 관한 설명으로 바르지 않은 것은?

㉮ 성장을 촉진시키고 육질을 좋게 한다.
㉯ 자외선은 강력한 살균 작용을 가지고 있다.
㉰ 내분비 기관을 자극하여 성 성숙을 촉진한다.
㉱ 햇빛은 피부에 작용하여 비타민 D의 합성을 돕는다.

■ 피부에 직접적으로 작용하여 비타민 D를 합성한다.
– 자외선은 강력한 살균 작용을 한다.
– 내분비기관을 자극하여 성 성숙을 촉진한다.
– 장일성 동물의 번식과 산란을 촉진시킨다.

정답 ㉮

10 동물이 누려야 할 5가지 자유에 속하지 않는 것은?

㉮ 갈증, 배고픔, 영양결핍으로부터의 자유
㉯ 두려움과 스트레스로부터의 자유
㉰ 한 생명체로 죽임을 당하지 않을 자유
㉱ 불안(불편)함으로부터의 자유

■ ㉮㉯㉱ 이외에
– 고통, 부상, 질병으로부터의 자유
– 정상적인 행동을 표현할 자유

정답 ㉰

11 레셀과 버크의 인도적 동물실험 3R's 원칙에 해당되지 않는 것은?

㉮ 대체
㉯ 감소
㉰ 정교화
㉱ 확대

■ 대체(replacement)
감소(reduction)
정교화(refinement)

정답 ㉱

12 우리나라 동물보호법이 최초로 제정된 연도는?

㉮ 1991년
㉯ 1995년
㉰ 2008년
㉱ 2015년

■ 1991년 5월에 동물보호법을 최초로 제정
– 2008년, 2013년, 2015년 개정

정답 ㉮

정답 및 해설

13 우리나라 축산법 12조의 동물 등록제에 의한 규정 중 등록 대상 동물은?

㉮ 3개월 이상의 개와 고양이
㉯ 3개월 이상의 개
㉰ 6개월 이상의 개와 고양이
㉱ 6개월 이상의 개

■ 등록 대상 : 3개월 이상의 개
– 과태료 : 50만원

정답 ㉯

14 다음 중 축산법 제13조에 의한 맹견에 속하지 않는 품종은 어느 것인가?

㉮ 도사견
㉯ 아메리칸 핏불 테리어
㉰ 스태퍼드셔 불 테리어
㉱ 도베르만

■ 맹견
– 도사견과 그 잡종개
– 아메리칸 핏불 테리어와 그 잡종개
– 아메리칸 스태퍼드셔 테리어와 그 잡종개
– 스태퍼드셔 불 테리어와 그 잡종개
– 로트와일러와 그 잡종개

정답 ㉱

15 현재 우리나라에서 가장 처음 동물복지 농장 동물로 인증 받은 것은?

㉮ 산란계
㉯ 돼지
㉰ 육계
㉱ 오리

■ 2012년 산란계(계란) → 2013년 돼지 → 2014년 육계 → 2015년 한육우, 젖소, 염소 → 2016년 오리

정답 ㉮

16 동물복지 축산농장 인증의 지정 기관은?

㉮ 국립수의과학검역원장
㉯ 축산과학원장
㉰ 농림축산식품부장관
㉱ 국립축산물품질관리원장

■ 농림축산식품부장관은 동물복지 증진에 이바지하기 위하여 동물이 본래의 습성 등을 유지하면서 정상적으로 살 수 있도록 관리하는 축산농장을 인증할 수 있다.

정답 ㉰

정답 및 해설

17 **동물복지 농장의 일반기준과 관리자의 의무에 대한 설명으로 바르지 못한 것은?**

㉮ 축산업 허가를 받거나 가축사육업 등록을 한 농장이어야 한다.

㉯ 농장 내에서 동물복지 사육 방법과 일반(관행) 사육 방법을 병행해서 사육해도 무방하다.

㉰ 항상 인도적인 방식으로 동물을 취급하고 질병예방과 건강유지를 해야 한다.

㉱ 동물의 복지와 관련된 법과 관리방법에 대한 지식을 갖추어야 한다.

■ 농장 전체를 동물복지 인증기준에 따라 관리 · 운영하여야 한다.

정답 ㉯

18 **양계 복지 농장의 준수항이 아닌 것은?**

㉮ 부리다듬기는 절대 해서는 안 된다.

㉯ 강제환우를 실시해서는 안 된다.

㉰ 일반농장은 입식 후 2개월 이상 동물복지 기준을 따른다.

㉱ 산란계 외의 동물을 식용을 목적으로 사육해서는 안 된다.

■ 부리다듬기는 원칙적으로 금지하나 카니발리즘 등이 예상되는 경우에만 허용된다.

정답 ㉮

19 **동물복지 양돈농장의 준수사항 내용이 바르지 못한 것은?**

㉮ 군사사육이 원칙이며 스톨 내 감금사육은 금지한다.

㉯ 단미는 금지가 원칙이나 수의사 처방 시 최소한 길이만 자른다.

㉰ 절치는 금지하며, 모돈 복지에 저해될 경우 연삭만 허용된다.

㉱ 거세는 생후 7일 이전에는 수의사만 외과적 거세를 실시할 수 있다.

■ 거세를 할 경우 수의사나 숙련된 자가 생후 7일 이전에 하여야 하며, 생후 7일 이후에는 수의사만 외과적 거세를 실시할 수 있다.

정답 ㉱

정답 및 해설

20 동물복지 양돈농장에서의 새끼 돼지 이유 시기는?

㉮ 21일
㉯ 28일
㉰ 35일
㉱ 42일

■ 예외적인 경우를 제외하고 자돈은 생후 28일 이전에 이유해서는 안 된다.

정답 ㉯

21 동물복지 양돈농장에서의 무제한 급이를 할 경우 급이기 기준으로 바르지 못한 것은?

㉮ 칸막이가 없는 건식 급이기 : 최대 6마리
㉯ 칸막이가 있는 급이기 : 최대 10마리
㉰ 습식 급이기 : 최대 14마리
㉱ 습식 급이기에는 칸막이가 없어야 한다.

■ 습식 급이기에는 칸막이가 반드시 있어야 한다.

정답 ㉱

22 다음 중 유기축산물 인증이 불가능한 것은?

㉮ 기생충 구제를 위해 구충제 사용
㉯ 전염병 예방을 위한 백신 접종
㉰ 약초 및 미량물질을 이용해 치료한 경우
㉱ 성장 촉진제를 사용한 경우

■ 항생제, 합성항균제, 성장촉진제 및 호르몬제 사용 금지

정답 ㉱

23 유기축산물이란 전체 사료 가운데 유기사료가 얼마 이상 함유된 사료를 먹여 기른 가축을 의미하는가?(단, 사료는 건물[dry matter]을 기준으로 한다.)

㉮ 100%
㉯ 75%
㉰ 50%
㉱ 25%

■ 유기축산물의 생산을 위한 가축은 100% 유기사료를 급여하여야 한다.

정답 ㉮

정답 및 해설

24 가축별 유기사료 급여 기간이 바르지 못한 것은?

㉮ 쇠고기 1년 이상
㉯ 닭고기 7주 이상
㉰ 우유 60일 이상
㉱ 계란 5개월 이상

■ 돼지고기 5개월 이상, 우유 90일 이상

정답 ㉰

25 무항생제 축산물에 대한 설명으로 바르지 못한 것은?

㉮ 항생제, 합성항균체, 호르몬제 등이 포함되지 않은 사료를 급여
㉯ 가축의 생물적·행동적 요구를 만족시키는 환경과 밀도의 사육조건에서 사육
㉰ 수정란 이식이나 유전자 조작을 거치지 않은 가축일 것
㉱ 1년 이상의 경영관련 자료를 보관하고 열람할 수 있어야 한다.

■ ㉰는 유기축산물에 대한 규정이다.

정답 ㉰

26 유기축산 사육장 및 사육 조건이 바르지 못한 것은?

㉮ 방목지나 운동장에는 지붕이 필요없다.
㉯ 자돈의 생체중이 25kg까지 케이지에서 사육한다.
㉰ 가금을 개방조건에서 방사 사육한다.
㉱ 번식돈을 군사 사육한다.

■ 방목지 또는 운동장에는 부분적으로 지붕을 설치해야 한다.

정답 ㉮

27 유기축산의 질병관리 및 동물복지에 대한 사항 중 일반적으로 실시해서는 안 되는 것은?

㉮ 거세를 한다.
㉯ 꼬리자르기를 한다.
㉰ 구충제를 급여한다.
㉱ 예방접종을 한다.

■ 꼬리 자르기, 이빨 자르기, 부리 자르기 및 뿔 자르기와 같은 행위는 수행되어서는 안된다(다만, 안전의 목적이나 가축 복지개선을 위한 경우 마취를 실시하고 할 수 있음).

정답 ㉯

제 3 장

동물의 유전과 육종

01 동물 육종의 이해

1. 동물 육종의 의의와 목표

■ 육종의 뜻
신품종 육성, 동물의 개량

(1) 육종의 의의

① 육종(育種) : 품종이나 종을 육성한다는 뜻, 품종 개량이 주요 목적
② 동물을 유전적으로 개량하여 인류생활에 공헌하는 농업상의 기술

(2) 동물 육종의 특성

① 식물에 비해 세대간격이 길고 유전양식이 복잡하다.
② 인간사회와의 관계가 복잡하다.
③ 동물은 정신적 작용을 한다. – 애정을 가지고 대해야 한다.
④ 각 개체가 큰 경제적 가치를 가지고 있다.

(3) 동물 육종의 목표

① 축산물의 생산량의 증가 : 증체량, 산유량, 산란수 등
② 축산물의 효율적인 생산 : 사료 효율 증진으로 생산비 절감
③ 축산물의 품질 개선 : 기능성 생리활성 물질, 저지방 고기 생산
④ 축산물 생산의 안정성 : 항병력 증진, 육성율 향상, 폐사율 감소
⑤ 신품종의 육성 : 품종 고정, 체형의 개량, 불량 형질 제거, 사양 한계의 극대화

■ 개량의 목표
시대적 요구, 가축 축종 및 품종의 특성에 따라 달라진다.

⑥ 기타 가축의 우미화, 경영의 합리화, 유전적 결함 제거, 표현형의 균일화

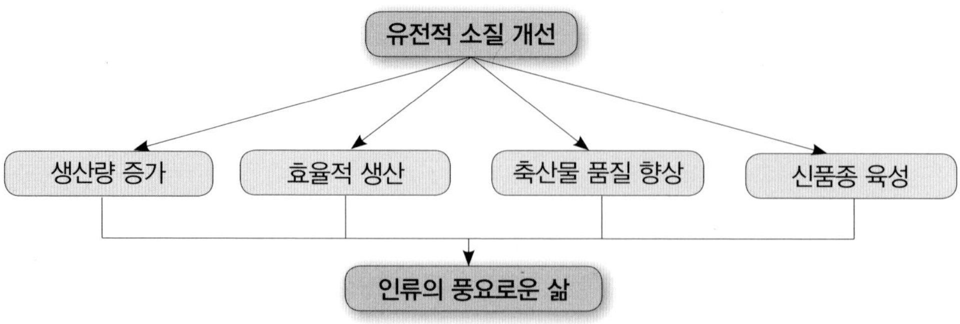

2. 형질

(1) 형질의 정의

① 개체 또는 품종이 가지고 있는 모든 성질과 형태 - 유전학의 연구 대상

② 모색, 체중, 성숙, 능력(산유, 산란, 산육) 등

③ 근본적으로 유전자의 지배를 받지만, 환경의 영향도 받는다.

④ 하나의 품종이 다른 품종과 식별되는 것은 그 품종만의 고유한 형질 때문이다.

(2) 형질의 종류

① 양적형질(quantitative trait)

㉠ 증체량, 산란수, 유지량 등 적은 것과 많은 것의 차이가 연속적으로 나타난다.

㉡ 변이가 정규분포를 나타내며 평균치 빈도가 높다.

㉢ 환경영향을 받으며 다수의 유전자가 작용한다.

② 질적형질(qualitative trait)

㉠ 뿔의 유무, 털 색깔, 볏의 형태, 기형 등 양적으로 표현할 수 없는 형질

㉡ 불연속적이며 1~2개의 소수 유전자가 작용한다.

3. 특징

(1) 특징의 정의

① 어떤 품종과 구별되는 특이한 성질, 상태

② 흑색모, 과대 체중, 조숙, 다산 등

③ 개체의 발생과 성장이 함께 변화되는 경우도 많다.

(2) 특징의 구분

① 형태적인 특징

㉠ 외모와 관계가 있어 품종 식별의 대상이 된다.

㉡ 체형, 신체 각 부의 특징, 모질, 피부조직, 뿔 등의 형태

▮ 특징
형질 : 털의 색깔
표현형 : 백색(흑색)
표현형가 : 체중 100㎏
(체고 140㎝)

② 생리적 특징

㉠ 신체 각 기관의 기능면에 있어서도 공통점이 있으며 개체 차가 크다.

㉡ 번식력, 성숙성, 사료 이용능력, 생산능력, 체질, 성질, 혈청단백질 등

③ 심리적 특징

행동 유전학의 대상이 되는 지능, 투쟁심, 인내심, 성질, 본능 등

4. 가축의 개량과 분화

(1) 종

종(種, species)은 외모가 비슷하고, 상호간 또는 후손과의 번식이 가능한 일군의 동물

(2) 아종

① 아종(변종, Subspecies)은 종으로 분화될 중간종

② 아종 상호간에 번식 가능, 대부분 공통된 형질을 가지고 있다.

▮ 품종의 구별법
외모에 의한 구별
골격에 의한 구별
산지 · 지세에 의한 구별
개량 정도에 의한 구별
용도에 의한 구별

(3) 품종

① 생물학 : 최종 단위는 종(種)이다.

② 축산학 : 종은 분류의 시발점, 품종은 분류의 기본이다.

③ 품종 : 동일종 또는 공통된 형태적 · 생리적 특징들을 가지고 있고, 이 특징들이 자손에게 유전되어 동일 단위로 취급하는 개체군

㉠ 내종 : 품종 내에서 다른 개체들과 명백히 구분되는 특징을 가진 집단

㉡ 계통 : 유전자를 고정시키기 위해 혈연이 가까운 것끼리 번식시킨 집단

㉢ 가계 : 계통보다 더 가까운 혈연을 가진 집단

※ 가계의 명명은 일반적으로 개체명, 개량지명 또는 농장명을 쓴다.

02 동물 유전의 기초

1. 동물의 세포

(1) 동물세포의 구성

① 핵 : 둥근 모양이며 유전물질인 DNA가 있다.
② 인 : 핵 안에 위치하며 RNA가 들어 있다.
③ 소포체 : 핵 주변에 위치, 조면 소포체는 단백질, 활면 소포체는 지질을 만든다.
④ 골지체 : 납작한 주머니 모양, 단백질과 지질의 저장과 수송 역할을 한다.
⑤ 중심체 : 세포분열 시 방추사 형성의 기준, 2개의 중심립이 직각으로 배열
⑥ 리소좀 : 골지체의 일부가 만들어짐, 영양소의 가수분해 효소가 있다.
⑦ 미토콘드리아 : 포도당 등 유기물을 분해하여 에너지를 발생한다.
⑧ 액포 : 물과 양분, 생명 활동의 결과로 생긴 노폐물을 저장한다.
⑨ 세포막 : 공기와 영양소 및 노폐물을 운송한다.

▮ 동물체의 특징
고도의 질서체계를 유지
에너지 사용과 물질대사
외부환경 변화에 항상성 유지
생식과 성장
자극에 대한 반응과 적응

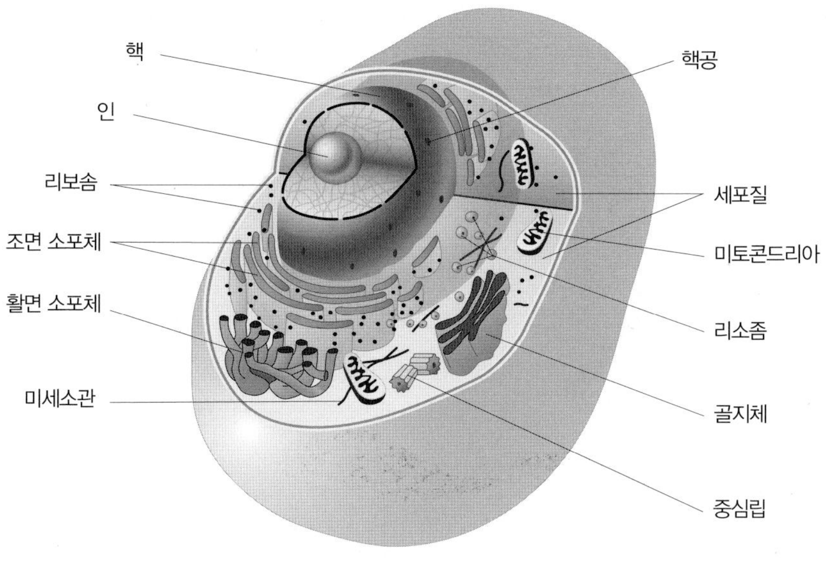

동물세포

(2) 동물세포와 식물세포의 차이

구분	공통점	차이점
동물세포	핵, 인, 세포막, 세포질, 미토콘드리아, 골지체, 소포체, 리보솜	중심체(중심립), 리소좀
식물세포		액포, 엽록체, 세포벽

2. 유전자와 염색체

(1) 유전자

① 부모로부터 자식으로 전해지는 유전물질, 즉 형질의 유전 정보의 기본 단위이다.

② 디옥시리보핵산(DNA)으로 이루어져 있으며 염색체에 존재한다.

③ DNA 분자는 2개의 뉴클레오타이드 가닥이 오른쪽으로 서로 꼬인 2중 나선형 구조이다.

④ DNA 가닥을 따라 늘어선 염기(A, T, G, C)의 배열 순서가 유전정보이다.

⑤ 뉴클레오타이드는 인산, 5탄당, 염기로 이루어져 있다.

⑥ DNA 염기는 아데닌(A), 구아닌(G), 시토신(C), 티민(T)의 4종류가 있다.

(2) 염색체

① 염색체는 세포분열 시 나타나는 실 모양의 염색사가 꼬여 짧게 응축된 형태이다.

② 동물의 종류에 따라 수가 일정하며, 유전물질의 운반체이다.

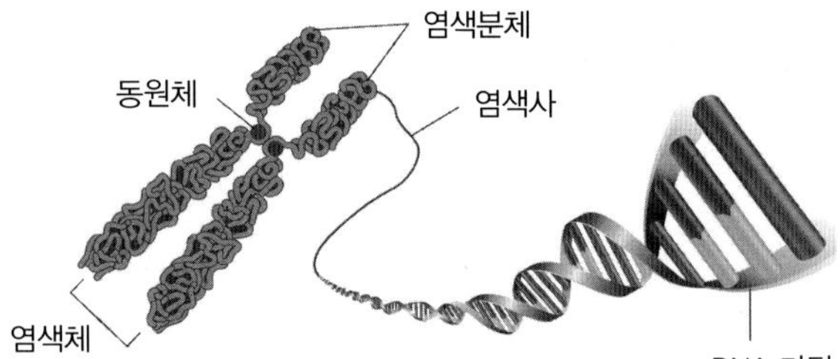

염색체의 구조

③ 염색사는 우리가 유전물질이라고 부르는 DNA와 히스톤 단백질로 이루어져 있다.

④ 상염색체와 성염색체가 있으며 상염색체는 암수가 모두 가지고 있는 염색체이다.

⑤ 성염색체의 구조에서 큰 것이 X염색체이고, 작은 것이 Y염색체이다.

⑥ 체세포의 염색체 수는 2n으로 표시하며, 생식세포는 감수분열로 n이 된다.

동물	염색체수	동물	염색체수	동물	염색체수
사람	46	면양	54	칠면조	82
소	60	산양	60	말	64
돼지	38	집토끼	44	고양이	38
닭	78	산토끼	48	개	78

▮ 포유류의 염색체 표기
수컷 : XY형
암컷 : XX형
조류 수컷 : ZZ형
조류 암컷 : ZW형

(3) 유전 정보의 발현과 단백질 합성과정

염색체에 존재하는 유전정보는 단백질 또는 RNA로 합성되어 발현된다. 단백질은 대사 및 생리를 주도하여 개체의 특성(형질)이 나타나도록 한다.

① DNA의 복제 : 한 쌍의 DNA가 세포분열로 두 쌍의 DNA로 합성
② DNA의 전사 : 핵에서 DNA를 주형으로 mRNA가 합성되는 과정
③ RNA의 번역 : 세포질에서 mRNA를 주형으로 단백질을 합성하는 과정

※ 즉, DNA의 정보는 RNA로 전해지고, RNA의 정보에 따라 단백질이 만들어지게 된다.

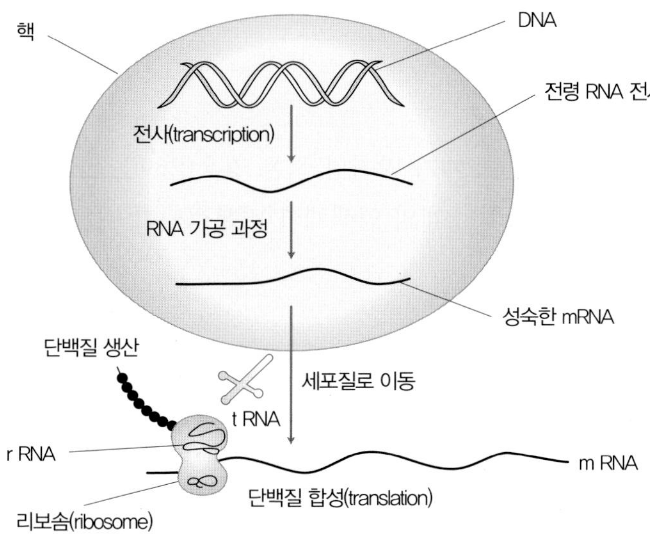

유전자의 발현 과정

3. 염색체의 변이

(1) 염색체의 구조적 변이

① 구조에 이상이 생기면 염색체 상의 유전자에 변화를 초래, 돌연변이가 나타난다.

② 염색체의 일부가 그 본래의 위치를 벗어나 다른 부분으로 이동하는 현상

③ 유전자의 질, 양의 변화는 없고 배열순서만 다름

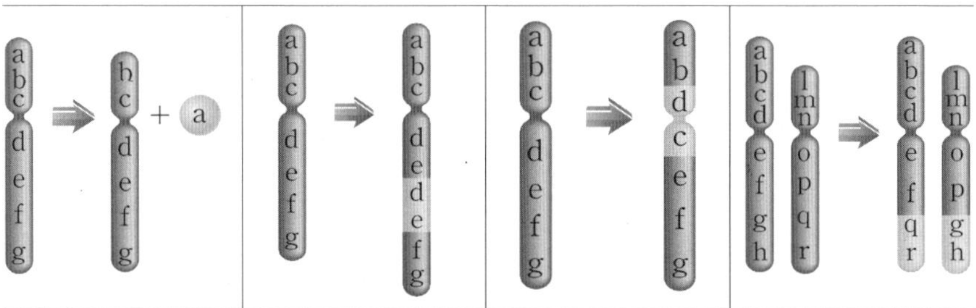

결실	중복	역위	전좌
염색체의 일부가 절단되어 없어짐	동일 유전자가 삽입되어 반복됨	염색체가 절단된 후 위치가 회전하여 붙음	염색체가 절단된 후 비상동염색체에 붙음

(2) 염색체의 수량적 변이

① 이수성

㉠ 정상염색체보다 1~2개가 많거나 적은 경우(2n+1, 2n−1)

㉡ 감수분열을 할 때 1~2개의 염색체가 비분리되기 때문

㉢ 다운증후군(2n+1 = 47개, 45+XX, 45+XY), 테너증후군(여성), 야콥증후군(남성)

② 배수성

㉠ 염색체가 비분리되면 배수성 돌연변이가 나타남

㉡ 염색체 수가 정수보다 배수로 많아지는 것

㉢ 3n, 4n과 같이 나타남

4. 세포분열

(1) 체세포 분열(유사분열)

① 간기 : 세포질이 분리되며, 염색체와 중심체가 복제되는 시기

② 전기 : 염색체가 응축되어 나타나고 핵막과 인이 소실, 중심소체가 이동, 방추체 형성

③ 중기 : 방추체가 중앙에 배열되고 핵막이 완전히 소실된다.

④ 후기 : 동원체가 분리되고, 염색체가 양극체 쪽으로 이동하기 시작

⑤ 말기 : 핵막과 인이 다시 나타나면서 2개의 딸핵 형성(2n → 2n)

(2) 생식세포 분열(감수분열)

① 감수 1분열(이형분열) : 간기에 DNA가 복제된 후 상동염색체가 분리되어 염색체 수와 DNA 상대량이 모두 반감한다.

② 감수 1분열의 태사기에 교차가 발생하여 유전물질의 교환이 일어난다.

③ 핵상이 2n에서 n으로 변하므로 이형분열이라고 한다(2n → n).

④ 감수 2분열(동형분열) : 1분열 후 간기를 거치지 않고 바로 일어나며, 염색 분체가 분리되므로 DNA 양은 반으로 줄지만 염색체 수는 일정하게 유지된다(n → n).

▮ 체세포 분열에서는 염색 분체만 분리되는 반면, 생식세포 분열에서는 감수 1분열에서 상동염색체가 분리된 후 감수 2분열에서 염색 분체가 분리된다.

▮ **체세포 분열**
1번의 DNA 복제와 1번의 분열로 염색체 수가 변함없는 2개의 딸세포가 만들어진다.

▮ **생식세포 분열**
1번의 DNA 복제와 2번의 연속적인 분열로 염색체 수가 반감된 4개의 딸세포가 만들어진다.

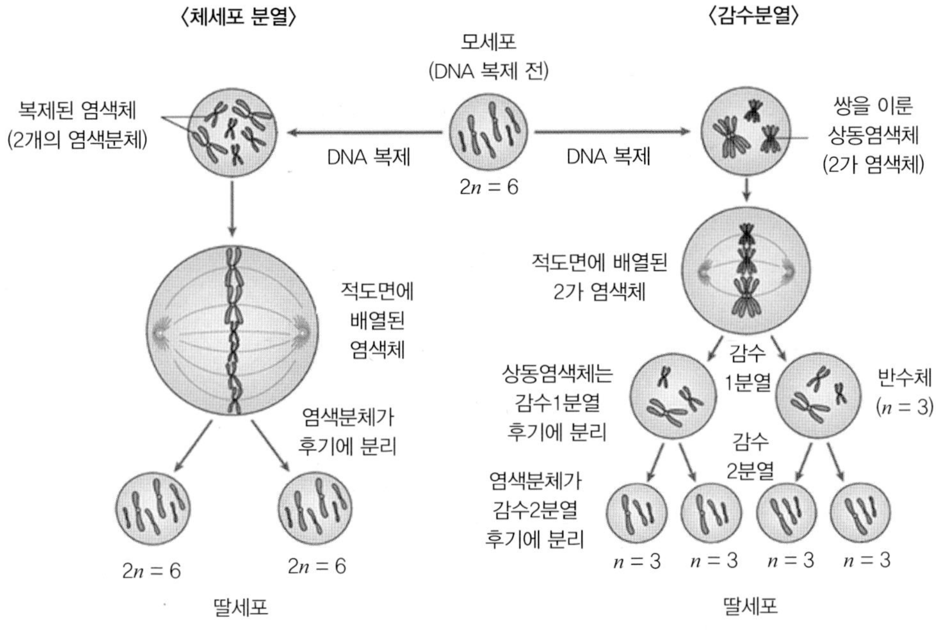

03 형질의 유전

1. 멘델의 유전 법칙

(1) 우열의 법칙(우성의 법칙)

① 잡종 1대의 표현형은 우성(W)만 나타나고 열성(w)은 나타나지 않는다.

② 돼지의 흰색 요크셔종과 검은색 버크셔종을 교배하면 종 제1대(F_1)는 모두 흰색이 된다

③ 흰색 우성 유전자를 대문자 W로, 검은색의 열성 유전자를 소문자 w로 표기한다.

(2) 분리의 법칙

① 한 쌍의 대립형질은 F_2에서 표현형은 흰색(우성)과 검은색(열성)이 3 : 1이다.

② 유전자형은 WW : Ww : ww은 1 : 2 : 1이다.

③ 두 유전자가 결합된 상태를 유전자형, 외관상으로 나타난 형질을 표현형이라 한다.

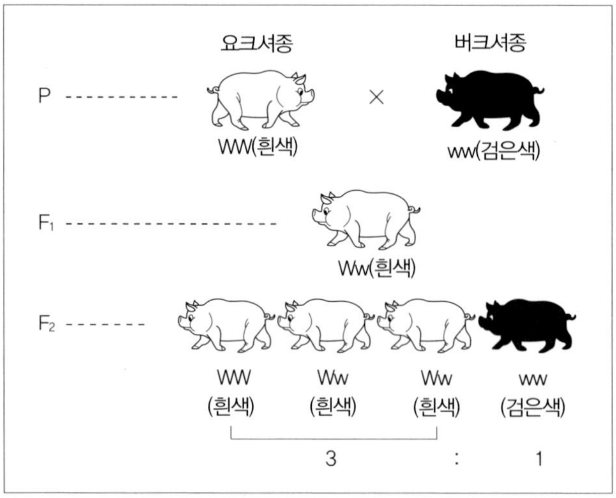

(3) 독립의 법칙

① 2쌍 이상의 대립 형질이 동시에 유전될 때 각각의 형질을 나타내는 유전자는 다른 유전자에 영향을 주지 않고 독립적으로 분리의 법칙에 따라 유전된다.

② F_2의 표현형은 4종류이며 분리비는 9 : 3 : 3 :1로 나타난다.

※ 앵거스(무각 PP, 흑색 BB) × 쇼트혼(유각 pp, 적색 bb) – 2쌍의 대립형질

F_1 : PpBb(무각, 흑색) × PpBb(무각, 흑색)

F_2 : 유전자형 : 9종

PPBB(1/16) PPBb(2/16) PpBB(2/16) PpBb(2/16) PPbb(1/16) Ppbb(2/16) ppBB(1/16) ppBb(2/16) ppbb(1/16)

표현자형 : 4종	P_B_(무각 흑색),	P_bb(무각 적색),	PPB_(유각 흑색)	PPbb(유각 적색)
분리비	9 :	3 :	3 :	1

2. 대립 유전자의 상호 작용

(1) 불완전 우성

① 완전 우성 : 잡종 1대(F_1)에 양친 형질 중 우성만 나타나는 것

② 불완전 우성 : 잡종 1대(F_1)이 양친의 중간 형질을 나타내는 현상

③ 백색 피모 쇼트혼(N) × 적색피모 쇼트혼(n) = F_1은 모두 조모색(Nn), F_2는 백색 1(NN) : 조모 2(Nn) : 적색 1(nn) – 분리의 법칙을 따르지 않음

④ 닭의 모관과 비모관, 갈색란과 백색란, 역우 현상

⑤ 팔로미노(말), 안달루시안(닭)의 모색 유전

▮ 초우성
대립 유전자의 이형접합(헤테로)의 개체(Aa)가 동형접합(호모)의 개체(AA와 aa)보다도 뛰어난 표현형을 나타내는 것

(2) 공우성(codominance)

① 두 대립 유전자의 형질(양친의 형질)이 모두 발현되어 혼합형으로 나타난다.

② A혈액형 × B혈액형 = AB혈액형

붉은색 소 × 흰색 소 = 색깔이 섞인 송아지

(3) 부분 우성

① 대립형질에 있어서 부분적으로 서로 우성으로 작용하는 모자이크잡종이다.

② 안달루시안(청색) × 안달루시안(청색) → 백색 1 : 청색 2 : 흑색 1 → 백색 × 청색 = 청색

③ 흑색과 백색이 서로 깃털에 대해 부분적으로 우성 작용하기 때문이다.

▮ 토끼의 색원체 유전자 작용
친칠라 유전자는 황색색소를 제거하고, 히말라얀 유전자는 색소를 털의 끝 부분에만 발현하게 하고 다른 부위에서는 탈색시키며, 알비노 유전자는 몸 전체를 순백색으로 만든다.

(4) 복대립 유전자(multiple allele)

① 동일 유전자 좌위에 3개 이상의 유전자가 존재할 때 1개의 유전자가 다른 2개의 유전자와 대립하여 우열관계에 있는 것을 말한다.

② 사람의 혈액형, 누에의 반문, 면양의 뿔 유무, 닭의 우모색 등이 있다.

3. 비대립 유전자의 상호 작용

(1) 보족 유전자(complementary gene)

① 유전자 좌위를 달리하는 2쌍의 유전자가 상호 보완하여 양친에게 없는 새로운 형질을 나타내는 유전자

② 닭의 호도관, 야생우색, 집토끼 및 마우스의 야생모색 등

(2) 억제 유전자

① 2쌍의 유전자가 한 형질에 관여하는 경우 한 쪽 유전자가 다른 쪽 유전자 작용을 억제하는 유전자

② 백색레그혼의 우성 백색 우모, 개의 우성 백색 등의 유전자는 상위 유전자이다.

③ 양성 교잡 간 교배에서 F_2의 표현형 분리비는, 13 : 3 또는 12 : 3 : 1이다.

(3) 변경 유전자(modifying gene)

① 단독으로는 형질발현 작용이 없으나 표현형을 지배하는 주동 유전자와 공존하며 표현형을 양적 또는 질적으로 변화시키는 작용을 갖는 유전자

② 1개 또는 여러 개일 수 있고 주동 유전자가 존재할 때에만 뚜렷이 나타난다.

③ 양적 변경 유전자 : 홀스타인종의 백반의 크기, 마우스 · 집토끼의 백반

④ 질적 변경 유전자 : 닭의 무미, 단관에 대한 장미관과 호도관, 갈색란의 농담

(4) 동의 유전자

① 한 형질에 2쌍 이상의 독립 유전자가 관여하여 형질을 나타내는 유전자

② 산유량, 증체량, 산란능력 등은 동의 유전자의 작용이다.

③ 세브라이트(작은 닭) × 햄버그(육용종) → F_1 모두 중간, F_2 다양하게 나타난다.

4. 유전자의 특수 작용

(1) 상사 유전자(analogous gene)

① 표현형적으로는 동일하거나 비슷한 형질을 발현시키지만 전연 별개의 유전자이다.

② 백색 레그혼의 우성 백이나 플리머스 록, 와이안 돗트, 오골계, 보쟈는 열성 백이다.

(2) 유전자의 다면 작용(pleiotropism)

① 다면 작용 : 1개의 유전자가 2개 이상의 형질발현에 관계할 때 작용한다.

② 다면적 발현 : 1개의 유전자가 여러 표현형을 나타내는 경우(소의 매끄러운 혀)

▮ 소의 완전 치사
연골발육 부전, 하악 부전, 말단 결손, 상피 부전, 관절 강직, 선천성 수종, 선천성 어린병(魚鱗病), 무모, 장기재태

▮ 소의 반치사
반무모, 다제, 야맹 등

▮ 돼지의 치사 형질
후지마비, 전지비대, 항문폐색, 뇌수종 등

(3) 치사 유전자

① 개체발생이나 출생 초기에 형태적 이상이나 생리적 결함을 일으켜 죽게 하는 유전자

② 비교적 장기간 생존하는 것은 반치사 유전자라고 한다.

③ 우성 치사 유전자는 개체를 죽게 하므로 열성 치사 유전자만 관찰된다.

5. 성의 유전

(1) 성염색체의 구분

① 수컷 hetero형 : 포유류 XY, XO(♂), XX(♀)

② 암컷 hetero형 : 조류, 파충류, ZW(♀), ZZ(♂)

※ 성의 결정은 hertero형의 유전자에 의해 결정된다.

(2) 성의 결정

① 정자와 난자가 수정되는 순간 성염색체에 의해 결정된다.

② X형 정자 + 난자(X형) = ♀, Y형 정자 + 난자(X형) = ♂

③ 수정 8주경 수컷은 볼프관(Wolffian duct), 암컷은 뮬러관(Mullerian duct)이 발달하여 암수의 생식기가 된다.

④ 1차 성비 : 수정 시 성비, 2차 성비 : 출생 시 성비, 3차 성비 : 이유 시 성비

※ 성비 = {♂/(♂+♀)} × 100

(3) 간성(intersex)

① 암수 양쪽 형질이 혼합 발달했거나 다른 쪽 성에 과도적 형질을 나타내는 것

② 외부의 형태, 생식기 등이 다른 쪽 성의 특징을 혼합하고 있다.

- ㉠ 웅형 간성 : 유전적으로 수컷이 간성으로 전환
- ㉡ 자형 간성 : 유전적으로 암컷이 간성으로 전환

③ 조류는 웅형 간성, 포유류는 자형 간성이 많다. 염소에서는 5~11%가 발생하며, 단순 열성 간성 유전자에 기인한다.

④ 진반음양 : 난소와 정소가 동시에 존재

⑤ 의반음양 : 한 쪽의 생식선과 반대성의 생식기를 가진 것(난소와 음경, 정소와 질)

(4) 프리마틴(Freemartin, chimera)

① 2란성 쌍태의 이성일 경우 암컷은 먼저 분화된 수컷의 생식선에서 분비된 안드로젠의 작용으로 암컷의 생식기가 발달하지 못한다.

② 2란성 쌍태일 때 이성의 암컷은 90~96%가 프리마틴이 된다.

(5) 반성 유전(伴性遺傳 ; sex-linked inheritance)

① 암수 공통으로 존재하는 성염색체(X)에 성 이외의 형질을 지배하는 유전자가 있을 때 암수의 성별에 따라 형질의 발현 비율이 달라지는 유전 현상이다.

② 수컷 헤테로형 : 수컷 hetero(XY), 암컷 homo(XX)인 경우
사람의 색맹, 혈우병, 크리스마스병, 안구진탕증, 거대각막증, 개의 혈우병 등

③ 암컷 헤테로형 : 암컷 hetero(ZW), 수컷 homo(ZZ)인 경우

㉠ 닭의 횡반, 만우성(K)과 조우성(k)

㉡ 정·역 교배에 따라 유전양식이 달라진다.

▮ 닭 모색의 반성유전

▶ [제1특징]
횡반(♂)×흑색(♀)일 때
- F_1 : ♂,♀ 모두 횡반(횡반 우성)
- F_2 : ♂은 모두 횡반, ♀은 1/2만 횡반

▶ [제2특징]
흑색(♂) × 횡반(♀)일 때
- F_1 : ♂은 모두 횡반, ♀ 모두 흑색(십자유전)

▶ [제3특징]
F_2는 ♂, ♀ 각각 횡반과 흑색이 1 : 1
- 반성유전자는 X 염색체에 있으므로 정·역 교배에 따라 달라짐

(6) 한성 유전(限性遺傳 ; sex-limited inheritance)

① 수컷 헤테로형 동물의 Y나 O 염색체에 의한 유전으로 수컷에만 나타나는 유전 현상이다.

② 이모과다증, 백만어의 등지느러미 흑색 반점, 물갈퀴 발, 초파리의 단발, 누에의 반문

(7) 종성 유전(從性遺傳 ; sex-controlled character)

① 양성 모두에 나타날 수 있으며 한 쪽 성에서는 우성, 다른 쪽은 열성으로 발현한다.

② 닭의 깃의 형태 및 빛깔, 볏 모양, 산란성, 가축의 뿔, 면양 수컷의 뿔(수컷 유각, 암컷 무각), 털, 비유성 등 2차 성징에 관한 것이다.

04 가축의 선발

1. 가축 선발의 이해

(1) 선발의 의의와 목적

① 유전적으로 우수한 개체를 골라 씨가축으로 이용하여 유전적 개량을 도모하는 것

② 우수한 수가축의 선발은 품종개량에 매우 중요하다.

③ 경제적으로 중요한 형질을 개량하는 데 있다(가장 중요한 목표).

④ 인간의 요구에 따라 변화될 수 있어야 한다(예 소고기 등심 마블링).

⑤ 시대와 시장의 여건에 의해 변할 수 있다.

(2) 선발의 기능

① 유전적 빈도를 변화시키는 데 있다.

② 선발에 의해서 유전자 빈도가 변화되면 유전자형 빈도도 동시에 변한다.

③ 유전적으로 우수한 종축을 선발하여 이용하면 다음 자손이 우수하게 된다.

(3) 선발 효과를 높이는 방법

① 선발차가 커야 한다.

- 개량 형질의 변이가 크고, 증식률이 높으며 경제적인 형질에 대해 선발

② 형질의 유전력을 높여야 한다.

- 환경변이를 최소화하고 새로운 유전자 도입과 잡종강세 이용

③ 세대간격이 짧아야 한다.

- 어린 가축을 이용하여 후대검정 피해를 줄인다.

(4) 선발과 유전력

① 선발의 효과는 축군의 평균이 얼마나 변화하였는가를 측정한다.

② 집단의 평균이 유전적으로 개량된 양을 유전적 개량량이라고 한다.

③ 선발된 종축의 자손의 평균과 종축이 속한 원래의 축군 차이로 계산한다.

유전적 개량량 = h^2S h^2 : 유전력, S : 선발차

- 선발차 : 씨가축으로 선발된 개체의 평균과 모집단의 평균 간의 차이

선발차 $S = \bar{X}s - \bar{X}p$ 선발된 개체의 평균 : $\bar{X}s$, 모집단의 평균 : $\bar{X}p$

- 선발강도 : 선발차를 표현형 표준편차로 나눈 값을 의미한다.

선발강도 $i = \dfrac{S\text{(선발차)}}{\sigma_p\text{(표현형 표준편차)}}$

④ 유전력의 값은 0~1.0인데, 이것은 %로 나타내면 0~100%가 된다.

⑤ 유전력 20% 이하 : 저도의 유전력, 20~40% : 중도의 유전력, 40~50% 이상 : 고도의 유전력이라고 한다.

▮ 고도의 유전력
난중, 등지방 두께 및 체장, 증체량 및 사료효율, 유지율

▮ 저도의 유전력
부화율 및 산란수, 산자수, 도체등급, 체중과 수태율

〈표 3-1〉 가축의 경제적 형질 유전력

가축	형질	유전력	가축	형질	유전력
닭	난중	0.55	육우	증체량	0.60
	8주령 체중	0.35		사료효율	0.48
	초산일령	0.26		생시체중	0.34
	산란수	0.20		이유시 체중	0.30
	부화율	0.16		도체등급	0.14
돼지	등지방 두께	0.55	유우	유지율	0.60
	체장	0.50		유지방량	0.30
	사료효율	0.29		산유량	0.20
	산자수	0.15		체중	0.14
	이유시 체중	0.09		수태율	0.01

2. 선발 방법

▮ 선발 방법
– 외모에 의한 선발 : 가축품평회를 통한 체형의 외모 심사
– 혈통에 의한 선발 : 선조의 능력 기록을 보고 선발
– 능력에 의한 선발 : 개체선발, 가계선발, 후대검정, 간접선발

(1) 개체 선발

① 개체의 능력만을 근거로 해서 그 개체의 씨가축으로써 가치를 추정하는 방법

② 유전력이 높은 형질의 개량에 효과적으로 이용할 수 있다.

③ 개체 선발은 비교적 실시하기가 쉽다는 장점이 있다.

④ 능력검정소를 설치하여 동일한 사양조건에서 비교하여 선발해야 한다.

▮ 혈통 선발의 장점

- 한 쪽 성에만 발현되는 형질(산란, 비유 등)의 선발
- 도살해야만 측정할 수 있는 형질(정육량, 육질 등)의 선발
- 가축의 수명과 같이 측정에 오랜 시일이 소요되는 형질의 개량에 이용
- 개체가 어려서 능력에 대한 자료가 없을 때 활용

▮ 가계 선발의 이용

- 개량하려는 형질의 유전력이 낮을 때
- 가계구성원의 수가 많을 때
- 개량하려는 형질이 한 쪽 성에만 발현될 때
- 가축의 수명과 같이 형질의 측정에 오랜 시일이 소요될 때

(2) 혈통 선발

① 부모, 조부모 등 선조의 능력을 근거로 종축을 선발하는 방법

② 선조에 대한 능력이 이미 조사되어 있는 경우 혈통선발이 유리하다.

③ 유전력이 높은 형질에는 크게 도움이 되지 않는다.

(3) 가계 선발

① 형제들의 능력을 평균하여 가계 내의 개체를 전부 선발하거나 도태하는 방법

② 가계 내 개체간의 차이는 선발에서 완전히 무시한다.

③ 가계는 전형제, 반형제 가계와 같이 혈연관계가 있는 개체의 무리이다.

(4) 가계 내 선발

① 가계 내 평균 능력과 개체의 능력을 비교하여 선발하는 방법이다.

② 가계 내 선발은 근친교배의 위험성을 적게 할 수 있는 장점이 있다.

③ 개체와 가계의 결합선발 시 더 큰 효과를 얻을 수 있다.

(5) 방계 친척의 능력에 근거한 선발

① 전자매, 반자매, 전형제, 반형제, 숙모, 숙부 등

② 선발법으로는 자매검정 또는 형매검정을 들 수 있다.

③ 검정하려는 개체의 자매나 형제 또는 숙모나 숙부의 수가 많아야 한다.

④ 개체선발이나 선조의 능력에 의한 선발을 실시할 수 없을 때 사용한다.

(6) 후대 검정

① 자손의 능력 평균을 근거로 종축으로 이용할 것인가를 결정하는 선발 방법

② 주로 암가축보다 수가축의 선발에 많이 쓰인다.

③ 많은 수의 자손을 생산 및 조사하여 선발하면 정확도가 높아진다.

(7) 외모와 체형에 의한 선발

① 외모와 체형의 중요성

㉠ 외모는 그 품종 고유형질의 보유 여부를 추정할 수 있다.

㉡ 소유 축군의 능력의 균일성을 확인할 수 있는 지표이다.

- 젖소 : 후구발달은 산유량이 많다.
- 닭 : 정강이 색이 퇴색하고 치골 간격이 넓으면 다산계
- 돼지 : 긴 허리는 베이컨 생산량이 많다.

② 한우의 심사

㉠ 가축의 심사표준에 의거 외모와 체형을 측정하여 우열을 판별하는 기술

㉡ 체형상의 장단점을 파악하여 우수 개체를 조기에 선발 가능

- 예비 심사 : 세부 심사 전 성별, 연령, 모색, 특징 등을 조사
- 일반 심사 : 일반 외모의 장단점, 즉 체적, 균형, 자질, 품위, 품종의 특징을 심사
- 세부심사 : 심사 표준에 의거하여 신체의 각 부위를 세밀하게 관찰
- 비교심사 : 2두 이상의 각 개체를 동시에 비교하여 우열의 등급을 정하는 방법

③ 한우의 실격 조건

㉠ 전신 이모색 (전신 혼합모 포함)

㉡ 부분 이모색

- 암소 유방부, 수소 치골부의 심한 백반
- '위의 사항' 이외의 백반과 부분 호반모 및 부분 흑갈색모
- 흑만선(검정색의 줄무늬가 뱀장어 형상으로 나 있는 것)

㉢ 눈꺼풀과 눈언저리의 흑색 및 비경의 흑색

㉣ 선천적 불량 형질 및 이성 쌍태아 중 불임우

㉤ 감점 50점 이상인 부위가 있는 것

㉥ 부정한 행위로 실격조건을 은폐시킨 것

▮ 후대 검정의 장단점

- 비유, 산란능력과 같이 한쪽 성에만 발현되는 형질을 개량할 때
- 개량하려는 형질의 유전력이 낮은 형질의 개량
- 도살하여야만 측정할 수 있는 형질을 개량할 때
- 단점 : 검정에 오랜 시일이 필요하고 시설과 경비가 소요된다.

▮ 홀스타인의 실격 조건

① 모색
- 흑색 또는 전신 단일 모색
- 미방 또는 복부 흑색인 것
- 한 다리라도 제관부까지 검은 털로 둘러 싼 것
- 혼합모

② 유방 : 선천적으로 1유구 이상 결여

③ 이성 쌍태의 불임축

④ 부정행위를 한 가축

⑤ 유전적인 불량형질

④ 체형 측정 방법

▮ 체형 측정 부위

AB : 체고
LH : 고장
CD : 십자부고
EF : 수평체장
XY : 흉폭
MN : 요각폭
OP : 곤폭
QR : 좌골폭
GH : 사체장
JK : 흉심
W : 전관위

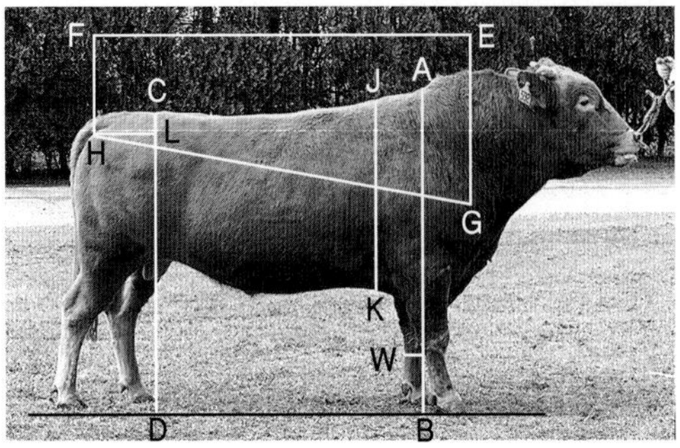

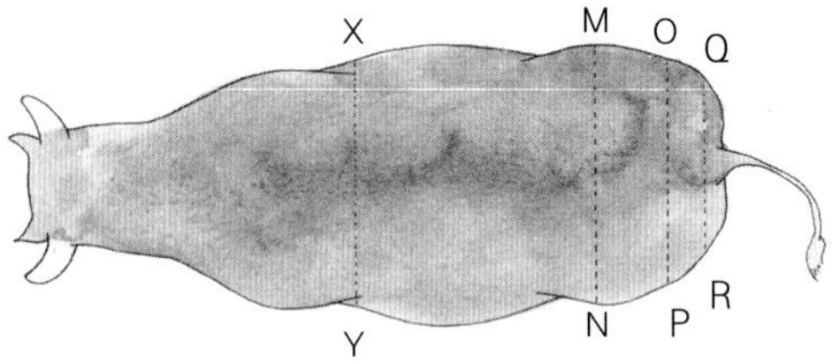

측정 부위	측정 기구	측정 방법
체 고	체 척 계	기갑부의 최고봉에서 지면까지의 수직 거리를 잰다.
십자부고	체 척 계	십자부에서 지면까지의 수직 거리를 잰다.
체 장	체 척 계	수평체장 : 어깨 끝에서 좌골 끝까지를 수평으로 잰다. 사체장 : 견단에서 좌골단까지의 사선 거리를 잰다.
흉 심	체 척 계	대경부에서 등과 가슴 바닥과의 수직 거리를 잰다.
흉 폭	체 척 계	대경부에서 가장 넓은 수평폭을 잰다.
고 장	골 반 계	요각의 앞 끝과 좌골 끝 사이의 직선 거리를 잰다.
요 각 폭	골 반 계	좌우 요각 바깥쪽의 가장 돌출한 부위의 수평폭을 잰다.
좌 골 폭	골 반 계	한우에서는 좌우 좌골 외돌기의 가장 넓은 폭을 잰다.
곤 폭	골 반 계	좌우 고관절 사이의 가장 넓은 너비를 잰다.
흉 위	줄 자	가슴둘레를 잰다.(대경부의 둘레를 잰다.)
전 관 위	줄 자	오른쪽 전관의 가장 가는 부위의 둘레를 잰다.

※ 대경부: 견갑골 뒤(어깨 뒤)

체형 측정 심사

05 가축의 교배

1. 동계 교배

(1) 근친 교배

① 근친 교배의 뜻

㉠ 혈연 관계가 가까운 개체간의 교배

㉡ 고도의 근친 교배 : 부모와 자식(모자간, 부랑간), 형제자매(형매간)간의 교배

㉢ 중도의 근친 교배 : 조부모와 손자(조손간), 사촌 형제자매(종형매간)간의 교배

㉣ 저도의 근친 교배 : 삼촌과 조카(숙질간) 또는 그 이상의 교배

② 근친 교배의 이용

㉠ 유전자의 고정

㉡ 불량한 열성유전자나 치사유전자의 제거

㉢ 계통교배법을 이용할 때

㉣ 가계선발을 이용할 때

㉤ 근교계통을 만들어 잡종강세를 이용할 때

③ 근교계수(근친계수)

㉠ 근친도 측정에는 주로 라이트(Wright)의 근친계수가 이용된다.

㉡ 두 개체가 속해 있는 집단의 전 개체간의 평균 혈연관계를 기준으로 판정한다.

㉢ 근교계수 범위는 0~1.0(0~100%)이다.

$$F_x = \Sigma[(\frac{1}{2})^{n+n'+1}(1+F_A)]$$

F_x : X 라는 개체의 근교계수
n : X 의 부친으로부터 공통선조까지의 세대수
n' : X 의 모친으로부터 공통선조까지의 세대수
F_A : 공통선조의 근교계수
Σ : 각 공통선조에 대해 계산된 값을 합계한다는 뜻

■ 동계 교배
근친교배, 계통교배, 순수(순종)교배, 선택교배

■ 이계 교배(잡종 교배)
이품종 교배, 이종교배, 이속교배, 누진교배

▮ 근교 약세(근교 퇴화, inbreeding depression)

– 유전자의 이형성(Aa)이 감소되고 열성 불량 유전자가 동형화(aa)된다.

– 치사유전자, 기형이 나타나는 빈도가 높아진다.

– 번식능력, 성장률, 산란능력, 생존율 등 기형 출현, 생산성 저하 등이 나타난다.

④ 근친 교배의 유전적 효과

㉠ 동형접합체(homo)의 비율을 증진시키고, 이형접합체(hetero)의 비율 감소

㉡ 유전자의 호모성을 증진, 헤테로성을 감소시킨다.

㉢ 유전자를 고정시키고 동형화된 유전자(호모)는 자손에게 강력 유전을 한다.

(2) 계통 교배

① 동일 품종 중 동일 계통간 교배지만 혈연관계가 약간 먼 것 사이의 교배

② 유전적으로 능력이 우수한 개체와 혈연관계가 높은 자손을 만들기 위한 교배법

③ 어느 특정개체의 형질을 고정시키는 데 유효한 방법이다.

④ 근친 교배의 능력저하 피해를 줄이기 위해 고안된 방법이다.

(3) 순수(순종) 교배

① 동일 품종간 교배로 품종 특성을 유지하면서 능력을 향상시키는 목적이 있다.

② 혈통 등록 제도가 필요하다.

(4) 선택 교배

① 교잡 개량을 하지 않고 그 지방의 재래종 중에서 우수한 개체를 선발하여 교잡

② 한우의 개량 방법이다.

(5) 기타

① 이계 교배 : 같은 품종 내 다른 계통의 교배로 근친 교배의 피해를 줄이는 교배

② 무작위 교배 : 동일 집단 내에서 암수가 서로 임의로 교배되도록 하는 방법

2. 이계 교배

(1) 이계(잡종) 교배의 목적

① 다른 품종이나 계통의 새로운 유전자를 도입할 때

② 새로운 계통이나 품종을 육성하려고 할 때

③ 잡종강세를 이용하고자 할 때

(2) 잡종강세

① 잡종 제1대의 능력이 부모의 능력보다 우수하게 나타나는 현상

② 일반적으로 잡종강세 현상은 F_1에서 강하게 나타난다.

$$\text{잡종강세(\%)} = \frac{F_1\text{의 평균} - \text{양친 품종의 평균}}{\text{양친 품종의 평균}} \times 100$$

(3) 이품종 교배

① 교배에 사용한 품종의 수에 따라 2원 교배, 3원 교배, 4원 교배로 구분

② 2원 교배(F_1 이용)를 우수한 잡종강세 현상으로 가장 많이 이용한다.

③ 잡종끼리의 지속적인 교배는 불량 형질이 발현된다.

④ 돼지는 대요크셔와 렌드레이스, 햄프셔나 듀록종에 의한 3원 교배를 이용한다.

⑤ 닭은 3원 교배, 4원 교배방법이 널리 이용된다.

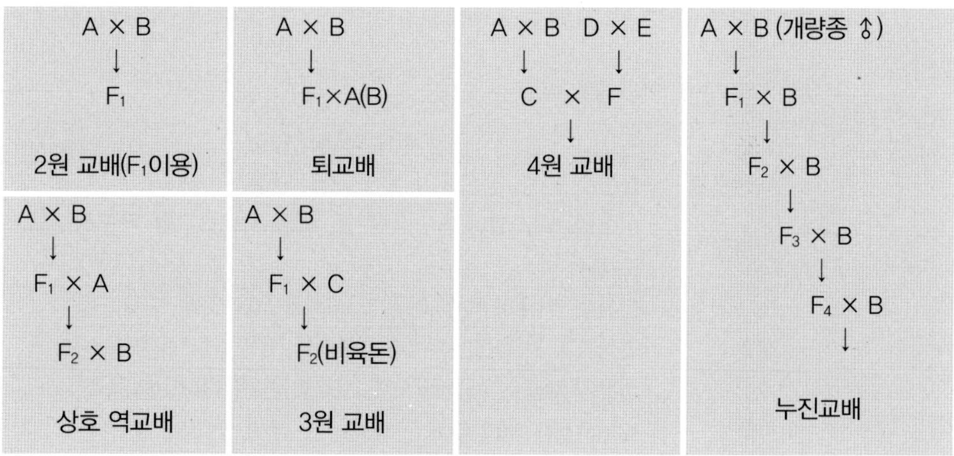

이품종 교배

(4) 누진 교배

① 능력이 불량한 재래종을 개량하는 데 이용되는 방법

② 재래종 암컷에 개량종 순종 종모축을 계속 교배시키는 방법

③ 2~3대 잡종까지는 개량속도가 빠르나 그 후에는 느려 시일이 오래 걸린다.

④ 소와 말에서 가장 유익하게 쓰이며 돼지, 산양, 면양 등에서도 이용된다.

재래종(♀) × 개량종(♂)
↓
F_1(♀) × 개량종(♂)
↓
F_2(♀) × 개량종(♂)
↓
F_3(♀) × 개량종(♂)
↓

누진교배

(5) 종간 교배 · 속간 교배

① 종간 교배 : 동속이면서 종(species)이 다른 두 개체간의 교잡

※ 암말×수나귀 = 노새, 수말×암나귀 = 버새

② 속간 교배 : 속(genus)을 달리하는 개체간의 교배

※ 염소×양, 닭×꿩, 수공작×암탉, 말×얼룩말

③ 종간 잡종과 속간 잡종을 간생이라고 하며, 암컷은 번식력이 없다.

〈표 3-2〉 가축의 주요 경제적 형질

구분		주요 경제적 형질
닭	산란계	산란수, 난중, 생존율, 사료 요구율, 난질
	육용계	성장률, 우모 발생 속도, 생존율, 체형, 사료요구율, 우모색, 도체율
돼지		산자수, 이유시 체중, 이유 후 성장률, 사료효율, 도체품질
젖소		번식능률, 비유량, 유지율, 생산수명, 유방형질, 체형과 외모
한우		이유시 체중, 산육능력(체중, 사료효율, 증체율), 번식능력, 도체품질(등지방 두께, 근내지방도, 육색, 지방색, 조직감, 성숙도), 체형

06 동물생명공학

1. 생명공학의 이해

(1) 생명공학의 정의

① 생명공학(biotechnology)은 생명(bio)과 기술(technology)의 합성어

② 생물의 유전, 생존, 성장 등을 연구하고 공학적으로 응용하여 인간의 삶에 필요한 대상을 만드는 것

③ 분자생물학 기법을 이용, 유전자를 변형시켜 인간에게 유익한 산물을 얻는 기법

(2) 생명공학의 이용 분야

분야	이용 분야
의학	• 인간 질병의 원인 규명 • 인공 장기 생산 • 줄기세포 생성 관련 연구
농업	• 형질전환동물 생산 • 복제동물 생산 • 환경 복원 – 오염물질 분해 미생물 이용
사회과학	• 범죄수사 – 유전자 감식
의약품 개발	• 치료 백신 및 치료제 개발 • 신약 개발 연구
식품분야	• 원료, 첨가물, 포장재 등의 기능성 물질 생산

(3) 생명공학 용어 해설

① 제한효소(restriction enzyme)

㉠ DNA의 특정 염기 서열을 인식하여 그 부위의 DNA 가닥을 절단하는 효소

㉡ DNA 연결 효소로 쉽게 연결할 수 있어 유전자 재조합 과정에서 매우 중요한 작용을 한다.

② 결합효소

㉠ 제한 효소가 절단한 DNA 조각을 연결하는 효소(리가제 ; ligase)이다.

㉡ 절단된 조각의 말단이 동일할 때 연결이 가능하다.

③ 벡터(vector)

㉠ 재조합 벡터 : 표적 유전자를 숙주에 삽입하여 개체수를 증식하는 벡터

㉡ 발현 벡터 : 삽입된 유전자가 발현되어 단백질 합성을 유도하는 벡터

④ 역전사 효소

㉠ DNA는 엑손(exon)과 인트론(intron)으로 구성됨

㉡ RNA를 주형으로 역전사하여 DNA를 합성하는 효소, 레트로바이러스에 존재

2. 형질전환 동물 생산

▮ 형질전환 동물 (transgenic animals)
새로운 유전자를 인위적으로 삽입하여 유전적으로 변형된 동물

(1) 형질전환 동물의 이용

① 동물의 능력 개량 : 우수 형질 개발, 저항성 품종 육성

② 의약품 생산 : 치료제 예방 백신 생산

③ 질환 모델 동물 : 인간 질병의 치료나 연구용 동물 생산

④ 이종장기 생산 : 면역 거부반응이 없는 장기 생산

⑤ 식품 : 고영양 식품, 기능성 바이오 식품(락토페린 등)

⑥ 생체 적합 재료 : 인공 피부, 인공 혈관, 인공 뼈

⑦ 산업 신소재 생산 : 바이오 스틸(유즙에서 고탄력 섬유 생산)

(2) 형질전환 동물 생산 기법

① 미세주입법(microinjection) : 수정란에 1㎛ 이하인 주입용 미세소관을 삽입, 재조합 유전자가 함유된 10ul 극미량의 용액을 수정란의 전핵에 주입

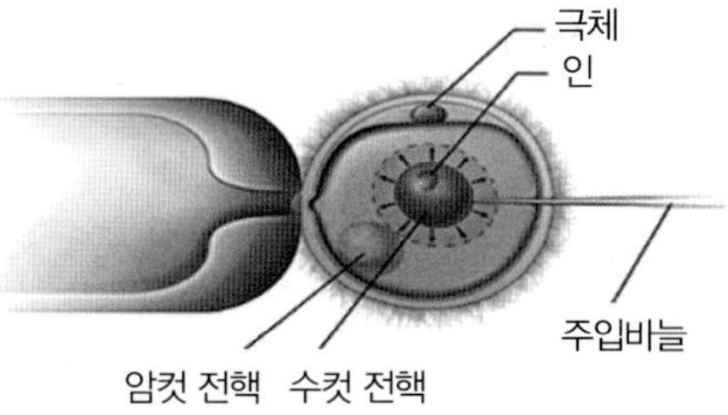

미세주입법

② 레트로바이러스(retrovirus) 이용법 : 동물세포를 숙주로 이용하는 레트로바이러스의 독성 유전자 부위를 제거하고 재조합유전자를 연결한 후 수정란에 감염시켜 수정란의 염색체에 재조합유전자를 삽입한다.

③ 배아주세포(embryonic stem cell) 이용법 : 착상 직후의 배아를 정소나 신장과 같은 자궁 외 기관에 이식하였을 때 생기는 EC(embryonal carcinoma)세포는 미분화 주세포로서 영속적인 분열능력과 다양한 조직으로의 분화능력을 가지고 있다.

④ 정자 이용법 : 외래유전자를 정자와 단순히 섞어주거나, 리포좀(liposome) 또는 전기적 자극으로 정자 내로 도입한 후 수정을 통하여 형질전환 동물을 생산한다.

(3) 유전자 재조합(gene recombination)

① 유전자 클로닝(gene cloning) : 특정 유전자 또는 특정 DNA절편을 분리하여 세균이나 박테리오파지의 복제기구를 이용해서 대량으로 복제하는 기법

② 유전자 재조합 과정

㉠ 원심분리로 플라스미드를 분리한다.

㉡ 제한 효소를 이용하여 플라스미드를 잘라낸다.

㉢ 플라스미드를 합성시킬 목표 유전자를 잘라낸다.

㉣ DNA 연결 효소를 이용하여 플라스미드와 목표 유전자를 결합한다.

㉤ 목적 유전자를 숙주세포(주로 대장균)에 삽입한다(DNA클로닝).

㉥ 숙주 세포를 배양한다(대량 생산 가능).

3. 줄기세포(stem cell) 이용법

(1) 배아 줄기세포

① 수정란 배반포의 배아 내부의 세포 덩어리로부터 분리해 낸 줄기세포

② 어느 조직으로도 분화할 수 있는 능력(전분화능)이 있다.

③ 생명 윤리 문제와 면역 거부반응이 있다.

(2) 성체 줄기세포

① 피부, 골수, 제대혈(탯줄의 혈액) 등에서 추출한 줄기세포이다.

② 모든 기관을 구성하는 세포로는 분화하지 못하고 피부, 근육의 힘줄, 혈구 등으로만 제한적으로 분화한다(다분화능).

③ 생명 윤리의 문제가 적고, 자신의 세포를 이용하므로 면역 거부반응이 없다.

4. 동물 복제

▮ 동물 복제
동물세포에 핵치환(핵이식) 등 인위적 조작을 가하여 유성생식 과정을 거치지 아니하고 유전형질이 동일한 복수의 동물을 생산하는 발생공학기술

(1) 생식세포 복제

① 난자에 공여 핵이식 → 난자 활성화 → 복제 수정란 배양 → 대리모 이식

② 수정란이 4세포기 : 8세포기에 예리한 도구로 난세포(할구)를 분할

③ 수정란 속의 할구들을 효소를 이용해 화학적으로 분리한 뒤 체외 배양

④ 대리모에 이식 : 복제 동물 탄생

(2) 체세포 복제

① 난자의 핵을 제거한 후 다른 동물의 체세포의 핵을 투입하여 복제생물을 만듬

② 체세포 복제는 난자와 정자가 결합하는 수정 과정 없이도 생명체를 탄생

③ 과정

㉠ 복제 대상 동물의 체세포를 떼어 내어 DNA가 있는 핵 분리

㉡ 다른 동물의 난자를 채취한 뒤 난자의 핵을 제거

㉢ 체세포의 핵을 난자에 주입하여 '복제 수정란'을 만듦

㉣ 1996년 7월 5일 복제양 '돌리' 탄생

(3) 동물 복제의 이용

① 유전적으로 유사한 동물을 증식하고 개량

② 동물 생체반응기(animal bioreactor)의 개발(생리활성물질 생산)

③ 인체질환 모델 동물 개발

④ 인간 대체장기 생산용 동물을 개발

(4) 동물 복제의 문제점

① 생명 윤리에 대한 논쟁

② 복제 동물의 건강과 노화(돌리는 6년 만에 폐사)

③ 복제 동물의 면역 결핍 등

기출문제

정답 및 해설

01 다음 중 가축육종의 목표로 적합하지 않은 것은?

㉮ 축산물의 생산량 증가
㉯ 축산물의 효율적인 생산
㉰ 축산물의 품질 향상
㉱ 가축의 세대간격 장기화

■ 가축 육종의 목표
① 축산물의 생산량 증가
② 축산물의 효율적인 생산
③ 축산물의 품질 향상
④ 사양한계의 극대화
⑤ 생산의 안정화

정답 ㉱

02 동물 육종의 특성에 대한 설명으로 바르지 못한 것은?

㉮ 식물보다 세대간격이 짧고 유전양식이 간단하다.
㉯ 인간사회와의 관계가 복잡하다.
㉰ 동물은 정신적 작용을 한다.
㉱ 각 개체가 큰 경제적 가치를 가지고 있다.

■ 식물에 비해 세대간격이 길고 유전양식이 복잡하다.

정답 ㉮

03 다음 중 양적 형질에 대한 설명으로 바르지 못한 것은?

㉮ 증체량, 산란수, 유지량 등이 이에 속한다.
㉯ 변이가 정규분포를 나타내며 평균치 빈도가 높다.
㉰ 환경영향을 받으며 다수의 유전자가 작용한다.
㉱ 뿔의 유무, 털 색깔, 볏의 형태, 기형 등이다.

■ 뿔의 유무, 털 색깔, 볏의 형태, 기형 등은 질적 형질이다.

정답 ㉱

04 다음 중 동물 세포에 대한 설명으로 바르지 못한 것은?

㉮ 핵은 둥근 모양이며, 유전물질인 DNA가 있다.
㉯ 중심체는 세포분열 시 방추사 형성의 기준이 된다.
㉰ 인은 핵 안에 위치하며 단백질, 지질의 저장과 수송 역할을 한다.
㉱ 미토콘드리아는 포도당 등 유기물을 분해하여 에너지를 발생한다.

■ 인은 핵 안에 위치하며 RNA가 들어 있다.

정답 ㉰

05 동물의 세포 중 유전물질인 DNA가 있는 곳은?

㉮ 핵
㉯ 인
㉰ 중심체
㉱ 리소좀

■ 핵은 둥근 모양이며, 유전물질인 DNA가 있다.

정답 ㉮

06 동물의 세포 중 포도당 등 유기물을 분해하여 에너지를 발생하는 기관은?

㉮ 세포막
㉯ 액포
㉰ 미토콘드리아
㉱ 인

■ 미토콘드리아는 포도당 등 유기물을 분해하여 에너지를 발생한다.

정답 ㉰

07 유전물질, 즉 형질의 유전 정보의 기본 단위는?

㉮ 세포
㉯ 유전자
㉰ 염색체
㉱ 핵

■ 유전자는 부모로부터 자식으로 전해지는 유전물질, 즉 형질의 유전 정보의 기본 단위이다.

정답 ㉯

08 다음에서 설명하는 것은 무엇인가?

- 형질 유전정보의 기본 단위
- 디옥시리보핵산으로 되어 있고 염색체에 존재
- 뉴클레오타이드 가닥이 오른쪽으로 꼬인 2중 나선형 구조

㉮ DNA
㉯ RNA
㉰ 미토콘드리아
㉱ 리보솜

■ DNA 분자는 2개의 뉴클레오타이드 가닥으로 이루어져 있으며, 이들은 서로 꼬여서 비틀어진 사다리 모양을 하고 있다. 염기로는 아데닌(A) · 구아닌(G) · 시토신(C) · 티민(T)이 있다.

정답 ㉮

정답 및 해설

09 RNA는 DNA와 다른 어떤 염기(鹽基)를 지니고 있는가?

㉮ 티민(Thymine)
㉯ 아데닌(Adenine)
㉰ 우라실(Uracil)
㉱ 시토신(Cytosine)

■ DNA : A, T, C, G
RNA : A, C, U(우라실), G

정답 ㉰

10 다음 중 RNA에 대한 설명으로 바르지 못한 것은?

㉮ 염기 A, C, U(우라실), G로 되어 있다.
㉯ 기능은 유전 정보를 전달하고 형질을 발현시킨다.
㉰ 분자의 구조는 2중 나선형 수소 결합 형태이다.
㉱ 위치하는 장소는 핵, 리보좀, 세포질이다.

■ 분자 구조는 단일 가닥이다.

정답 ㉰

11 염색체의 구성물질은?

㉮ RNA와 중심체
㉯ DNA와 히스톤 단백질
㉰ 핵과 미토콘드리아
㉱ 골지체와 리소좀

■ 염색체는 세포분열 시 나타나는 실 모양의 염색사가 꼬여 짧게 응축된 형태이며 동물의 종류에 따라 수가 일정하며, 유전물질의 운반체이다.

정답 ㉯

12 뉴클레오타이드의 3대 구성 성분이 아닌 것은?

㉮ 인산
㉯ 5탄당
㉰ 염기
㉱ 단백질

■ 뉴클레오타이드는 인산, 5탄당, 염기로 이루어져 있다.

정답 ㉱

정답 및 해설

13 세포의 유사분열 과정에서 핵막과 인이 소실되는 시기는?

㉮ 전기
㉯ 중기
㉰ 후기
㉱ 말기

■ 체세포분열 전기에는 핵막과 인이 소실되기 시작하고 중심체에서 방추사가 형성되어 염색체의 동원체에 부착된다.

정답 ㉮

14 생식세포 분열 시 상동염색체의 염색분체간 꼬임에 의한 교차가 일어나 상동염색체간 유전물질의 교환이 이루어지는 시기는?

㉮ 세사기
㉯ 접합기
㉰ 태사기
㉱ 복사기

■ 생식세포의 감수1분열 중 태사기에는 밀집된 상동염색체의 염색분체간 꼬임에 의한 교차가 일어나 상동염색체간 유전물질의 교환이 일어난다.

정답 ㉰

15 멘델의 법칙에서 F_2에서 우성과 열성형질이 3:1로 나타나는 법칙은?

㉮ 우열의 법칙
㉯ 분리의 법칙
㉰ 독립의 법칙
㉱ 치사의 법칙

■ 우열의 법칙은 F_1에서 우성만 나타나고 분리의 법칙은 F_2에서 우성과 열성이 3:1로 나타난다.

정답 ㉯

16 2쌍 이상의 대립 형질이 동시에 유전될 때 각각의 형질을 나타내는 유전자는 다른 유전자에 영향을 주지 않고 독립적으로 분리의 법칙에 따라 유전된다는 멘델의 법칙은?

㉮ 우열의 법칙
㉯ 분리의 법칙
㉰ 독립의 법칙
㉱ 치사의 법칙

■ 독립의 법칙에서 F_2의 표현형은 4종류이며 분리비는 9:3:3:1로 나타난다.

정답 ㉰

17 다음 중 우성 동형접합체(호모)는?

㉮ Aa Bb
㉯ AA bb
㉰ AA bB
㉱ AA BB

18 포유류의 성염색체 표기 방법은?

㉮ XX XY
㉯ ZW ZZ
㉰ XO YZ
㉱ XZ YW

19 잡종 1대(F_1)가 양친의 중간 형질을 나타내는 현상은?

㉮ 완전 우성
㉯ 불완전 우성
㉰ 부분 우성
㉱ 득성 유전

20 다음과 같은 현상이 나타나는 유전자의 작용은?

> – 두 대립 유전자의 형질(양친의 형질)이 모두 발현되어 혼합형으로 나타난다.
> – A혈액형 × B혈액형 = AB혈액형
> 붉은색 소 × 흰색 소 = 색깔이 섞인 송아지

㉮ 불완전 우성
㉯ 공우성
㉰ 복대립 유전
㉱ 부분 우성

정답 및 해설

■ 우성은 대문자로, 열성은 소문자로 표기하며 AA bb 형태는 호모, Aa Bb 형태는 헤테로라고 한다.

정답 ㉱

■ 포유류 XX(♀), XY(♂)
조류 ZW(♀), ZZ(♂)

정답 ㉮

■ 닭의 모관과 비모관, 갈색란과 백색란, 각모와 무각모는 불완전 우성이라 한다.

정답 ㉯

■ 불완전 우성은 중간 형질이 나타나고 공우성은 혼합형으로 나타난다.

정답 ㉯

정답 및 해설

21 다음 중 완전 우성에 대한 설명으로 바른 것은?

㉮ F_1은 양친의 한 쪽 형질만 나타난다.
㉯ F_1은 양친의 중간적 형질이 나타난다.
㉰ F_2는 양친의 열성 형질만 나타난다.
㉱ F_2는 양친의 우성 형질만 나타난다.

■ 완전 우성은 잡종 1대(F_1)에 양친 형질 중 우성만 나타나는 것이다.

정답 ㉮

22 돼지의 요크셔(백색 WW)종과 버크셔종(흑색 ww)을 교배하였다. 잡종 제1대(F_1)에서는 어떤 색이 나타나는가?

㉮ 백색만 나타난다.
㉯ 흑색만 나타난다.
㉰ 백색에 흑색 반점이 나타난다.
㉱ 중간색인 회색이 나타난다.

■ 잡종 1대의 표현형은 우성(W 흰색)만 나타나고 열성(w 흑색)은 나타나지 않는다.

정답 ㉮

23 비대립유전자간의 상호작용 중 유전자 좌위를 달리하는 2쌍의 유전자가 상호 보완하여 양친에게 없는 새로운 형질을 나타내는 유전자는?

㉮ 변경 유전자
㉯ 보족 유전자
㉰ 치사 유전자
㉱ 억제 유전자

■ 유전자 좌위를 달리하는 2쌍의 유전자가 상호 보완하여 양친에게 없는 새로운 형질을 나타내는 유전자를 보족 유전자라 한다.

정답 ㉯

24 다음 중 억제 유전자(suppressor)에 의하여 나타나는 것은?

㉮ 와이안돗트종 닭의 백색 우모
㉯ 레그혼종 닭의 백색 우모
㉰ 듀록종 돼지의 적색 모색
㉱ 버크셔종 돼지의 흑색 모색

■ 백색 레그혼의 백색 우모를 지배하는 유전자는 상위 유전자이다.

정답 ㉯

25 다음 형질 중 변경 유전자의 작용에 의하여 발현되는 것은?

㉮ 닭의 우성 백색과 열성 백색 깃털
㉯ 집토끼의 흑색과 백색 무늬
㉰ 돼지의 적색과 백색 피모
㉱ 고기소의 조모와 적색 피모

26 양친의 대립형질이 F_1에서 우성형질만 나타나고 열성형질은 잠복되어 나타나는 현상은?

㉮ 독립의 법칙
㉯ 우열의 법칙
㉰ 분리의 법칙
㉱ 연 관

27 치사유전자에 의해 나타나는 질병은?

㉮ 거위 걸음
㉯ 항문폐쇄
㉰ 헤르니아
㉱ 탈모증

28 유우(젖소의) 유전력 중 가장 높은 것은?

㉮ 유지율
㉯ 체중
㉰ 산유량
㉱ 수태율

정답 및 해설

■ 변경 유전자는 1개 또는 여러 개일 수 있고 주동유전자가 존재할 때에만 뚜렷히 나타난다.
– 양적 변경 유전자는 홀스타인, 마우스, 집토끼의 백반
– 질적 변경 유전자는 닭의 무미, 단관에 대한 장미관과 호도관, 갈색란의 농담

정답 ㉯

■ 잡종 1대의 표현형은 우성(W)만 나타나고 열성(w)은 나타나지 않는다.

정답 ㉯

■ 치사유전자에 의해 불독형의 연골발육 부전, 장기재태, 태아미이라 변성, 선천성 수종, 하악부전, 포복성 피부전, 무모, 사지 단소, 말단 결손 등이 나타난다.

정답 ㉯

■ 고도의 유전력
난중, 등지방 두께 및 체장, 증체량 및 사료효율, 유지율 등

정답 ㉮

정답 및 해설

29 다음 중 낮은 유전력을 나타내는 것은?

㉮ 유우의 수태율
㉯ 돼지의 등지방 두께
㉰ 닭의 난중
㉱ 육우의 증체량

■ 저도의 유전력
부화율 및 산란수, 산자수, 도체등급, 체중과 수태율 등

정답 ㉮

30 다음 중 선발 효과를 크게 하는 방법이 아닌 것은?

㉮ 선발차를 크게 한다.
㉯ 형질의 유전력이 높아야 한다.
㉰ 세대 간격을 짧게 한다.
㉱ 세대 간격을 길게 한다.

■ 선발 효과는 우량 유전자 빈도의 증가이며, 세대 간격을 짧게 해야 한다.

정답 ㉱

31 다음 중 능력에 의한 선발방법이 아닌 것은?

㉮ 개체선발
㉯ 가계선발
㉰ 후대검정
㉱ 혈통선발

■ 능력에 의한 선발
개체선발, 가계선발, 후대검정, 간접선발 등

정답 ㉱

32 다음 세대의 유전적 개량량을 크게 하는 4가지 조건에 해당하지 않는 것은?

㉮ 형질의 유전력이 높아야 한다(선발 강도).
㉯ 세대 간격을 길게 한다(세대 간격).
㉰ 선발차를 크게 한다(유전적 변이의 크기).
㉱ 선발 정확도가 높아야 한다(선발 정확도).

■ 세대 간격이 짧아야 한다.

정답 ㉯

정답 및 해설

33 다음 중 고도의 유전력에 속하지 않는 것은?

㉮ 체형, 체조성비율
㉯ 등지방 두께
㉰ 난중
㉱ 번식능력, 육성률

■ 번식과 관련된 형질은 저도의 유전력에 속한다.

정답 ㉱

34 개체의 능력만을 기준으로 그 개체를 종축으로 선발하거나 또는 도태하는 방법은?

㉮ 혈통선발
㉯ 가계선발
㉰ 능력선발
㉱ 개체선발

■ 개체의 능력만을 기준으로 종축의 가치를 판단
– 실시가 용이, 유전력이 높은 형질의 개량에 쓰임
– 선발의 최소 단위는 개체이다.

정답 ㉱

35 개체선발의 특성이 아닌 내용은?

㉮ 실시하기가 용이하다.
㉯ 유전력이 높은 형질의 개량에 효과적이다.
㉰ 유전력이 낮은 형질의 개량에 효과적이다.
㉱ 도체에서 측정되는 형질에 실시하기 곤란하다.

■ 유전력이 높은 형질의 개량에 효과적이다.

정답 ㉰

36 선발차를 표현형 표준편차로 나눈 값은?

㉮ 선발차
㉯ 유전력
㉰ 반복력
㉱ 선발강도

■ 선발차 : 씨가축으로 선발된 개체의 평균과 모집단 평균간의 차이
– 선발강도 : 선발차를 표현형 표준편차로 나눈 값

정답 ㉱

37 **후대검정에 대한 설명으로 바르지 못한 것은?**

㉮ 한쪽 성에만 발현되는 형질, 암가축보다 수가축의 선발에 많이 쓰인다.

㉯ 자손의 능력 평균을 근거로 종축으로 선발하는 방법이다.

㉰ 많은 수의 자손을 생산 및 조사하여 선발하면 정확도가 높아진다.

㉱ 개량하려는 형질의 유전력이 높은 형질의 개량에 이용된다.

38 **선조의 능력을 기준으로 한 선발 방법을 무엇이라 하는가?**

㉮ 개체선발

㉯ 가계선발

㉰ 혈통선발

㉱ 가계내선발

39 **가계선발을 바르게 설명한 것은?**

㉮ 자손의 능력에 기준을 두는 선발 방법

㉯ 개체의 능력과 그 개체가 속하는 가계의 평균능력과의 차이에 기준한 선발 방법

㉰ 선조 능력에 기준한 선발

㉱ 가계 능력의 평균을 토대로 선발하는 방법

40 **가계의 능력은 무시하고 가계 내 개체들의 능력을 비교하여 선발하는 방법은?**

㉮ 가계내선발

㉯ 가계선발

㉰ 개체선발

㉱ 결합선발

정답 및 해설

■ 후대검정
– 비유, 산란능력과 같이 한쪽 성에만 발현되는 형질을 개량할 때
– 개량하려는 형질의 유전력이 낮은 형질의 개량
– 도살하여야만 측정할 수 있는 형질을 개량할 때
– 단점은 검정에 오랜 시일이 소요되고 시설과 경비가 많이 소요된다.
㉱는 개체선발의 설명

정답 ㉱

■ 혈통선발은 유전력이 낮은 경우 개체선발보다 더 큰 효과를 얻을 수 있다.

정답 ㉰

■ 가계의 능력의 평균을 토대로 가계내의 개체를 전부 선발하거나 도태하는 방법
– 가계 내의 개체 차이는 무시한다.

정답 ㉱

■ 가계내선발은 돼지의 비유능력 등 공통 환경 요인이 작용하는 형질 선발에 유효하다.

정답 ㉮

정답 및 해설

41 한쪽 성에만 발현되는 형질의 선발을 위해서 사용되는 가장 효과적인 방법은?

㉮ 개체 선발
㉯ 혈통 선발
㉰ 형매 검정
㉱ 후대 검정

■ 자손의 능력에 기준을 두는 선발 방법으로 암가축보다 수가축의 선발에 많이 쓰인다.

정답 ㉱

42 같은 품종에 속하는 개체간의 교배로 품종의 특징을 유지하면서 축군의 능력을 향상시키기 위해 이용하는 교배 방법은?

㉮ 계통교배법
㉯ 누진교배법
㉰ 순종교배
㉱ 계통교배

■ 순종교배에는 무작위교배, 근친교배, 동일품종 내의 이계교배(outbreeding) 등이 있다.

정답 ㉰

43 다음 중 순종교배에 포함되지 않는 것은?

㉮ 무작위교배
㉯ 근친교배
㉰ 동일품종내 이계교배
㉱ 품종간 교배

■ 품종간 교배는 잡종간 교배에 속한다.

정답 ㉱

44 다음 중 근친교배가 아닌 것은?

㉮ 전형매간 교배
㉯ 반형매간 교배
㉰ 윤환교배
㉱ 사촌간 교배

■ 윤환교배는 잡종교배이다.

정답 ㉰

45 근친교배의 뜻을 바르게 설명한 것은?

㉮ 다른 품종에 속하는 개체 사이의 교배

㉯ 속과 종을 달리하는 것 사이의 교배

㉰ 능력이 불량한 재래종 개량 시 교배방법

㉱ 혈연관계가 비교적 가까운 개체간의 교배

46 일반적으로 근친교배를 실시하는 목적으로 바르지 못한 것은?

㉮ 특정 유전자를 고정하려고 할 때

㉯ 불량한 열성 유전자를 제거하기 위해

㉰ 근교 계통간의 교배를 통한 잡종강세 이용

㉱ 유전력이 높은 형질을 개량할 때

47 근교계수에 대한 설명으로 바르지 못한 것은?

㉮ 동형 접합체가 증가하는 정도를 나타내는 계수이다.

㉯ 부모와 혈연관계가 가까우면 근교계수는 높다.

㉰ 근교계수의 값은 0~1, %로 표시하면 0~100%이다.

㉱ 근교계수가 높을수록 hetero 확률이 높다.

48 근친교배에 의한 근교약세(근교퇴화) 현상에 대한 설명으로 바르지 않은 것은?

㉮ 번식능력 저하

㉯ 기형 출현

㉰ 성장률 저하

㉱ 산란능력 향상

정답 및 해설

■ 두 개체가 속하는 집단의 전개체간의 혈연관계를 기준으로 한다. 전형매간, 반형매간, 부랑간, 모자간, 숙질간, 사촌간, 조손간 교배 등이 있다.

정답 ㉱

■ ㉮㉯㉰ 이외에 유전력이 낮은 형질을 개량할 때

정답 ㉱

■ 근교계수가 높을수록 homo 확률이 높다.

정답 ㉱

■ 유전자의 이형성(Aa)이 감소되고 열성 불량 유전자가 동형화(aa)되면 성장 및 발육 부진, 각종 치사나 기형 출현, 생산성 저하 등이 나타난다.

정답 ㉱

49 집단 내 동형접합체(호모)의 비율을 높게 하고 이형접합체(헤테로)의 비율을 낮게 하는 교배법은?

㉮ 잡종교배
㉯ 누진교배
㉰ 종간교배
㉱ 근친교배

■ 근친교배는 유전자의 호모성을 증진시키고 헤테로성을 감소시킨다.

정답 ㉱

[50–52] 다음은 현재 가장 많이 이용하는 돼지 교배방법 모식도이다. 아래 물음에 답하시오

A(♀) × B(♂)
↓
F_1(♀) × C(♂)
↓
F_2(비육돈)

50 위와 같은 교배 방법은?

㉮ 2원 교배
㉯ 3원 종료교배
㉰ 윤환 교배
㉱ 상호 역교배

■ F_2에서 종료하면 3원 종료교배이다. 돼지에서 많이 이용한다.

정답 ㉯

51 A와 B의 품종으로 가장 많이 이용되는 품종은?

㉮ 랜드레이스, 대요크셔
㉯ 햄프셔, 버크셔
㉰ 듀록, 대요크셔
㉱ 랜드레이스, 듀록

■ 랜드레이스(♀)×대요크셔(♂)를 이용한다.

정답 ㉮

정답 및 해설

52 F_2 비육돈 생산 시 육질 개선을 위하여 가장 많이 이용되는 품종으로 미국이 원산지이며 담홍색인 C의 품종은?

㉮ 랜드레이스
㉯ 햄프셔
㉰ 대요크셔
㉱ 듀록

■ F_1(모돈)×듀록이나 햄프셔를 교배한다.

정답 ㉱

53 개량되지 않은 재래종의 능력을 높이기 위하여 계속해서 개량종과 교배하여 개량종의 혈액비율을 높이는 교배법은?

㉮ 근친교배
㉯ 무작위 교배
㉰ 누진교배
㉱ 톱크로스

■ 누진교배는 능력이 불량한 재래종을 개량하는 데 이용되는 방법이다.

정답 ㉰

54 다음은 어떤 교배법을 나타낸 것인가?

재래종(♀) × 개량종(♂)
↓
1대잡종(♀) × 개량종(♂)
↓
2대잡종(♀) × 개량종(♂)
↓
:

㉮ 누진교배
㉯ 2품종교배
㉰ 계통교배
㉱ 복교배

■ 누진교배는 능력이 불량한 재래종을 개량하는 데 이용되는 방법이다.

정답 ㉮

정답 및 해설

55 근친교배가 유용하게 이용될 수 있는 경우가 아닌 것은?

㉮ 품종 고유의 특징을 유지하면서 축군의 능력을 아주 크게 개량하기 위한 경우

㉯ 축군 내에 우수한 개체가 발견되어 이 개체와의 혈연관계가 높은 자손을 생산하려는 경우

㉰ 여러 가계를 만들어 가계 선발을 통한 가축의 유전적 개량을 도모하기 위한 경우

㉱ 근교계통을 만들어 계통간 교배를 통한 잡종강세를 이용하기 위한 경우

■ 근친교배의 이용
- 유전자의 고정
- 불량한 열성유전자나 치사유전자의 제거
- 계통교배법을 이용할 때
- 가계선발을 이용할 때
- 근교계통을 만들어 잡종강세를 이용할 때

정답 ㉮

56 순종교배에 해당하지 않는 것은?

㉮ 무작위교배 ㉯ 근친교배
㉰ 윤환교배 ㉱ 이계교배

■ 순종교배는 근친교배, 계통교배, 동일 품종내 이계교배, 무작위 교배 등이 있다.

정답 ㉰

57 일반적으로 근친교배를 실시하는 목적으로 틀린 것은?

㉮ 특정 유전자의 고정

㉯ 불량한 열성 유전자의 제거

㉰ 근친 계통간의 잡종강세 이용

㉱ 이형 접합체의 증가

■ 근친교배는 동형 접합체가 증가한다.

정답 ㉱

58 다음과 같은 교배 방법은?

A × B
↓
F1(♀) × A(B)

㉮ F_1 이용 ㉯ 근친교배
㉰ 퇴교배(역교배) ㉱ 3원교배

■ F_1을 양친 중 어느 한쪽과 교배하는 경우를 퇴교배라 한다.

정답 ㉰

59 **잡종강세의 효과가 최대로 나타날 수 있는 경우는?**

㉮ 동일 품종 간의 교배에 의한 F_1

㉯ 타품종 간의 교배에 의한 F_1

㉰ 타품종 간의 교배에 의한 F_1의 동계교배에 의한 F_2

㉱ 동일 품종 간의 교배에 의한 F_1의 동계교배에 의한 F_2

60 **다음 중 개체 선발에 대한 설명으로 바르지 못한 것은?**

㉮ 개체의 능력만을 근거로 선발하는 방법이다.

㉯ 유전력이 높은 형질의 개량에 효과적이다.

㉰ 비교적 실시하기가 쉽다는 장점이 있다.

㉱ 주로 수컷의 선발에 이용한다.

61 **다음과 같이 여러 품종의 순수 순종 수퇘지를 매세대마다 교대로 이용하는 교배방법은?**

A × B
↓
F_1 × C
↓
F_2 × D
↓
F_3 × A
↓
F_4 × B
↓
F_5 × C

㉮ 퇴교배법 ㉯ 잡종교배법

㉰ 윤환교배법 ㉱ 상호순환교배법

정답 및 해설

■ 잡종강세는 F_1에서 나타나고 F_2 이후에는 약해진다.

정답 ㉯

■ 비유능력, 산란능력과 같은 암컷에 발현되는 형질 개량을 위한 선발로 수컷의 선발에 이용할 수 없다.

정답 ㉱

■ 윤환교배는 3~4개 품종의 수컷을 번갈아가며 교배에 계속 이용하는 것으로 3품종 종료교배는 3품종까지만 교배 후 종료하는 것이다.

정답 ㉰

정답 및 해설

62 돼지 모색 중 가장 우성인 색은?

㉮ 흑색
㉯ 백색
㉰ 적갈색
㉱ 멧돼지색

■ 흑색과 적색 → 흑색이 우성
백색과 기타색 → 백색이 우성

정답 ㉯

63 체형 측정 시 요각의 앞쪽으로부터 좌골끝까지의 직선 거리를 무엇이라고 하는가?

㉮ 좌골폭
㉯ 고장
㉰ 요각폭
㉱ 수평 체장

■ 고장은 요각의 앞 끝과 좌골 끝 사이의 직선거리를 측정한다.

정답 ㉯

64 가축 체형 측정에서 기갑부의 가장 높은 곳에서 지면까지 수직 높이를 잰 것을 무엇이라 하나?

㉮ 체장
㉯ 체고
㉰ 흉심
㉱ 고장

■ 체고는 기갑부의 최고봉에서 지면까지의 수직 거리를 측정한다.

정답 ㉯

65 한우의 외모심사에서 실격 조건이 아닌 것은?

㉮ 전신 이모색
㉯ 백반과 부분 호반
㉰ 흑만선
㉱ 감점 40점 이상 부위가 있는 것

■ 감점 50점 이상인 부위가 있는 것, 부정한 행위로 실격조건을 은폐시킨 것 등

정답 ㉱

정답 및 해설

66 홀스타인 소의 실격 조건에 해당하지 않는 것은?

㉮ 전신이 흑색 또는 흰색의 단일 모색

㉯ 4다리의 털이 흑반과 백반이 있는 것

㉰ 유방의 유구가 선천적으로 1유구 이상 결여

㉱ 이성 쌍태의 불임축

■ 실격조건
- 흑색 또는 전신 단일 모색
- 미방 또는 복부 흑색인 것
- 한 다리라도 제관부까지 검은 털로 둘러 싼 것
- 혼합모
- 선천적으로 1유구 이상 결여
- 이성 쌍태의 불임축

정답 ㉯

67 다음 중 선발 방법에 대한 설명으로 바르지 못한 것은?

㉮ 개체선발은 유전력이 높은 형질 개량시 효과적이다.

㉯ 후대검정은 개체의 체형심사표를 기준으로 선발하는 방법이다.

㉰ 혈통선발은 선조의 능력을 근거로 선발하는 방법이다.

㉱ 가계선발은 유전력이 낮은 형질의 선발에 효과적이다.

■ 후대검정은 자손의 능력에 기준하여 선발하는 방법으로 유전력이 낮거나 도살해야만 측정이 가능한 형질, 한쪽 성에만 나타나는 형질의 선발방법이다.

정답 ㉯

68 복제 동물 생산 방법으로만 나열된 것은?

① 분할구의 분리, DNA 증폭, 유전자 이식

② 분할구의 분리, 핵이식, 수정란 절단

③ 수정란 절단, 유전자 이식, 호르몬 처리

④ 호르몬 처리, 핵이식, 유전자 이식

■ 동물 복제는 동물세포에 핵치환(핵이식)등 인위적 조작을 가하여 유성생식과정을 거치지 아니하고 유전형질이 동일한 복수의 동물을 생산하는 발생공학기술이다.

정답 ㉯

69 최초로 형질전환동물을 생산하는 데 이용된 방법으로, 수정란에 재조합 유전자를 미세주입기를 이용하여 직접 주입하는 방법은 무엇인가?

① 핵치환법

② 미세주입법

③ 배간세포법

④ 레트로바이러스법

■ 수정란에 1㎛ 이하인 주입용 미세소관을 삽입, 재조합 유전자가 함유된 10ul 극미량의 용액을 수정란의 전핵에 주입한다.

정답 ㉯

정답 및 해설

70 형질전환 동물의 생산방법 중 바이러스 벡터를 이용하여 여러 가지 발달단계에 있는 수정란에 유전자를 삽입시키는 방법은 무엇인가?

① 미세주입법
② 배간세포법
③ 레트로바이러스법
④ 핵치환법

■ 동물세포를 숙주로 이용하는 retrovirus의 독성 유전자부위를 제거하고 재조합유전자를 연결한 후 수정란에 감염시켜 수정란의 염색체에 재조합유전자를 삽입한다.

정답 ㉰

71 DNA의 특정 염기서열 부위를 인식해 적당한 크기로 자르는 도구는?

㉮ 제한효소
㉯ 결합효소
㉰ 벡터
㉱ 클로닝

■ 제한효소는 DNA의 특정 염기서열 부위를 인식해 적당한 크기로 절단하고 결합하는 효소이다.

정답 ㉮

72 특정 유전자 또는 특정 DNA절편을 분리하여 세균이나 박테리오파지의 복제기구를 이용해서 대량으로 복제하는 기법은?

㉮ 핵치환
㉯ 유전자 클로닝
㉰ 미세주입법
㉱ 제한 효소

■ 유전자 클로닝(gene cloning)은 특정 유전자 또는 특정 DNA절편을 분리하여 세균이나 박테리오파지의 복제기구를 이용해서 대량으로 복제하는 기법이다.

정답 ㉯

제 4 장

동물의 번식

01 생식기관의 구조와 기능

1. 수컷의 생식기관

▮ 정자 생산
세정관의 정원세포가 세르톨리세포(sertoli cell)의 도움으로 생산

▮ 테스토스테론(testosterone) 생성
세정관 사이의 간질(라이디히)세포에서 분비

(1) 정소(testis)

① 정소는 좌우 한 쌍으로 음낭의 주머니 안에 위치한다.

② 정소의 중요한 기능은 정자의 생산과 수컷 호르몬(테스토스테론)의 분비이다.

③ 수컷 호르몬은 부생식기 발육과 분비활동을 촉진하고, 2차 성징 및 성욕을 발현시킨다.

(2) 정소상체(epididymis)

① 두부, 체부, 미부로 구성되며 정자의 운반, 농축, 저장, 성숙의 기능을 한다.

② 정자는 정소상체 미부에서 성숙이 완료되어 운동성 및 수정 능력을 획득하게 된다.

(3) 정관(ductus deferens)

① 정관은 한 쌍의 관으로 정소상체 미부에서 요도까지 정자의 수송과 사출 통로이다.

② 정관 끝의 굵게 확장된 선단부를 정관 팽대부라고 하며, 교미 시 사출기 역할을 한다.

③ 돼지, 고양이는 정관 팽대부가 없다.

(4) 정낭선(seminal vesicle)

① 방광 입구의 포도송이처럼 된 1쌍의 선체로 유백색의 액체를 분비한다.

② 정자에 영양을 공급하고 정자의 손상을 방지하며, 질전(vaginal flug)을 형성하기도 한다.

(5) 전립선(prostate gland)

① 요도를 둘러싼 선체로 알칼리성 액체는 정자의 운동과 대사에 필요한 성분을 공급한다.

② 개는 정낭선과 요도구선이 없고 전립선이 잘 발달되어 있다.

(6) 요도구선(cowper's gland, bulbourethral gland)

① 골반 요도의 양면에 하나씩 위치하며 돼지는 대단히 크다.

② 사정 시 교양물질을 분비하여 정액 사출 시 요도를 세척하는 역할을 한다.

(7) 요도(urethra)

오줌과 정액의 통로로 요도구부와 음경부로 구분된다.

(8) 음경(penis)

① 교미기관으로 교미 시 다량의 혈액이 해면체로 흘러들어가 충혈되고 발기된다.

② 1쌍의 음경 해면체, 1개의 요도 해면체, 요도구, 음경 귀두로 구성된다.

③ S형으로 만곡된 음경이 일직선으로 신장되면서 음경이 포피 밖으로 나오게 된다.

④ 말은 S형 만곡은 없고, 개는 음경골을 가지고 있다.

▮ 생식선
정소

▮ 부생식선
정낭선, 전립선, 요도구선

▮ 음낭(scrotum)
정소상체의 온도를 체온보다 4~7℃ 낮게 유지시키는 기능을 한다.
※ 정소(생식선)→정소상체→정관→부생식선(정낭선, 전립선, 요도구선)→요도→음경

2. 암컷의 생식기관

(1) 난소(ovary)

① 난소는 신장 뒤쪽의 복강 내에 좌우 한 쌍이 있으며 엄지손톱 모양의 타원형이다(소, 면양 : 아몬드 모양, 말 : 누에 머리 모양, 돼지 : 포도송이 모양).

② 수질(medulla) : 수질에는 혈관, 림프관, 신경 등이 존재

③ 피질(cortex) : 난포가 존재하고 난자와 암컷 호르몬(estrogen)을 생성하여 분비

▮ 난포의 발육
원시난포(태아기)→제1차 난포(출생 시)→제2차 난포→제3차 난포→그라프 난포(배란 직전)

④ 출생 시 양쪽 난소에 존재하는 제1난모세포는 보통 60,000~100,000개 존재

⑤ 발정주기에 따라 난자와 난포액이 배출되는 것을 배란(ovulation)이라고 한다.

⑥ 배란 후 황체가 형성되고 프로제스테론(progesterone)을 분비하여 임신을 유지시킨다.

(2) 난관(fallopian tube, oviduct)

① 누두부(난관채, infundibulum), 팽대부(ampulla), 협부(isthmus)로 구성된다.

② 난관팽대부는 난자와 정자가 수정되는 부위이다. 수정 이후 자궁각으로 이동하면서 난할이 된다.

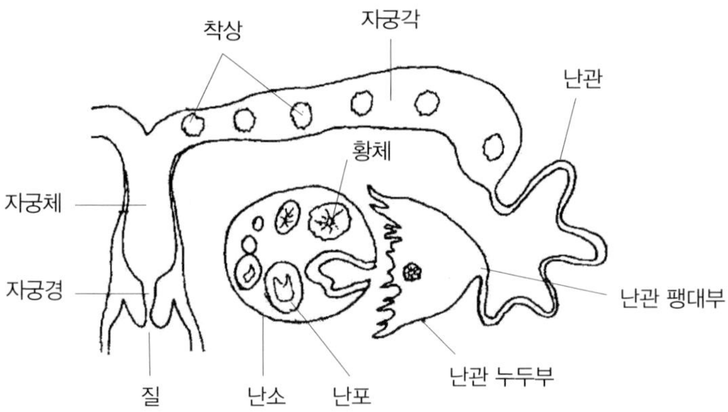

돼지의 배란 과정

(3) 자궁(uterus)

※ 일부 학자는 돼지, 산양을 쌍각자궁으로 구분한다.

① 자궁은 2개의 자궁각 1개의 자궁경, 자궁체로 구성된다.

자궁의 종류

② 자궁각은 수정란이 착상하여 발육하는 곳으로 태아를 보유하고 영양을 공급한다.

③ 반추동물(소, 양)은 자궁각과 자궁체 내막에 80~120개의 난원형 돌기, 즉 궁부가 있는데 임신했을 때 모체의 태반이 된다.

④ 자궁경은 질과의 경계부분으로 두텁고 탄력있는 근육질로 되어 있다. 소와 양은 환상의 링 모양이고, 돼지는 나선형의 스크류처럼 되어 있다.

⑤ 자궁경은 발정기와 분만 시에만 열리고 평소에는 밀폐되어 이물의 침입을 방지한다.

(4) 질과 외음부(vagina & vulva)

① 질은 자궁경에서 외음부까지 연결된 탄력있는 원통관으로 암컷의 교미 기관이다.

② 질의 수축은 교미 시 수컷의 성적자극을 주고 정자의 상행을 돕는다.

③ 외음부는 질전정, 대음순, 소음순, 음핵, 전정선(前庭腺) 등으로 구성된다.

④ 외음부는 발정 시 대음순과 음핵이 충혈하여 팽팽해지며, 붓고 윤기가 난다.

02 번식생리 호르몬

1. 내분비와 호르몬

■ 외분비
땀(한선), 침(타액선), 소화액 등이 도관을 통해 몸 밖이나 소화관으로 배출

(1) 내분비와 호르몬의 정의

① 내분비는 특정한 샘(gland)에서 만들어진 화학물질이 직접 혈관 또는 림프관을 통하여 몸의 표적기관에 운반되어, 그 기관의 활동이나 생리적 과정에 특정한 영향을 준다.

② 호르몬은 성장, 생식, 생체 내 환경을 일정하게 유지하는 항상성 등을 조절하는 물질이다.

(2) 호르몬의 특성과 역할

① 호르몬은 유기물이지만 에너지를 공급하지 않는다.

② 표적세포에는 특정의 수용체가 존재한다.

③ 내분비선에서 생성되어 혈액으로 분비된다.

④ 체내에서 합성되고 미량으로 기능을 발휘한다.

⑤ 특정 표적기관에만 작용하고 반감기가 짧다.

⑥ 척추동물은 모든 종에 호환이 가능하다.

⑦ 과다증과 과소증이 있어 피드백 작용으로 양을 일정하게 유지한다.

⑧ 작용 효과는 수 분에서 수 일로 다양하다.

■ 피드백(원격조절) 거리에 따른 분류
① 긴고리 피드백 조절
② 짧은고리 피드백 조절
③ 초단피드백 조절 : 방출인자가 자신의 생성과 분비 조절
④ 자가 피드백 조절 : 뇌하수체 호르몬 자신의 분비기능 조절

(3) 호르몬의 피드백 메카니즘(feedback mechanism)

① 원격조절이라고도 하며, 주로 뇌하수체에서 분비되는 각종 호르몬과 표적기관(target organs)에서 분비되는 호르몬 사이에 상호 작용하는 기구

② 부(負)의 피드백(negative feedback) : 하위 기관에서 분비된 호르몬이 상위 기관의 호르몬 분비를 억제하는 기구

③ 정(正)의 피드백(positive feedback) : 하위 기관에서 분비된 호르몬이 상위 기관의 호르몬 분비를 촉진하는 기구

2. 호르몬의 종류와 생리작용

(1) 뇌하수체 호르몬

특정 호르몬의 분비를 촉진(positive feedback)하거나 또는 억제(negative feedback)하는 체계가 존재한다.

분비장소	호르몬명(약호)	주요 생리작용
뇌하수체 전 엽	folicle stimulating hormone(FSH) 난포자극호르몬	● 난포 발육, 배란, 에스트로젠 분비 촉진, 황체 형성 ● 정소 간질세포 자극 테스토스테론 분비, 정자 형성 촉진 ● 과배란 유기에 이용
	luteinizing hormone(LH) 황체형성 호르몬	● 배란 후 황체 형성-프로제스테론 분비 ● 배란 직전 급증, 배란 유기 ● 난포성숙 에스트로젠 분비 촉진 ● 정소에서 테스토스테론 분비 촉진
	prolactin(LTH) 최유호르몬	● 유선 세포 발육, 분만 후 비유 개시 ● 모성 행동 유기(취소성, 모성애)
	growth hormone(GH, STH) 성장호르몬	● 폴리펩티드 호르몬 ● 조직 및 골격의 성장 촉진 : 번식기능 지원
	thyroid stimulating hormone(TSH) 감상선자극호르몬	● 갑상선 자극 Thyroxine의 분비 조절 ● 대사조절 작용으로 임신 시 태아 발달 촉진
	adrenocorticotropin(ACTH) 부신피질자극호르몬	● 부신피질 호르몬(코르티솔, cortisol 과 코르티코스테론) 분비 자극
뇌하수체 후 엽	oxytocin 옥시토신	● 분만 시 자궁 수축 – 태아 태반 만출 ● 착유 시 유즙 분비 촉진 ● 자궁 내 난자, 정자 이송

(2) 성선 호르몬(생식선 호르몬)

① 웅성호르몬은 LH가 간질세포에 작용하여 안드로젠(androgen-testosterone)을 생성하여 분비한다.

분비장소	호르몬명(약호)	주요 생리작용
정 소	안드로젠(androgen) 테스토스테론(testosteron)	● 정자 형성, 웅성 부생식기 발육 ● 웅성 성 행동(교미 욕구) 발현 ● 수컷의 제2차 성징 발현(가금의 볏, 깃털, 새벽 울음, 뿔과 뼈대의 성장, 투쟁심 등) ● 정소상체 내 정자의 생존유지 ● 음낭의 수축 이완으로 온도 조절 ● 태아의 정소하강 ● 정액의 질과 양 조절 ● 자성호르몬과의 길항작용

② 난포호르몬(estrogen)은 난포에서 주로 합성되며 발정호르몬이라고도 한다.

분비장소	호르몬명(약호)	주요 생리작용
난 소 (난 포)	estrogens (에스트로젠)	● 에스트라디올, 에스트론, 에스트리올이 있다. ● 난포 발육, 부생식기 발육, FSH 분비 촉진 ● 발정 및 교미행동, 제2차 성징의 발현 ● 유선관계의 발달 ● 태반, 부신피질, 정소에서도 소량 분비

③ 황체호르몬(progesteron)은 난소의 황체에서 분비된다.

분비장소	호르몬명(약호)	주요 생리작용
난 소 (황 체)	progesterone (프로제스테론)	● 배란된 난포에 황체가 형성 후 분비된다. ● 배란 촉진, 수정 후에는 배란 억제 ● 자궁 근육을 수축 억제하여 수정란의 착상과 임신 유지 ● 유선 발육

03 성 성숙과 번식 계절

1. 성 성숙

(1) 성 성숙의 기전

① GnRH 분비량 증가로 FSH, LH 분비가 증진된다.

② FSH : 난포 발육, 정자형성과 웅성호르몬 분비 촉진

③ LH : FSH와 협동으로 난포 발육, 배란, 웅성호르몬 분비 촉진

④ 생식기의 형태적, 기능적 성숙으로 번식이 가능한 상태로 변화되는 시기

⑤ 수컷 : 정자 생성, 부생식선 발달, 성욕 발현, 교미 및 사정 가능

⑥ 암컷 : 난자 생산, 호르몬 분비, 발정 및 배란(초 발정기), 임신 가능

(2) 성 성숙에 영향을 미치는 요인

① 유전적 요인 : 대형종보다 소형종이, 순종보다 교잡종이 빠르다.

② 영양적 상태 : 저영양 상태보다 고영양 상태가 빠르고 비만은 발정이 지연된다.

③ 계절(광주기, 일조시간) : 돼지는 가을 분만 새끼가 봄 분만 새끼보다 성 성숙이 빠르다.

④ 온도와 습도 : 지나친 고온과 저온은 성 성숙을 지연시킨다.

⑤ 사육 방법 : 암수 가축을 합사하거나 군(그룹)사육을 하면 성 성숙이 빨라진다.

2. 번식 계절

(1) 번식 계절에 영향을 주는 요인

① 계절과 일조시간 : 일조량이 호르몬 분비에 직접적인 영향을 준다.

② 온도 : 번식계절의 개시에 영향을 준다.

③ 기타의 환경적 요인 : 정신적 자극, 영양적 조건, 사양관리

④ 내분비 기구 : 일조시간은 성중추 자극, 시상하부 GnRH 분비, FSH, LH 분비 촉진

(2) 계절 번식과 주년 번식

① 단일성 동물 : 면양, 염소, 사슴은 일조시간이 짧아지는 9월~1월에 번식

② 장일성 동물 : 닭, 말 등은 일조시간이 길어지는 4~6월에 산란과 발정을 한다.

③ 주년성 동물 : 소, 돼지, 토끼는 번식 계절이 없고 연중 번식

④ 계절 번식성 가축은 분만시기가 늦으면 1년 후 번식기가 도래함

⑤ 적도지역 동물은 계절 번식성을 상실, 야생동물은 대부분 계절의 영향을 받음

04 발정

1. 발정의 발현과 징후

(1) 발정의 발현

① 발정(estrus, heat) : 암컷과 수컷이 성욕이 발동하여 교미를 허용하는 상태 – 암컷은 교미욕이 발현되어 수컷과 교미를 허용하는 상태

② 발정은 난포의 발달과 에스트로젠 분비량 증가에 의한다.

③ 배란 후 황체가 생기고 프로제스테론이 분비되면 난포의 발육은 억제되고 임신을 유지시킨다.

▮ 단발정 동물
1년에 1회 발정, 1회 배란(곰, 이리, 여우, 사슴, 코끼리, 다람쥐 등)

▮ 다발정 동물
1년에 1회 이상 발정, 배란(기타 동물)

(2) 가축별 발정 징후

① 흥분하여 눈이 충혈되고 불안해하며 배회한다.

② 소리를 지르고 식욕이 감퇴한다.

③ 외음부가 충혈되고 부풀어 오른다.

④ 질점막이 충혈되고 점액이 흐른다.

⑤ 소는 초기에는 승가, 후기에는 승가를 허용한다.

⑥ 소는 턱 비비기, 꼬리를 쳐들고 다닌다.

⑦ 소는 반추운동이 줄어들고 비유량이 감소한다.

⑧ 돼지는 허리를 누르면 부동반응을 나타냄

2. 발정 주기와 지속 시간

(1) 발정주기

① 발정기 개시로부터 다음 발정기 개시 직전까지의 기간

② 뇌하수체 FSH 분비 → 난소 에스트로젠 분비 → LH 급증 → 배란을 통하여 새로운 발정주기가 시작

(2) 발정지속시간

① 발정을 시작해서 끝날 때까지의 기간(발정증세기간)

② 토끼는 교미 후 배란 동물이므로 발정지속시간이 없다.

〈표 4-1〉 가축별 발정주기와 발정지속기간

가축별		발정 주기(평균)	발정 지속기간(평균)	비고
소		18~24일(21일)	10~26시간(20시간)	미경산우 20일
돼지		20~22일(21일)	1~4일(58시간)	미경산돈이 짧음
말		18~24(23일)	4~9일(7일)	번식계절 4~7월
양	면양	15~19(17일)	24~36(30시간)	번식계절 9월~다음해 2월
	산양	20~22(21일)	20~60(40시간)	
사슴		19~23일(21일)	10~12시간	번식계절 8월~12월

※ 연구자에 따라 다소 차이가 있음

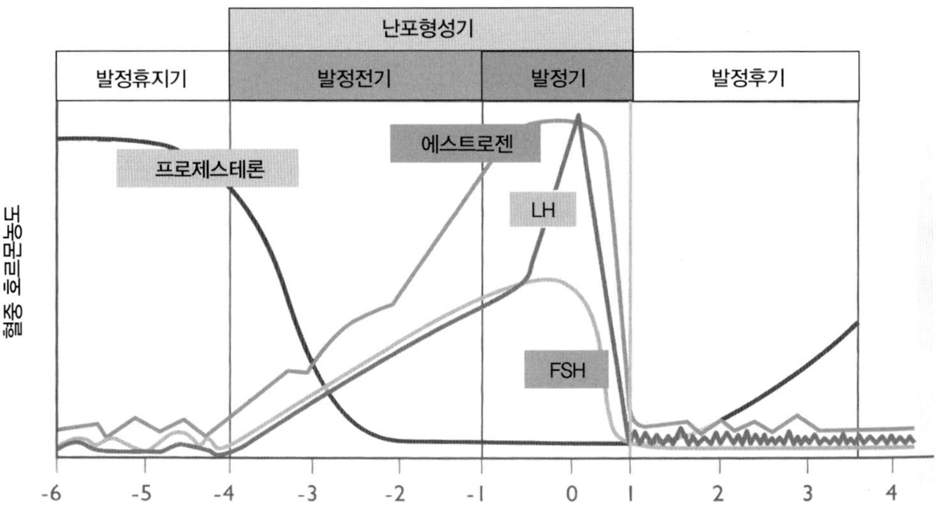

▮ 발정 재귀일의 단축 요령
- 고영양사료 급여(강정사양)로 자궁회복 촉진
- 포유기간을 단축(조기 이유)
- 적당한 운동과 과비를 방지(돼지는 체평점 3.5 정도)

(3) 분만 후 발정재귀

① 소 : 분만 후 50~60일

② 돼지 : 이유 후 7일 이내(평균 6일)

05 교배와 수정

1. 교배

(1) 가축별 번식 적령기

① 돼지 : 생후 8~9개월령, 체중 130㎏ 이상, 등지방 두께 18㎜ 이상

② 한우 : 14~15개월령, 체중 250~260㎏ 이상

③ 젖소(홀스타인) : 15~17개월령, 체중 350㎏ 이상

〈표 4-2〉 동물의 성 성숙과 번식적령기

구 분		소(한우)	돼지	말	면양	산양
수 컷	성 성숙기	8~12개월	5~6개월	25~28개월	6~7개월	6~7개월
	번식 적령기	12~14개월	8~10개월	3~4세	9~12개월	9~12개월
암 컷	성 성숙기	10~12개월	6~10개월	15~18개월	6~7개월	6~7개월
	번식 적령기	14~15개월	9~10개월	36개월	9~18개월	12~18개월

(2) 수정적기를 결정하는 생리적 요인

① 배란시기 : 발정개시 후 32시간, 발정종료 후 약 10~15시간

② 난자가 수정 능력을 유지하는 시간 : 배란 후 20~24시간

③ 정자가 수정부위(난관 팽대부)까지 상행하는 데 요하는 시간 : 4~8시간

④ 정자가 수정 능력을 획득하는 데 요하는 시간 : 12~16시간

⑤ 정자의 수정 능력 보유 시간 : 30~40시간

※ 학자에 따라 다소 차이가 있음

▮ 자연배란 (spontaneoius ovulator)
대부분의 포유동물은 교미와 상관없이 주기적으로 발정과 배란이 자연적으로 반복된다.

▮ 교미배란 (copulatory ovulator)
토끼, 고양이, 밍크 등은 수컷의 교미자극이 있어야 배란이 이루어진다. 교미에 따른 음경의 삽입자극과 성행동에 따르는 정신적 자극은 시상하부의 LH를 분비시켜 배란을 유도하는 것으로 추정된다. 교미배란 동물은 교미자극이 없으면 배란하지 않고, 성숙난포는 폐쇄퇴행한다.

(3) 가축의 수정 적기

① 소 : 발정개시 후 12~18시간(배란 전 7~18시간) 또는 발정종료 전후 3~4시간

② 돼지 : 수컷 허용(부동반응을 보이기 시작한 시점) 후 10~25시간

③ 면양 : 발정 개시 후 20~30시간, 산양은 발정개시 후 25~30시간

2. 수정과 착상

(1) 정자의 이동

① 대부분의 가축은 자연교배 시 질내로 사정한다.

② 교미자극에 의한 자궁 수축운동, 흡인 작용, 정자의 운동성으로 난관팽대부로 이동된다.

③ 이에 관계되는 호르몬은 에스트로젠과 옥시토신이다.

(2) 난자의 이동

① 배란된 난자는 난관체의 섬모세포 운동과 난관액의 도움으로 누두부로 이동한다.

② 난자는 1분에 0.1㎜의 속도로 소는 2~13분, 돼지는 45분 정도면 팽대부에 도달된다.

③ 난관 팽대부에서 수정된 수정란은 협부를 거쳐 자궁까지 2~3일 정도 걸린다.

④ 에스트로젠, 프로제스테론 등의 호르몬은 난자 이동에 영향을 준다.

(3) 착상

① 수정란은 착상 전 난관과 자궁 내에서 유리상태로 유사분열을 하여 세포수를 증가시키는 '난할'을 한다.

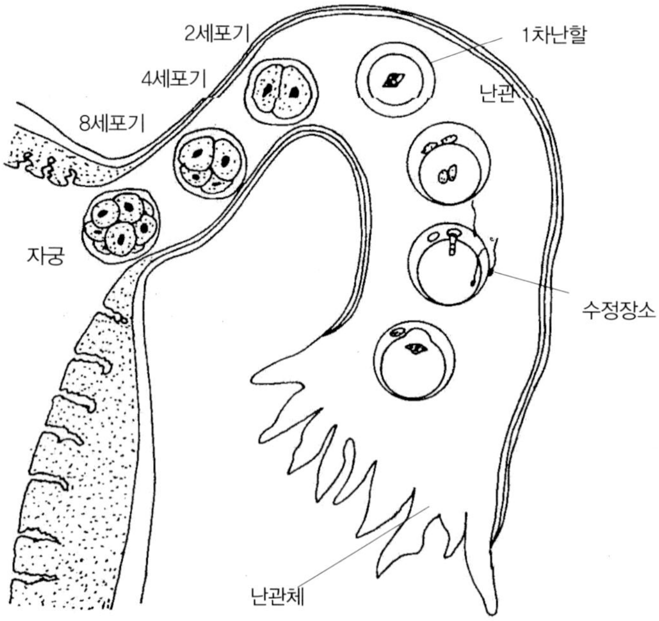

난관 내 배의 발달과 이동

② 돼지는 2일간 체류하면서 4세포기, 소와 양은 3~4일 체류 후 16~32세포기에 자궁벽에 착상한다.

③ 난할과정 : 염색체가 방추사의 적도면에 배열 → 핵분열 → 세포질 등분 → 반복 → 상실배

④ 난할속도는 임신기간이 짧은 동물일수록 빠르다.

⑤ 상실배(morula) : 수정란이 분할되어 16~32세포기가 되면 분할구는 투명대 내에 밀집되고, 난자의 형상은 뽕나무 오디열매(상실배)와 같은 모양이 된다.

06 인공수정

1. 인공수정의 장단점

(1) 인공수정의 장점

① 우수한 종모축의 이용범위가 확대(1회 사정된 정액을 다수에 주입)

② 가축개량이 촉진되며 생산성 향상

③ 후대 검정에 의한 종모우의 유전능력을 조기에 판정

④ 종모축 사양에 필요한 사료비 및 노력비 등을 절감

⑤ 정액의 원거리수송 가능

⑥ 한 발정기에 2~3회 수정이 가능하여 수태율 향상

⑦ 자연교미가 불가능한 빈모축을 번식에 이용 가능

⑧ 교미 시 감염되는 전염병 방지

(2) 인공수정의 단점

① 숙련된 기술자와 특별한 시설이 필요

② 1회 수정에 많은 시간이 필요

③ 기구의 불결, 정액처리의 부주의, 기술의 결함 시 전염병 발생, 생식기 점막의 손상

④ 종모축이 불량 유전형질인 경우 피해 범위가 확대

⑤ 방목하는 가축은 인공수정이 불편

2. 정액의 채취와 검사

(1) 정액의 채취

① 인공질법 : 가장 이상적인 정액채취법으로 소, 염소, 면양, 말, 돼지 등에 모두 이용된다.

② 전기자극법 : 직장 내에 전극을 삽입한 후 통전에 의하여 사정중추를 자극하여 사정시키는 방법으로 주로 염소 · 양 등에 이용된다.

▮ 1회 사정량
소 : 3~10mL
말 : 50~150mL
면양, 산양 : 0.5~2.0mL
돼지 : 200~300mL
토끼 : 0.5~1.0mL
닭 : 0.3~0.6mL

③ 마사지(massage)법 : 음경(개), 정관팽대부(소), 하복부(닭) 마사지
④ 콘돔(condom)법 : 말

(2) 정액의 육안적 검사

① 정액량 : 채취병의 눈금을 읽거나 메스실린더에 넣어 측정한다. (소 : 3~10mL[평균 5mL], 돼지 : 100~500mL)
② 색깔 : 유백색 또는 황록색(호박색 : 오줌, 적색 : 혈액, 녹색 : 부패)
③ 냄새 : 정액 고유의 냄새(뇨취, 부패취가 없어야 함)
④ 정액의 농도 : 농도가 짙으면 진한 백색, 무정자증은 반투명
⑤ pH : 지시지법은 비색지(MR, BTB)에 묻혀 색조표와 대조한다. 초자 전극법은 2~3mL의 시료를 pH 미터를 이용하여 측정한다.

(3) 정액의 활력 검사

① 가온 현미경의 온도를 30~38℃로, 배율을 300~400배로 조절하여 검사한다.
② 운동을 5단계로 식별한다.

(4) 정자의 농도(정자수) 검사

혈구계산판을 사용하나 최근에는 비탁계나 분광광도계를 사용된다.

(5) 기형율 검사

① 400~600배의 현미경으로 300~1000개의 정자를 세어 기형 비율을 계산한다.
② 기형율이 20~30% 이상이면 인공수정에 쓸 수 없다.

3. 정액의 주입

(1) 소의 정액 주입

직장질법, 질경법, 겸자법

(2) 염소, 양

질경법 또는 질내주입법을 이용

(3) 돼지

주입관의 선단을 자궁경 심부(주름을 2~3개 통과)에 주입한다.

(4) 말

자궁경의 구조가 간단하므로 주입기가 쉽게 삽입된다.

(5) 닭

산란 직후 주입하면 정자가 난관으로 올라가기가 수월해진다.

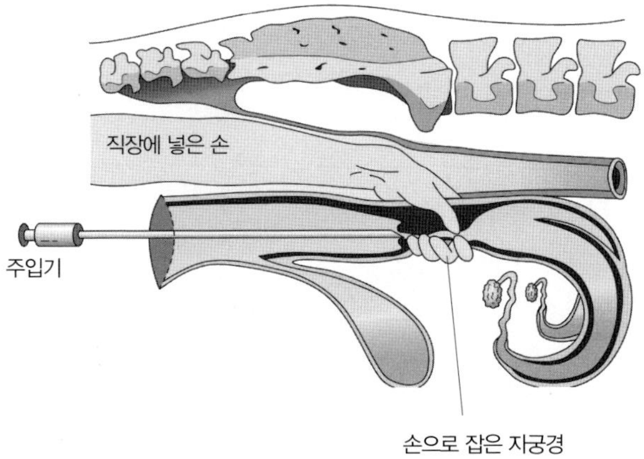

소 직장질법

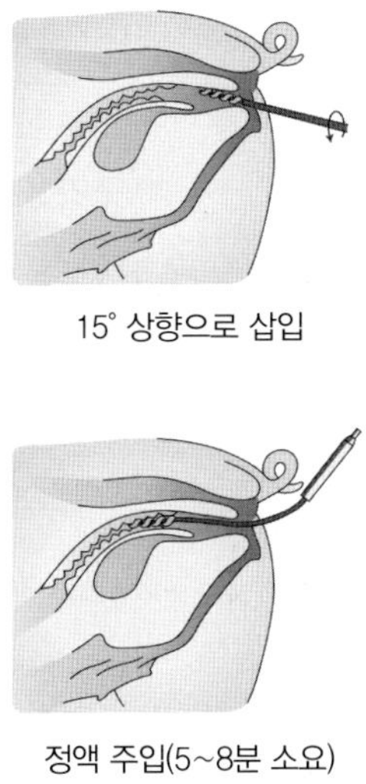

돼지 정액 주입

07 임신

1. 임신 진단

(1) 외관에 의한 진단(외진법)

① 재발정이 오지 않는다(NR : non return).

② 영양 상태가 좋아지고, 피모가 윤택해진다.

③ 성질이 온순해지고, 거동이 침착하다.

④ 소는 수정 후 4~5개월부터 유방이 커지고 오른쪽 배가 부르고 6~7개월이 되면 태동이 있다.

(2) 직장검사에 의한 진단(직장질법)

① 직장검사법은 가장 간편한 임신진단법이다.

② 자궁각과 중자궁 동맥의 변화와 발달 정도, 임신 황체의 존재 등을 촉진한다.

③ 임신 30~40일 이후부터 진단이 가능하다.

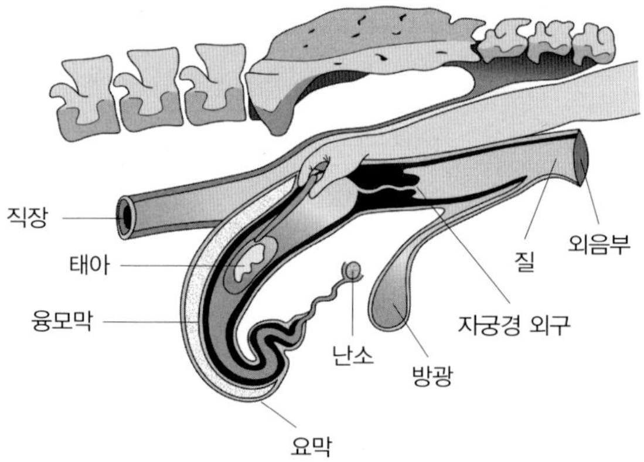

직장 검사에 의한 임신 진단

(3) 질 검사법

① 질경을 이용하여 질강 내부를 관찰하는 방법이다.

② 말은 34개월이 되면 자궁경 외구가 폐쇄되어 꽃봉오리 같은 상태가 된다.

③ 소는 찰떡 모양의 점액에 쌓인 상태가 된다.

(4) 혈액 속의 프로제스테론 검출(진단 키트에 의한 임신진단)

① 임신된 젖소의 혈액 또는 우유 중에 있는 황체호르몬인 프로제스테론의 농도가 높다.

② 비임신진단 키트는 면역크로마토그래피법을 이용하여 발색되도록 고안된 진단 키트이다.

③ 조기 진단, 검사법의 단순성, 검사의 신속성, 비용의 경제성 등의 장점이 있다.

④ 정확성에 다소 문제가 있다.

(5) 초음파 검사법

① 초음파기기의 화상을 통하여 직접 태수와 태아를 확인할 수 있다.

② 정확한 진단방법이나 기계가 고가이고, 전문적인 기술이 필요하다.

2. 임신 기간

(1) 가축별 임신 기간

〈표 4-3〉 가축의 임신 기간

종류		평균(범위)	종류		평균(범위)
소	홀스타인	279(278~282)	면양	코리데일	150(147~161)
	한우	285(281~287)	산양		152(145~160)
돼지	요크셔	114(111~119)	개		63(60~65)
말	아라비안	333(310~340)	토끼		31(30~32)

(2) 임신 기간에 영향을 주는 요인

① 환경의 영향(어미 연령, 영양, 기온, 계절, 산차, 태아의 동복자수)

② 돼지는 산차가 진행됨에 따라 임신기간이 길어짐

③ 새끼수가 많을수록 임신기간이 다소 짧아짐(토끼)

④ 소는 임신 초기에 3~5%가 발정 증상을 보이는 임신발정이 온다.

08 분만

1. 분만 기전과 분만 징후

(1) 분만 개시설(태아 모체 협동설)

① 태아 : ACTH 분비 증가로 혈중 글루코코르티코이드(glucocorticoid) 농도가 급증 → 프로스타그란딘($PGF_{2\alpha}$)과 에스트로젠의 분비 증가 - 분만 촉진

② 모체 : 에스트로젠 분비 증가로 자궁의 운동성 촉진, 옥시토신의 방출로 자궁의 수축과 함께 진통의 개시로 분만 시작

(2) 분만 징후

① 임신황체에서 리랙신이 분비되고 에스트로젠 분비 활동으로 자궁경관과 골반의 치골결합과 인대가 이완되어 미근부 양쪽이 함몰한다.

② 외음부가 분만 4~5일 전부터 2~5배로 종대(腫大), 충혈되고 점조성 점액이 유출된다.

③ 분만 2~3일 전부터 유방이 팽팽하게 커지고 짜보면 유즙이 나온다.

④ 분만이 가까워지면 불안해하며 오줌을 자주 눈다.

⑤ 돼지는 분만 1~3일 전 보금자리를 만들기도 한다.

⑥ 분만 6~12시간 전 체온이 0.5~1℃ 내리고 젖꼭지의 잔주름이 없어지고 젖이 흐른다.

⑦ 분만 직전에는 식욕이 감퇴되고 불안해하며 끈끈하던 점액이 액체 같아진다.

(3) 분만 개시 이론

① 프로제스테론 수준의 감소

② 에스트로젠 수준의 증가

③ 자궁용적의 증가

④ 옥시토신의 방출

⑤ 프로스타글란딘의 방출

⑥ 태아의 시상하부-뇌하수체-부신체계의 활성화

2. 분만 과정과 후산 정체

(1) 분만 과정

〈표 4-4〉 분만 과정과 증상

구 분	소요 시간	과정 및 증상
준비기 (진통기)	말 : 1~4시간 소 : 2~6시간 돼지 : 2~12시간	● 진통 시작, 자궁 경관이 이완된다. ● 태막이 자궁벽으로부터 유리되고, 태아가 회전하기 시작한다. ● 요막이 파열되어 요수(1파수)가 배출된다.
태아 만출기	말 : 0.2~0.5시간 소 : 0.5~1시간 돼지 : 2.5~3시간	● 자궁경관이 완전이 확장되고 강력한 진통이 온다. ● 양막이 파열되고 양수(2파수)가 나오며 송아지의 앞다리가 노출되면서 태아가 만출된다.
태반 만출기 (후산기)	말 : 1시간 소 : 4~5시간 돼지 : 1~4시간	● 융모막 육모가 모체의 태반조직으로부터 탈락 ● 강력한 수축과 융모막성 요막이 반전되고 모체는 긴장 ● 태막과 태반(후산)이 배출 ● 태아와 후산의 만출 후 자궁은 정상상태로 복귀

(2) 후산 정체

태아 분만 후 3~8시간에 태반이 배출되나 분만 후 10시간(12~24시간) 이내에 태반이 모체로부터 분리되지 않는 경우이며, 젖소에서 많이 발생하고 이것으로 자궁내막염이 발생한다.

① 간접적 원인

㉠ 영양불량 : 비타민A 및 E의 결핍, 요오드 및 세레니움 결핍, 칼슘과 인의 비율 부적절

㉡ 장기간 축사 내 사육으로 운동부족인 소

㉢ 건유기간이 짧을 때, 쌍태 임신

② 직접적 원인

㉠ 자궁근의 무력 : 후진통 미약, 자궁경관 조기폐쇄

㉡ 호르몬 이상

㉢ 태반염 : 부르셀라, 결핵, 캠필로박터, 곰팡이 감염(급성인 경우 분만 시의 자궁감염)

09 수정란 이식

1. 수정란 이식의 장단점

(1) 수정란 이식의 장점

① 고능력우의 우수한 송아지를 단기간에 생산할 수 있다.
② 수정란을 2개 이식하여 쌍태 송아지를 생산할 수 있다.
③ 젖소에게 한우 수정란을 이식하여 한우를 생산할 수 있다.
④ 특정 유전자원의 장기간 보존이 가능하다.
⑤ 고능력우를 외국으로부터 도입할 때 수송이 쉽고 가격이 저렴하다.
⑥ 유전적 개량 효과가 대단히 크다.
⑦ 가축의 수정란 이식 활성화
⑧ 발생공학 분야의 범위 확대 : 형질전환동물, 복제동물
⑨ 희소 동물의 보존기술 발달
⑩ 실험동물의 이용성 증대 : 질환 모델

(2) 수정란 이식의 단점

① 전문적인 지식과 고도의 기술이 필요하다.
② 무균적인 위생시설이 필요하다.
③ 자연의 섭리를 벗어나 생명의 존엄성이 상실될 우려가 있다.
④ 수태율이 낮다(현재 50~60%).
⑤ 수정란 공급에 한계가 있다.

(3) 공란우 선발과 다배란 처리

① 공란우 선발 : 비유능력과 번식능력이 우수하고 건강한 개체를 선발한다.
② 다배란 처리 : FSH 또는 PMSG, $PGF_{2\alpha}$, HCG 주사
③ 다배란 처리 후 발정이 오면 발정 개시 18시간(발정 후기)에 인공수정을 실시한다.

(4) 수란우 선발과 발정 동기화

① 수란우 선발

㉠ 정상적인 성주기를 가진 것

㉡ 2회 이상 인공수정을 실시하여 수태하지 않은 소는 사용하지 말 것

㉢ 강건성 및 내병성이 있고 임신을 장해하는 질병이 없을 것

㉣ 포유능력이 높은 것

㉤ 체격이 큰 것 등을 선발하여 수정란이식 대상우로 이용

② 수란우 발정동기화

㉠ 프로스타그란딘($PGF_{2\alpha}$)을 수란우에 투여하면 주사 후 2~4일 이내에 발정이 발현된다.

㉡ 황체호르몬(progesterone)제 프리드(prid)나 사이더 플러스를 질내 삽입

(5) 수정란 이식 방법

① 외과적 방법 : 전신마취 정중선 절개술, 국소 마취 상겸부 절개술

② 비외과적 방법 : 자궁경관 경유법(소), 자궁경관 선회법(돼지)

③ 자궁경관 경유법 : 수란우를 보정하고 2% lidocaine 5mL를 미추경막외 마취

▮ 이식부위
- 소 : 자궁각 선단부
- 돼지, 면양, 산양 : 4세포기 이하는 난관, 4세포기 이상은 자궁에 이식
- 수정란은 체외에서 상실배 상태까지 배양한 후 이식한다.

10 번식 장해

1. 수컷의 번식 장해

(1) 정자와 정액의 이상

① 정자형성 장해 : 성 성숙의 지연, 고온, 잠복정소, 하계 불임, 정소 발육 이상, 정소의 퇴화

② 정액과 정자의 이상 : 무정액증, 무정자증, 정자 감소증, 정자 무력증, 정자 사멸증, 기형 등

(2) 기계적 장해

① 교미 장해 : 음낭 헤르니아, 고도 비만, 음경과 포피의 기형, 교미욕 감퇴, 발기불능증

② 기타 선천적 기형, 퇴행성 질병, 전염성 미생물에 의해 부생식기 이상

2. 암컷의 번식 장해

(1) 생식기 기형

프리마틴, 자궁과 경관의 기형, 난소발육 부전

(2) 발정 및 배란 장해

① 무발정 : 후산정체, 자궁 축농증, 영구황체 시 발생

② 둔성 및 미약 발정 : 난포 발육은 정상이나 증상이 미약, 과비나 영양결핍이 원인

(3) 난소낭종(난포낭종)

① 난소에 황체형성이 없고 직경 2.5㎝ 이상의 난포가 배란되지 않고 존재한다.

② 증상은 지속성 발정 또는 사모광증(80%), 무발정(20%), 불규칙 발정을 나타낸다.

③ 과비된 암소에서 많이 발생하며 오래 지속되면 천추가 위로 치솟아 오른다.

④ 사광증은 난포가 정상난포보다 큰 낭종을 형성하며 발정증세가 광적으로 일어난다.

⑤ 사모광증의 주요 증상은 다른 암소에 승가를 하고 성질이 거칠고 미근부가 올라간다.

(4) 난소 이상

① 난소기능 정지 : 고능력우, 운동부족 시 난포의 발육부전으로 발정 징후가 없다.

② 난소 위축 : 노령우, 영양불량, 질병 감염, 전신쇠약 시 발생

③ 영구황체 : 자궁에 미이라 존재, 기타 이물, 염증에 의한 불순물이 들어 있을 때 발생

④ 수정 장해 : 난자 이상(노화 난자, 거대 난자, 난형 난자, 투명대의 파열 등), 이상 수정

(5) 호르몬 분비 이상

① 저수태 : 3회 이상 정자를 주입하여도 수정이 되지 않는 현상으로 호르몬 이상, 영양상태 불량, 세균감염 등이 원인이다.

② 배란 장해 : LH분비 이상, 농후사료 과다 급여 시 난포의 발육 부전

▮ 장기재태
소의 평균임신기간인 280일을 지나 300일 이상 경과될 경우를 말하며, 340일 이상이면 사산한다. 주로 유전적 소인(치사형질이 작용), 과영양 상태, 운동 부족, 태아의 기형 등이 원인이다.

3. 생식기 질병과 전염병

(1) 생식기 질병(비전염성)

질염, 자궁내막염, 자궁 축농증, 자궁근염, 포피염

(2) 번식 장해 전염병

돼지 생식기 호흡기 증후군(PPRS), 브루셀라, 캄필로박터, 렙토스피라병, 톡소플라즈마병, 트리코모나스, 진균성 유산 등

기출문제

정답 및 해설

01 다음 중 요도구선이 가장 잘 발달된 가축은?

㉮ 소　　㉯ 말
㉰ 면양　　㉱ 돼지

■ 요도구선(cowper's gland)은 골반 요도의 양면에 하나씩 위치하며 돼지는 대단히 크다. 개는 정낭선과 요도구선이 없고 전립선이 잘 발달되어 있다.

정답 ㉱

02 정소상체의 주요한 생리적 기능이 아닌 것은?

㉮ 정자의 농축
㉯ 정자의 저장
㉰ 정자의 성숙
㉱ 정자의 생산

■ 정소상체는 두부, 체부, 미부로 구성되며 정자의 운반, 농축, 저장, 성숙의 기능을 한다. 정소의 기능은 정자의 생산과 웅성호르몬 분비이다.

정답 ㉱

03 쌍각자궁(bicornuate uterus)의 형태를 가진 가축은?

㉮ 소
㉯ 돼지
㉰ 토끼
㉱ 산양

■ 분열자궁 : 소, 양
쌍각자궁 : 돼지, 말
단일자궁 : 영장류, 사람
중복자궁 : 토끼, 쥐

정답 ㉯

04 다음에서 설명하는 수컷의 생식 기관은?

> 정관 끝의 굵게 확장된 선단부로 이곳은 교미 시 정자를 물총처럼 쏘는 사출기 역할을 한다. 돼지는 이 기관이 없다.

㉮ 정관
㉯ 정소
㉰ 정소상체
㉱ 정관 팽대부

■ 돼지는 정관 팽대부가 없다.

정답 ㉱

정답 및 해설

05 수컷의 부생식선이 아닌 것은?

㉮ 림프선
㉯ 정낭선
㉰ 전립선
㉱ 요도구선(카우퍼선)

■ 부생식선은 정낭선, 전립선, 요도구선(카우퍼선)이 있다.

정답 ㉮

06 암컷의 생식기관 중 난자와 정자가 결합하여 수정이 이루어지는 장소는?

㉮ 난소 ㉯ 난관
㉰ 자궁 ㉱ 자궁경

■ 난관의 난관팽대부에서 수정이 이루어지고 자궁으로 내려오면서 난할이 일어난다.

정답 ㉯

07 백색의 교양물질로 요도를 세척하며, 정자의 요도 통과를 돕고 보호하는 역할을 하는 물질을 분비하는 수컷의 부생식선은 무엇인가?

㉮ 정소
㉯ 요도구선
㉰ 전립선
㉱ 정낭선

■ 구요도선이라 불리는 요도구선은 부성선으로 백색의 교양물질을 분비하여 요도를 세척하여 정자의 요도 통과를 돕는다.

정답 ㉯

08 다음에서 설명하는 암컷의 생식기관은 무엇인가?

> 임신기간에는 혼탁한 점액을 분비하여 폐쇄시킴으로써 태아를 보호하며 발정기 및 분만 시 개구되는 암컷의 생식기관이다.

㉮ 난소
㉯ 난관
㉰ 자궁체
㉱ 자궁경

■ 자궁경에 대한 설명이다.

정답 ㉱

정답 및 해설

09 소의 수정란이 착상되어 태반을 형성하고 태아가 발육하는 생식기관은?

㉮ 질
㉯ 난관 팽대부
㉰ 자궁각
㉱ 자궁경

■ 사람 : 자궁체
기타 동물 : 자궁각

정답 ㉰

10 방광 입구의 포도송이처럼 된 1쌍의 선체로 정자에 영양을 공급하며 소는 정액의 32~40%를 차지하는 부생식선은?

㉮ 정소
㉯ 요도구선
㉰ 전립선
㉱ 정낭선

■ 정자에 영양을 공급하고 정자의 손상을 방지하며 질전(vaginal flug)을 형성하기도 한다.

정답 ㉱

11 뇌하수체 전엽에서 분비되는 호르몬은?

㉮ 난포자극 호르몬
㉯ 옥시토신
㉰ 웅성 호르몬
㉱ 난포 호르몬

■ 뇌하수체 전엽 호르몬
난포자극호르몬(FSH)
황체형성호르몬(LH)
Prolactin(LTH)
성장호르몬(GH)
갑상선자극호르몬(TSH)
부신피질자극호르몬(ACTH)

정답 ㉮

12 뇌하수체 후엽에서 분비되는 호르몬으로 자궁수축, 유즙배출 및 젖 방출촉진 기능을 담당하는 호르몬은 무엇인가?

㉮ 에스트로젠
㉯ 옥시토신
㉰ 테스토스테론
㉱ 프로제스테론

■ 옥시토신의 기능
– 분만 시 자궁 수축
– 태아, 태반 만출
– 착유 시 유즙 분비 촉진
– 자궁 내 난자, 정자 이송

정답 ㉯

정답 및 해설

13 난소의 난포에서 분비되는 호르몬은?

㉮ 테스토스테론
㉯ 프로락틴
㉰ 에스트로젠
㉱ 옥시토신

■ 테스토스테론 – 정소
프로락틴 – 뇌하수체 전엽
옥시토신 – 뇌하수체 후엽
에스트로젠 – 난포
프로제스테론 – 황체

정답 ㉰

14 정소에서 분비되는 호르몬은?

㉮ 테스토스테론
㉯ 프로락틴
㉰ 에스트로젠
㉱ 옥시토신

■ 테스토스테론 – 정소
프로락틴 – 뇌하수체 전엽
옥시토신 – 뇌하수체 후엽
에스트로젠 – 난포
프로제스테론 – 황체

정답 ㉮

15 호르몬의 분비장소에 따른 호르몬의 명칭이 바르지 못한 것은?

㉮ 정소 – 테스토스테론
㉯ 뇌하수체 전엽 – 옥시토신
㉰ 난포 – 에스트로젠
㉱ 황체 – 프로제스테론

■ 옥시토신은 뇌하수체 후엽에서 분비된다.

정답 ㉯

16 난소의 황체에서 분비되며 임신유지에 관여하는 호르몬은?

㉮ 웅성 호르몬
㉯ 황체형성 호르몬
㉰ 황체 호르몬
㉱ 부신피질 호르몬

■ 황체에서 분비되는 프로제스테론이다.

정답 ㉰

17 호르몬과 그 기능의 설명이 바르지 못한 것은?

㉮ 테스토스테론 – 정자 형성, 교미욕 및 2차 성징 발현
㉯ 에스토르젠 – 난포 발육, 발정, 2차 성징의 발현
㉰ 프로제스테론 – 수정 후 배란 억제, 임신 유지, 유선 발육
㉱ 프로락틴(LTH) – 분만 시 자궁 수축, 유즙 분비

■ 프로락틴(LTH) : 유선 세포 발육, 분만 후 비유 개시
– 옥시토신 : 분만 시 자궁 수축, 유즙 분비

정답 ㉱

18 프로제스테론(progesterone)의 생리작용이 아닌 것은?

㉮ 암컷의 성행동
㉯ 임신유지
㉰ 착상
㉱ 유선포계의 발달

■ 암컷의 성행동은 에스트로젠의 기능이다.

정답 ㉮

19 난소에서 합성되는 호르몬으로 암컷 생식기관의 발육과 2차 성징의 발현 역할을 하는 호르몬은?

㉮ 옥시토신
㉯ 에스트로젠
㉰ 테스토스테론
㉱ 난포자극호르몬

■ 에스트로젠은 부생식기 발육, 2차 성징의 발현 기능을 한다.

정답 ㉯

20 생체 내 호르몬 작용을 바르게 설명한 것을 모두 고르시오.

A. 내분비선에서 생성되어 혈액으로 분비된다.
B. 표적세포에는 특정의 수용체가 존재한다.
C. 체내에서 합성되고 미량으로 기능을 발휘한다.
D. 특정 표적기관에만 작용하고 반감기가 짧다.
E. 지방 성분으로 에너지원으로 이용된다.

㉮ B, C, D ㉯ A, C, D
㉰ A, B, C, D ㉱ B, C, D, E

■ 호르몬은 에너지원으로 이용되지 못하며, 극미량으로 그 기능을 발휘하고, 생체반응의 속도를 조절한다. 작용 효과는 수 시간에서 수일로 종류에 따라 다양하고, 새로운 반응을 유도하지 않는다.

정답 ㉰

21 정자의 형성, 난포의 성장 및 에스트로젠의 분비를 촉진시키는 뇌하수체호르몬은?

㉮ 난포자극호르몬
㉯ 프로락틴
㉰ 옥시토신
㉱ 리랙신

■ 난포자극호르몬(FSH)은 정자의 형성, 난포의 성장 및 에스트로젠의 분비에 관여하는 호르몬이다.

정답 ㉮

22 분만 시 자궁경관의 이완 및 치골결합의 분리를 일으키게 하는 호르몬은?

㉮ 프로제스테론
㉯ 리랙신
㉰ 옥시토신
㉱ 난포자극호르몬

■ 리랙신은 태반 및 자궁에서 분비된다.

정답 ㉯

23 하위기관에서 분비된 호르몬이 상위기관의 호르몬 분비를 억제하는 기구는?

㉮ 부의 피드백
㉯ 정의 피드백
㉰ 오토 피드백
㉱ 극초단 피드백

■ 정의 피드백 : 하위기관에서 분비된 호르몬이 상위기관의 호르몬 분비를 촉진
– 오토 피드백 : 뇌하수체 호르몬이 직접 자신의 분비를 조절
– 극초단 피드백 : 방출인자가 직접 자신의 분비를 조절

정답 ㉮

24 가축의 성 성숙에 관한 설명으로 바르지 못한 것은?

㉮ 대형종보다 소형종이 빠르다.
㉯ 저영양 상태보다 고영양 상태가 빠르다.
㉰ 지나친 고온과 저온은 성 성숙을 지연시킨다.
㉱ 교잡종보다 순종이 빠르다.

■ 교잡종이 순종보다 빠르다.
– 지나친 고온과 저온은 성 성숙을 지연시킨다.
– 사육 방법 : 암수 가축을 합사하거나 군(그룹)사육을 하면 성 성숙이 빨라진다.

정답 ㉱

정답 및 해설

25 수컷 가축의 성 성숙을 올바르게 설명한 것은?

㉮ 정자가 생성되고 교미 및 사정 가능한 시기
㉯ 정자생산이 시작되는 시기
㉰ 번식 공용 개시기와 동일
㉱ 사출정액 내 정자 출현시기

■ 성 성숙 : 생식기의 형태적, 기능적 성숙으로 번식이 가능한 상태로 변화되는 시기
암컷 : 난자 생산 – 발정 및 배란(초발정기), 임신 가능

정답 ㉮

26 다음 중 성 성숙에 영향을 미치는 요인이 아닌 것은?

㉮ 계절
㉯ 온도
㉰ 영양
㉱ 바람

■ 유전적 요인, 영양 상태, 계절, 온도, 사육방법 등이 성 성숙에 영향을 준다.

정답 ㉱

27 성 성숙에 관여하는 뇌하수체 호르몬은?

㉮ 에스트로젠 분비 감소
㉯ FSH, LH 분비 증가
㉰ 옥시토신 분비 증가
㉱ 프로게스트론 분비 감소

■ GnRH의 분비량 증가로 FSH, LH 등의 분비가 증진된다.

정답 ㉯

28 가축의 번식적령기를 결정하는 주요 요인은?

㉮ 온도와 위도
㉯ 월령과 체중
㉰ 계절과 일조시간
㉱ 집단의 개체수

■ 가축별 번식 적령기
① 돼지 : 생후 8~9개월령, 체중 240㎏ 이상, 등지방 두께 18㎜ 이상
② 한우: 14~15개월령, 체중 250~260㎏ 이상
③ 젖소(홀스타인): 15~16개월령, 체중 350㎏ 이상

정답 ㉯

29 다음 중 발정주기와 평균 발정지속시간이 바르지 못한 것은?

	발정 주기	발정지속시간
㉮ 소 :	21일	20시간
㉯ 면양 :	17일	33시간
㉰ 돼지 :	23일	33시간
㉱ 말 :	23일	7일

정답 및 해설

■ 돼지 : 21일, 58시간

정답 ㉰

30 교미 후 배란 동물은?

㉮ 소, 돼지
㉯ 말, 면양
㉰ 산양, 사슴
㉱ 토끼, 고양이

■ 토끼, 고양이는 교미 후 배란 동물이므로 발정지속시간이 없다.

정답 ㉱

31 다음 중 일조시간이 짧아지는 9월~1월에 번식하는 단일성 동물은?

㉮ 소, 돼지
㉯ 말, 닭
㉰ 산양, 사슴
㉱ 토끼, 고양이

■ 소, 돼지 : 주년 동물
말, 닭 : 장일성 동물
토끼, 고양이 : 교미 후 배란 동물

정답 ㉰

32 소의 외부적 발정징후로 옳지 않은 것은?

㉮ 다른 소를 승가하거나 승가를 허용한다.
㉯ 불안해하고 자주 큰소리로 운다.
㉰ 식욕이 왕성해지고 온순해진다.
㉱ 외음부가 충혈되어 붓고 맑은 점액이 흐른다.

■ 발정 징후
- 거동 불안(배회), 눈 충혈
- 식욕 감퇴, 산유량 감소
- 외음부의 충혈과 종대
- 질 점액분비(엉덩이에 묻음)
- 반추운동의 감소 및 중단
- 괴성(흥분하여 소리를 지른다)
- 턱 비비기, 꼬리를 쳐들고 다님
- 승가 및 승가 허용
- 배뇨 횟수 증가

정답 ㉰

33 소의 임신감정에서 가장 많이 사용하는 방법은?

㉮ 직장질법
㉯ 초음파 검사
㉰ 프로제스테론 검출
㉱ 질 검사법

34 젖소의 태아가 착상하는 부위는?

㉮ 자궁각
㉯ 난관하부
㉰ 자궁경내
㉱ 난관상부

35 돼지의 임신을 정확하고 쉽게 진단할 수 있는 방법은?

㉮ 초음파 진단법
㉯ 호르몬 분석법
㉰ 질생체조식 검사법
㉱ 직장 촉진법

36 돼지의 발정에 대한 설명으로 잘못된 것은?

㉮ 발정전기부터 수컷을 허용한다.
㉯ 발정기에는 에스트로젠의 분비가 증가된다.
㉰ 배란 후에는 황체가 형성된다.
㉱ 발정기에는 외음부가 부으며 충혈된다.

정답 및 해설

■ 직장질법은 가장 간편한 임신진단법이다.
– 자궁각과 중자궁 동맥의 변화와 발달 정도, 임신 황체의 존재 등을 촉진한다.
– 임신 30~40일 이후부터 진단이 가능하다.

정답 ㉮

■ 자궁각은 수정란이 착상하여 발육하는 곳으로 태아를 보유하고 영양을 공급한다.

정답 ㉮

■ 돼지의 초음파 진단법
① DOPPLER(도플러)법 : 임신 15~16일부터 태아의 심박동수를 들을 수 있다.
② ECHO(에코)법 : 임신 자궁 내 내용물과 복벽의 반사파로 측정, 임신 30~60일부터 가능

정답 ㉮

■ 발정기 이후부터 허용한다.

정답 ㉮

정답 및 해설

37 돼지의 수정 적기로 적당한 시기는?

㉮ 발정 개시 후 5~10시간
㉯ 발정 종료 전 3~4시간
㉰ 수컷 허용 후 10~25시간
㉱ 수컷 허용 후 25~58시간

■ 돼지 : 수컷 허용(부동반응을 보이기 시작한 시점) 후 10~25시간

정답 ㉰

38 성숙한 젖소의 자연교배 또는 인공수정 적기는?

㉮ 발정 개시 후 10~25시간
㉯ 발정 종료 전후의 3~4시간
㉰ 발정 개시 후 3~4시간
㉱ 배란 전 10~25시간

■ 소 : 발정 개시 후 12~18시간(배란 전 7~18시간) 또는 발정 종료 전후 3~4시간

정답 ㉯

39 교배적기를 결정하는 요인만을 나열한 것은?

㉮ 계절, 난자와 정자의 수정능력 보유시간
㉯ 정자의 생존성과 운동성 및 기형률
㉰ 배란시기, 난자의 수정능력 보유시간, 기형률
㉱ 배란시기, 난자와 정자의 수정능력 보유시간

■ 교배적기 결정 요인
- 정자의 수정부위 도달시간
- 정자의 수정능력 획득 시간
- 정자의 수정능력 보유시간
- 난자의 배란시기
- 난자의 수정능력 보유시간

정답 ㉱

40 분만에 관여하는 호르몬에 대한 설명 중 바르지 못한 것은?

㉮ 황체호르몬(progesterone) 감소
㉯ 난포호르몬(estrogen) 증가
㉰ 프로스타글란딘(prostagladin) 감소
㉱ 옥시토신(oxytocin) 방출

■ 프로스타글란딘($PGF_{2\alpha}$)과 에스트로젠의 분비 증가로 황체퇴행을 일으키며 이에 따라 혈액에 프로제스테론이 급감하고 에스트로젠이 급증한다.

정답 ㉰

41 소의 교배적기에 미치는 요인이 아닌 것은?

㉮ 정자의 수정부위 도달시간
㉯ 배란시기
㉰ 난자의 수정능 보유시간
㉱ 정자의 수

42 임신기간에 영향을 미치는 요인 중 틀린 것은?

㉮ 모체의 연령
㉯ 영양 상태
㉰ 산차
㉱ 지역

43 교미 후 배란 동물은?

㉮ 소, 돼지
㉯ 토끼, 고양이
㉰ 말, 염소
㉱ 사슴, 개

44 가축의 임신기간이 바르지 못한 것은?

㉮ 한우 : 285일
㉯ 젖소 : 279일
㉰ 돼지 : 114일
㉱ 말 : 300일

정답 및 해설

■ 교배적기 결정 요인
– 정자의 수정부위 도달시간
– 정자의 수정능력 획득 시간
– 정자의 수정능력 보유시간
– 난자의 배란시기
– 난자의 수정능력 보유시간

정답 ㉱

■ 환경 : 어미 연령, 영양, 기온, 계절, 산차, 태아의 동복자수 등
– 돼지는 산차가 진행됨에 따라 임신기간이 길어짐
– 토끼는 새끼 수가 많을수록 임신기간이 다소 짧아짐

정답 ㉱

■ 교미에 따른 음경의 삽입자극과 성행동에 따르는 정신적 자극은 시상하부의 LH를 분비시켜 배란을 유도한다.

정답 ㉯

■ 말 335일, 면양 150일, 산양 152일, 개 63일, 토끼 31일 등

정답 ㉱

45 직장검사법에 의한 조기임신 진단에서 검사의 대상이 되는 것은?

㉮ 자궁각과 자궁동맥의 크기
㉯ 태아의 심박동수와 복벽의 저항차
㉰ 질 및 자궁질부의 상태
㉱ 발정의 유무와 피부 상태

46 후산정체의 직접적인 원인에 들지 않는 것은?

㉮ 후진통 미약
㉯ 운동부족
㉰ 자궁경관 조기폐쇄
㉱ 호르몬 이상

47 가축 인공수정의 장점 설명으로 바르지 않은 것은?

㉮ 방목하는 가축은 활용이 편리하다.
㉯ 우수한 종모축의 이용범위가 확대
㉰ 종모축 사양에 필요한 사료비 및 노력비 등을 절감
㉱ 자연교미 불가능한 빈모축을 번식에 이용 가능

48 인공수정의 단점에 속하는 것은?

㉮ 우수 종모축의 이용범위가 축소된다.
㉯ 종모축의 유전능력을 조기에 판정할 수 없다.
㉰ 정액의 원거리 수송이 가능하다.
㉱ 숙련된 기술자와 특별한 시설이 필요하다.

정답 및 해설

■ 한 쌍으로 된 자궁각의 굵기 비교, 중자궁 동맥의 크기 등이 그 대상이 된다.

정답 ㉮

■ 후산정체 : 분만 후 10시간(12~24시간) 이내에 태반이 모체 태반에서 분리되지 않는 경우
– 간접적 원인 : 영양불량, 운동부족, 건유기간이 짧을 때, 쌍태
– 직접적 원인 : 자궁근의 무력, 후진통 미약, 자궁경관 조기폐쇄, 호르몬 이상, 태반염

정답 ㉯

■ 인공수정의 장점
– 우수한 종모축 이용범위 확대
– 가축개량 촉진, 생산성 향상
– 종모우의 유전능력 조기 판정
– 종모축 사양비 절약
– 정액의 원거리수송 가능
– 2~3회 수정으로 수태율 향상
– 자연교미 불능 빈모축 번식
– 교미 감염 전염병 방지

정답 ㉮

■ 인공수정의 단점
– 방목축은 보정하기 힘들다.
– 숙련된 기술과 시설이 필요
– 1회 수정에 많은 시간 필요
– 비위생적일 경우 질병 발생
– 불량형질 이용 시 피해 범위 확대

정답 ㉱

| 정답 및 해설 |

49 돼지에서 인공수정을 실시할 때 정액을 주입하는 부위는?

㉮ 자궁체
㉯ 자궁경 심부
㉰ 질내
㉱ 난관

■ 돼지는 주입관의 선단을 자궁경 심부(주름을 2~3개 통과)에 주입한다.

정답 ㉯

50 소의 정액 채취법으로 가장 많이 이용되는 방법은?

㉮ 전기자극법
㉯ 인공질법
㉰ 마사지법
㉱ 페서리법

■ 인공질법(artificial vagina method) : 가장 이상적인 정액채취법으로 소, 염소, 면양, 말, 돼지 등에 모두 이용된다.

정답 ㉯

51 소에서 비외과적 수정란 이식 시 수정란의 이식 방법은?

㉮ 자궁경관 경유법
㉯ 자궁체
㉰ 자궁각
㉱ 질심부

■ 비외과적 방법 : 자궁경관 경유법(소), 자궁경관 선회법(돼지)
– 소 이식부위 : 자궁각 선단부

정답 ㉮

52 수정 적기를 결정하는 생리적 요인이 아닌 것은?

㉮ 배란시기
㉯ 난자의 수정능력 유지시간
㉰ 분만 후 자궁정복 시기
㉱ 정자가 수정부위까지 상행하는 데 요하는 시간

■ ㉮㉯㉱ 이외에 정자의 수정능력 유지 시간, 정자의 수정능력 획득 시간 등

정답 ㉰

정답 및 해설

53 가축에서 실시하고 있는 수정란 이식의 장점으로 적당하지 않은 것은?

㉮ 특정 품종의 증식
㉯ 가축도입의 대체수단
㉰ 동물의 품종 및 계통의 보존
㉱ 가축의 수명 연장

■ 수정란 이식의 장점
- 고능력 송아지 생산
- 쌍태 송아지 생산
- 젖소에서 한우생산 가능
- 특정 유전자원 장기간 보존
- 고능력우 외국으로부터 도입
- 유전적 개량 효과가 크다.
- 가축의 수정란이식 활성화
- 발생공학분야의 범위 확대
- 희소 동물의 보존
- 실험동물의 이용성 증대

정답 ㉱

54 인공수정의 장점이 아닌 것은?

㉮ 가축 개량을 촉진시킬 수 있다.
㉯ 전염성 생식기병을 미연에 방지할 수 있다.
㉰ 한 번의 교배에 요하는 시간을 단축시킬 수 있다.
㉱ 종모축의 유전력을 조기에 판정할 수 있다.

■ 인공수정은 1회 수정에 많은 시간이 필요하다.

정답 ㉰

55 소의 수정란 이식에 있어서 다배란 유기 방법 중 틀린 것은?

㉮ FSH를 사용한다.
㉯ PMSG를 사용한다.
㉰ $PGF_{2\alpha}$를 사용한다.
㉱ 테스토스테론을 사용한다.

■ 주로 FSH, LH, PMSG, $PGF_{2\alpha}$가 이용된다.

정답 ㉱

56 다음 중 발정동기화와 다배란 처리에 대한 설명으로 바르지 못한 것은?

㉮ 발정 동기화는 발정주기가 서로 다른 암컷이 동일한 기간에 발정이 오도록 하는 것이다.
㉯ 발정동기화에는 progesterone제제, $PGF_{2\alpha}$제제, progesterone과 $PGF_{2\alpha}$제제를 병행 사용한다.
㉰ 다배란 처리에는 성선자극 호르몬인 FSH, PMSG, HCG를 투여하여 다배란을 유기시킨다.
㉱ 다배란 처리는 인공수정 시 수정율과 수태율을 향상시키기 위해 실시하는 방법이다.

■ 다배란 처리는 성선자극 호르몬을 투여하여 다배란을 유기시키는 것이다.

정답 ㉱

정답 및 해설

57 발정주기의 동기화에 사용되는 호르몬제는?

㉮ 옥시토신(oxytocin)
㉯ 바소프레신(vasopressin)
㉰ 프로스타그란딘(prostaglandin)
㉱ 테스토스테론(testosterone)

■ 프로스타그란딘($PGF_{2\alpha}$)을 수란우에 투여하면 주사 후 2~4일 이내에 발정이 발현된다.

정답 ㉰

58 다음 중 단일성(short day) 계절번식 가축은?

㉮ 소 ㉯ 말
㉰ 면양 ㉱ 돼지

■ 단일성 가축 : 사슴, 염소, 면양
장일성 가축 : 닭, 말
주년성 가축 : 돼지, 소

정답 ㉰

59 정액의 희석 목적이 아닌 것은?

㉮ 정액량 증대 – 많은 암소 수정
㉯ 정자의 활력 유지와 생존 기간 연장
㉰ 생식기 질병의 예방
㉱ 보호물질 공급

■ 희석 목적은 ㉮㉯㉱ 이외에 이물질 제거도 있다.

정답 ㉰

60 다음은 정액의 육안적 검사 방법이다. 바르지 못한 것은?

㉮ 정액량
㉯ 색깔
㉰ 냄새
㉱ 정자수

■ 정액의 육안적 검사 방법
– 정액량 : 소 5mL
  돼지 100~ 500mL
– 색깔 : 유백색 또는 황록색
– 냄새 : 정액 고유의 냄새
– 정액의 농도 : 농도가 짙으면 진한 백색, 무정자증은 반투명

정답 ㉱

61 난소낭종과 관련이 없는 것은?

㉮ 무발정
㉯ 사모광증
㉰ 둔성 발정
㉱ 지속 발정

■ 난소낭종은 난포낭종과 황체낭종이 있으며 지속성 발정, 사모광증, 무발정, 불규칙 발정을 나타낸다.

정답 ㉰

정답 및 해설

62 자궁에 미이라 존재, 기타 이물, 염증에 의한 불순물이 들어 있을 때 발생하는 것은?

㉮ 임신장애
㉯ 난포 낭종
㉰ 자궁염
㉱ 영구황체

■ 영구황체 : 자궁에 미이라 존재, 기타 이물, 염증에 의한 불순물이 들어 있을 때 발생

정답 ㉱

63 성숙한 가축의 무발정을 일으키는 요인이 아닌 것은?

㉮ 후산정체
㉯ 저수태
㉰ 영구황체
㉱ 자궁 축농증

■ 무발정은 후산정체, 자궁 축농증, 영구황체 시 발생한다.

정답 ㉯

64 정자 형성상의 장해 요인이 아닌 것은?

㉮ 하계불임
㉯ 잠복정소
㉰ 교미장해
㉱ 정소의 퇴화

■ 정자 형성 장해 요인
성성숙의 지연, 기후(하계 불임), 잠복정소, 정소발육 이상, 정소의 퇴화, 정액 이상 등

정답 ㉰

65 다음 중 저수태우에 대한 설명으로 바른 것은?

㉮ 3회 이상 수정을 해도 수태가 되지 않으며 호르몬 이상, 영양상태 불량, 세균감염 등이 원인이다.
㉯ 과비된 암소에서 많이 발생하며 오래 지속되면 천추가 위로 치솟아 오른다.
㉰ FSH의 과잉 분비와 LH 분비 부족으로 성숙난포가 파열되지 않아 발생한다.
㉱ 사광증은 난포가 정상난포보다 큰 낭종을 형성하며 발정 증세가 광적으로 일어난다.

■ ㉯㉰㉱는 난포낭종에 대한 설명이다.

정답 ㉮

| 정답 및 해설 |

66 번식장애의 설명이 바르지 못한 것은?

㉮ 백색 처녀우병은 쇼트혼종의 백색피모를 가진 미경산우에서 발생한다.

㉯ 프리마틴은 일란성 쌍태일 때 발생하며 암컷의 95%는 불임이 된다.

㉰ 사광증은 난포가 정상난포보다 큰 낭종을 형성하며 발정증세가 광적으로 일어난다.

㉱ 자궁 축농증은 영구황체의 존재와 무발정이 특징이다.

■ 프리마틴은 이란성 쌍태일 때 발생한다.

정답 ㉯

67 다음 중 수컷의 교미 장해가 아닌 것은?

㉮ 음낭 헤르니아 및 고도 비만

㉯ 음경과 포피의 기형과 해부학적 결함

㉰ 교미욕 감퇴, 발기불능증

㉱ 무정액증, 무정자증, 정자감소증

■ ㉱는 정액의 이상이다.

정답 ㉱

68 영구황체가 있는 경우 예상되는 장해는?

㉮ 발정이 오지 않는다.

㉯ 사모광증이 발생한다.

㉰ 저수태우가 된다.

㉱ 장기재태가 온다.

■ 무발정의 원인
① 환경요인 : 영양상태, 계절, 비유 등으로 성선자극호르몬이 결핍
② 난소 이상 : 형성부전, 난소낭종, 프리마틴 등 난포의 발육 이상
③ 자궁요인 : 임신, 위임신, 태아미이라 혹은 자궁염증 등으로 인한 황체 잔존
④ 뇌하수체 전엽에서 분비되는 성선자극호르몬의 분비 기능 저하

정답 ㉮

제 5 장

동물의 영양

01 동물의 영양소

1. 영양과 영양소

(1) 영양(nutrition)

① 사료를 섭취하여 소화, 흡수, 배설 등 신체 내에서 일어나는 대사 작용을 말한다.

② 체성분의 분해, 소모 및 보충의 생리작용을 총칭

(2) 영양소(nutrients)

① 영양소란 생명유지와 생산 활동을 하기 위해 외부로부터 공급받는 물질이다.

영양소란?
– 생명 유지(체온유지, 호흡, 순환 등)
– 생산 활동(젖·고기·알 생산, 성장, 번식 등)
을 하기 위해 체외로부터 공급받는 모든 물질

② 영양소는 에너지를 공급(탄수화물, 단백질, 지방)하거나 신체조직을 구성(지방, 단백질, 무기질, 물)하거나 신체기능을 조절(단백질, 비타민, 무기질, 물)하는 물질이다.

영양소의 기능별 구분

③ 필수 영양소는 체내에서 전혀 합성되지 않거나, 합성되더라도 충분치 않으므로 반드시 사료의 형태로 공급되어야 하는 물질이다.

2. 영양소의 분류

- 유기물
  - 질소화합물
    - 단백질 : 조단백질, 아미노산
    - 비단백태질소화합물 : 요소, 뷰렛 등
  - 탄수화물
    - 가용무질소물 : 단당류, 이당류, 다당류(전분)
    - 조섬유 : 섬유소, 리그닌 등
  - 지 방
    - 단순지방 : 지방산, 글리세롤
    - 복합지방 : 중성지방, 인지방, 왁스 등
  - 비타민
    - 지용성 비타민 : A, D, E, K
    - 수용성 비타민 : B군, C, L
- 무기물
  - 광물질
    - 다량 광물질, 미량 광물질

3대 영양소	단백질, 지방, 탄수화물
5대 영양소	단백질, 지방, 탄수화물, 비타민, 무기물
6대 영양소	단백질, 지방, 탄수화물, 비타민, 무기물, 물

02 영양소의 종류와 기능

1. 단백질

▮ 단백질
- C, H, O, N, S, P 등의 원소로 구성
- N(질소)가 16% 함유

(1) 단백질의 기능과 중요성

① 세포의 구성성분이며 생명의 기본 물질(근육조직, 즉 고기의 형성)이다.

② 유전인자의 구성 성분(유전현상 및 생명현상의 기본물질)이다.

③ 효소, 호르몬의 주성분이다.

④ 헤모글로빈의 주성분으로 산소와 영양소를 운반한다.

⑤ 우유, 계란, 고기 등의 영양식품 생산에 필수적이다.

⑥ 모유의 성분으로 어린 동물의 성장에 매우 중요한 영양소이다.

(2) 단백질의 분류

① 단순 단백질

㉠ 자연계에 존재하며 단순이 아미노산과 그 유도체만을 함유한다.

㉡ 알부민(albumin), 글로블린(globulin) : 알, 젖, 혈청, 근육에 들어 있음

㉢ 기타 글루텔린(glutelin), 프롤라민(prolamin), 히스톤(histone), 프로타민 등

② 복합 단백질

㉠ 아미노산에 다른 비단백 물질이 결합된 것이다.

㉡ 핵단백질, 당단백질, 인단백질(카제인), 색소단백질(헤모글로빈) 등이 있다.

③ 유도 단백질

㉠ 천연 단백질이 아미노산이 되기까지의 중간물질이다.

㉡ 1차 유도물 : 젤라틴

㉢ 2차 유도물 : 프로테오스, 펩톤, 펩티드 등

(3) 아미노산(amino acid)

① 단백질의 기본 단위, 산이나 효소로 분해하면 약 30종의 아미노산으로 분해된다.

② 닭에서는 글리신(glycine)이 필수 아미노산이다.

(4) 비단백태 질소화합물(non protein nitrogen compound; NPN)

① 가수분해에 의하여 아미노산으로 전환되지 않는 단백질

② 요소, 뷰렛, 암모늄염 등이 있다.

③ 반추동물에게는 단백질 공급원으로 이용될 수 있다.

④ 요소는 반추위 내 우레아제(urease)의 작용으로 미생물 체단백질을 합성한다.

▮ 필수 아미노산
아르기닌(arginine)
라이신(lysine, 리신)
트립토판(tryptophan)
히스티딘(histidine)
페닐알라닌(phenylalanine)
류신(leucine)
발린(valine)
아이소류신(isoleucine)
트레오닌(threonine)
메티오닌(methionine) 등 10종

▮ 대치 가능한 아미노산
시스틴(cystine)
타이로신(tyrosine)

▮ 황을 함유한 아미노산
시스테인(cysteine)
메티오닌(methionine)
시스틴(cystine)

2. 탄수화물

(1) 탄수화물의 기능과 중요성

① 가장 경제적인 에너지공급원으로 1g당 4kcal의 에너지를 공급한다.

② 지방과 단백질의 합성원료(지방산 및 비필수 아미노산의 합성원료)이다.

③ 뇌와 신경조직의 구성성분으로 유당의 성분이다.

④ 유당은 장내에서 산성을 증가시키고, 칼슘의 흡수를 돕는다.

⑤ 지방 대사를 원활하게 하여 케톤체가 축적되지 않도록 한다.

▮ 탄수화물
- 탄소(C)와 수화물(H_2O)로 구성
- C:H:O가 1:2:1의 비율로 되어 있다.
- 식물체의 3/4이 탄수화물이다.

(2) 탄수화물의 분류

① 단당류

㉠ 결합한 탄소수에 따라 3탄당, 4탄당, 5탄당, 6탄당 등으로 구분

㉡ 영양적으로 5탄당과 6탄당이 중요, 동물체에서는 3탄당의 역할도 크다.

㉢ 5탄당 : 리보스(ribose), 아라비노스(arabinose), 자이로스(크실로스 xylose)

㉣ 6탄당 : 포도당(glucose), 갈락토스(galactose), 과당(fructose), 만노스(mannose)

② 2당류

㉠ 서당(sucrose) : 포도당 + 과당, 사탕무 및 수수, 과일에 함유

㉡ 유당(젖당, lactose) : 포도당 + 갈락토스, 동물의 젖에 함유

㉢ 맥아당(엿당, maltose) : 포도당 + 포도당, 맥아(엿기름)에 함유

③ 3당류

㉠ 3분자의 단당류(포도당, 갈락토스, 과당)로 구성

㉡ 라피노스(raffinose)는 사탕수수, 면실 등에 분포한다.

▮ **가용성 탄수화물**
동물의 소화 효소에 의해 분해되는 가용무질소물

▮ **불용성 탄수화물**
셀룰로오스, 헤미셀룰로오스, 리그닌 등

④ 다당류

㉠ 여러 개, 수천 개의 단당류가 결합되어 이루어져 있다.

㉡ 물에 녹지 않으며 산 또는 효소에 의해 중간분해물을 거쳐 단당류로 분해

㉢ 전분, 글리코젠, 덱스트린, 셀룰로오스, 이눌린, 헤미셀룰로오스, 리그닌 등

3. 지방

▮ **지방**
- C, H, O로 구성
- C가 많기 때문에 태우면 1g당 9kcal의 열 발생
- C = 12 정도일 때 영양가치가 가장 높다.

(1) 지방의 기능과 중요성

① 고열량 영양소(1g당 9kcal)로 탄수화물의 2.25배의 에너지 공급원

② 동물체내에서 피하, 지방 조직에 저장된다.

③ 필수 지방산(리놀레산, 리놀렌산, 아라키돈산)의 공급원이다.

④ 지용성 비타민 A, D, E, K의 공급원이다.

⑤ 유지, 특히 식물유는 미지성장인자의 공급원으로 병아리의 성장을 촉진

⑥ 동물체내 중요기관의 충격 방지, 체온 상실 방지

⑦ 사료의 기호성을 증진시킨다.

(2) 지방의 분류

① 단순 지방

㉠ 지방(fat) : 1분자의 글리세롤에 3분자의 지방산이 결합된 상태

㉡ 납(wax) : 지방산과 알코올의 결합물

㉢ 단순지방은 포화지방산, 불포화지방산, 중성지방으로 구분

② 복합 지방

㉠ 비지방물질을 함유하고 있는 지방이다.

㉡ 인지방(레시틴 등), 당지방(탄수화물 함유), 지방단백(난황, 혈장)

③ 유도 지방(derived lipid) : 가수분해로 생기는 지방산과 스테롤이 있다.

(3) 불포화 지방산

① 불포화 지방산의 특징

㉠ 상온에서 액체 또는 기름 상태로 존재한다.

㉡ 이중결합이 많을수록 불포화도가 높다.

㉢ 불포화도가 높을수록 융점이 낮아진다.

㉣ 포화 지방산을 많이 섭취하면 불포화 지방산도 증가를 요한다.

② 필수 지방산

㉠ 체내 합성이 제한되어 외부로부터 공급받아야 되는 지방산이다.

㉡ 불포화 지방산 중 C가 2개 이상 이중 결합된 지방산이다.

㉢ 리놀레산(linoleic acid), 리놀렌산(linolenic acid), 아라키돈산(arachidonic acid)

㉣ 비타민 B_6가 충분할 경우 아라키돈산은 리놀렌산으로부터 합성될 수 있다.

▮ 불포화 지방산의 탄소(C) 이중결합 수
올레산(1개)
리놀레산(2개)
리놀렌산(3개)
아라키돈산(4개)

(4) 포화 지방산

① 탄소와 탄소 사이의 결합으로 이중결합이 없는 지방산을 말한다.

② 주로 동물성 지방에 많이 들어 있고 상온에서 고체이다.

③ 탄소 수가 10 이하인 지방산을 저급 지방산 또는 휘발성 지방산이라 한다.

④ 팔미트산(C_{16}), 스테아르산(C_{18}), 프로피론산, 부티르산 등이 있다.

4. 광물질

(1) 광물질의 기능과 중요성

① 골격의 주성분 : Ca, P

② 체액의 삼투압 조절 : NaCl, Ca, Mg
③ 산 · 염기 평형상태 조절 : Na, K, Cl
④ 효소의 활성, 빈혈 예방 : Fe, Cu 등
⑤ 에너지 발생을 위한 작용조절
⑥ 비타민 합성에 관여 : Co−Vit. B_{12}, Se−Vit. E
⑦ 혈액 응고에 필수적인 역할 : Ca
⑧ 호르몬 분비 : I, Zn−티록신

(2) 광물질의 분류

① 필수 광물질 : 결핍증 유발

종류	특성	비고
다량 광물질	● Ca^{+}, Mg^{+}, Na^{+}, K^{+} (알칼리성) ● P^{-}, Cl^{-}, S^{-} (산성)	7종
미량 광물질	● Mn, Fe, Cu, I, Zn, Co, Se, F, Mo, As	10종

② 준필수 광물질 : 동물이 공급을 요구하는 광물질
 − Ba, Br, F, Mo, Sr
③ 중독 광물질 : 극히 소량에 의해서도 중독
 − Cu, F, Mo, Se, As
④ 비필수 광물질 : 특수기능이 알려지지 않은 광물질
 − Al, As, B, Ni, Rb, Si, Pb

5. 비타민

(1) 비타민의 기능과 중요성

① 시력, 골격 형성, 번식 등의 고유한 생리현상을 좌우한다.
② 조효소의 구성분으로 탄수화물 대사 및 에너지 발생에 관계한다.
③ 여러 가지 영양소의 효율적 이용을 돕는다.
④ 피부병, 빈혈증, 신경증세, 근육 위축병 등을 방지한다.
⑤ 비타민 C, E는 항산화제로서 영양소의 산화를 방지한다.
⑥ 성장률, 사료효율, 번식활동 등 생산성을 향상시킨다.

(2) 비타민의 분류

① 지용성 비타민

㉠ 체내에서 합성이 불가능하여 사료의 형태로 공급해 주어야 한다.

㉡ 동물의 비타민 결핍증은 대부분 지용성 비타민 결핍이다.

종 류	특 성
비타민 A	● 식물계에서는 프로비타민 A로서 캐로틴의 형태로 존재 ● 생리적 기능 : 시력, 동물의 성장, 건강, 생명현상을 유지 ● 결핍증 : 야맹증, 성장 장해, 항병력 약화
비타민 D	● 항구루성 인자 ● 자외선에 의해 동물체는 콜레스테롤이 D_3를 합성 ● 식물체는 에르고스테롤이 D_2를 합성 ● 모든 가축에 D_2가 유효하나 가금에는 D_3가 훨씬 효과가 크다. ● 결핍증 : 골격형성 장애, 구루병, 산란율 및 부화율 저하
비타민 E (토코페롤)	● 항불임성인자 ● 생리적 기능 : 항산화제와 특수한 비타민으로서 역할 ● 결핍증 : 번식 장애(태아 사망, 유산, 정충생산 불능), 정소퇴화, 병아리의 뇌연화증, 병아리의 근육위축증(비틀거림) 등
비타민 K	● 혈액응고와 관련되는 인자 ● 반추동물 : 제1위 내 미생물이 합성(B군과 같이) ● 생리적 기능과 결핍증 : 혈액응고 시간이 지연

② 수용성 비타민

㉠ 비타민 B군(群)과 C가 있으며 자연계에 널리 분포되고 장내 합성이 가능하다.

㉡ 물에 녹으며 축적이 되지 않아 매일 공급을 요한다.

㉢ 대사작용에서 조효소 역할을 하며 B군의 결핍증은 잘 일어나지 않는다.

종 류	특 성
티아민 (thiamine, B_1)	● 항각기성 인자 ● 생리적 기능과 결핍증 : 각약증(다발성 신경염), 각기병, 신경염 발생, 식욕감퇴
리보플라빈 (riboflavin, B_2)	● 생리적 기능 : 조효소 기능, 병아리의 성장 촉진 효과 ● 결핍증 : 병아리 각약증, 닭의 설사, 산란율 · 부화율 저하

니코틴산 (niacin; B_3)	● 트립토판의 전구물질 ● 생리적 기능 및 결핍증 : 대사장애 발생, 사람은 혀가 붉어지고 입이 허는 피부병, 홍반병 발생, 돼지의 체중 감소 · 설사구토 · 피부병 · 빈혈증, 병아리의 성장부진 · 비늘 모양의 피부병
판토텐산 (pantothenic acid)	● 생리적 기능 : 조효소 코엔자임 A(CoA)의 구성분, 체내 대사에서 중요한 기능 담당 ● 결핍증 : 병아리의 성장 불량, 우모착색 불량, 피부병 발생
피리독신 (pyridoxine, B_6)	● 피부병 치료인자. 아미노산의 대사에 관여한다. ● 생리적 기능 : 대사작용의 기능, 나이아신의 합성에 필요하며, 리놀레산으로부터 아라키돈산의 합성에 필요 ● 결핍증 : 돼지의 빈혈, 경련, 성장부진
바이오틴 (biotin)	● 비타민 H, 난백의 아비딘이라는 단백질과 결합력이 강함 ● 생리적 기능 : 효소의 구성분자 ● 결핍증 : 피부병, 탈모, 성장 부진
콜린 (choline)	● 생리적 기능 : 지방간의 예방, 병아리 성장에 유효 ● 결핍증 : 병아리의 각약증(perosis), 돼지의 성장 부진, 사료효율 저하, 지방간
엽산 (folic acid)	● 항빈혈인자, 장내세균이 합성, 요구량이 적어 결핍증은 적다. ● 결핍증 : 부족 시 빈혈증, 성장 억제, 우모착색 불량
코발라민 (cobalamine, B_{12})	● 항악성 빈혈인자, 동물성 단백질에 있는 미지인자(APF)이다. ● 악성 빈혈증 예방, 반추동물의 제1위에서 합성한다.
기타 B군	● 이노시톨, 조효소 Q, 비타민 Bt, 비타민 B_7, B_{13}
아스코르빈산 (ascorbic acid, C)	● 항괴혈병 인자, 사람, 기니아 피그, 원숭이는 합성하지 못한다. ● 생리적 기능 : 뼈와 연조직, 세포 물질 합성, 괴혈병의 예방 ● 공급원 : 채소, 풀, 감자, 동물성 사료나 곡류에는 전혀 없다.

6. 물

(1) 물의 생리적 기능

① 체구성의 비율 : 70~80%, 우유 중 87%가 수분

② 혈액운반을 통하여 영양소 및 노폐물 운반 · 배출

③ 용매제로 영양물질의 운반 및 노폐물의 배설에 관여

④ 용질의 화학적 성질을 안정된 상태로 유지

⑤ 물은 비열이 커서 발생되는 열을 효과적으로 흡수하여 체온 조절
⑥ 큰 증발열을 이용하여 체온을 발산
⑦ 영양소의 가수분해에 관여
⑧ 체액의 구성성분이며, 조직과 기관의 관절부에서 윤활유 역할 담당
⑨ 우유 생산에는 산유량의 4.5~6배의 물이 추가로 공급되어야 함

(2) 대사수

① 탄수화물이 다당류에서 단당류로 분해될 때 생성되는 물
② 단백질의 펩타이드 결합 시 생성되는 물
③ 불포화 지방산의 생성 또는 지방산의 산화 시에 발생하는 물
④ 대사수는 사료영양소의 화학적 조성, 사료의 섭취량의 영향을 받는다.

▮ 불감수분 소실
쾌적한 온도 조건이나 그 이하의 온도에서 감각적으로 느끼지 못하는 형태로 수분이 소실되는 것

(3) 수분의 배출형태

① 오줌 : 수분조절에 가장 큰 비중을 차지하며 신장에서 배설량을 조절한다.
② 분(똥) : 잡식 및 육식동물은 수분함량이 낮고 초식동물은 높다.
③ 땀 : 피부에서 소실된다.
④ 호흡 : 체온 상승 및 환기량 증가는 수분배출량을 증가시킨다.

▮ 항이뇨 호르몬(ADH ; antidiuretic hormone)
물의 재흡수를 촉진하여 오줌의 양을 줄이는 작용을 하는 호르몬(바소프레신)

(4) 물의 요구량에 관여하는 요인

① 기온 : 외기 온도가 낮아지면 수분요구량이 감소한다.
② 습도 : 대기 중 상대습도가 증가하면 수분의 요구량이 감소한다.
③ 풍속 : 풍속이 빠르면 증발속도가 증가하여 수분요구량이 증가한다.
④ 젖 생산량 : 젖 생산량이 증가하면 수분의 요구량도 증가한다.
⑤ 사료의 화학적 조성 : 건물함량이 높은 사료, 단백질의 함량이 높은 사료일수록 수분요구량이 증가한다.

(5) 수분의 결핍증상

① 식욕 감퇴　　② 활기 저하
③ 체액 및 혈액량 감소　　④ 호흡장해
⑤ 소화작용 저해　　⑥ 질소 손실량 증가

03 영양소의 대사

1. 단백질의 대사

(1) 체단백질 합성

① 단백질은 아미노산으로 분해된 후 소장에서 흡수된다.

② 근육(고기), 뿔, 발굽, 털을 만들고 남는 아미노산은 암모니아와 탄소골격으로 분해되어 사용된다.

③ 체단백질 합성능력은 어린 가축이 늙은 가축보다 크고, 동물성 단백질이 식물성 단백질보다 크다.

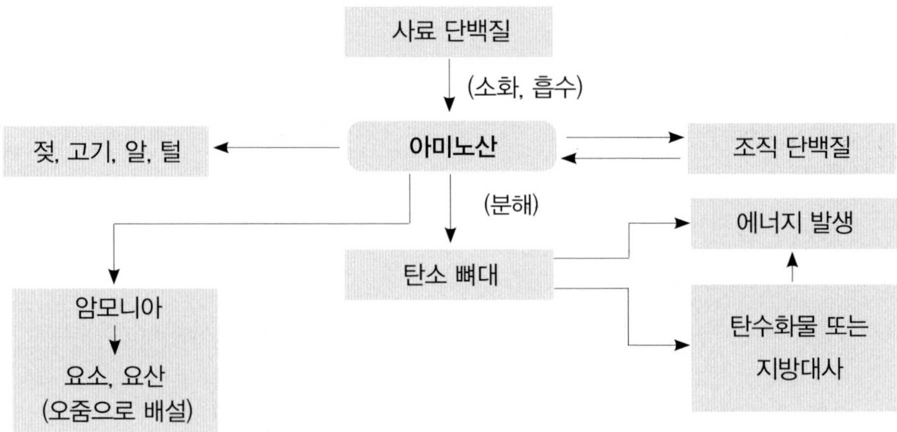

단백질의 대사

(2) 체지방 합성

① 탄수화물, 지방 공급 부족 시 지방으로 변하여 이용된다.

② 단백질 → 아미노산 → 탄소골격 → 체지방 합성

③ 체내 아미노산 분해에 의해 생기는 암모니아는 요소로 배설되고, 비필수 아미노산의 합성에 아미노기로 다시 쓰인다.

(3) 에너지 발생

① 체지방의 합성원료로 쓰이고 남는 것은 에너지를 발생한다.

② 이때 에너지는 탄수화물과 같은 1g당 4kcal를 발생한다.

③ 에너지 발생 목적이라면 지방이나 탄수화물 사료를 급여하는 것이 경제적이다.

(4) 미생물에 의한 단백질 대사

① 반추동물은 제4위와 소장에서 직접 소화 흡수된다.

② 반추위 내의 미생물은 단백질 분해 효소인 우레아제(urease)를 가지고 있다.

③ 우레아제에 의해 분해된 암모니아를 미생물이 흡수 · 이용하여 미생물체 단백질을 만들고, 이를 가축이 이용하여 휘발성 지방산을 합성한다.

④ 생성된 암모니아는 위벽을 통해 직접 흡수되어 정맥을 통해 간으로 이송되며, 간에 이송된 암모니아는 요소로 전환되어 배설되거나 반추위로 되돌아와 미생물의 체세포 구성에 사용된다.

2. 탄수화물의 대사 작용

(1) 탄수화물의 에너지 발생

① 탄수화물은 포도당의 형태로 십이지장 및 공장의 상부에서 흡수된다.

② 흡수된 포도당은 혈액을 통하여 조직으로 운반되어 CO_2와 H_2O로 산화되면서 에너지를 발생한다.

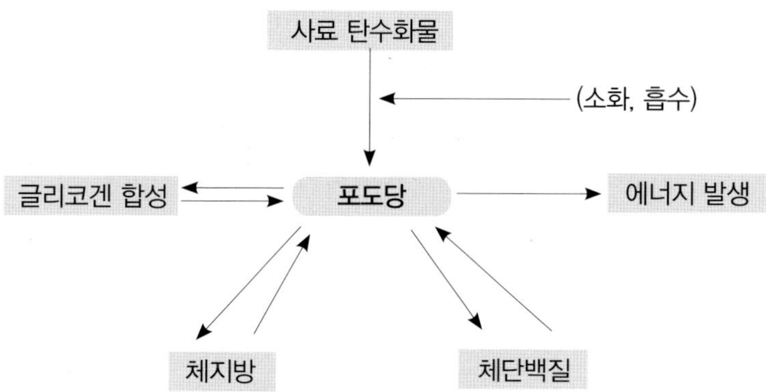

탄수화물의 대사

③ 1몰(mol)의 포도당은 38개의 ATP 생성

㉠ 1ATP = 7.3kcal×38 = 277kcal

㉡ 포도당 1분자 자유에너지 = 686,000kcal

㉢ 포도당의 유효 에너지 발생효율은 약 40.4%이다.

④ 반추동물의 제1위 미생물에 의해 휘발성 지방산으로 전환되어 이용된다.

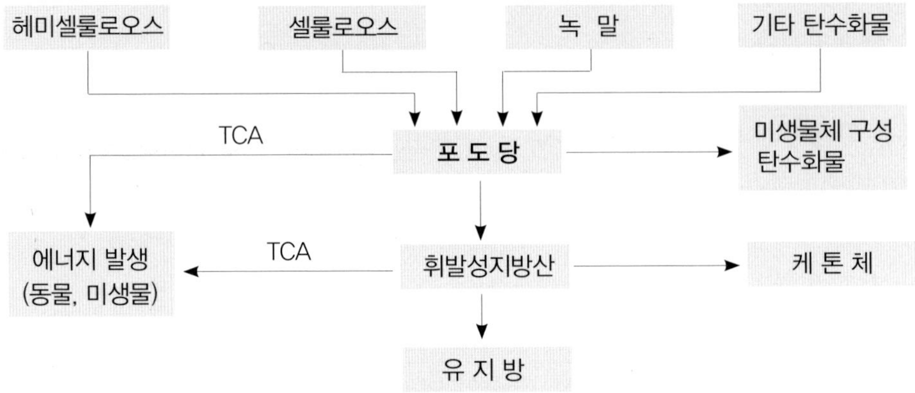

미생물에 의한 탄수화물 대사

(2) 반추위내 미생물

① 세균

㉠ 10~10^{11} 개/mL로 총 미생물량의 50% 이상을 차지한다.

㉡ 박테리아의 수명은 20분~3시간 정도로 미생물적 단백질의 중요한 자원이다

㉢ 반추가축 대사단백질의 75~80%를 공급한다.

② 원생동물

㉠ 박테리아보다 크고 위액 mL당 10^6마리 들어 있다.

㉡ 혐기성이며 총 미생물량의 50%를, 미생물 단백질의 60%를 차지한다.

㉢ 주로 전분소화의 약 20~40%를 담당한다.

③ 혐기성 곰팡이

㉠ 총 미생물량의 8%이며 식물체의 섬유소를 분해하는 중요한 미생물이다.

㉡ 소량의 리그닌을 작은 입자로 분해하여 박테리아가 소화할 수 있게 해준다.

㉢ 셀룰로오스 및 헤미셀룰로오스에 활성이 높으며 24시간의 발아주기를 가진다.

3. 지방의 대사 작용

(1) 지방의 산화작용

① 지방은 리파제의 작용으로 글리세롤(glycerol)과 지방산(fatty acid)으로 분해

② 지방은 모든 영양소 중 가장 큰 9kcal의 열량가를 낸다.

③ 지방산의 산화는 미토콘드리아에서 FAD-H_2와 NADH가 재환원 되어 많은 ATP가 생성된다.

(2) 지방의 합성

① 지방산은 사료지방으로부터, 다른 체조직으로부터 변성 · 흡수된 탄수화물이나 단백질에서 합성할 수 있다.

② 흡수된 지방산과 글리세롤이 체지방으로 재결합하면 된다.

③ 사료의 지방은 그대로 체지방의 성질로 나타나게 된다.

▮ 휘발성 지방산(VFA)

① 아세트산(acetic acid, 초산) - 아세트산 1분자당 10 ATP 생성, 유지방 원료이다.

② 프로피온산(propionic acid) - 프로피온산 1분자당 17개의 ATP 생성, 간에서 glucose 합성, 유지방의 60%를 공급한다.

③ 부티르산(butyric acid, 낙산) - 아세틸 CoA로 전환 후 산화, 유지방원료나 에너지원으로 쓰임

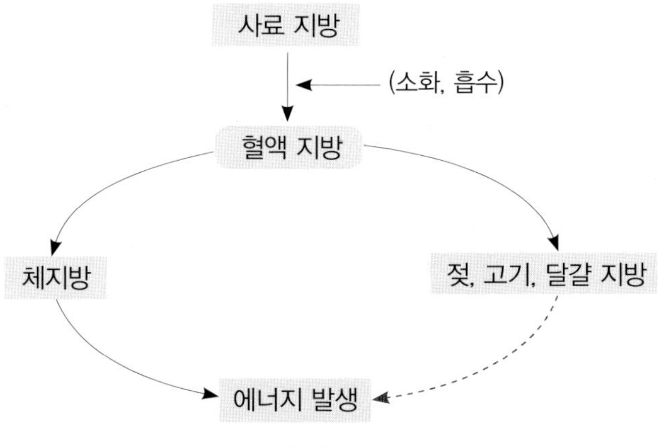

지방 대사

〈표 5-1〉 사료와 육지방과의 관계

구 분	사료명
백색지방 사료	맥류, 밀기울, 맥강, 고구마, 감자, 전분박
황색지방 사료	대두박, 황색옥수수, 호박, 청초
연성지방 사료	미강, 대두박, 어분, 채종박, 아마박, 비지, 옥수수, 낙화생박
경성지방 사료	보리, 밀, 호밀, 고구마, 감자, 전분박, 면실박, 야자박, 보리겨

04 소화기관의 구조와 기능

▮ 침의 기능
- 윤활제 역할 : 건조사료를 원활히 넘길 수 있도록 한다.
- 수분 공급 및 조절 : 반추위 미생물에게 수분 공급과 활동 촉진
- 반추위 미생물의 영양 공급 : 질소원 공급과 무기물 공급
- 중화제 : 탄산수소나트륨, 인산나트륨 등 pH 저하
- 기타 : 거품 생성 방지, 소화효소, 맛 감별, 구강 점막 보호

▮ 염산(HCl)의 기능
- 펩시노겐 → 펩신으로 활성화
- Fe^{3+} → Fe^{2+}로 환원
- 십이지장의 세크리틴의 분비 촉진
- 위의 미생물 발효에 의한 부패작용 억제
- 살균 작용

1. 단위동물의 소화 기관

(1) 입(구강)

① 입 → 식도 → 위 → 소장(십이지장, 공장, 회장) → 대장(맹장, 결장, 직장)

② 혀(사료 포착, 혼합, 연화)와 이빨(저작), 침샘이 있다.

③ 타액은 수분, 뮤신, 중탄산염, 효소 등으로 구성되어 있다.

④ 침속의 아밀라제(프티알린) : 녹말 → 덱스트린 → 엿당으로 분해

(2) 위

① 돼지의 위는 서양배(표주박) 모양의 근육성 기관이다.

② 위의 기능은 사료 내용물의 저장, 물리적 소화를 위한 근육운동, 염산(HCl), 펩신(pepsine), 레닌(rennin) 등 위액을 분비한다.

③ 염산의 분비로 pH 2 정도의 강산성 환경을 유지하며, 미즙(chyme) 상태가 되면 십이지장으로 배출한다.

(3) 소장

① 십이지장, 공장, 회장으로 구분

② 십이지장은 췌장액, 담즙(bile juice)을 분비하여 내용물을 소화한다.

③ 소장은 가늘고 긴 관으로 관벽의 융모는 영양소의 흡수에 중요한 역할을 한다.

(4) 대장

① 맹장, 결장, 직장으로 구분

② 대장의 역할은 수분의 재흡수, 무기물의 흡수, 수용성 비타민과 단백질의 합성, 그리고 약간의 섬유질 소화가 일어나기도 한다.

③ 말은 단위동물이나 초식동물로 섬유질은 대장의 미생물 발효작용을 통해서 이용한다.

2. 반추동물의 소화 기관

(1) 입

① 위턱에는 앞 이빨이 없으며, 두터운 각질의 상피 세포조직으로 되어 있다.

② 많은 타액을 분비하며, 큰 소는 1일 150L를 분비한다.

(2) 반추위

① 제1위(혹위, rumen)

㉠ 혹위는 총 소화기관 용적 300L 중 200L 이상을 차지한다.

㉡ 위벽에는 유두(pillae)가 발달해 사료의 저장, 연화, 물리적 혼합 및 분쇄, 발효, 비타민 B군과 지용성인 비타민 K를 합성한다.

㉢ 반추위에는 위액 1L당 약 250~500억 마리의 미생물이 서식하고 있다.

㉣ 단백질이나 NPN을 이용하여 아미노산이나 균체단백질을 합성한다.

㉤ 섬유질 사료의 분해와 휘발성 지방산을 합성한다.

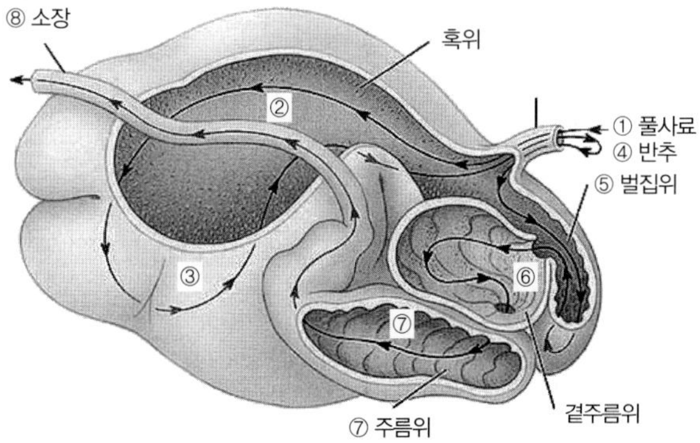

▮ 반추위의 발달

– 갓 태어난 송아지는 제4위 용적이 약 70%를 차지하나 2개월 후에는 1, 2위가 더 발달하게 된다.
– 송아지는 우유, 곡류, 건초를 급여하면 용적이 커지고 융모의 발달이 촉진된다.

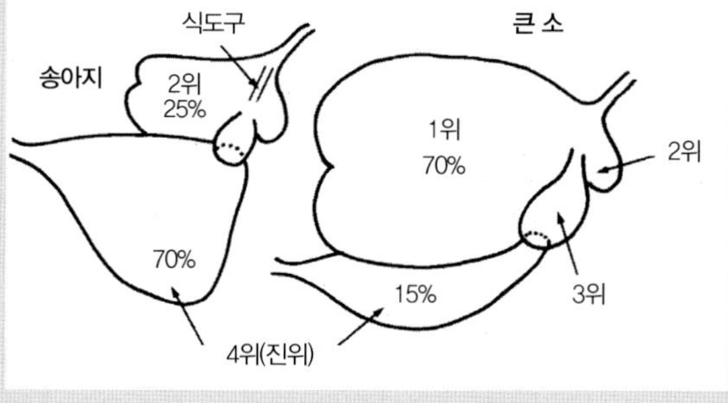

② 제2위(벌집위, honeycomb)

㉠ 벌집 모양으로 반추위 기능이 비슷하여 제2위(reticulo-rumen)라고도 한다.

㉡ 식도구가 연결되어 있어 반추 시 입으로 역출시켜 반추하게 하며, 분해가 잘 된 내용물은 제3위로 이행시키는 역할을 하기도 한다.

③ 제3위(겹주름위, manyplies)

여러 개의 근엽으로 되어 있으며 수분이 흡수되어 식괴를 형성하게 한다.

④ 제4위(진위, 주름위, abomasum)

위액과 효소를 분비하여 단위동물과 같은 위로 진위이라 한다.

▮ 반추 소화기관의 특성

① 식도구(esophageal groove)

- 식도 끝부분에서 제2~3위에 이르는 두 장의 입술 모양 돌기
- 포유 중인 어린 가축은 우유가 제1, 2위를 거치지 않고 제3위로 들어가도록 한다.

② 반추(rumination)

- 거친 목초나 조사료를 역출하여 되새김질하고 타액을 분비한다.
- 소의 1일 반추하는 시간은 약 8시간이며, 1회의 반추 주기는 1분 정도 된다.

③ 트림(eructation)

- 미생물 발효에 의한 이산화탄소와 메탄가스가 트림을 통해서 배출된다.
- 트림이 원활하지 못하면 고창증이 발생한다.

3. 가금의 소화 기관

(1) 입과 식도

① 구강에는 이빨과 입술이 없고 부리(beak)로 되어 사료를 쪼아 먹기 유리하다.

② 소낭(crop, 모이주머니)은 식도가 변형, 내용물 저장, 수분 공급, 연화시킨다.

③ 소낭에서 아밀라아제에 의한 소화나 미생물에 의한 발효작용을 한다.

(2) 위

① 선위(전위)는 위산과 펩신 등 위액을 분비하여 pH가 4 정도 된다.

② 근위는 두터운 근육성 벽으로 내용물을 분쇄하는 역할을 한다.

(3) 소장과 대장

① 소장은 포유동물과 같이 대부분 효소가 있어 소화작용을 한다.

② 맹장은 두 갈래의 작은 주머니 형태이며, 수분을 흡수하고 미생물의 발효를 통해서 약간의 섬유소 소화와 수용성 비타민의 합성 등이 이루어진다.

③ 대장은 대단히 짧고 총배설강으로 연결되어 있다.

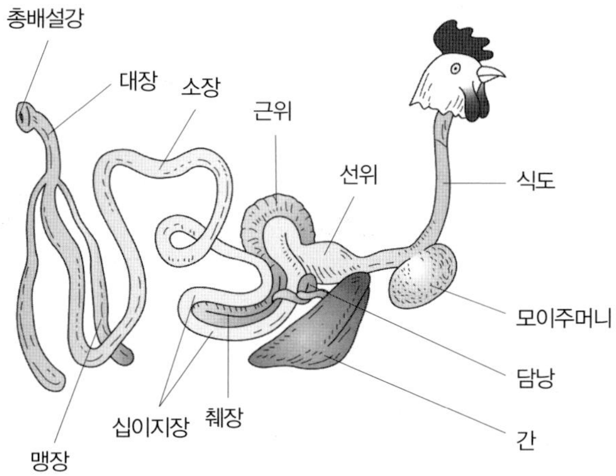

닭의 소화기관

05 영양소의 소화와 흡수

1. 탄수화물의 소화와 흡수

(1) 탄수화물 분해 효소

〈표 5-2〉 탄수화물 분해효소에 의한 소화작용

기관	소화액		영양소	소화효소	분해산물
	명칭	반응			
입	침	중성	전분	아밀라제	맥아당(엿당)
십이지장	췌장액	알칼리성	전분	판크리틱 아밀라제	맥아당(엿당)
소장	장액	알칼리성	서당	수크라제	과당, 포도당
			말토스	말타제	포도당
			락토스	락타제	포도당, 갈락토스

(2) 탄수화물의 소화 흡수

① 탄수화물은 침, 췌장 및 소장에서 분비된 탄수화물 분해효소에 의해 단당류로 분해되어 소장에서 흡수된다.

② 섬유소와 전분의 일부는 반추위 미생물에 의해서 휘발성 지방산으로 분해되어 반추위벽을 통해 흡수된다.

▮ 휘발성 지방산
아세트산(acetic acid)
부티르산(butyric acid)
프로피온산(propionic acid)

③ 아세트산(초산)과 부티르산(낙산)은 흡수되어 유지방 합성에 이용된다.

④ 프로피온산은 흡수되어 유당 합성을 합성하여 체지방으로 축적된다.

⑤ 단당류의 흡수율은 갈락토스 〉 포도당 〉 과당 〉 펜토스 순이다.

2. 단백질의 소화와 흡수

(1) 단백질 소화 효소

〈표 5-3〉 단백질 분해효소에 의한 소화작용

기관	소화액		영양소	소화효소	분해산물
	명칭	반응			
위	위액	산성	단백질	펩신	펩톤, 폴리펩타이드
			카제인	레닌	우유응고
십이지장	췌장액	알칼리성	단백질, 펩톤	트립신	디펩티드, 폴리펩티드
			단백질, 펩톤	키모트립신	디펩티드, 폴리펩티드
			폴리펩티드	카르복시펩티다제	유리아미노산, 디펩티드
소장	장액	알칼리성	폴리펩티드	아미노펩티다제	아미노산, 펩티드
			디펩티드	디펩티다제	아미노산

※ 펩톤, 폴리펩티드, 디펩티드 : 단백질이 가수분해된 중간 분해물

(2) 단백질의 소화 흡수

① 단백질은 췌장 및 소장에서 분비된 단백질 분해효소에 의해 아미노산으로 분해되어 소장에서 흡수된다.

② 사료 단백질은 미생물에 의해 아미노산으로 분해된 후 미생물체 단백질을 합성한다.

③ 생성된 암모니아 중 일부는 반추위벽을 통해 흡수되어 침을 통해 재순환 된다.

④ 사료단백질 중 분해되지 않은 단백질은 소화효소에 의해 아미노산으로 분해되어 소장벽을 통해 흡수된다.

⑤ 요소의 형태로 공급되는 질소는 반추위 미생물의 단백질 합성에 원료로 이용될 수 있어 사료단백질의 절약 효과를 기대할 수 있다.

3. 지방의 소화와 흡수

(1) 지방 분해 효소

〈표 5-4〉 지방 분해효소에 의한 소화작용

기관	소화액		영양소	소화효소	분해산물
	명칭	반응			
간	담즙액		지방	담즙산(효소 아님)	지질 유화
십이지장	췌장액	알칼리성	지방	리파제(스테압신)	지방산, 글리세롤
			인지방	포스포리파제	지방산

(2) 지방의 소화 흡수

① 지방은 담즙산에 의해 유화되고 췌장 및 소장에서 분비된 리파제에 의해 글리세롤, 트리글리세리드, 디글리세리드, 모노글리세리드, 지방산으로 분해된다.

② 사료 내 지방은 반추위 미생물에 의해 수소가 첨가(포화)된 후 소화효소에 의해 분해되어 소장벽을 통해 흡수된다.

③ 사료지방의 일부는 반추위 미생물에 의해 휘발성 지방산으로 분해되어 반추위벽을 통해 흡수된다.

4. 영양소의 흡수 방법

▮ 영양소의 흡수에 미치는 요인
- 흡수면적 : 소장 벽의 미세 융모 흡수면적은 장관의 면적보다 600배 더 넓다.
- 순환 : 혈액순환이 빠르면 흡수속도도 빨라진다.
- 전압차 : 세포와 혈액간 차이로 영향을 준다.
- 상피세포의 투과성 : 물질에 따라 다르게 영향을 준다.

(1) 단순 확산

① 물질의 농도가 높은 곳에서 낮은 곳으로 이동되는 흡수 방법이다.

② 확산은 막을 사이에 두고 양쪽의 농도가 균일해질 때까지 계속된다.

③ 확산에는 에너지를 필요로 하지 않는다.

(2) 활성 흡수

① 농도가 낮은 곳에서 높은 곳으로, 즉 농도경사를 역행하여 이동하는 방법이다.

② 세포막이나 상피층을 통하여 물질 이동이 이루어지는 것이다.

③ 운반체와 에너지를 필요로 한다.

06 사료의 영양가치 평가

1. 화학적 평가

(1) 정성 분석

① 사료의 특정 성분의 유무를 파악하는 방법

② 사료에 특정 시약을 첨가하여 반응하는 색깔로 판정

(2) 정량 분석

① 사료의 영양 성분량을 정확히 분석하여 평가하는 방법

② 일반 성분 분석법 : 수분, 조단백질, 조지방, 조섬유, 조회분

※ 가용무질소물은 분석하지 않고 사료 무게에서 위의 성분을 뺀 것으로 계산

③ Van Soest 분석법 : 조사료의 가용성분과 불용성분으로 나누어 평가

④ 기타 순단백질, NPN, 비타민, 무기물, 아미노산 등 분석

2. 생물학적 평가

(1) 소화율

① 사료 섭취량과 분 배설량과의 차이로 산출

② 직접측정법(전분 채취법)과 간접 측정법(표지물에 의한 측정법), 인공소화시험 방법이 있다.

$$\text{소화율} = \frac{\text{소화 흡수된 영양소량}}{\text{섭취한 영양소량}} \times 100$$

$$= \frac{\text{섭취한 영양소량} - \text{분으로 배설된 영양소량}}{\text{섭취한 영양소량}} \times 100$$

예 5두의 가축이 10일간 100㎏을 섭취하였고 분 생산량이 40㎏이었을 때

$$\text{외견상 소화율} = \frac{100-40}{100} \times 100 = 60\%$$

(2) 에너지에 의한 평가

① 총에너지(gross energy, GE)

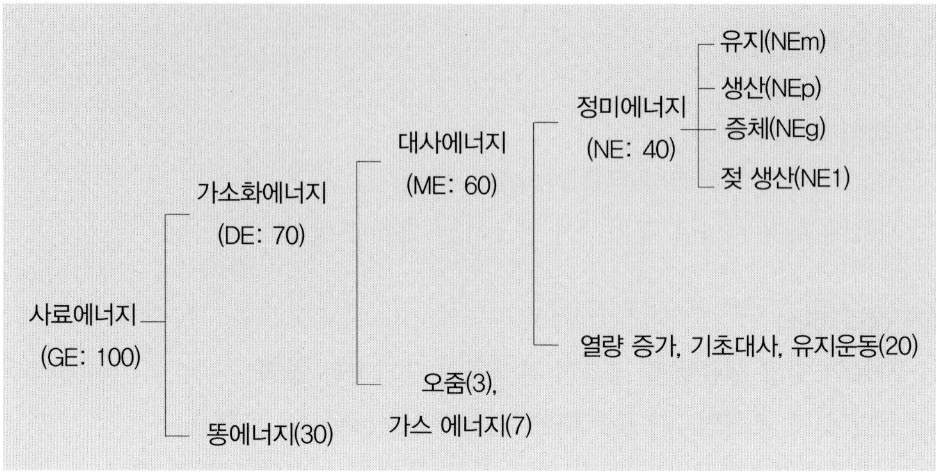

반추동물의 에너지 이용 경로

▮ 돼지의 에너지 시스템 (Noblet, 1994)

GE(100) – 분에너지(18)
= DE(82) – 오줌(3) – 가스(0.3)
= ME(78.7) – 열량 증가(20.5)
= NE(58.2)

㉠ 사료를 열량계(bomb calorimeter)에서 태워 발생하는 연소열로 측정한다.

㉡ GE는 영양소에 따라 C, H, O의 비율이 다르므로 사료마다 다르다.

② 가소화 에너지(digestible energy, DE)

㉠ 사료의 총에너지에서 분으로 배설된 에너지를 뺀 에너지이다.

㉡ 일반적으로 GE 중 가장 손실이 큰 부분은 똥으로 나가는 에너지이다.

③ 대사 에너지(metabolic energy, ME)

㉠ 가소화 에너지에서 오줌 및 가스 상태로 소실되는 에너지를 뺀 에너지이다.

㉡ 가연성 가스는 주로 메탄(methane)이며, 반추동물은 GE의 7~8%가 메탄으로 소실된다.

▮ 열량 증가 (heat increment, HI)

– 사료의 소화와 흡수, 대사 과정에서 발생되는 에너지로 체온유지에 이용됨
– HI는 사료 섭취 후 1시간 이내에 최고조에 달하며, 반추동물은 GE의 20%를 차지하는 특수동적 작용(specific dynamic action, SDA)이다.

④ 정미 에너지(net energy, NE)

㉠ 대사 에너지에서 열량 증가(heat increment, HI)로 소비된 에너지를 뺀 에너지

㉡ 순수하게 동물의 유지 및 생산에 이용되는 에너지이다.

(3) 가소화영양소 총량(total digestible nutrients, TDN)

① TDN은 사료 에너지에서 똥으로 배출되는 에너지가 가장 크므로 가소화 에너지만을 평가하는 방법이다.

② 사료의 영양소 함량에 소화율을 곱하여 가소화영양소 함량을 구한다.

③ 가소화지방은 다른 영양소보다 2.25배의 열량을 더 발생하므로 2.25를 곱한다.

▮ TDN(%)
= 가소화가용무질소물(%) + 가소화조단백질(%) + 가소화조섬유 + 가소조화지방 × 2.25

(4) 전분가(starch value, starch equivalant, SV or SE)

① 켈너(Kellner) 제정, 체지방량을 생산하는 데 요구되는 전분의 kg 수

② 가소화전분 1kg이 형성하는 체지방 생산력을 기준으로 사료의 가치를 표시

③ 전분가는 전분계수를 이용하여 다음 공식으로 계산한다.

㉠ 농후사료 : {(DCP×0.94) + (DCFat×2.12~2.41) + (가소화탄수화물×1)} × 당가율

㉡ 조사료 : {(DCP×0.94) + (DCFat×1.91) + (가소화탄수화물×1)} − (조섬유 − 보정계수)

▮ 전분계수(NFE)
조섬유 1, 단백질 0.94, 종실지방 2.41, 곡류지방 2.12, 조사료 지방 1.91

(5) 사료단위(feed unit. FU)

한손(Hanson)에 의해 만들어진 것으로 보리 1kg의 우유생산가를 1단위로 하고 있다.

〈표 5-5〉 각 사료의 사료단위

사료명	DCP(%)	사료단위	사료명	DCP(%)	사료단위
보리	8.5	1.00	목초	1.3	0.19
옥수수	7.0	1.15	볏짚	0.6	0.27
콩깻묵	38.2	1.24			

3. 사료의 단백질 평가

(1) 가소화 조단백질(digestible crude protein, DCP)

① 사료의 조단백질 함량에 소화율을 곱한 것이다.

② DCP = 조단백질 × 단백질 소화율

(2) 생물가(biological value, BV)

① 섭취한 단백질의 몇 %가 실제 동물이 이용한 단백질인가를 평가하는 것이다.

② BV(%) = (체내 이용된 질소량 / 흡수된 질소량) × 100

4. 종합적 평가

(1) 영양율(단백질 에너지 비율, nutritive ratio, NR)

① 가소화 조단백질에 대한 무질소 영양소와의 비를 말한다.

$$NR = \frac{\text{가소화지방(\%)} \times 2.25 + \text{가소화가용무질소물(\%)} + \text{가소화조섬유(\%)}}{\text{가소화조단백질(\%)}}$$

$$= \frac{TDN - DCP}{DCP}$$

② 4 이하 : 좁다(DCP 함량 많음), 5~7 : 중등도, 8 이상 : 넓다(DCP 함량 적음)

(2) 칼로리 단백질 비율(calorie protein ratio, CPR)

① 사료 1㎏에 들어 있는 대사에너지의 칼로리를 조단백질 함량으로 나누어 구한다.

② 단백질과 에너지 수준이 높을수록 성장률과 사료 효율이 향상된다.

③ 에너지 함유량이 많을수록 비타민, 무기물, 메티오닌 함유량을 증가시켜야 한다.

(3) 사료 효율(feed efficiency, FE)

① 성장 중인 가축에서 증체량(산란량)의 사료섭취량에 대한 비율

$$FE = \frac{\text{증체량(산란량)}}{\text{사료 섭취량}} \times 100 \qquad \text{사료 요구율} = \frac{\text{사료 섭취량}}{\text{증체량}}$$

② 사료 효율은 클수록 좋다. 이것을 역으로 계산한 것을 사료 요구율이라 한다.

07 사양 표준

1. 사양 표준

(1) NRC(national research council) 사양 표준

① 1942년에 미국에서 제정된 사양 표준으로 세계에서 가장 많이 사용

② 가축은 물론 실험동물, 반려동물을 포함한 모든 종류의 축종을 총망라함

③ 가소화에너지, 대사에너지, 정미에너지, 아미노산, 광물질 및 비타민 요구량 명시

(2) ARC(agricultural research council) 사양 표준

① 영국 농업연구회의 기술분과 위원회에서 제정한 사양 표준

② 가금(1963), 반추동물(1965), 돼지(1967)의 사양 표준을 제정

③ ME, DCP 사용, 반추동물은 RDP, UDP 등을 추가 사용함

(3) 한국 사양 표준

① 2002년 농촌진흥청에서 한우, 젖소, 돼지, 가금류 사양 표준 제정

② CP, TDN, ME, DE, 광물질, 비타민 요구량 표기

(4) 볼프-레만 사양 표준

① 1864년 독일의 Wolf가 창안, 1897년 Lehman이 수정 개량

② 건물 및 가소화영양소(가소화단백질, 가소화조지방, 가소화탄수화물)와 영양률을 명시

(5) 모리슨의 사양 표준

① 미국의 Morrison이 Wolf-Lehmann 표준을 개정하여 1936년 제정

② DM, DCP, TDN, Ca, P, Carotene, NE로 개정, 1957년에 재개정

③ 건물, DCP, TDN, Ca, P, NE까지 구체적으로 제시

(6) 켈너의 사양 표준

① 1907년 독일의 Kellner가 고안한 사양 표준이다.

② 역용 및 비육용 가축에 효과적인 사양 표준이다.

③ 건물, 가소화영양소, 가소화순단백질 및 전분가를 가축별로 제시하였다.

(7) 암스비의 사양 표준

① 1915년 미국의 Armsby가 정미에너지와 가소화단백질을 가지고 제정하였다.

② 유지사료 요구량을 체중에 정비례하지 않고 체표면적에 비례한 것이 특징이다.

(8) 한손의 사양 표준

① 1915년 스웨덴의 Hanson이 제정

② 사료단위로 사료요구량을 제정하여 Kellner 사양 표준을 보충하였다.

③ 건물량, 가소화 순단백질, 사료단위, 전분가에 기초한 사양 표준이다.

(9) 일본 사양 표준

① 일본 축산시험장에서 가금(1974), 유우(1974), 돼지(1975), 육용우(1975) 등 제정

② 체중, 증체량에 근거하여 CP, DCP, TDN, DE. ME, Ca, P, 비타민 A 표기

기출문제

정답 및 해설

01 신체 조직을 구성하는 영양소에 속하지 않는 것은?

㉮ 지방
㉯ 탄수화물
㉰ 단백질
㉱ 무기물과 물

■ 탄수화물은 열량 영양소로 에너지원으로 이용되어 축적량이 극히 적다.

정답 ㉯

02 다음 중 3대 영양소에 속하지 않는 것은?

㉮ 지방
㉯ 탄수화물
㉰ 단백질
㉱ 비타민

■ 3대 영양소는 단백질, 지방, 탄수화물이다.

정답 ㉱

03 영양소의 분류에서 가용무질소물에 해당되는 것은?

㉮ 중성지방, 왁스
㉯ 섬유소, 리그닌
㉰ 지방산, 아미노산
㉱ 전분, 포도당

■ 탄수화물은 가용무질소물과 조섬유로 나눈다

정답 ㉱

04 다음 중 유기영양소에 속하지 않는 것은?

㉮ 지방
㉯ 탄수화물
㉰ 광물질
㉱ 비타민

■ 유기영양소는 단백질, 지방, 탄수화물, 비타민이다.

정답 ㉰

정답 및 해설

05 단백질의 기능과 역할에 속하지 않는 것은?

㉮ 세포의 구성성분이며 생명의 기본 물질이다.
㉯ 유전인자의 구성 성분이다.
㉰ 가장 경제적인 에너지공급원이다.
㉱ 효소, 호르몬의 주성분이다.

■ 단백질의 기능
㉮㉯㉱ 이외에
– 우유, 계란, 고기 등의 영양식품 생산에 필수적이다.
– 모유의 단백질 성분으로 어린 동물의 성장에 매우 중요한 영양소이다.

정답 ㉰

06 황을 함유한 아미노산이 아닌 것은?

㉮ 시스테인(cysteine)
㉯ 메티오닌(methionine)
㉰ 시스틴(cystine)
㉱ 트립토판(tryptophan)

■ 황을 함유한 아미노산
cysteine, methionine, cystine

정답 ㉱

07 필수아미노산인 것은?

㉮ 알라닌(alanine)
㉯ 시스틴(cystine)
㉰ 라이신(lysine)
㉱ 타이로신(tyrosine)

■ 필수아미노산
arginine, lysine, tryptophan, histidine, phenylalanine, leucine, valine, Isoleucine, threonine, methionine 등 10종

정답 ㉰

08 다음 중 단순 단백질에 속하지 않는 것은?

㉮ 알부민
㉯ 글로불린
㉰ 글루텔린
㉱ 핵단백질

■ 단순 단백질에는 ㉮㉯㉰ 이외에 프롤라민, 알부미노이드, 히스톤, 프로타민이 등이 있다.

정답 ㉱

정답 및 해설

09 닭에서 10가지의 필수아미노산 외에 필수적으로 공급해 주어야 하는 아미노산은?

㉮ 메티오닌
㉯ 글루타민산
㉰ 발린
㉱ 글리신

■ glycine은 닭에서는 필수적으로 필요한 아미노산이다.
정답 ㉱

10 다음 영양소 중 질소를 포함하고 있지 않은 것은?

㉮ 메티오닌
㉯ 라이신
㉰ 시스틴
㉱ 락토스

■ 락토스는 유당으로 탄수화물에 속한다.
정답 ㉱

11 다음에서 설명하는 단백질의 종류는?

– 핵산이나 인지질 이외의 인산기와 결합된 화합물
– 젖의 카제인, 알의 비텔린 등이 있다.

㉮ 인단백질
㉯ 당단백질
㉰ 색소단백질
㉱ 핵단백질

■ 복합 단백질에는 인단백질, 당단백질, 색소단백질, 핵단백질이 있다.
정답 ㉮

12 단백질의 최종 분해산물은?

㉮ 아미노산
㉯ 포도당
㉰ 글리세롤
㉱ 프로테오스

■ 단백질의 최종 분해산물은 아미노산이다.
정답 ㉮

정답 및 해설

13 비단백태질소화합물로 가장 많이 이용되는 것은?

㉮ 암모늄염
㉯ 요소
㉰ 뷰렛
㉱ 아미노산

■ 비단백태질소화합물에는 요소, 뷰렛, 암모늄염 등이 있다.

정답 ㉯

14 동물세포의 구성성분일 뿐만 아니라 효소 및 호르몬의 주성분으로 유전현상 및 생명현상에 관여하는 영양소는?

㉮ 탄수화물
㉯ 지방
㉰ 단백질
㉱ 광물질

■ 단백질은 세포의 구성성분이며 생명의 기본 물질이다.

정답 ㉰

15 다음 중 5탄당에 속하는 탄수화물은?

㉮ 포도당
㉯ 아라비노스
㉰ 과당
㉱ 만노스

■ 5탄당
리보스, 아라비노스, 크실로스(자이로스)

정답 ㉯

16 다음에서 설명하는 6탄당의 탄수화물은?

- 자연계에 분포, 과실, 식물즙, 꿀에 들어 있다.
- 탄수화물의 최종분해물로 혈액 내를 순환하고 산화하여 에너지를 공급한다.

㉮ 포도당
㉯ 갈락토스
㉰ 과당
㉱ 만노스

■ 탄수화물은 포도당의 형태로 십이지장 및 공장의 상부에서 흡수된다.

정답 ㉮

| 정답 및 해설 |

17 다음의 2당류 중 포도당과 갈락토스가 1분자씩 결합된 것으로 포유동물의 젖에 들어 있는 것은?

㉮ 서당
㉯ 유당
㉰ 맥아당
㉱ 만노스

■ 서당 = 포도당 + 과당
유당 = 포도당 + 갈락토스
맥아당 = 포도당 + 포도당

정답 ㉯

18 포도당+포도당으로 구성된 이당류는?

㉮ 서당
㉯ 유당
㉰ 맥아당
㉱ 과당

■ 맥아당(엿당)은 포도당+포도당으로 구성된 이당류이다.

정답 ㉰

19 전분의 저장 형태로 동물의 간과 근육에 저장되는 다당류의 형태는?

㉮ 전분
㉯ 글리코젠
㉰ 덱스트린
㉱ 셀룰로오스

■ 다당류 : 전분, 글리코젠, 덱스트린, 셀룰로오스, 이눌린, 헤미셀룰로오스, 리그닌

정답 ㉯

20 동물체내에서 포도당의 해당과정(glycolysis)으로부터 생성되는 ATP수는?

㉮ 3
㉯ 5
㉰ 8
㉱ 11

■ glycolysis에서 8분자
Kreb's cycle에서 38ATP
1ATP = 7,300cal = 7.3kcal
1glucose = 686,000cal = 686kcal

정답 ㉰

정답 및 해설

21 탄수화물의 혐기성발효의 결과로 생성되는 휘발성 지방산에 해당하지 않는 것은?

㉮ 아세트산
㉯ 프로피온산
㉰ 스테아르산
㉱ 부티르산

■ 휘발성 지방산
아세트산(acetic acid)
부티르산(butyric acid)
프로피온산(propionic acid)

정답 ㉰

22 탄수화물의 최종 분해 산물은 무엇인가?

㉮ 포도당
㉯ 갈락토스
㉰ 과당
㉱ 만노스

■ 탄수화물의 최종 분해 산물은 포도당이다.

정답 ㉮

23 탄수화물의 기능에 속하지 않는 것은?

㉮ 가장 경제적인 에너지공급원이다.
㉯ 지방과 단백질의 합성원료이다.
㉰ 유당은 뇌와 신경조직의 구성성분이다.
㉱ 지용성 비타민 A, D, E, K의 공급원이다.

■ ㉱는 지방의 기능이다.

정답 ㉱

24 조사료에 존재하는 탄수화물로 식물 세포벽의 주성분이며 초식가축에서만 분해 가능한 물질은?

㉮ 글리코젠
㉯ 전분
㉰ 셀룰로오스
㉱ 리그닌

■ 글리코젠 : 전분의 저장 형태
전분 : 식물축적 영양소로 곡류, 감자, 고구마에 많다.
리그닌 : 곡류껍질, 줄기, 잎의 섬유질부에 들어 있는 불소화물질

정답 ㉰

25 **지방의 기능에 대한 설명으로 바르지 못한 것은?**

㉮ 탄수화물의 2.25배의 에너지공급원이다.

㉯ 동물체내에서 피하, 지방 조직에 저장된다.

㉰ 동물세포의 구성성분이다.

㉱ 필수 지방산의 공급원이다.

26 **다음의 불포화 지방산 중 필수 지방산이 아닌 것은?**

㉮ 올레인산

㉯ 리놀레산

㉰ 리놀렌산

㉱ 아라키돈산

27 **불포화 지방산의 특징이 아닌 것은?**

㉮ 상온에서 액체 또는 기름 상태로 존재한다.

㉯ 이중결합이 많을수록 불포화도가 높다.

㉰ 불포화도가 높을수록 융점이 낮아진다.

㉱ 탄소와 탄소 사이의 이중결합이 없다.

28 **탄소의 이중 결합이 가장 많이 들어있는 지방산은?**

㉮ 올레인산

㉯ 리놀레산

㉰ 리놀렌산

㉱ 아라키돈산

정답 및 해설

■ 지방은 ㉮㉯㉱ 이외에
– 지용성 비타민의 공급원
– 유지, 특히 식물유는 UGF의 공급원
– 동물체내 중요기관의 충격 방지, 체온상실 방지
– 사료의 기호성 증진
㉰는 단백질에 대한 설명이다.

정답 ㉰

■ 필수 지방산은 불포화 지방산 중 C가 이중 결합된 지방산이다.

정답 ㉮

■ ㉱는 포화 지방산의 특징이다.

정답 ㉱

■ 올레인산 1개, 리놀레산 2개, 리놀렌산 3개, 아라키돈산 4개

정답 ㉱

29 광물질의 기능과 역할이 아닌 것은?

㉮ 골격의 주성분이다.
㉯ 효소의 구성성분이다.
㉰ 체액의 삼투압을 조절한다.
㉱ 에너지를 발생한다.

30 티록신 호르몬의 성분인 무기물은?

㉮ I, Zn
㉯ Ca, P
㉰ Fe, Cu
㉱ Co, Se

31 다음 중 다량 광물질에 속하는 것은?

㉮ Fe
㉯ K
㉰ Zn
㉱ Mn

32 극히 소량에 의해서도 중독되는 중독 광물질은?

㉮ Ba, Br
㉯ Se, As
㉰ Al, As
㉱ P, Cl

| 정답 및 해설 |

■ 광물질의 기능과 역할
– 골격의 주성분(Ca, P)
– 효소의 구성성분(Fe, Cu 등)
– 삼투압조절(NaCl, Ca, Mg)
– 산 · 염기 평형상태 조절
– 효소 활성, 빈혈 예방(Fe, Cu)
– 에너지 발생을 위한 작용조절
– 혈액 응고 역할(Ca)

정답 ㉱

■ Ca, P : 골격의 주성분
Fe, Cu : 효소의 구성성분
Co, Se : 비타민 합성

정답 ㉮

■ 다량 광물질
Ca, Mg, Na, K, P, Cl, S

정답 ㉯

■ ㉮ 준필수 광물질
㉰ 비필수 광물질
㉱ 다량 광물질

정답 ㉯

정답 및 해설

33 필수 광물질이면서 중독 광물질은?

㉮ Ca, Mg
㉯ Zn, Co
㉰ F, Mo
㉱ P, Cl

■ 필수이면서 중독 광물질은 Cu, F, Mo, Se, As이다.

정답 ㉰

34 광물질의 기능이 바르지 못한 것은?

㉮ Fe, Cu – 빈혈증 예방
㉯ Na, K, Cl – 산 · 염기 평형상태 조절
㉰ I, Zn – 비타민 합성에 관여
㉱ Ca, P – 골격의 주성분

■ I, Zn – 호르몬 분비에 관여

정답 ㉰

35 식물계에서는 캐로틴(carotene)의 형태로 존재하며 야맹증, 항병력에 관여하는 비타민은?

㉮ 비타민 A
㉯ 비타민 D
㉰ 비타민 E
㉱ 비타민 K

■ 비타민 A는 시력, 동물의 성장, 건강, 생명현상을 유지하는 생리적 기능을 가지고 있다.

정답 ㉮

36 비타민의 종류와 기능의 연결이 바르지 못한 것은?

㉮ 비타민 A – 야맹증, 성장 장애, 항병력
㉯ 비타민 D – 항구루성 인자, 골격 형성, 구루병
㉰ 비타민 E – 항불임성 인자, 번식장애, 뇌연화증
㉱ 비타민 K – 빈혈, 식욕증진, 피부병

■ 비타민 K는 혈액응고와 관련되는 인자이다.

정답 ㉱

정답 및 해설

37 다음 중 비타민 B군의 종류가 아닌 것은?

㉮ 리보플라빈
㉯ 니코틴산
㉰ 판토텐산
㉱ 토코페롤

■ 토코페롤 : 지용성 비타민 E

정답 ㉱

38 지방간의 예방에 이용되는 비타민은?

㉮ 콜린
㉯ 라이신
㉰ 비오틴
㉱ 트립토판

■ 콜린의 생리적 기능
지방간의 예방, 병아리 성장에 유효

정답 ㉮

39 비타민 B_{12}와 관계가 깊은 무기물은?

㉮ 마그네슘
㉯ 나트륨
㉰ 구리
㉱ 코발트

■ cobalamine은 악성 빈혈증 예방에 필요하며, Co(코발트)를 함유하고, 고에너지 사료를 주는 경우 B_{12}도 많이 주어야 한다.

정답 ㉱

40 항각기병 인자인 비타민으로 각약증, 신경염, 식욕감퇴 등과 관련된 비타민은?

㉮ 티아민(B_1)
㉯ 리보플라빈(B_2)
㉰ 판토텐산
㉱ 피리독신(B_6)

■ 수용성 비타민 B_1을 티아민이라 한다.

정답 ㉮

정답 및 해설

41 항악성 빈혈인자로 영양소의 대사작용에 효소로 관여하는 비타민은?

㉮ 티아민(B_1)
㉯ 콜린
㉰ 코발라민(B_{12})
㉱ 판토텐산

■ 코발라민은 악성 빈혈증을 예방하고, 반추동물의 제1위에서 합성된다.

정답 ㉰

42 Ca, P과 함께 골격형성에 관여하고 결핍 시 골연화증의 원인이 되는 비타민은?

㉮ 비타민 A
㉯ 비타민 D
㉰ 비타민 B
㉱ 비타민 E

■ 비타민 D 결핍
Ca · P의 대사 장애(골격형성 장애, 구루병), 산란율 및 부화율 저하, 난각질 불량, 소에서는 크게 영향 없다.

정답 ㉯

43 비타민 E의 중요한 생리적 기능을 올바르게 설명한 것은?

㉮ 지방의 산화방지 역할을 한다.
㉯ 구루병을 예방한다.
㉰ 빈혈증을 예방한다.
㉱ 골연증을 예방한다.

■ 비타민 E는 항산화제 역할과 번식에 관여한다.
㉯㉱는 비타민 D
㉰는 B_{12}, 엽산, 피리독신

정답 ㉮

44 돼지의 뒷다리 마비 및 경련, 젖소의 산유량 증진, 피부병 및 발굽질병을 예방할 수 있는 비타민은?

㉮ 비타민 K
㉯ 비타민 D
㉰ 바이오틴(Biotin)
㉱ 콜린(Choline)

■ 바이오틴 결핍증
피부병, 탈모, 성장부진 등

정답 ㉰

정답 및 해설

45 비타민 D_3의 영향력이 가장 큰 가축은?

㉮ 소
㉯ 토끼
㉰ 돼지
㉱ 닭

■ D_2는 포유류, D_3는 가금류에 유효하다.

정답 ㉱

46 반추동물은 제1위에서 미생물이 합성하여 결핍증이 발생하지 않는 비타민은?

㉮ 비타민 A
㉯ 비타민 D
㉰ 비타민 K
㉱ 비타민 E

■ 비타민 K는 혈액응고와 관련되는 인자이다.

정답 ㉰

47 반추동물의 미생물이 가지고 있는 단백질 분해 효소는?

㉮ 락타제
㉯ 우레아제
㉰ 프로테아제
㉱ 아밀라제

■ 반추위 내의 미생물은 단백질 분해 효소인 우레아제(urease)를 가지고 있다.

정답 ㉯

48 케토시스의 원인이 되는 케톤체는?

㉮ 팔미트산
㉯ 포미르산
㉰ 리놀레산
㉱ 아세토아세트산

■ 케톤체는 아세토아세트산, 히드록시부티르산 및 이것이 탈탄산하여 생긴 아세톤의 총칭이다.

정답 ㉱

49 포도당 1분자가 체내에서 완전히 산화된다면 에너지 발생효율은 대략 얼마인가?

㉮ 약 40%
㉯ 약 30%
㉰ 약 20%
㉱ 약 10%

정답 및 해설

■ 1몰(mol)의 포도당은 38개의 ATP를 생성한다.
1ATP = 7,300cal = 7.3kcal
1glucose = 686,000cal
= 686kcal
{(38×7.3) / 686} ×100
= 40.4%

정답 ㉮

50 지방은 단백질이나 탄수화물보다 몇 배의 에너지를 더 내는가?

㉮ 2.05배
㉯ 2.15배
㉰ 2.25배
㉱ 2.35배

■ 단백질, 탄수화물 4kcal
지방 9kcal
9 / 4 = 2.25

정답 ㉰

51 각 영양소의 기능 설명 중 잘못 연결된 것은?

㉮ 시스틴 – 황 함유 아미노산
㉯ 올레인산 – 필수 지방산
㉰ 비타민 C – 괴혈병 치료
㉱ 코발트(Co) – Vitamin B_{12} 구성인자

■ Oleic acid(올레산, 올레인산)은 불포화 지방산이나 필수 지방산은 아니다.

정답 ㉯

52 탄수화물과 지방대사의 장애로 케톤증이 발생하는 원인 중 지방대사의 과잉으로 생성되는 물질은?

㉮ 아세틸 CoA
㉯ 사염화탄소(CCl_4)
㉰ 콜린(choline)
㉱ 시스테인(cysteine)

■ 탄수화물 대사 장애로 지방대사를 통해서 에너지를 얻게 될 때 과다하게 생성된 아세틸 CoA가 축적되어 케톤체가 된다.

정답 ㉮

정답 및 해설

53 지방의 산화가 일어나는 세포 기관은?

㉮ 리보솜
㉯ 미토콘드리아
㉰ 골지체
㉱ 소포체

■ 지방산의 산화는 미토콘드리아에서 FAD-H_2와 NADH가 재환원 되어 많은 ATP가 생성된다.

정답 ㉯

54 소화율에 영향을 주는 인자에 관한 설명으로 틀린 것은?

㉮ 개량종은 재래종보다 영양소 소화율이 높다.
㉯ 노령기의 가축은 조사료의 소화율이 떨어진다.
㉰ 지방은 너무 많이 첨가되면 소화율이 떨어진다.
㉱ 소화율은 가축의 종류에 따라서 차이가 있다.

■ 일반적으로 재래종은 개량종보다 영양소 소화율이 5% 정도 높다.

정답 ㉮

55 동물체 내에서의 물의 생리적 기능을 설명한 것으로 틀린 것은?

㉮ 용매제로서 우수하고 이상적인 분산배지이다.
㉯ 비열과 증발열이 적어 체온 상승을 막아준다.
㉰ 영양소와 대사생성물의 수송을 돕는다.
㉱ 체액의 구성물질이며 관절부에서 윤활유 역할을 한다.

■ 물은 비열이 높고 증발열이 크다.

정답 ㉯

56 다음 중 동물체의 물(수분)의 배출로 가장 큰 비중을 차지하는 형태는?

㉮ 오줌
㉯ 분(똥)
㉰ 피부
㉱ 호흡

■ 오줌은 수분조절에 가장 큰 비중을 차지하며, 신장에서 배설량을 조절한다.

정답 ㉮

정답 및 해설

57 물의 요구량에 관여하는 요인에 대한 설명으로 바르지 못한 것은?

㉮ 외기 온도가 낮으면 수분요구량이 감소한다.
㉯ 대기의 상대습도가 높으면 수분 요구량이 감소한다.
㉰ 풍속이 빠르면 수분 요구량이 증가한다.
㉱ 건물함량이 높은 사료는 수분 요구량이 감소한다.

■ 건물함량이 높은 사료, 단백질의 함량이 높은 사료일수록 수분요구량이 증가한다.

정답 ㉱

58 단위 가축의 소장에 해당되는 것은?

㉮ 맹장
㉯ 결장
㉰ 직장
㉱ 공장

■ 소장 : 십이지장, 공장, 회장
대장 : 맹장, 결장, 직장

정답 ㉱

59 다음 중 위의 기능이 아닌 것은?

㉮ 사료 내용물의 저장
㉯ 물리적 소화를 위한 근육운동
㉰ 염산, 펩신, 렌닌 등 위액 분비
㉱ 영양소의 흡수

■ 영양소의 흡수는 주로 소장에서 이루어진다.

정답 ㉱

60 침의 기능에 속하지 않는 것은?

㉮ 세균을 죽이는 살균제 역할을 한다.
㉯ 건조 사료를 원활히 넘길 수 있게 한다.
㉰ 반추위 미생물에게 영양을 공급한다.
㉱ 탄산수소나트륨, 인산나트륨 등이 pH를 저하시킨다.

■ ㉯㉰㉱ 이외에 거품 생성 방지, 소화 효소, 맛 감별, 구강 점막 보호 등의 기능이 있다.

정답 ㉮

정답 및 해설

61 반추동물의 위 중 위액과 효소를 분비하여 단위동물과 같은 역할을 하는 반추위는?

㉮ 벌집위
㉯ 혹위
㉰ 주름위
㉱ 겹주름위

■ 제1위 : 혹위, 제2위 : 벌집위, 제3위 : 겹주름위, 제4위 : 주름위

정답 ㉰

62 닭의 소화기관 중 전위라고 하며 위산과 펩신 등 위액을 분비하는 소화기관은?

㉮ 소낭
㉯ 식도
㉰ 근위
㉱ 선위

■ 소낭(crop, 모이주머니) : 식도가 변형된 것
근위 : 두터운 근육성 벽으로 되어 있어 이빨 대신 내용물을 분쇄하는 역할을 한다.

정답 ㉱

63 포유 중인 어린 가축에서 우유가 제1, 2위를 거치지 않고 제3위로 들어가도록 하는 역할을 하는 기관은?

㉮ 벌집위
㉯ 식도구
㉰ 공장
㉱ 십이지장

■ 식도구(esophageal groove)는 식도 끝부분에서 제2~3위에 이르는 두 장의 입술 모양의 돌기이다.

정답 ㉯

64 반추동물은 미생물 발효에 의한 이산화탄소와 메탄가스가 트림을 통해서 배출된다. 이 트림이 원활하지 못하면 발생하는 증상은?

㉮ 당뇨
㉯ 케토시스
㉰ 고창증
㉱ 창상성 심낭염

■ 미생물 발효에 의한 이산화탄소와 메탄가스가 트림을 통해서 배출되는데 트림이 원활하지 못하면 고창증이 발생한다.

정답 ㉰

정답 및 해설

65 갓 태어난 송아지의 위 중 가장 큰 위는?

㉮ 제1위
㉯ 제2위
㉰ 제3위
㉱ 제4위

■ 갓 태어난 송아지는 제4위 용적이 약 70%를 차지하나 2개월 후에는 1, 2위가 더 발달하게 된다.

정답 ㉱

66 다른 가축과 다르게 닭에서만 있는 소화기관은?

㉮ 맹장
㉯ 소장
㉰ 대장
㉱ 소낭(crop)

■ 소낭은(모이주머니) 가금류에만 있으며 곡류의 연화와 미생물 발효가 이루어진다.

정답 ㉱

67 다음 중 영양소의 흡수가 주로 일어나는 부위는?

㉮ 위
㉯ 소장
㉰ 맹장
㉱ 대장

■ 소장은 가늘고 긴 관으로 관벽의 융모는 영양소의 흡수에 중요한 역할을 한다.

정답 ㉯

68 수크로스(서당)의 분해 효소와 분해 산물은?

㉮ 수크라제 – 과당, 포도당
㉯ 말타제 – 포도당
㉰ 락타제 – 포도당, 갈락토스
㉱ 아밀라제 – 말토스

■ 수크라제는 서당을 과당과 포도당으로 분해한다.

정답 ㉮

정답 및 해설

69 단위가축에서 분비되지 않는 탄수화물 소화효소는?

㉮ 아밀라제
㉯ 말타제
㉰ 수크라제
㉱ 셀룰라제

■ 셀룰라제는 섬유소를 분해하는 효소로 반추가축에서 분비된다.

정답 ㉱

70 다음 중 영양소와 이들의 분해 소화효소를 잘못 연결한 것은?

㉮ 전분 – 리파아제
㉯ 단백질 – 펩신
㉰ 단백질 – 트립신
㉱ 지방 – 담즙산

■ 전분의 소화 효소는 아밀라제이다.

정답 ㉮

71 위액 중 염산의 주된 작용은?

㉮ 녹말을 분해
㉯ 지방을 분해
㉰ 미생물의 생성
㉱ 살균과 펩시노겐 활성화 작용

■ 위액 중 펩신은 단백질을, 레닌은 카제인을 분해한다.

정답 ㉱

72 다음 소화효소 중 단백질 소화 효소가 아닌 것은?

㉮ 펩신
㉯ 트립신
㉰ 키모트립신
㉱ 아밀라제

■ 단백질 분해효소는 ㉮㉯㉰ 이외에 rennin, carboxypeptidase, aminopeptidase, dipeptidase 등이 있다.

정답 ㉱

정답 및 해설

73 반추동물의 조사료로 건초를 섭취하는 경우 생성되지 않는 휘발성 지방산은?

㉮ 프로피온산
㉯ 리놀레산
㉰ 부티르산
㉱ 아세트산

■ 리놀레산(linoleic acid)은 필수 지방산이다.

정답 ㉯

74 반추위 내 미생물의 기능이 아닌 것은?

㉮ 휘발성 지방산의 생산
㉯ 비타민의 합성
㉰ 섬유질의 발효와 소화
㉱ 반추위 내의 산도(pH) 유지

■ 반추위 내 미생물에는 세균, 원생동물, 혐기성 곰팡이 등이 있다.

정답 ㉱

75 지방이 소장벽에서 흡수되는 형태가 아닌 것은?

㉮ 글리세롤
㉯ 아미노산
㉰ 지방산
㉱ 트리글리세리드

■ 지방은 글리세롤, 트리글리세리드, 디글리세리드, 모노글리세리드, 지방산으로 분해된다.

정답 ㉯

76 위 점막에서 강한 산성인 염산(HCl)이 분비되는데 이 염산의 기능이 아닌 것은?

㉮ 강한 산성으로 살균작용을 한다.
㉯ Fe^{2+} 로 환원하여 흡수를 돕는다.
㉰ 십이지장의 세크리틴 분비를 촉진한다.
㉱ 펩신을 활력이 있는 펩시노겐으로 만든다.

■ 펩시노겐을 활력있는 펩신으로 만든다.

정답 ㉱

77 반추위 중 가장 큰 용적을 차지하는 위는?

㉮ 혹위
㉯ 벌집위
㉰ 겹주름위
㉱ 주름위

78 단당류의 소장에서의 흡수율 속도가 높은 순서대로 나열한 것은?

㉮ 포도당 〉 갈락토스 〉 과당 〉 펜토스
㉯ 갈락토스 〉 포도당 〉 과당 〉 펜토스
㉰ 갈락토스 〉 과당 〉 포도당 〉 펜토스
㉱ 펜토스 〉 과당 〉 포도당 〉 갈락토스

79 반추위 내에 서식하고 있는 미생물의 기능이 아닌 것은?

㉮ 섬유소를 분해하여 휘발성 지방산을 합성한다.
㉯ NPN을 암모니아로 분해하여 미생물체 단백질을 합성
㉰ 미생물체 영양소의 공급
㉱ 일정 수준의 비타민A와 E를 합성

80 우유의 카제인 단백질을 응고시키는 소화효소는?

㉮ 펩신
㉯ 트립신
㉰ 리파제
㉱ 레닌

정답 및 해설

■ 제1위(혹위, rumen)는 총 소화기관 용적 300L 중 200L 이상을 차지한다.

정답 ㉮

■ 갈락토스〉포도당〉과당〉펜토스의 순이다.

정답 ㉯

■ 반추위에서는 비타민 B군과 C, K가 합성된다.

정답 ㉱

■ 레닌은 위에서 분비되는 단백질 응유효소이다.

정답 ㉱

정답 및 해설

81 5두의 가축이 10일간 100㎏을 섭취하였고 분 생산량이 40㎏이었을 때 외견상 소화율은?

㉮ 48%
㉯ 50%
㉰ 60%
㉱ 80%

■ 외견상 소화율
= {(섭취한 영양소 – 분으로 배설한 영양소) / 100} × 100
{(100 – 40) / 100} × 100 = 60%

정답 ㉰

82 다음 중 대사에너지에서 열량 증가로 소비된 에너지를 뺀 에너지?

㉮ 총에너지
㉯ 가소화에너지
㉰ 정미에너지
㉱ 대사에너지

■ 총에너지 – 분에너지 = 가소화에너지 – 오줌 · 가연성 gas = 대사에너지 – 열량 증가 = 정미에너지

정답 ㉰

83 어떤 동물에게 급여한 사료가 총에너지 2,500kcal, 열량 증가 50kcal, 오줌에너지 30kcal, 가연성 가스 100kcal, 분에너지 400kcal이다. 이 사료의 대사에너지는?

㉮ 1,860 kcal
㉯ 1,940kcal
㉰ 1,970kcal
㉱ 1,990kcal

■ 대사에너지는 총에너지에서 분에너지, 오줌, 가연성 가스 에너지를 뺀 것이다.
2,500 – (400+30+100) = 1,970

정답 ㉰

84 생물가(biological value)란 무엇을 평가하는 단위인가?

㉮ 단백질의 사료가치
㉯ 사료의 에너지 균형
㉰ 동물의 수명
㉱ 지방의 조성분

■ 생물가(BV)는 섭취한 단백질의 몇 %가 실제 동물이 이용한 단백질인가를 평가하는 것이다.
BV(%) = (체내 이용된 질소량 / 흡수된 질소량) × 100

정답 ㉮

정답 및 해설

85 사료영양소의 분류에서 가용무질소물(NFE)에 해당되는 것은 어떤 것들인가?

㉮ 중성지방, 규소
㉯ 셀룰로오스, 리그닌
㉰ 지방산, 아미노산
㉱ 전분, 포도당

■ 탄수화물은 가용무질소물과 조섬유로 나누며 가용무질소물은 당류와 전분 등이다.

정답 ㉱

86 다음 중 단백질의 품질을 측정하는 생물가(BV)의 설명으로 맞는 것은?

㉮ 가소화 단백질의 체단백질로의 이용가치
㉯ 유사 단백질의 체내 이용가치
㉰ 에너지의 증체에 대한 이용률
㉱ 가소화 영양소의 총 열량 수준

■ 섭취한 단백질의 몇 %가 실제 동물이 이용한 단백질인가를 평가하는 것이다.

정답 ㉮

87 가소화 영양소 총량 계산 시 지방은 단백질이나 탄수화물보다 몇 배의 에너지를 더 내는가?

㉮ 2.05배
㉯ 2.15배
㉰ 2.25배
㉱ 2.35배

■ 단백질, 탄수화물 4kcal
지방 9kcal
9 / 4 = 2.25

정답 ㉰

88 사료의 TDN값의 계산에서 사용되지 않는 영양소는?

㉮ 가소화 조섬유
㉯ 가소화 조단백질
㉰ 가소화 가용무질소물
㉱ 가소화 조회분

■ TDN = 가소화 조단백질 + 가소화 조지방 × 2.25 + 가소화 탄수화물(가소화 가용무질소물, 가소화 조섬유)

정답 ㉱

정답 및 해설

89 가소화 조지방 2.7%, 가소화 조섬유 7.1%, 가소화가용무질소물 48.9% 가소화 조단백질 함량이 12%일 때 영양율(칼로리 · 단백질 비율)은?

㉮ 1.22
㉯ 1.45
㉰ 3.14
㉱ 5.17

■ NR = (TDN − DCP) / DCP
{(2.7 × 2.25) + 7.1 + 48.9} / 12
= 62.075 / 12 = 5.17

정답 ㉱

90 다음 가축의 사료 요구율을 구하시오.

섭취량 4kg, 증체량 2kg

㉮ 0.5
㉯ 2
㉰ 3
㉱ 4

■ 사료 요구율 = 섭취량 / 증체량
= 4 / 2 = 2
사료효율 = (증체량 / 섭취량) × 100
= (2 / 4) × 100 = 50%

정답 ㉯

91 다음 사료의 가용무질소물 함량은 얼마인가?

수분 70%, 조단백질 3%, 조지방 2%, 조회분 3%, 조섬유 12%

㉮ 8% ㉯ 10%
㉰ 12% ㉱ 14%

■ 100 − (수분 + 조단백질 + 조지방 + 조회분 + 조섬유)
= 100 − (70 + 3 + 2 + 3 + 12)
= 10

정답 ㉯

92 영양율에 대한 설명으로 바른 것은?

㉮ 가소화 단백질과 가소화영양소 총량과의 비율
㉯ 섭취한 사료량과 증체량과의 비율
㉰ 공급한 사료의 질소 축적율
㉱ 칼로리와 단백질과의 비율

■ 영양율(NR)은 가소화 조단백질에 대한 무질소 영양소와의 비를 말한다.
4 이하 : 좁다(DCP 함량 많음)
5~7 : 중등도
8 이상 : 넓다

정답 ㉮

정답 및 해설

93 한국의 사양표준이 처음으로 제정된 년도는?

㉮ 2002년
㉯ 2004년
㉰ 2010년
㉱2012년

■ 2002년 한우, 젖소, 돼지, 가금 4개 축종의 사양표준을 제정 2007년 1차 개정, 2012년 2차 개정

정답 ㉮

94 사양표준에 대한 설명으로 가장 바른 것은?

㉮ 가축 사육 방법을 정한 기준
㉯ 가축의 단계별 표준 발육 기준
㉰ 가축에게 급여하는 영양소 급여기준
㉱ 가축의 번식과 도체 기준

■ 사양표준은 가축에게 급여하는 영양소의 급여기준이다.

정답 ㉰

95 다음 중 1907년 독일의 Kellner가 고안한 사양표준에 사용한 영양가는?

㉮ 전분가(SV)
㉯ 가소화영양소 총량(TDN)
㉰ 사료 단위(FU)
㉱ 정미 에너지(NE)

■ 역용 및 비육용 가축에 효과적인 사양표준이다. 건물, 가소화 영양소, 가소화 순단백질 및 전분가를 가축별로 제시하였다.

정답 ㉮

96 1942년 미국에서 제정한 사양표준으로 가장 많은 가축을 대상으로 제정되었으며 가장 많이 이용되는 사양표준은?

㉮ ARC 사양표준
㉯ Hanson 사양표준
㉰ Morrison 사양표준
㉱ NRC 사양표준

■ 전 세계적으로 NRC 사양표준이 가장 많이 이용되고 있다.

정답 ㉱

97 다음 중 DM, DCP, TDN, Ca, P, Carotene, NE 등으로 제정하고 Wolff-Lehmann의 사양표준을 개정하여 만든 사양표준은?

㉮ Amsby 사양표준
㉯ Morrison 사양표준
㉰ Hanson 사양표준
㉱ NRC 사양표준

98 사료단위를 기준으로 제정된 사양 표준은?

㉮ Amsby 사양표준
㉯ Morrison 사양표준
㉰ Hanson 사양표준
㉱ NRC 사양표준

| 정답 및 해설 |

■ 모리슨의 사양표준은 건물, DCP, TDN, Ca, P, NE까지 구체적으로 제시하였다.

정답 ㉯

■ 한손 사양표준은 사료단위로 사료요구량을 제정하여 Kellner 사양표준을 보충하였다.

정답 ㉰

제 6 장

동물의 사료

01 사료의 이해

1. 사료의 정의와 조건

(1) 사료의 정의

동물의 생명을 유지하고 축산물(우유, 고기, 계란 등)을 생산할 수 있는 물질과 운동에 필요한 유기 · 무기의 영양소를 공급하는 물질을 사료라 한다.

(2) 사료의 조건

① 생산성 : 단위면적당 생산량이 많을 것
② 품질 : 영양소 함유량이 많고 소화 · 흡수율이 높을 것
③ 경제성 : 영양소 함량 대비 값이 쌀 것
④ 기호성 : 가축이 즐겨 먹을 것
⑤ 무독성 : 독성이 없을 것
⑥ 신선도 : 변질, 오염이 되지 않을 것
⑦ 용이성 : 많은 양을 쉽게 구할 수 있을 것

2. 사료의 분류

(1) 영양 가치에 따른 분류

구분	특징
조사료 (roughage)	● 조섬유가 18% 이상, 부피가 크고 가소화성분이 적은 것 ● 만복감을 주고 변을 좋게 하며 위 작용을 활발하게 함 ● 볏짚, 건초, 엔실리지, 콩깍지, 청초, 목생초, 산야초 등
농후사료 (concentrate)	● 조섬유가 적고 소화, 이용성이 높은 영양소가 많은 것 ● 곡류, 강피류, 유박류, 지방사료, 동물성사료, 배합사료 등
보충사료(과학사료, supplementary feeds)	● 소량으로도 생리 대사 기능과 생산성을 향상시키는 것 ● 무기물 사료, 비타민 첨가제, 성장 촉진제, 요소 등

(2) 주성분에 따른 분류

구분		특징
단백질 사료	동물성	● 단백질이 20% 이상인 것 ● 아미노산의 구성이 좋고 소화가 잘되나 값이 비싸다. ● 어분, 우모분, 어즙 농축물, 육골분 등
	식물성	● 단백질 함량이 낮고 조섬유 함량이 높음 ● 대두박, 들깻묵(임자박), 면실박, 채종박 등
전분질 사료		● 녹말질이 주성분으로 중요한 에너지원이 되는 것 ● 곡류 및 그 부산물(강피류), 감자, 고구마 등
유지 사료		● 지방이 15% 이상으로 에너지원으로 사용함 ● 식물성 유지(콩기름, 옥수수 기름 등) ● 생 쌀겨, 콩, 누에, 번데기 등 ※ 동물성 유지(탤로우, 라드, 그리스 등)
섬유질 사료		● 조섬유 함량이 20% 이상으로 가소화성분이 적은 것 ● 볏짚, 야건초, 대맥강, 콩 껍질, 사일리지 등
무기질 사료		● 무기성분을 공급하는 사료 ● 소금, 골분, 인산칼슘제, 무기물 혼합제 등
비타민 사료		● 비타민 공급을 목적으로 하는 사료 ● 간유분말, 발효탈지유, 비타민 B 혼합물 등
아미노산 사료		● 식물성 단백질 사료에 부족한 lysine, methionine 등과 같이 식물성 단백질사료에 보충하기 위해 합성한 것
기타 첨가제		● 항생제, 착색제, 호르몬제, 기타 약품 등

(3) 가공형태에 따른 분류

① 알곡사료 : 옥수수, 수수, 밀 등과 같은 알곡으로서 주로 닭사료에 사용된다.

② 가루사료 : 원료사료를 분쇄한 것

③ 펠릿(pellet) : 가루사료를 고온 고압으로 일정한 크기와 모양으로 만든 것

④ 크럼블(crumble) : 펠릿 사료를 거칠게 부순 것으로 기호성 및 소화율이 좋다.

⑤ 큐브(cube) : 질 좋은 목건초를 분쇄하여 당밀을 섞어 장방형으로 만든 것

⑥ 프레이크(flake) : 곡류를 증기처리하여 롤러(roller)를 통과시켜 납작하게 한 것

▮ **TMR(Total mixed ration) 사료**
조사료와 농후사료, 첨가제(비타민, 무기물)를 혼합하여 초식가축의 영양소 요구량을 완벽하게 맞춘 완전혼합사료

▮ **OEM(주문자 상표 부착 방식) 사료**
생산원가 절감을 목적으로 사료공장에 제조경비만 주고 위탁 생산하는 사료

(4) 배합상태에 따른 분류

① 단미사료 : 배합사료의 원료가 되는 것
 – 옥수수, 밀기울, 콩깻묵, 어분 등

② 혼합사료 : 2, 3종의 단미사료를 혼합한 것

③ 배합사료 : 사양표준에 의거 각 영양소를 균형있게 사료공장에서 만든 사료

(5) 생리적 성질에 따른 분유

① 설사성 사료 : 사일리지, 청초, 당밀, 생미강, 생콩 등

② 변비성 사료 : 건초, 보릿겨, 면실박, 목초 등

③ 경지방 사료 : 감자, 보리류, 보릿겨, 밀기울, 목초 등

④ 연지방 사료 : 땅콩박, 쌀겨, 대두박, 옥수수, 비지 등

(6) 수분함량에 따른 분류

① 건조사료 : 수분함량이 13~14%인 사료로 건초, 배합사료 등

② 다즙사료 : 수분이 50% 이상인 것으로 청예사료, 엔실리지 등

02 농후사료

1. 곡류사료

(1) 곡류사료의 특성

① 에너지 공급원으로 가장 중요한 원료 사료이며 조섬유 함량이 낮다.
② 단백질의 함량이 낮고 아미노산 조성이 불량하다.
③ 영양소의 소화율이 높고 기호성이 좋다.
④ 비타민 A 및 D의 함량이 낮다(황색옥수수 제외).
⑤ 칼슘과 유효 인의 함량도 낮다.
⑥ 단백질 및 광물질, 비타민의 보충급여가 필수적이다.

▮ 곡류의 유해 물질
○ 맥류(보리, 귀리, 호밀) : 맥각균(ergot) – 교감신경 단절, 유산, 경련, 괴저 등
○ 옥수수, 보리 : 곰팡이독인 아플라톡신 – 간 및 신장 비대증 유발

(2) 곡류사료의 종류

종류	특징
옥수수	● 농후사료의 원료사료로 가장 많이 쓰임(배합사료의 50 ~ 70%) ● 가용무질소(NFE) 함량이 높고 지방의 함량도 비교적 높음 ● 조섬유 함량이 낮고 모든 가축에 대하여 기호성이 좋음 ● 단백질은 다른 곡류에 비하여 낮음 ● 라이신과 트립토판 부족, Ca와 P의 함량은 다른 곡류보다 낮음
수수	● 니코틴산 함량이 풍부하다. ● 타닌(tannin)이 들어 있어 기호성이 떨어진다.
밀(소맥)	● 주성분이 전분이며 TDN 함량도 좋고 소화율도 높다. ● 에너지 함량 : 옥수수 〉 밀 〉 보리 ● 티아민 함량이 풍부하다.
보리(대맥)	● 경지방 생산 사료로 비육후기 급여 시 매우 효과적이다. ● 곡류 중 섬유소가 많고 비타민 D, B_2, 카로틴 함량이 낮다.
쌀	● 우리나라에서는 사료로 쓰지 않으며 등외품과 싸래기 이용 ● 쌀 단백질의 제한아미노산 : 라이신(lysine), 트레오닌(threonine) ● 가용무질소물의 함량 80%, TDN 75~85% 함유
호밀(호맥)	● 다른 곡류에 비해 기호성 좋지 않음
귀리(연맥)	● 강원도 일부에서 재배, 겨층이 두터워 조섬유 함량 10% 이상
조	● 주로 조류 먹이로 사용

▮ 옥수수, 보리, 밀의 제1제한 아미노산은 라이신(lysine)이다.

2. 강피류 사료

(1) 강피류 사료의 특성

① 조섬유 함량이 높고, 가용무질소물 함량이 낮아 에너지 함량이 낮다.

② 비타민 B군(리보플라빈, 티아민, 니아신)이 풍부하다

③ 광물질 P의 함량은 높으나 Ca, 비타민 A, D는 적다.

④ 부피가 커서 만복감을 주고 변비방지 및 영양소 희석제로 이용

⑤ 조단백질 함량은 15% 정도로 곡류보다 약 5% 정도 높다.

⑥ 부피감이 있어 사료의 영양소함량을 낮추는 데 이용된다.

⑦ 제한아미노산 : 라이신(lysine), 메티오닌(methionine), 트립토판(tryptophan)

(2) 강피류의 종류

종류	특징
밀기울 (소맥피)	● 함유물 : 과피, 종피, 배유, 호분층, 배아, 밀가루 일부 ● 영양소 함량 : 조단백질 16%, 조지방 5%, 조섬유 10%, 인 1.3% ● 밀기울 속의 피틴태인 : 가금의 경우 소화 흡수율 낮음
쌀겨(미강)	● 쌀의 도정율에 따라 생산량, 영양소 함량이 달라진다. ● 단백질 함량은 13～16%, 지방의 함량은 탈지여부에 따라 2～14% ● Ca는 적고 P(인)은 피틴태인으로 단위동물은 이용이 잘 안됨 ● 탈지강은 생쌀겨보다 저장성, 기호성이 우수하다. ● 생쌀겨는 지방 함량이 높아 저장성이 좋지 않다. ● 쌀겨는 연지방, 황색지방 사료이므로 적게 급여해야 한다.
보릿겨 (맥강)	● 쌀보리나 보리를 도정하는 과정에서 생긴 부산물 총칭 ● 황맥강 : 조단백질 함량 낮고 조섬유 함량 높음 ● 정맥강 : 기호성 좋고, 티아민, 나이아신, 인 함량 높다 ● Ca, 리보플라빈, 비타민 A, D 함량 낮음 ● 체지방을 굳고 희게 만들기 때문에 비육 후기 사료로 적합하다.
기타	● 대두피 : 콩의 외피로 조섬유 함량이 높다. ● 옥수수겨 : 옥수수 가루를 제조할 때 나오는 부산물 ● 전분박 : 감자, 고구마, 옥수수 등 전분을 짜내고 남은 찌꺼기 ● 잠사와 잠분 : 뽕잎의 찌꺼기와 누에의 변 ● 해조분 : 해조를 토사와 염분을 제거한 후에 분쇄한 것

3. 식물성 단백질 사료

(1) 식물성 단백질 사료의 특성

① 기름을 짜고 남은 깻묵류이다.

② 우리나라에서는 대두박, 임자박, 호마박, 채종박, 면실박 등이 사용된다.

③ 단백질 함유량이 40% 정도로 동물성보다 낮다.

④ 동물성보다 아미노산 조성이 다소 불량하고 메티오닌, 라이신, 트립토판이 부족하다.

⑤ 비타민 B군이 많이 들어 있다.

(2) 식물성 단백질 사료의 종류

종류	특징
대두박(콩깻묵)	● 조섬유 함량 낮고, 기호성이 좋다. ● 단백질이 37~50% 정도이나 탈피하지 않은 것은 40% 정도이다. ● 제한아미노산 : 메티오닌, 시스틴 ● 닭의 성장촉진 및 항각약인자를 함유 ● 적당히 가열하면 트립신저해인자가 파괴된다.
면실박 (목화씨 깻묵)	● 단백질 함량 : 탈피하지 않은 것 25~30%, 탈피한 것 40% 이상 ● 고시폴(gossypol)은 독성이 있고 계란 노른자 착색이 불량
임자박 (들깻묵)	● 단백질량은 약 40% 정도이나 조섬유 함량이 높다. ● 아미노산 조성과 기호성이 좋다.
채종박 (유채씨 깻묵)	● 단백질은 약 30~37% 내외, 사료에는 5% 이내 급여한다. ● 유해 성분인 시나핀(sinapine, 쓴맛)과 고이트린(goitrin, 갑상선 비대)이 있다. ● 0.2~0.5%의 겨자유 및 3%의 타닌이 들어 있다.
옥수수 글루텐	● 크산토필(xanthophyll)의 함량이 408~425mg/㎏되어 계란 및 브로일러육의 천연착색제로서 가장 우수하다. ● 조단백질 40~60%
기타	● 밀글루텐, 아마박, 낙화생박, 야자박, 해바라기씨박, 주정박, 고추씨박, 장유박, 맥주박 등

4. 동물성 단백질 사료

(1) 동물성 단백질 사료의 특성

① 단백질 함량이 높고 아미노산의 조성이 좋다.

② 곡류에 부족한 라이신, 메티오닌, 트립토판의 함량이 높다.

③ 코발라민(B_{12}) 함량이 높다.

④ 어분, 육분, 육골분, 새우박 등은 칼슘(Ca), 인(P)의 함량이 높으나 우모분, 피혁분 등은 낮은 편이다.

⑤ UDP(제1위 미분해단백질)의 함량이 높아 젖소의 단백질 공급원이 될 수 있다.

⑥ 일반적으로 식물성 단백질 사료의 5~10%를 대체하면 좋은 결과를 얻는다.

(2) 동물성 단백질 사료의 종류

종류	특징
어분	● 가장 많이 쓰이는 동물성 사료로 단백질이 65~70%이다. ● 단백질함량 및 아미노산 조성이 우수하고 라이신, 메티오닌, 시스틴 등 함유황 아미노산이 풍부하다 ● 비타민 B_{12}, niacin riboflavin 등과 칼슘, 인 등의 함량이 높다. ● 가금에는 좋은 단백질 사료이나 5~10% 이상 배합하지 않는다.
우모분	● 가금의 깃털을 고압 가열처리하여 분쇄한 것이다. ● 케라틴태 단백질(80~90%)로 소화 · 흡수율이 낮다. ● 우모분을 사용할 때에는 부족되는 아미노산을 보충해 주어야 한다. ● 브로일러는 단백질의 20~30%, 종계는 5% 정도 사용할 수 있다.
피혁분	● 단백질 함량은 75% 이상으로 높으나 콜라겐 형태로 되어 있어 소화, 이용성이 낮다. ● 필수 아미노산의 함량이 상당히 낮기 때문에 단백질사료로서 단용은 불가능하다.
기타	● 어즙, 육분과 육골분, 가금부산물분, 모발분, 새우분, 잠용분, 제각분, 탈지분유, 혈분 및 혈장 단백질 등

5. 유지 사료

(1) 유지 사료(지방질 사료)의 특성

① 사료의 에너지 함량을 향상시키고 사료효율을 개선한다.

② 필수지방산의 공급원이다.

③ 지용성 비타민 A, D, E, K의 공급원이다.

④ 사료 기호성 향상 및 색상을 개선한다.

⑤ 배합사료 제조 시 먼지를 방지하고 기계 마모를 줄여 준다.

(2) 유지 사료의 종류

구분	유지명	특징
식물성	옥수수기름	● 올레산(30%), 리놀레산(55%)으로 구성됨
	콩기름 (대두유)	● 불포화 지방산이 주성분
	목화기름 (면실유)	● 고시폴의 독성이 함유되어 사용 제한
	유채기름 (채종유)	● 리놀레산 20% 미만, 올레산은 23~31%
	기타	● 아마기름, 해바라기기름, 팜유, 올리브유, 야자유
동물성	소기름	● 그리스(grease) : 융점 40℃ 이하 ● 탤로(tallow) : 융점 40℃ 이상
	돼지기름	● 돼지기름: 라아드(lard) ● 동물성 유지는 올레산이 많고 리놀레산이 적다.
	어류	● 정어리기름, 청어기름
	우유	● 버터

▮ 동물성 지방의 영양적 특성

- 상온에서 고체상태
- 불포화도가 낮고 올레인산이 40~50%를 차지
- 라드가 탤로보다 흡수 · 이용율이 높음
- 동물의 연령이 증가할수록 흡수 · 이용율이 증가함
- 불포화도가 높은 지방과 포화도가 높은 지방과 혼용하면 흡수율 증가
- 돼지의 경우 탤로우를 사용하는 것이 바람직

6. 근괴사료

(1) 근괴류의 특징

① 수분 70~90% 정도로 전분이 주성분이고 섬유소가 적은 다즙질 사료이다.

② 건물로 환산하면(건조) 농후사료로 구분할 수 있다.

③ 가용무질소물 함량은 높으나 단백질이 적다

④ 수분함량이 높아 장기간 저장이 곤란하다.

⑤ 미숙한 감자나 감자 싹은 솔라닌(solanine)을 함유하여 유해하다.

(2) 근괴사료의 종류

① 고구마, 감자, 뚱딴지, 무, 사료용 비트, 카사바(타피오카의 원료) 등

② 고구마 : 전분 함량이 높고 고구마 사일리지로 이용 가능하다.

③ 타피오카 : 카사바 식물의 뿌리는 전분이 많고 값이 싸다.

03 조사료

1. 조사료의 정의와 특징

(1) 조사료(bulky feed, roughage)의 정의

① 조사료는 일반적으로 부피가 크고 가소화영양소 함량이 적고 섬유질이 많다.

② 각종 짚류(straw), 건초류(hay), 생초류와 청예작물, 사일리지와 근채류 등

③ 최근에는 순수한 우리말 '풀사료'라는 용어를 많이 쓰는 추세이다.

(2) 조사료의 특징

① 조섬유 함량 18% 이상이며 거칠고 용적이 크다.

② 에너지 함량이 낮고 조섬유의 함량이 높다.

③ 반추위에 물리적 자극을 가하여 반추작용과 타액 분비를 촉진시킨다.

④ 가축에게 만복감(포만감)을 주는 사료이다.

⑤ 제1위 내 미생물 작용을 촉진하여 휘발성 지방산을 생성하여 유지율이 향상된다.

2. 조사료의 종류

(1) 화본과목초

초종명	특징
오차드그래스 (orchardgrass)	• 우리나라에서 가장 많이 재배, 다년생, 다발형, 상번초 • 초장은 80~120㎝, 건물기준 조단백질 8~18% • 방목, 채초, 건초, 사일리지 등 다양하게 이용된다.
이탈리안라이그래스 (italian ryegrass)	• 단년생, 남부지방에서 답리작재배 • 이른 봄 생육이 빨라 방목, 예취, 사일리지용으로 각광

티머시(timothy)	● 다발형, 다년생 상번초, 건물기준 조단백질 8~12% ● 건초용 목초이나 방목으로도 이용
리드카나리그래스 (reed cannarygrass)	● 다년생, 방석모양 뿌리, 방목용, 조단백질 9~13% ● 다년생 상번초, 초장은 60~180㎝ 정도 ● 청예, 건초, 사일리지로 이용 가능하다
페레니얼라이그래스 (perennial ryegrass)	● 다년생, 방목용, 건물 중 조단백질 6~13% ● 다년생 하번초, 초장 30~60㎝, 하고현상 심함 ● 방목, 예취 후 재생력이 매우 강하다.
켄터키블루그래스 (kentucky bluegrass)	● 다년생 하번초이며 지하경으로 번식한다. ● 잔디 대용으로 사용되며 영구초지 조성에 적합 ● 방목이나 예취에도 잘 견디며 재생력이 양호하다.
톨페스큐 (tall fescue)	● 개간지, 척박지, 하천제방 등 사방용으로 이용 ● 다년생, 상번초, 뿌리가 깊고 지하경이 있다(방석 모양). ● 잎과 줄기가 억세어 사료가치와 기호성이 낮다.

(2) 두과목초

초종명	특징
알팔파 (alfalfa, lucerne)	● 조단백질 15~25%, TDN 50% 이상 상번초, 직립형 ● 가뭄과 더위에 매우 강하다. ● 건초용, 사료적 가치 높음
레드 클로버 (red clover)	● 건초용, 방목용, 녹비용, 조단백질 함량 12~22% ● 잎은 장방형의 3개의 잎으로 흰 무늬가 있고 꽃이 붉다.
화이트 클로버 (white clover)	● 잎에 "V"자 흰 무늬가 있고 꽃은 흰색이며 털이 없다. ● 왜소형(야생종 : 화이트 클로버), 일반형(일반종 : 컴몬 화이트 클로버), 거대형 (대형종 : 라디노 클로버)이 있다.
기타	● 스위트 클로버(sweet clover), 버드풋트레포일(bird foot trefoil), 크림손 클로버(crimson clover) 등

(3) 청예 사료작물

초종명	특징
수단 그래스 (sudan grass)	● 아프리카 수단이 원산, 재생력이 우수하여 연간 3~4회 예취가 가능함 ● 어린 잎은 청산배당체가 있으므로 50~100㎝ 이상 자란 것을 이용한다.
호밀(rye)	● 봄 파종과 가을 파종이 있으며 가을 파종은 초봄에 사초 생산량이 많다. ● 답리작으로 재배가 가능하여 봄철 청예작물의 중요한 공급원이다.
유채(rape)	● 유채는 단백질이 풍부하며 섬유소가 적고 가축의 기호성이 매우 좋다. ● 답리작으로 재배 가능하며 가을철의 사료작물로 재배가 가능하다.
기타	● 피(japanese millet), 연맥(oat), 보리(barley), 이탈리안라이그래스, 옥수수, 수수, 수수×수단그래스 교잡종 등

(4) 야초류

초종명	특징
화본과	● 새, 기름새, 큰기름새, 억새, 참억새, 솔새, 개솔새, 그령, 띠, 바랭이, 수크령 등
두과	● 자운영, 싸리, 칡, 족재비, 벌노랑이, 비수리, 매듭풀, 차풀, 돌콩, 나비나물 등 ※ 매듭풀은 미국에서 개량되어 레스페데자(lespedeza)로 부르고 있음
국화과(엉거시과)	● 쑥, 제비 쑥, 방가지똥, 민들레 등 ※ 사료적 가치는 어릴 때는 높으나 생육이 진행되면 조섬유의 함량이 많아진다.

▮ 유해 독초

- 유해초 : 고사리, 산딸기, 짚신나물
- 유독초 : 파리풀, 독미나리, 대극, 미나리아재비, 할미꽃, 천남성, 잔대, 수염가래, 철쭉꽃, 애기똥풀, 개여뀌, 도꼬마리, 괴불주머니

(5) 고간류

① 고간류의 종류

㉠ 고간류는 볏짚, 보릿짚, 밀짚 그리고 옥수숫대, 콩대 등을 총칭한다.

㉡ 볏짚은 축산농가가 많이 이용하고 있는 대표적인 고간류이다.

㉢ 사료가치 증진을 위한 물리적 처리로 분쇄, 침지 방법이 있다.

㉣ 화학적으로 알칼리 처리와 암모니아 처리를 하면 소화율이 향상된다.

② 볏짚의 단점

㉠ 볏짚은 단백질의 함량이 낮고 조섬유가 많아 소화율이 낮다.

㉡ 칼슘, 인, 비타민도 매우 부족하다.

㉢ 농약, 흙 등 불순물이 많고 기호성이 낮다.

04 보충사료

1. 광물질 사료

(1) 칼슘 사료

패분, 탄산칼슘, 석회석, 석고

(2) 인산칼륨 사료

골분, 인광석 분말, 연인광석, 인산석회

(3) 소금(Na 소듐, Cl 염소 첨가제)

가공소금, 정제소금, 천일염

(4) 기타

황 첨가제, 미량 광물질 첨가제(구리, 철, 아연. 요드. 망가니즈, 코발트, 셀레늄 등)

■ 사료 첨가제의 기능과 특성

① 어린 가축의 질병 예방 및 폐사율 감소
② 성장촉진 및 사료효율 개선
③ 영양소의 소화 및 흡수율 개선
④ 체내 대사기능 증진
⑤ 체조직의 구성 개선 : 품질 향상
⑥ 축산물 생산비 절감
⑦ 환경오염 저감

2. 비타민 및 아미노산 첨가제

(1) 비타민 첨가제

A, D, E, K, B군 등

(2) 아미노산제

라이신, 메티오닌, 트립토판, 트레오닌, 글라이신 등 첨가

(3) 항생제와 생균제

① 생균제의 종류

사료 종류	명칭
항생제	● 2009년 인수공통항생제 7종 사료 첨가 금지 ● 2011년 7월부터 사료첨가용 항생제 전면 금지(수의사 처방 제외)

생균제	● 유익균 : 락토바실러스, 바실러스, 로돕슈도모나스 비피도박테리움, 엔테로코커스, 클로스트리듐, 페디오코커스 ● 유익곰팡이 : 아스퍼질러스 ● 유익효모 : 맥주효모, 양조효모 ● 박테리오파지

② 항생제 사용의 문제점
㉠ 축산물 내 잔류 항생물질이 인체 내 미생물의 항생제 내성 증가
㉡ 비병원성 세균의 내성인자가 병원성 미생물에 전이
㉢ 치료용 항생제의 사용 시 문제 발생
㉣ 항생제에 의한 환경오염

③ 생균제의 효과
㉠ 항균성 물질 분비 및 살균작용
㉡ 병원성 세균의 증식 억제작용
㉢ 면역력 증진작용과 유생산량 증가
㉣ 균체 분비 효소에 의한 영양제 공급 및 소화율 향상
㉤ 장내에서 유해세균의 성장억제와 해독작용
㉥ 분의 이차발효 억제로 악취 감소
㉦ 하절기 반추동물의 고온 스트레스 감소

(4) 요소의 이용

① 우리나라의 사료 공정에는 배합사료의 2% 이내로 첨가하도록 되어 있다.
② 사일리지 제조 시에는 재료의 0.3% 이내로 섞어 사용한다.
③ 고에너지 사료(곡류나 배합사료)와 섞어주고 물에 타서 주지 않는다.
④ 콩, 콩깻묵, 콩과 작물과 섞어주지 않는다(우레아제에 의해 암모니아 중독).
⑤ 6개월 이상의 소에게만 급여하고 체중 100㎏당 0.5㎏을 기준으로 한다.
⑥ 일정 적응기간을 두고 서서히 증가시킨다.

05 사료의 가공

1. 농후사료의 가공

(1) 곡류의 분쇄

① 곡류를 거칠게 분쇄하거나 눌러 부수면 씹기 좋고 소화액의 작용을 잘 받게 되어 소화율이 증진되고 영양소의 손실을 적게 한다.

② 소는 거칠게, 돼지는 제한급사 시는 거칠게 하고 자유채식 시는 곱게 한다.

(2) 수침(soaking)

① 부드럽게 하여 먹이면 저작이 쉽고 위의 확장을 방지하며 소화율을 향상시킨다.

② 수침 시간이 너무 길면 맛이 빠지거나 수분 증가로 저장성이 떨어진다.

③ 사료 중의 독소 제거에도 효과적이다.

(3) 발아(germinating)

① 곡류 및 기타 열매를 30℃의 물에 담가 발아시키면 맛과 소화율이 좋아진다.

② 효소가 활성화되어 영양소의 분해에 도움을 주나 고형물 손실이 25% 정도 된다.

③ 아밀라아제, 말타아제 등의 효소가 많아지고, 비타민 B · C · E 함량이 증가한다.

(4) 발효(fermentation)

① 사료를 세균, 곰팡이, 효모 등으로 발효시키면 저장성, 풍미가 개선된다.

② 소화율이나 사료 가치 등의 향상은 기대할 수 없다.

③ 사일리지는 젖산균을 생성시켜 사일로에서 저장하는 다즙사료이다.

(5) 펠리팅(pelleting)

① 가루사료나 조사료를 고온 증기와 가압하여 일정한 모양으로 굳힌 사료이다.

② 고온 증기에 의해 세포막물질이 파괴되어 소화율이 향상된다.

③ 고온 증기에 의하여 병원성 세균 및 독소물질이 파괴된다.

④ 사료의 밀도를 높여 사료섭취량이 증가하며, 섭취시간이 단축되고, 사료의 허실량이 감소되며, 취급 및 수송이 용이해진다.

⑤ 영양소 함량이 낮은 건초, 채종박 등에서 효과적이며 곡류에서는 호밀, 보리에서 효과적이다.

⑥ 단점으로는 시설에 많은 비용이 들고 열에 약한 비타민이 파괴되는 등의 결점을 지니고 있다.

(6) 건조

① 옥수수 등 곡류를 건조하면 전분은 젤라틴(gelatin)화 되어 이용성이 높아진다.

② 단백질의 일부에 변성을 일으켜 소화흡수가 용이해진다.

▮ 박편처리(flaking), 익스트루젼(extrusion), 적외선 열처리(micronizing)는 전분이 젤라틴화되어 전분의 가용성이 증가되고, 튀기기(popping)는 소화율이 감소한다.

(7) 박편처리(flaking)

① 곡류를 증기처리 또는 무처리하여 롤러에 통과시켜 납작하게 한 것이다.

② 곡류 박편은 건조시켜 수분이 15%되게 해야 한다.

③ 스팀으로 프레이킹하면 전분입자의 30~50%가 젤라틴화 되어 섭취량, 증체량, 사료효율 등이 개선된다.

④ 가루사료에 비하여 반추위 생리기능에 효과적이며, 전분의 소화율을 증진시킨다.

(8) 볶기(roasting)

① 사료를 볶으면 수분이 감소하고 미생물과 효소를 파괴하여 저장성을 높여준다.

② 콩, 대두박을 사용하면 독소 제거와 소화율이 향상된다.

③ 원료를 128~149℃로 골고루 균일하게 열처리를 받도록 가공해야 한다.

(9) 튀기기(popping)

① 150℃의 튀김기에서 곡류를 튀기면 이용성이 증진된다.

② 수수를 튀김하면 사료효율이 개선된다고 한다.

③ 곡류 중의 전분질은 감소, 가용성 탄수화물 함량은 증가한다.

④ 곡류의 전분 용해도가 떨어져 소화율이 감소한다.

(10) 익스트루젼(extrusion)

① 곡류를 분쇄한 후 증기 처리하면서 고압력을 가하면 실린더(cylinder)에서 배출될 때 압력과 증기가 소멸되어 부풀게 된다. 이 부푼 것을 다시 건조, 분쇄하여 이용하는 것이다.

② 전분이 젤라틴화되어 소화율, 사료효율, 증체량이 개선된다.

(11) 익스팬딩(expanding)

① 익스팬더 내의 일반적인 압력은 34~40bar, 최종 제품의 수분은 18% 정도이다.

② 익스팬더는 펠릿의 성형에 부적합한 고섬유사료, 고지방사료에 적용될 수 있다.

③ 살모넬라나 대장균 등 유해 미생물을 제거할 수 있다.

④ 반추동물에 대한 반추위의 분해율을 증가시키고 전분의 젤라틴화를 향상시킨다.

⑤ 사료효율을 향상시킬 수 있다.

(12) 효소 처리

사료를 효소나 맥아(엿기름) 등으로 예비소화 시키면 어린 동물에서 소화가 다소 좋아지고 풍미가 향상된다.

(13) 휘발성 지방산 처리

곡류에 휘발성 지방산을 처리하는 것은 수분이 많은 곡류를 장시간 안전하게 저장하면서 반추가축에게 급여하고자 할 때 사용하는 방법이다.

(14) 삶기와 찌기

① 사료를 삶거나 증기로 찌면 연화(軟化)되어 향미가 좋아지고 살균효과도 있으며 따뜻한 것을 먹이면 체온의 방산도 방지한다.

② 너무 오랜시간 처리하면 단백질이 응고되어 소화율이 낮아지고 비타민이 파괴되며 신선미를 잃는다.

③ 전분질 사료, 콩, 껍질이 굳은 사료에 특히 유효하며, 사료 중의 성장저해인자나 유독물질 제거에 유효하다.

2. 조사료의 가공 방법

(1) 조사료의 세절(細切)

① 씹고 삼키기 쉬우며, 골라 먹는 것을 막고 다른 사료와 혼합하기 편리하다.

② 젊은 소에서 2.5~3.5㎝, 말과 양에서 1.5~2.5㎝가 적당하며 생초와 건초는 이보다 길어도 좋다.

③ 채식량을 늘려줌으로써 영양소의 절대 섭취량을 증가시켜 주는 이점이 있다.

(2) 가성소다(NaOH) 처리

① 헤미셀룰로오스를 용해하고 셀룰로오스를 팽창시켜 반추미생물의 소화를 돕는다.

② 가성소다는 가격이 비싸고 취급이 어려우며, 토양오염 등이 문제가 된다.

③ 세척 시 많은 물이 필요하고 다량의 가용성 영양소가 유출되는 단점이 있다.

(3) 암모니아 처리

① 암모니아의 질소가 반추위 내 미생물체 단백질로 전환된다.

② 암모니아 처리는 알칼리 처리의 단점을 보완할 수 있다.

③ 리그닌, 셀룰로오스 등 세포막 구성성분의 결합을 분리하여 소화를 향상시킨다.
④ 낟가리 방법, 판넬을 이용한 조립식 간이 사일로법, 대형 철제 처리기를 이용하는 방법이 있다.

(4) 석회 처리

볏짚 100㎏당 소석회 10~12㎏을 물 800L에 녹인 석회수를 만들어 짚을 잠기게 담그고 2~3일간 두었다가 물에 잘 씻어서 말리거나 그대로 말려 이용한다.

(5) 과산화수소 처리

① 굴드(Gould)에 의해 개발된 처리법으로 알칼리화 과산화수소 처리에 의해 리그노 셀룰로오스의 리그닌을 제거하는 방법이다.
② 과산화수소 처리는 셀룰로오스 복합체의 구조를 파괴하고, 리그닌 함량을 감소시켜 조사료의 소화율을 개선하여 생산성을 증가시킨다.

기출문제

정답 및 해설

01 사료가 갖추어야 할 조건에 들지 않는 것은?

㉮ 단위 면적당 생산량이 많을 것
㉯ 영양소 함유량이 많고 소화, 흡수율이 높을 것
㉰ 영양소 함량 대비 값이 쌀 것
㉱ 외국의 수입품보다 국내 생산일 것

■ ㉮㉯㉰ 이외에
– 기호성 : 가축이 즐겨 먹을 것
– 무독성 : 독성이 없을 것
– 신선도 : 변질, 오염이 되지 않을 것
– 용이성: 많은 양을 쉽게 구할 수 있을 것

정답 ㉱

02 다음은 조사료에 대한 설명이다. 바르지 못한 것은?

㉮ 조섬유가 18% 이상이다.
㉯ 용적이 크고 거친 사료이다.
㉰ 만복감을 주고 위 작용을 활발하게 한다.
㉱ 소량으로도 생리 대사 기능을 향상시킨다.

■ ㉱는 보충사료에 대한 설명이다.

정답 ㉱

03 다음 중 식물성 단백질 사료에 속하는 것은?

㉮ 대두박
㉯ 어분
㉰ 옥수수
㉱ 건초

■ 식물성 단백질 사료는 기름을 짜고 남은 깻묵류로 우리나라에서는 대두박, 임자박, 호마박, 채종박, 면실박 등이 사용된다.

정답 ㉮

04 동물성 단백질 사료에 대한 설명으로 바르지 못한 것은?

㉮ 단백질이 20% 이상인 것
㉯ 아미노산의 구성이 좋고 소화가 잘된다.
㉰ 녹말이 주성분으로 에너지원으로 이용된다.
㉱ 어분, 우모분, 어즙 농축물, 육골분 등이 있다.

■ ㉰는 전분질 사료이다.

정답 ㉰

05 펠릿을 다시 거칠게 부순 것으로 기호성 및 소화율이 좋은 사료의 가공 형태는?

㉮ 크럼블(crumble)
㉯ 펠릿(pellet)
㉰ 큐브(cube)
㉱ 프레이크(flake)

06 갑상선 비대와 종양을 일으킬 수 있는 고이트린(goitrin)과 쓴 맛을 나타내는 시내핀이 있는 사료는?

㉮ 대두박
㉯ 호마박
㉰ 채종박
㉱ 임자박

07 강피류 사료의 영양적 특성을 기술한 것 중 틀린 것은?

㉮ 조섬유 함량이 높고, 가용무질소물 함량이 낮아 에너지 함량이 낮다.
㉯ 비타민 B군이 풍부하며 인의 함량이 곡류보다 약간 높다
㉰ 광물질 P의 함량은 높으나 Ca, 비타민 A, D는 적다.
㉱ 영양소가 풍부하여 제한 아미노산이 없다.

08 동물성 단백질 사료에 관한 설명 중 옳지 않은 것은?

㉮ 일반적으로 단백질 함량이 높고 미지성장인자가 함유되어 있다.
㉯ 일반적으로 메티오닌과 라이신의 함량이 높다.
㉰ 우모분, 모발분과 같은 동물성 단백질은 케라틴태 단백질로서 가축에 의한 이용성이 좋다.
㉱ 어분과 육골분에는 Ca과 P 등의 광물질 함량이 높다.

정답 및 해설

■ pellet : 가루사료를 높은 온도와 압력으로 일정한 크기와 모양으로 만든 것
cube : 질 좋은 목건초를 분쇄하여 당밀을 섞어 장방형으로 만든 것
flake : 곡류를 증기처리 하여 roller에 통과시켜 납작하게 한 것

정답 ㉮

■ goitrin은 유해성분으로서 닭이나 돼지의 사료로 사용했을 때 갑상선을 비대시키고 갑상선 조직을 변화시킨다고 한다.

정답 ㉰

■ ㉮㉯㉰ 이외에
– 부피가 커서 만복감을 주고 변비 방지 및 영양소 희석제로 이용
– 조단백질함량 15% 정도로 곡류보다 약 5% 정도 높다.
– 부피감이 있어 사료의 영양소함량을 낮추는 데 이용된다.
– lysine, methionine, tryptophan의 함량은 높으나 methionine은 제한 아미노산

정답 ㉱

■ 우모분, 모발분은 케라틴태 단백질(80~90%)로 소화 흡수율이 낮다.

정답 ㉰

정답 및 해설

09 산란계의 에너지 사료로 가장 많이 이용되는 곡류는?

㉮ 옥수수
㉯ 수수
㉰ 콩
㉱ 귀리

■ 옥수수는 농후사료의 원료로 가장 많이 쓰인다(양계사료의 50~70%).

정답 ㉮

10 식물성 단백질 중 산란계 사료로 사용하는 경우 난황의 색을 퇴색시키고 난백을 핑크색으로 변색시키는 단백질은?

㉮ 대두박
㉯ 면실박
㉰ 임자박
㉱ 땅콩박

■ 면실박은 일반적으로 단백질 함량은 35~45%이며 질 좋은 체지방을 생산하고, gossypol이라는 독성물질이 있으며 계란 노른자 착색이 나빠진다.

정답 ㉯

11 옥수수의 제1제한 아미노산은 무엇인가?

㉮ 라이신(lysine)
㉯ 알라닌(alanine)
㉰ 글루타민(glutamine)
㉱ 타이로신(tyrosine)

■ 곡류 및 강피류의 제1제한 아미노산은 메티오닌과 라이신이다.

정답 ㉮

12 대두박의 트립신 저해인자를 제거하는 방법은?

㉮ 가열처리
㉯ 분쇄
㉰ 수침
㉱ 세절

■ 콩 속의 트립신 저해인자는 적당히 가열하면 파괴된다.

정답 ㉮

정답 및 해설

13 다음 중 근괴사료에 속하는 것은?

㉮ 카사바
㉯ 캐놀라 밀
㉰ 옥수수 글루텐
㉱ 채종박

■ 카사바는 타피오카의 원료로 고구마 모양의 열대작물이다.

정답 ㉮

14 우모분에 관한 설명으로 맞는 것은?

㉮ 소의 털을 가공 처리한 단백질원 사료이다.
㉯ 가금의 깃털을 가공 처리한 단백질원 사료이다.
㉰ 가죽제품을 만드는 과정에서 생산되는 부산물을 이용해 만든 사료이다.
㉱ 소의 발굽과 뿔을 처리한 단백질원 사료이다.

■ 우모분을 사용할 때는 부족되는 아미노산을 보충해 주어야 한다.

정답 ㉯

15 요소(urea)를 이용하기 부적합한 가축은?

㉮ 젖소
㉯ 고깃소
㉰ 산양
㉱ 돼지

■ 반추위의 미생물이 있는 가축에게만 급여해야 한다.

정답 ㉱

16 다음 중 사료를 영양가에 따라 분류한 것은?

㉮ 조사료, 농후사료, 보충사료
㉯ 낙농사료, 고기소사료, 돼지사료, 닭사료
㉰ 가루사료, 알곡사료, 펠릿사료
㉱ 에너지사료, 단백질사료, 무기질사료

■ ㉮ 영양가에 의한 분류
㉯ 축종별 사료
㉰ 가공형태에 따른 분류
㉱ 주성분에 따른 분류

정답 ㉮

정답 및 해설

17 비육 중 육지방을 단단한 경지방으로 만드는 사료는?

㉮ 쌀겨
㉯ 보리
㉰ 옥수수
㉱ 대두박

■ 보리는 경지방 생산 사료로 비육 후기 급여 시 매우 효과적이다. 곡류 중 섬유소가 많고 비타민 D, B_2, 카로틴 함량이 낮다.

정답 ㉯

18 동물성 단백질 중 콜라겐태 단백질로 구성된 사료는?

㉮ 우모분
㉯ 모발분
㉰ 제각분
㉱ 피혁분

■ 피혁분의 단백질 함량은 75% 이상으로 높으나 콜라겐 형태로 되어 있어 소화, 이용성이 낮다.

정답 ㉱

19 면실박에 들어 있는 독성물질은?

㉮ 트립신 저해인자
㉯ 고시폴
㉰ 고이트린
㉱ 청산

■ ㉮ 대두박 ㉰ 채종박 ㉱ 수수

정답 ㉯

20 티오닌, 시스틴, 라이신, 비타민$_{12}$, 리보플라빈, 니아신 함량이 높으며 미지성장인자를 함유하고 있는 동물성 사료는?

㉮ 혈분
㉯ 어분
㉰ 피혁분
㉱ 우모분

■ 어분은 가장 많이 쓰이는 동물성 사료로 단백질 함량이 65~70%이다.

정답 ㉯

정답 및 해설

21 다음 중 주성분과 사료 종류가 바르게 연결되지 않은 것은?

㉮ 단백질사료 – 어분, 우모분, 깻묵류
㉯ 지방질사료 – 대두박, 옥수수기름
㉰ 전분질사료 – 곡류, 고구마, 강피류
㉱ 섬유질사료 – 목초, 볏짚

■ 식물성 지방질사료 : 콩기름 외 기름류
동물성 지방질 사료 : 우지, 돈지 등

정답 ㉯

22 곡류사료의 영양적 특성에 대한 설명으로 틀린 것은?

㉮ 에너지 함량이 높고 조섬유 함량이 낮다.
㉯ 단백질 함량이 높고, 아미노산 조성도 좋다.
㉰ 영양소 소화율이 높고 기호성이 좋다.
㉱ 일반적으로 Ca와 P의 함량이 적다.

■ 곡류는 단백질 함량이 낮다.

정답 ㉯

23 가축에 대두박 – 옥수수 위주 사료 급여 시 부족하기 쉬운 제한 아미노산은?

㉮ 히스티딘 – 라이신
㉯ 메티오닌 – 발린
㉰ 메티오닌– 라이신
㉱ 라이신– 발린

■ 대두박 : 메티오닌, 시스틴
옥수수 : 라이신, 트립토판

정답 ㉰

24 청산 배당체를 함유한 사료작물은?

㉮ 수단그래스, 수수
㉯ 옥수수, 유채
㉰ 귀리, 보리
㉱ 호밀, 밀

■ 수수류는 청산배당체를 함유하므로 1m 이상 자란 것을 이용하는 것이 좋다.

정답 ㉮

25 조사료의 특징에 대한 설명으로 바르지 못한 것은?

㉮ 조섬유 함량 18% 이상이며 거칠고 용적이 크다.
㉯ 에너지 함량이 낮고 조섬유의 함량이 높다.
㉰ 반추가축의 반추작용과 타액 분비를 촉진시킨다.
㉱ 사료의 소화율이 높고 단백질 함량이 높다.

■ 조사료는 ㉮㉯㉰ 이외에 가축에게 만복감을 주는 사료이다.

정답 ㉱

26 다음 중 두과 작물로 짝지어진 것은?

㉮ 티모시, 톨페스큐
㉯ 알팔파, 레드클로버
㉰ 오처드그래스, 레드톱
㉱ 유채, 연맥

■ 두과 작물은 알팔파와 클로버류이다. 유채는 십자화과 작물이고, 나머지는 화본과 작물이다.

정답 ㉯

27 우리나라에서 가장 많이 재배되는 다년생 상번초의 목초는?

㉮ 오처드그래스
㉯ 톨페스큐
㉰ 이탈리안라이그래스
㉱ 티머시

■ 오처드그래스는 우리나라에서 가장 많이 재배되는 북방형의 다년생 상번초이다. 내한성, 내서성이 강하다.

정답 ㉮

28 월년생으로 남부지방에서 답리작으로 재배하며 이른 봄 생육이 빠른 목초는?

㉮ 오처드그래스
㉯ 톨페스큐
㉰ 이탈리안라이그래스
㉱ 티머시

■ 이탈리안 라이그래스는 이른 봄 생육이 빨라 방목, 예취, 사일리지용으로 각광받고 있다.

정답 ㉰

| 정답 및 해설 |

29 아프리카 수단이 원산이며 재생력이 우수하여 연간 3~4회 예취가 가능한 사료 작물은?

㉮ 호밀
㉯ 유채
㉰ 수단그래스
㉱ 옥수수

■ 수단그래스의 어린 잎은 청산배당체가 있으므로 50~100㎝ 이상 자란 것을 이용한다.

정답 ㉰

30 사료 첨가제의 기능과 특성에 대한 설명으로 바르지 못한 것은?

㉮ 어린 가축의 질병 치료 목적
㉯ 성장촉진 및 사료효율 개선
㉰ 영양소의 소화 및 흡수율 개선
㉱ 체내 대사기능 증진

■ 어린 가축의 질병 예방 및 폐사율 감소에 필요하다.

정답 ㉮

31 요소의 이용에 대한 사항으로 바르지 못한 것은?

㉮ 배합사료의 2% 이내 첨가한다.
㉯ 물에 타서 주지 않는다.
㉰ 콩과 작물과 섞어주지 않는다
㉱ 3개월 이상의 돼지에게 급여한다.

■ 6개월 이상의 소에게만 급여하고 체중 100㎏당 0.5㎏을 기준으로 한다.

정답 ㉱

32 곡류를 증기처리 또는 무처리 하여 롤러에 통과시켜 납작하게 하는 것은?

㉮ 익스팬딩(expanding)
㉯ 박편처리(flaking)
㉰ 펠리팅(pelleting)
㉱ 익스트루젼(extrusion)

■ 박편처리는 가루사료에 비하여 반추위 생리기능에 효과적이며, 전분의 소화율을 증진시킨다.

정답 ㉯

33 곡류의 이용성을 높이기 위하여 전분을 알파화시키는 가공처리가 아닌 것은?

㉮ 프레이크
㉯ 펠릿
㉰ 익스트루젼
㉱ 수침

■ 수침은 곡식이 적거나 껍질이 단단할 때 물에 담가 불리는 것이다.

정답 ㉱

34 가루사료를 증기 처리하면서 고압력을 가하면서 실린더에서 배출될 때 압력과 증기가 소멸되어 부풀게 된 것을 성형시킨 사료는?

㉮ 프레이크
㉯ 펠릿
㉰ 익스트루젼
㉱ 큐브

■ 익스트루젼 처리로 전분이 젤라틴화 되어 소화율, 사료효율, 증체량이 개선된다.

정답 ㉰

35 곡류의 수침처리 효과로 바르지 않은 것은?

㉮ 저작이 용이해진다.
㉯ 독소를 제거한다.
㉰ 소화율을 높인다.
㉱ 비타민의 함량을 높인다.

■ 수침 시간이 너무 길면 맛이 빠지거나 수분 증가로 저장성이 떨어진다.

정답 ㉱

36 곡류사료의 가공효과 중 분쇄의 효과로 틀린 것은?

㉮ 에너지 이용률이 향상된다.
㉯ 조작하기가 용이하다.
㉰ 다른 사료와 혼합하기가 용이하다.
㉱ 입자도를 곱게 할수록 유리하다.

■ 입자도가 너무 고우면 소화율이 감소한다.

정답 ㉱

37 건초의 안전한 저장을 위해서 수분 함량은 몇 % 이하여야 하는가?

㉮ 35%
㉯ 25%
㉰ 20%
㉱ 15%

38 볏짚을 가성소다 처리할 때 기대할 수 있는 가장 큰 효과는?

㉮ 볏짚 중 섬유소의 소화율이 향상된다.
㉯ 볏짚 중 비타민 B군 합성량이 증가한다.
㉰ 볏짚 중 미량광물질 함량이 증가한다.
㉱ 볏짚에 납두균이 증가한다.

39 다음 중 단위동물에서 펠릿(pellet) 사료의 급여와 가장 관계가 있는 것은?

㉮ 사료 섭취량이 증가한다.
㉯ 수분 섭취량이 증가한다.
㉰ 닭에서 식우증(카니발리즘)이 증가한다.
㉱ 육질이 좋아진다.

40 펠릿사료를 부수어 어린 병아리 등 어린 가축이 먹기 쉽게 만든 사료는?

㉮ 프레이크
㉯ 큐브
㉰ 크럼블
㉱ 압편

정답 및 해설

■ 10~15%가 적당하다.

정답 ㉱

■ 가성소다(NaOH) 처리는 헤미셀룰로오스를 용해하고 셀룰로오스를 팽창시켜 반추미생물의 소화를 돕는다.

정답 ㉮

■ 펠리팅은 사료의 밀도를 높여 사료섭취량이 증가하며, 섭취시간이 단축되고, 사료의 허실량이 감소되며, 취급 및 수송이 용이해진다.

정답 ㉮

■ 크럼블(crumble)은 펠릿 사료를 거칠게 부순 것으로 기호성 및 소화율은 좋다.

정답 ㉰

제 7 장

초지와 사료작물

01 목초의 종류와 특성

1. 목초의 분류

(1) 형태에 의한 분류

① 벼과(화본과) : 일반 벼과 목초류, 화곡류(cereals), 잡곡류, 피 등

② 콩과(두과) : 클로버류, 베치류, 콩류, 알팔파, 자운영 등

③ 십자화과 : 유채, 무, 배추, 갓, 순무 등

④ 국화과 : 해바라기, 돼지감자 등

(2) 생존 연한에 의한 분류

① 1년생 : 옥수수, 수단그래스, 수수, 콩, 귀리(월동 불가 시), 진주조, 피 등

② 월년생(越年生, 가을에 파종하여 다음해 수확) : 크림슨클로버, 버클로버, 베치, 이탈리안라이그래스, 호밀, 귀리, 보리, 유채 등

③ 2년생(二年生, 월년이나 2~3년 동안 생육하는 경우도 있다.) : 레드클로버, 스위트클로버, 알사이크클로버, 컴몬라이그래스 등

④ 다년생(영년생) : 알팔파, 화이트클로버, 버드풋트레포일, 오처드그래스, 티머시, 톨페스큐, 리드카나리그래스, 페레니얼라이그래스, 켄터키블루그래스, 레드톱 등

■ 내한성이 강한 목초
티머시, 켄터키블루그래스, 페스큐류, 리드카나리그래스

■ 내서성이 강한 목초
버뮤다그래스, 수단그래스, 존슨그래스, 달리스그래스

(3) 기상 생태적 분류

① 한지형(북방형) 사료작물

㉠ 한지형의 생육적온은 15~21℃로, 25℃ 이상일 경우 하고현상이 온다.

㉡ 우리나라에서 재배되는 목초가 이에 속한다.

② 난지형(남방형) 사료작물

㉠ 생육적온이 30~35℃의 열대, 아열대 작물로 더운 지방에서는 계속 재배할 수 있다.

㉡ C_4 식물로 여름철에 높은 광합성을 발휘한다.

㉢ 버뮤다그래스, 달리스그래스, 바히야그래스, 수단그래스, 존슨그래스, 옥수수, 수수, 수수×수단그래스 교잡종, 칡, 레스페데자, 대두, 완두, 잠두 등

(4) 이용 형태에 의한 분류

① 청예용(채초용)

㉠ 키가 크고 수량이 많은 작물로 생초를 베어 직접 가축에게 급여하는 작물

㉡ 이탈리안라이그래스, 수단그래스, 호밀, 귀리, 유채 등

② 방목용

㉠ 키가 작고 줄기가 초지 위에 포복하거나 발굽에 잘 견디는 목초

㉡ 페레니얼라이그래스, 톨페스큐, 켄터키블루그래스, 레드톱, 화이트클로버, 오처드그래스(채초 겸용)

③ 건초용

㉠ 수량이 많고 기호성이 좋은 목초

㉡ 대표적인 초종 : 오처드그래스, 티머시, 톨페스큐, 알팔파, 레드클로버 등

④ 사일리지용

㉠ 다즙질 저장사료로 적합한 작물, 젖산 발효가 잘되는 화본과 작물

㉡ 오처드그래스, 알팔파, 이탈리안라이그래스, 수단그래스, 옥수수, 호밀 등

⑤ 총체용

㉠ 줄기와 잎, 이삭을 총체적으로 이용, 유숙 · 황숙기에 베어 곤포사일리지 제조용

㉡ 보리, 벼

(5) 생육 형태별 분류

① 방석형과 다발형

㉠ 방석형 : 포복형으로 지표를 기면서 뿌리를 내는 하번초

㉡ 다발형 : 분얼경만 내어 한 장소에서 큰 다발을 형성하는 상번초

② 상번초와 하번초

㉠ 상번초 : 키가 크고, 잎이 줄기 위쪽에 많은 오처드그래스, 티머시, 알팔파 등

㉡ 하번초 : 키가 작고, 잎이 줄기 밑에 많은 켄터키블루그래스, 화이트클로버 등

2. 화본과목초의 종류와 특성

(1) 오처드그래스(orchardgrass; 과수원풀, 오리새, 닭발 풀)

① 원산지 : 유럽서부 및 중앙아시아

② 성상 : 북방형의 다년생, 상번초, 내한성, 내서성이 강하다.

③ 특징 : 최적토양은 pH 6.0~6.5이며, 양질 비옥도 요구, 생육적온은 15~21℃

④ 이용 : 연간 4~6회 이용하며(초장 20~25㎝), 방목, 건초, 청예, 사일리지용 등

(2) 톨페스큐(tall fescue)

① 원산지 : 유럽

② 성상 : 다년생, 상번초, 내한성, 내서성이 강하고 초기 생장 왕성, 기호성이 다소 낮다.

③ 특징 : 초장 90~120㎝, 잔디, 녹지 조성 및 토양보전용으로 식재

④ 이용 : 두과목초와 혼파, 방목에 적합. 청예 · 건초 · 사일리지용으로도 이용

(3) 티머시(timothy)

① 원산지 : 유럽과 아시아 북부지방, Herd's grass라고도 함

② 성상 : 다년생, 상번초, 영양번식을 위한 비늘뿌리가 있다.

③ 특징 : 한발에 약하고(하고현상), 서늘하고 습윤한 기후, 고산지 재배에 적합

④ 초장은 80~120㎝이며 이삭이 10㎝ 정도의 핫도그 모양

⑤ 이용 : 채초형, 방목겸용, 방목형, 청예이용 시 40~50㎝일 때 벤다.

(4) 이탈리안라이그래스(Italian ryegrass)

① 원산지 : 지중해 연안

② 성상 : 다발형 상번초, 1년생이나 남부지방에서는 월년생이다

③ 특징 : 초장은 60~100㎝, 근계는 세근이 많다. 페러니얼라이그래스와 비슷하다.

④ 이용 : 초기 생육 왕성, 초봄 일찍부터 이용 가능, 청예, 방목, 사일리지용

(5) 페레니얼라이그래스(perennial ryegrass)

① 원산지 : 남부유럽, 북아프리카, 서남아시아, 호밀풀이라는 별명

② 성상 : 다년생, 하번초, 다른 다년생 목초에 비해 생육기간이 짧다.

③ 특징 : 초기생육이 빠르고 분얼이 왕성하다. 줄기 기부가 자주색이다.

④ 관리 : 초장 90㎝ 정도이며 질소 시비가 중요하다.

⑤ 이용 : 방목에 유리, 건초로 이용할 때에 출수기에 예취한다.

〈표 7-1〉 이탈리안라이그래스와 페레니얼라이그래스의 차이점

구분	이탈리안라이그래스	페레니얼라이그래스
생육연한	단년생(월년생)	다년생
초장	60~110㎝(더 크다.)	50~60㎝
이삭 까끄라기	있다.	없다.
줄기 기부 색	황록색	붉은색

(6) 리드카나리그래스(reed canarygrass)

① 원산 : 유럽, 아시아, 미국

② 성상 : 다년생, 상번초, 내한성(가뭄)이 강하고, 지하경이 잘 발달되어 있다.

③ 적지 : 습지에 잘 자라고 습윤하고 냉랭한 기후에 알맞다.

④ 이용 : 청예, 건초, 사일리지 이용, 기호성이 낮다. 거칠고 알칼로이드 독소를 함유

(7) 켄터키블루그래스(kentucky bluegrass)

① 원산지 : 유라시아 또는 북아메리카

② 성상 : 다년생, 하번초, 재생력 양호, 지하경을 가진 방석형, 초장 30~60㎝

③ 특징 : 내서성이 약함, 꽃이 피는 시기에 청색을 띤다. bluegrass류의 특징

④ 적지 : 서늘하고 습기가 많은 지방에 적합, 토양 비옥도가 요구됨

⑤ 이용 : 방목 이용에 적합하며 그루터기는 5㎝ 정도는 남겨야 한다.

(8) 레드톱(redtop)

① 원산지 : 유럽

② 성상 : 다년생, 직립형 또는 포복형, 개화 시 이삭과 종자가 붉은색이다.

③ 특징 : 뿌리는 지하경이 있고 산발형 원추화서이다.

④ 적지 : 서늘한 기후에 잘 자라고 토양 적응성이 좋다.

⑤ 이용 : 대부분 초지의 혼파 초종으로 방목에 이용

(9) 달리스그래스(dallis grass)

① 원산지 : 남아메리카, 열대 및 아열대 지방에 서식

② 성상 : 남방형, 다년생, 우리나라에 자생하는 참새피와 비슷함

③ 특징 : 우리나라에서는 남해안이나 제주도에서 재배 가능

④ 이용 : 풋베기, 방목, 건초로 이용

(10) 버뮤다그래스(bermuda grass)

① 원산지 : 아프리카 및 인도

② 성상 : 남방형, 다년생, 우리나라의 바랭이와 비슷하다.

③ 특징 : 땅속 줄기와 기는 줄기를 가지고 있다.

④ 이용 : 방목용, 건초로 이용

3. 두과목초의 종류와 특성

(1) 알팔파(alfalfa)

① 원산지 : 서남아시아와 지중해 동쪽 산악지대, 목초의 여왕이라 불림

② 성상 : 다년생, 상번초, 직근이며 수확 후 재생이 빠르다.

③ 특징 : 배수가 양호하고 중성이며 표토층이 두터운 토양에 적합

④ 이용 : 건초 및 풋베기용, 연간 3회 예취 가능하다. 기호성이 좋다.

※ 붕소(B)가 결핍되면 생리장애를 가져오고 결실이 잘 안된다.

(2) 화이트클로버(white clover)

① 원산지 : 지중해 연안, 서부 아시아 미르노 지방

② 성상 : 다년생, 포복성의 하번초, 흰꽃, 잎은 털이 없고 매끈, V자의 흰 무늬

③ 특징 : 야생형, 보통형(중간형), 거대형(라디노형; radino clover)이 있다.

④ 적지 : 서늘하고 습기 있는 땅에서 잘 자란다.

(3) 레드클로버(red clover)

① 원산지 : 아시아의 서남쪽, 동남 유럽

② 성상 : 상번초, 2년생, 분홍색 꽃, 진한 초록색 잎에 V자 무늬와 잔털이 있다.

③ 적지 : 수분이 충분하며 서늘한 기후 조건에서 잘 자란다. 산성, 척박지, 습지 적응

④ 이용 : 건초용, 예취용으로 이용, 화본과목초와 혼파, 1차 수확(6월 상순)

(4) 버드풋트레포일(birdsfoot trefoil)

① 원산지 : 지중해

② 성상 : 다년생으로 모든 환경 저항성이 좋다. '벌노랑이'라고도 한다.

③ 특징 : 내염성이 강하여 간척지에 적합, 적응성이 우수하나 정착이 부진하다.

④ 이용 : 재생이 느리고 수량이 적음, 방목 시에는 윤환방목이 적합하다.

02 초지 조성과 관리

1. 경운 초지 조성

(1) 입지 조건

① 토양의 경사도가 0~15° 이내의 토지에 해당된다.

② 선점 식생을 제거하고 기계에 의한 완전경운을 실시

▮ 제초제 살포

- 제초제는 1ha당 물 1,000L에 글라이신(근사미) 8L를 희석하여 살포한다.
- 야초나 잡관목이 말라죽으면 불 놓기를 한다.
- 제초제 살포 후 45일 정도 지난 후 목초를 파종해야 약해가 없다.

(2) 장애물 제거

① 벌목 : 벌채신고 후 목책림, 방풍림, 대피림을 남기고 벌목한다.

② 화입 : 제초제 살포 후 잔가지나 잡관목, 야초 등을 제거한다.

(3) 파종상 만들기

① 배수가 잘되고 상 · 하층 토양의 수분 함량이 적당해야 한다.

② 선점 식생과 잡초가 없어야 한다.

③ 너무 고운 토양 입자가 아니어야 한다.

(4) 경운(ploughing)과 석회 살포

① 경운 깊이는 15㎝가 적당(알팔파, 페스큐 20㎝)

② 너무 깊이 갈아 하층의 심토가 나오지 않도록 한다.

③ 석회는 총 소요량의 1/2은 경운 전, 1/2은 쇄토 · 정지하기 전에 시용한다.

▮ 초종의 선택

- 건조하고 가뭄이 심한 곳 : 오처드그래스, 페스큐
- 서늘한 고산지대 : 티머시, 리드카나리그래스, 레드톱, 켄터키블루그래스
- 저습지 : 리드카나리그래스, 레드톱, 알사이크클로버
- 채초지 : 오처드그래스, 알팔파, 레드클로버
- 방목지 : 퍼레니얼라이그래스, 레드톱, 페스큐, 화이트클로버

(5) 쇄토 및 정지

① 경운한 흙을 부수는 작업으로 디스크 해로우, 투스 해로우(tooth harrow), 로터리 등을 이용

② 경운 후 곧 바로 쇄토하는 것이 좋다. 시간이 지나면 딱딱해진다.

(6) 파종 적기

① 파종 적기는 토양 수분과 잡초 발생량과의 경합 관계 고려

② 1일 평균기온이 5℃ 되는 날로부터 60~80일 전이 적합

③ 우리나라 중부지방에서는 가을장마 전 8월 25일~9월 15일이 적기

(7) 파종 방법

① 산파(흩어뿌림, broadcasting)

㉠ 짧은 기간 동안에 목초로 하여금 지표면을 빨리 피복시킨다.

㉡ 토양수분이 적절할 때 유리한 방법, 기계 사용이 어려운 곳에서 실시

② 조파(줄뿌림, drilling)

㉠ 15~18㎜ 간격을 두고 줄로 파종하는 것

㉡ 토양이 건조할 때의 파종 방법, 종자와 비료를 절약할 수 있다.

③ 대상 조파(대상 줄뿌림)

㉠ 대상(띠 모양)으로 골을 파고 비료를 시용한 후 3~5㎝ 높이로 복토하고 그 위에 파종한다.

㉡ 복토와 진압으로 비료의 염해를 줄이고 생육 초기에 비료를 잘 이용할 수 있다.

2. 불경운 초지 조성

(1) 입지의 선정

① 이용 한계 : 젖소 22°, 한육우 31°, 산양 · 면양 45°(방목지로 30° 정도까지 이용 가능)

② 초지는 채초지로 이용할 경우 기계 작업이 가능한 15° 이하의 완만한 경사지를 선택

③ 방목지로 이용할 경우에는 25° 정도까지 이용 가능

④ 북향 또는 북서향이 토양 수분 증발량이 적어 목초 생산량이 많다.

▮ 불경운 초지 조성의 장점

- 경운 초지에 비하여 조성비용이 적게 든다.
- 땅 표면을 그대로 이용하므로 토양침식이 적다.
- 농업 기계를 사용할 수 없는 곳에서도 조성할 수 있다.
- 재해 뒤의 긴급복구 시 알맞다.

▮ 불경운 초지 조성의 단점

- 초지 조성 초기에 목초의 뿌리내림이 좋지 않다.
- 초지 조성 기간이 오래 걸린다.
- 초지의 수량 증가가 느리다.

(2) 장애물 제거

① 장애물인 돌, 바위, 관목, 교목을 제거한다.

② 잡관목 제거 시에는 발굽에 상처를 내지 않도록 지면과 수평이 되도록 자른다.

③ 비음림(그늘나무), 방풍림(바람막이 나무), 목책림, 사방림 등을 남겨둔다.

④ 다년생 야초와 관목이 많으면 제초제 살포 후 불 놓기를 하는 것이 가장 좋다.

(3) 석회 및 비료시용

① 우리나라 토양은 대부분 산성토양이므로 pH 5.5 이상으로 중화시켜 주어야 한다.

② 두과목초는 토양산도에 대한 반응이 민감하다.

③ 목초의 발아 및 정착과정에서 뿌리의 성장을 위해 인산을 충분히 시비하여야 한다.

④ 초지 ha당 인산 200~300kg, 질소와 칼륨 60~150kg, 석회 1,000~2,000kg 시비

▮ 초종 선택 시 고려할 점
- 기후 조건에 알맞을 것
- 토양 조건에 적합할 것
- 생산량이 많을 것
- 기호성이 우수할 것

(4) 초종의 선택과 섞어뿌리기 조합

① 혼파시 고려할 점

㉠ 혼파 종의 수 : 최소한 화본과 1종, 두과 1종 포함(4종 이내)

㉡ 성숙기 및 기호성이 비슷한 것끼리 혼파

㉢ 주초종(우점종) : 화본과 초종으로 다수성이어야 한다.

㉣ 부초종(종속종) : 단백질 함량이 높은 두과목초나 기호성이 좋은 초종

㉤ 혼파 조합 : 화본과와 두과의 비율은 6 : 4가 적당

▮ 우리나라 겉뿌림 산파 초지 조성 시 파종량 (kg/ha)
오처드그래스 15kg
톨페스큐 9kg
페레니얼라이그래스 6kg
켄터키블루그래스 3kg
화이트클로버 2kg

② 주초종

㉠ 주초종은 생산성과 적응성이 높은 오처드그래스이다.

㉡ 대관령 등의 고랭지에서는 추위에 강한 티머시가, 제주도의 방목지에서는 영속성과 기호성이 높은 페레니얼라이그래스가 주초종으로 이용된다.

③ 부초종

㉠ 주초종의 약점을 보완할 수 있는 환경 적응성이 높은 톨페스큐

㉡ 영양적 가치와 기호성이 높은 페레니얼라이그래스

㉢ 강방목과 제상에 강한 켄터키블루그래스

㉣ 단백질원인 두과목초로 화이트클로버

(5) 파종

① 우리나라에서의 목초 파종은 주로 가을에 하는 것이 일반적이다.

② 봄에 파종하면 잡초와의 경쟁이 심하여 정착률이 저하된다.

③ 가을의 파종적기는 늦여름(8월 중순~하순)~초가을(9월 상순~중순)이다.

④ 1일 평균 기온이 5℃가 되는 날부터 60~80일 전이다.

▮ 목초의 혼파 이유
- 화본과목초+두과목초 혼파 : 영양소의 균형
- 내서성, 내한성, 내병성, 내답압성이 다른 초종 : 생산성 향상
- 상번초+하번초 혼파 : 공간의 최대한 이용, 수량 증가와 초종간 경합 최소화
- 두과목초의 근류균 : 질소고정으로 무기질소의 시용량 감소

(6) 갈퀴질 및 진압

① 목초의 정착률 향상에 미치는 중요한 요인 중 하나가 수분이다.

② 갈퀴질을 통해 목초종자를 지면에 밀착시킨다.

③ 진압을 통해 토양 중의 수분이 종자에 공급되도록 해주면 정착률이 향상된다.

3. 초지의 이용

(1) 청예 이용

① 청예 이용의 장점

㉠ 방목에 비하여 ㏊당 30~50%의 가축을 더 많이 사육

㉡ 먼 거리나 분산되어 있는 초지의 이용에 적합

㉢ 가장 영양분 손실이 적고, 허실되는 양이 적어 사초를 절약

㉣ 저장급여에 비하여 시설(사일로 등)에 투자되는 비용 절감

㉤ 방목에서 생기는 제상(蹄傷, 발굽에 의한 피해)과 유린(蹂躪, 발로 문질러 버림)을 방지할 수 있다.

㉥ 사일리지나 건초 제조 시 발생하는 영양가의 손실을 방지한다.

② 청예 이용의 단점

㉠ 베고 나르는 데 필요한 기계장비 구입에 비용이 소요

㉡ 봄철에 방목보다 2주 정도 이용 지연

㉢ 연간 생산량이 불균형하여 조절 필요

㉣ 우리에서 사육되므로 분뇨 처리에 많은 노력이 필요

㉤ 고창증, 과식, 독초 급여, 기타 이물질 급여 가능성

초지 이용률
풋베기(100%) 〉 구획 방목(80%) 〉 윤환 방목(60%) 〉 고정 방목(40~50%)

③ 채초 이용 시 예취시기와 요령
  ㉠ 첫 번째 예취시기 : 화본과목초는 수잉기~출수기, 두과목초는 개화기 초기
  ㉡ 2번째 예취 시기는 풀의 키가 30~50㎝ 내외일 때부터 베어 먹이는 것이 좋다.
  ㉢ 상번초는 6㎝ 정도로 높게 베고, 하번초는 낮게 베는 것이 좋다.
  ㉣ 1일 급여량 : 생초로 체중의 12~15%, 건물로 2~2.5%

(2) 방목 이용

① 고정방목(연속방목 또는 계속방목)
  ㉠ 고정방목은 전 방목기간 동안 가축을 한 방목지에 넣어 기르는 방법
  ㉡ 생산성이 낮은 초지에서 조방적으로 방목하는 방법으로 초지 이용률이 떨어진다.

② 윤환방목
 몇 개의 작은 목구로 나누어 한 목구에 3~5일간씩 돌아가면서 방목시키는 방법

③ 구획방목(1일 방목, 대상방목)
  ㉠ 이동식 전기목책 등을 이용하여 1일 혹은 12시간 이내 채식되게 한다.
  ㉡ 목초의 손실을 막고 초지 이용률을 극대화하는 집약적인 이용방법

④ 방목 및 예취 겸용 이용방법
  ㉠ 봄철에는 전목구의 1/3을 방목으로 이용하고, 2/3는 예취하여 사일리지나 건초 제조
  ㉡ 여름철에는 2/3는 방목, 1/3은 예취 이용, 가을철에는 전 목구를 방목하는 방식

⑤ 계목(매어기르기)
 농가에서 행하는 방법으로 8m의 고삐에 30㎝ 높이의 고정 말뚝에 매어 채식시킨다.

4. 방목 관리

(1) 방목 준비

① 방목 전 전염병이나 기생충 등 감염을 막기 위한 예방접종 실시

② 초지에 갑자기 방목하면 설사가 오므로 가까운 초지에 몇 시간씩 방목하여 점차 방목시간을 늘려준다.

(2) 방목 시작 시기

① ha당 생초수량이 3톤이 되는 시기부터 방목을 시작한다.

② 봄철에 초지의 왕성한 생육을 억제시킬 수 있고 초지의 이용률을 높일 수 있다.

③ 혼파초지는 주초종의 초장을 기준으로 하여 20~25㎝때가 적당하다.

(3) 방목 간격

봄철 18~25일, 여름철 35일, 가을철 30~40일 정도 휴목

(4) 방목 두수의 결정

① 방목 두수는 목초 생산량과 채식율 그리고 초지 이용률 등을 고려하여 결정

② 목초 생산량은 봄철 50%, 여름철 30%, 가을철 20% 정도이다.

③ 채식율은 평균 12~17%, 초지 이용률은 약 60% 정도로 계산하여 방목두수를 결정

$$\text{방목 가축 마릿수} = \frac{\text{목초 생산량(㎏)} \times \text{초지 면적(ha)} \times \text{채식 이용률(\%)}}{\text{하루 1마리의 목초 채식량(㎏)} \times \text{방목일수(일)}}$$

(5) 목구 나누기

① 목구의 수, 모양, 크기 등은 땅의 모양과 초지이용의 집약도에 따라 결정

② 경사가 심한 초지는 등고선 방향으로 목구를 나누는 것이 바람직하다.

③ 목구 수를 많게 하고 목구의 넓이를 좁게 하여 가축이 머무는 시간을 짧게 한다.

④ 보통 1ha당 6~15개의 목구로 나눈다.

$$목구\ 수 = \frac{방목\ 간격}{1회\ 방목일} + 1 \qquad 목구\ 넓이 = \frac{초지\ 넓이}{목구\ 수}$$

(6) 방목지 시비

① 방목지는 연간 6~8회 이용되어 방목가축으로부터 분뇨가 환원된다.

② 시비량은 ha당 질소 200㎏, 인산 200㎏, 칼륨 200㎏을 시용한다.

(7) 방목 초지의 관리와 최종 방목

① 우분처리 및 청소 베기

㉠ 1일 8시간, 연간 150일 방목할 때 방목가축 1두의 초지 면적은 약 0.3a가 된다.

㉡ 방목 후 5~10일이 지났을 때 우분을 헤쳐주고 청소 베기를 해야 한다.

㉢ 청소 베기는 봄 첫 방목과 마지막 방목 후에는 반드시 실시한다.

② 마지막 방목시기

㉠ 목초가 월동에 필요한 양분축적 기간은 40일 정도이다.

㉡ 1일 평균 기온이 5℃ 이하로 내려가기 40일 전에 실시한다.

㉢ 중부지방에서는 10월 하순경, 목초의 초장은 10~12㎝가 되어야 한다.

(8) 하고기의 초지 관리

① 목초 하고현상의 원인

㉠ 북방형 목초의 생육적온은 15~21℃이다.

㉡ 여름철 25℃ 이상의 고온과 가뭄, 병충해가 발생하면 생육이 부진해지고 말라 죽는다.

② 여름철 목초 관리

㉠ 목초를 너무 낮게 베거나 강방목은 직사광선이 땅 표면에 직접 투과되어 땅의 온도를 높여주고 수분증발을 촉진시켜 목초의 하고현상이 심하게 나타난다.

㉡ 여름철 고온기에는 목초의 예취높이를 9~19㎝ 정도로 높게 유지해 준다.

㉢ 장마철에 무성한 잎이 땅에 처지면 햇빛을 받지 못하고 통풍이 안되어 뿌리가 썩는다.

③ 고온 건조기의 시비 요령

㉠ 고온 건조기에는 하고현상으로 뿌리가 비료를 흡수하는 힘이 떨어진다.

㉡ 질소비료를 많이 주면 오히려 생리상 장해를 가져온다.

03 사료작물의 재배

1. 사료작물의 뜻과 종류

(1) 사료작물의 뜻

① 사료작물은 가축에게 이용할 목적으로 재배하는 청예작물(풋베기 작물)이다.

② 예취나 사일리지용으로 잎, 줄기, 종실을 함께 이용할 목적으로 재배하는 작물이다.

(2) 사료작물의 종류

① 고온에 강하고 단위면적당 생산량이 많은 옥수수, 수단그래스를 주로 재배

② 월년생 작물로 추위에 강한 호밀, 보리, 유채 등을 재배

③ 우리나라에서는 사일리지 제조 작부체계로서 옥수수+호밀 재배가 가장 많다.

④ 남부지방에서는 답리작으로 청보리, 귀리, 이탈리안라이그래스를 재배한다.

2. 사료작물의 종류

(1) 옥수수(corn, maize)

① 남아메리카 안데스 산맥이 원산지, 1년생 화본과 C_4 작물이다.

② 단위면적당 TDN이 가장 높은 작물이다.

③ 파종량 : 인력파종 시 20~30kg/ha, 기계파종 시 30~40kg/ha

④ 1대잡종의 품종을 120일~130일 정도 재배한다.

⑤ 1일 평균 기온이 10℃때 파종하여 8월 중하순에 수확한다.

⑥ 황숙기에 수확하여 사일리지용으로 이용한다.

(2) 수수(sorghum)

① 원산지는 아프리카, 고량(高粱)이라고 하는 1년생 화본과작물이다.

② 파종 시기 : 평균기온 13~15℃ 이상, 옥수수보다 2~3주일 늦게 파종

③ 파종량 : 줄뿌림은 이랑 너비 50㎝에 30~40kg/ha, 산파는 50~60 kg/ha

④ 파종방법 : 생초나 건초로 이용 시 산파, 담근먹이 시 조파

⑤ 청예 및 건초 이용 시 1차 예취적기는 출수기 전후, 그 후는 120~150㎝ 예취

⑥ 담근먹이로 이용할 때에는 유숙기~호숙기 때 수확

⑦ 수수가 어릴 때 방목시키면 청산중독 위험, 60㎝ 이상일 때 방목

(3) 수단그래스(sudangrass)

① 원산지 : 아프리카의 수단 지방, 1년생 화본과 C_4 작물이다.

② 7~8월에 개화하며 줄기와 잎은 '수수'와 비슷하나 약간 작다.

③ 수량이 많고 재생력이 강하여 연간 3~4회 수확 가능하다.

④ 어린 작물은 청산이 들어 있으므로 60~100㎝ 이상 시 이용한다.

(4) 호밀(rye)

① 호맥(胡麥), 흑맥(黑麥)이라고 하며 월년생 식용 및 사료작물이다.

② 유럽 남부와 아시아 서남부가 원산지이다.

③ 내한성이 강하고 토양적응성이 크다. 초장은 1.5~2.0㎝

④ 파종기 9~10월, 파종량 130~180kg, 청예용 · 사일리지용으로 이용

⑤ 벼 수확 후 일찍 파종, 원줄기의 잎 수가 4~6매에 월동하는 것이 좋다.

(5) 이탈리안라이그래스(Italian ryegrass)

① 원산지는 지중해 연안, 다발형 상번초 60~100㎝

② 습지에 잘 견디나 추위에 약함, -5℃ 이하로 내려가지 않은 남부 지역 재배

③ 벼 수확 10~15일 전인 9월 중 · 하순경 입모중(立毛中) 파종

④ 답리작 파종량은 40~50kg/ha

⑤ 이듬해 4월 중순경부터 20~30일 간격으로 벼 이앙 전까지 2~3회 예취 가능

(6) 귀리(연맥, oats)

① 1년생 또는 월년생 작물로 유럽 및 서아시아가 원산지이다.

② 맥류 중 내한성이 가장 약하여 남부지방과 제주도에서 많이 재배

③ 봄(3월 중순)과 가을(8월 하순) 짧은 기간 풋베기용으로 이용

④ 청예용 줄뿌림 ha당 120~150㎏, 흩어뿌림 150~200㎏

⑤ 가을 재배 : 청예, 방목으로 이용 가능, 봄 재배 : 5월 하순~6월 중순 예취

(7) 유채(평지, rape)

① 원산지는 스칸디나비아반도에서부터 시베리아 및 코카서스지방으로 추정

② 십자화과 유료작물로 평지, 채종(菜種) · 운대(蕓薹) · 호채(湖菜)라고 한다.

③ 1~2년생의 풋베기 작물, 키 80~140㎝, 줄기의 표면이 매끄럽다.

④ 춘파 : 3월 상순~하순, 추파 : 옥수수 수확 후~8월 중하순

⑤ 파종량 : 봄 재배 시 조파 ha당 15㎏, 가을 재배 ha당 20~30㎏

(8) 보리(大麥, barley)

① 원산지 : 껍질보리의 야생종은 터키, 이란, 중동, 쌀보리는 인도 북부, 네팔, 중국 남부지역

② 월년생 초본으로서 가장 오래된 작물 중의 하나로 BC 7,000년 전에 재배

③ 이삭의 형태에 따라 6조종(여섯줄보리)과 2조종(두줄보리)으로 크게 나눈다.

④ 보리가 생육하는 온도는 최저 3~4.5℃, 최적 20℃, 최고 28~30℃이다.

⑤ 파종은 중부지방의 경우 10월 상순, 남부지방은 10월 하순경이다.

⑥ 이용 : 청초 이용(출수기), 저수분 사일리지(호숙기~황숙기)로 TMR 사료 제조

(9) 트리티케일(triticale, triticum × secale)

① 밀과 호밀의 종간 교잡종으로 라이밀이라고도 한다.

② 월년생 초본으로 종자로 번식하며 5월에 개화한다.

③ 도복과 병충해에 강하고 수량이 많아 청예, 건초, 사일리지용으로 이용된다.

3. 사료작물의 작부체계

(1) 작부체계의 개념

① 협의 : 어떤 작물을 어떤 시기에 어떻게 재배하고 수확할 것이냐의 순서

② 광의 : 토지, 기계, 시설, 자본을 이용하여 생산성을 높이는 기술
작부순서+작부양식을 포함한 총체적인 재배 체계

(2) 작부체계 설계 시 고려사항

지력 유지, 수량, 품질, 수익성

(3) 작부체계의 종류

① 연작(이어짓기) : 같은 작물을 동일 경작지에 반복하여 재배

② 윤작(돌려짓기) : 동일 경작지에 작목을 바꿔가며 재배(휴한 포함)

③ 간작(사이짓기)과 혼작(섞어짓기)

(4) 지역별 조사료 생산체계

① 중북부지방(강원도, 충청남북도, 경상북도 일부 지방)

㉠ 사일리지용 : 옥수수+호밀

㉡ 청예용 : 수수류 호밀

〈표 7-2〉 중북부지방 다수확 작부체계(축기연)

<table>
<tr><th rowspan="2">월별
형태</th><th rowspan="2">1</th><th rowspan="2">2</th><th rowspan="2">3</th><th rowspan="2">4</th><th rowspan="2">5</th><th rowspan="2">6</th><th rowspan="2">7</th><th rowspan="2">8</th><th rowspan="2">9</th><th rowspan="2">10</th><th rowspan="2">11</th><th rowspan="2">12</th><th colspan="2">연간수량(Ton/㏊)</th></tr>
<tr><th>생초</th><th>풍건물</th></tr>
<tr><td rowspan="2">제1형</td><td colspan="4">호밀</td><td colspan="4">옥수수</td><td></td><td colspan="3">호밀</td><td>102.2</td><td>22.9</td></tr>
<tr><td colspan="4">호밀</td><td colspan="5">수수류</td><td colspan="3">호밀</td><td>104.2</td><td>24.2</td></tr>
<tr><td rowspan="2">제2형</td><td colspan="4">호밀</td><td colspan="4">옥수수</td><td colspan="2">귀리</td><td colspan="2">호밀</td><td>120.5</td><td>21.6</td></tr>
<tr><td colspan="4">호밀</td><td colspan="4">옥수수</td><td colspan="3">월동 전 이용</td><td>호밀</td><td>115.0</td><td>23.4</td></tr>
<tr><td>제3형</td><td colspan="4">호밀</td><td colspan="4">옥수수</td><td colspan="4">유채</td><td>130.4</td><td>24.5</td></tr>
</table>

② 남부지방(광주, 부산 일부 지역)

㉠ 사일리지용 : 이탈리안라이그래스+옥수수 조합

㉡ 청예용 : 이탈리안라이그래스+수단그래스 조합

〈표 7-3〉 남부지방 다수확 작부체계(축기연)

형태 \ 월별	1	2	3	4	5	6	7	8	9	10	11	12	연간수량(Ton/㏊) 생초	연간수량(Ton/㏊) 풍건물
제1형	이탈리안 라이그래스					옥수수			월동 전 이용		이탈리안 라이그래스		136.3	35.8
제1형	이탈리안 라이그래스					수수					이탈리안 라이그래스		224.8	57.5
제2형	이탈리안 라이그래스					옥수수			귀리		이탈리안 라이그래스		175.4	44.5
제2형	호밀					옥수수			유채			호밀	181.5	39.7
제3형	이탈리안 라이그래스					옥수수			유채				197.4	40.1

③ 답리작 재배

㉠ 고려해야 할 사항 : 조사료 생산, 지력유지 및 증진, 미곡증산

㉡ 작부양식 : 벼+호밀, 벼+이탈리안라이그래스

〈표 7-4〉 답리작 사료작물 작부체계의 대표적 유형

월별	1월	2월	3월	4월	5월	6월	7월	8월	9월	10월	11월	12월
작물	맥류 또는 이탈리안라이그래스				벼					맥류 또는 이탈리안라이그래스		

04 건초의 제조와 이용

1. 건초의 이해

(1) 건초의 정의

① 생초를 수분 15% 이하로 건조시킨 제품

② 가축에 만복감을 주고 유지사료로 이용한다.

③ 겨울철 사료로 이용하고 설사 가축의 치료에도 이용된다.

(2) 건초의 장단점

① 여름철 연변이나 설사, 고창증을 방지한다.

② 수분함량이 적어 운반과 취급이 용이하다.

③ 태양건조 시 비타민 D의 함량이 높아진다.

④ 특수한 기계나 시설 없이 간편하게 만들 수 있다.

⑤ 장기건조 또는 강우 시 품질저하가 일어난다.

⑥ 부피가 커서 저장 공간을 많이 차지한다.

⑦ 화재의 위험이 있다.

(3) 건초의 종류

① 재료에 의한 구분 : 야건초, 목건초(오처드 건초, 티머시 건초)

② 제조법에 의한 구분 : 자연건초, 인공건초, 갈색건초

③ 형태에 의한 구분 : 전장, 절단, 포장

(4) 건초 재료

① 건초에 적당한 재료 : 화본과 두과의 야생초, 목초

② 부적당한 재료 : 옥수수, 호밀, 수수 등

2. 건초의 제조

(1) 예취시기

① 시기적으로 1번초 예취시기인 5월 말~6월 초

② 일반적으로 화본과는 출수기, 두과목초는 개화 초기

③ 아침 이슬이 마른 후 벤다.

〈표 7-5〉 건초제조용 예취 적기

목초의 종류	베기에 알맞은 시기
레드클로버	개화 초기(꽃이 1/4~1/2 필 때)
라디노클로버	개화 초기(꽃이 한창 필 때)
알팔파	1차 : 개화 초기(1/10~1/4의 꽃이 필 때) 2차 : 서리 내리기 40~60일 전
화본과 목초류	수잉기~출수기
화본과 · 두과목초	두과목초가 베는 시기에 도달했을 때 기준

(2) 건조하기

① 자연건조법(천일건조, 양건법)

㉠ 목초를 땅 위에 얇게 펴서 1일 2~3회씩 뒤집어주며 3~4일간 말리는 방법

㉡ 비나 이슬을 맞지 않도록 저녁에는 모아 놓고 비닐로 덮는다.

㉢ 고구마 덩굴, 콩과목초 등을 말릴 때는 삼각가에 널어서 말린다.

② 발효건조법(갈색건초, 발열건초, 녹색 발효건초)

㉠ 예취 후 1~2일 말려서 수분이 50%가 되면 3~5m 높이의 원뿔형으로 쌓는다.

㉡ 비닐을 덮어 2~3일간 두었다가 내부 온도가 70℃ 정도 되었을 때 널어 말린다.

㉢ 비가 자주 오는 지방이나 계절에 이용할 수 있는 방법이다.

③ 상온송풍건조법(풍력건조법)

㉠ 예취 후 1~2일 포장에서 말려서 수분이 40~50% 정도 되도록 한다.

㉡ 상온 송풍장치가 된 창고로 운반하고 쌓아 송풍하여 건조하는 방법이다.

④ 화력건조법(인공건조법)

㉠ 화력건조는 공기를 가열하는 방법에 따라 직접가열식, 간접가열식 등이 있다.

㉡ 화력건조기의 온도는 40~70℃가 보통이나 그 이상에서도 실시한다.

(3) 포장 및 저장

① 해가 진 후에 건초를 거두어들이면 잎이 부스러지거나 탈락이 적다.

② 창고나 외양간 시렁 위에 저장하고, 밖에 저장할 경우 비닐 등으로 덮는다.

③ 헤이 베일러(hay baler)로 눌러 부피를 줄여 저장하는 것이 안전하다.

④ 비닐 포장기를 이용하면 더욱 편리하다.

▮ 건초 조제 중 손실 (Watson)
호흡 : 6.5%
기계 : 15.5%(조제 중 손실)
저장 : 5%
용출 : 6%
급여 : 3%

3. 건초의 평가와 급여

(1) 건초의 평가

① 영양가 평가 : 수분, 조단백질, 섬유질, 가소화영양소총량(TDN), ADF, NDF

② 건초의 외관 품질평가
㉠ 녹색도 : 연록 또는 자연 녹색
㉡ 잎의 비율 : 많을수록 좋다.
㉢ 냄새 : 상큼한 풀 냄새
㉣ 곰팡이 발생이 없을 것
㉤ 수분 함량 : 15% 이하
㉥ 순도 : 식생비율, 잡초혼입도

(2) 건초의 급여

① 연간 급여 가능하며, 방목 및 청예 급여 시 설사 방지제로 급여

② 육성기 소화기 발달 촉진, 체중의 2% 정도 급여

〈표 7-6〉 가축별 1일 1두 건초 급여량

가축의 종류	급여량(㎏)	가축의 종류	급여량(㎏)
젖소	4~6	번식 중인 젖소	7~11
육성 중인 육우	5~7	면양	1.5~2

4. 건초의 제품

(1) 건초 분말

① 알팔파, 라디노클로버 등을 분쇄하여 이용

② 알팔파 밀, 리프밀, 알팔파 스템밀 등

③ 배합사료에 3~5% 섞거나 펠릿으로 가공

(2) 건초 펠릿

① 건초를 분쇄하여 펠릿 성형기에 넣어 가압 성형한 것

② 저장면적을 적게 차지. 취급 간편, 섭취량 · 증체량 증가

(3) 건초 웨이퍼(wafer)

분말 건초를 피스톤에 성형한 것

(4) 건초 큐브(cube)

① 목초를 각형으로 성형

② 양분의 손실이 적고 용적이 적어 이동 편리

③ 펠릿에 비해 섭취량이 증가한다.

05 사일리지의 제조와 이용

1. 사일리지의 이해

(1) 사일리지의 정의

① 목초나 사료작물을 사일로에 넣고 유산 발효시킨 다즙사료이다.

② 엔실리지(ensilage), 사일로 피드(silo feed), 매초라고 불리기도 한다.

③ 저수분 사일리지는 1~2일간 포장에서 말려 수분이 50% 내외이다.

(2) 사일리지의 장점

① 비용이 저렴한 양질의 사초급여 방법이다.

② 건초에 비해 제조 시 일기에 영향을 적게 받음

③ 건초에 비해 양분손실이 적다(양분 손실율 20% 이내).

④ 기호성 양호, 이용성 향상, 산유량 증가

⑤ 건초에 비해 작은 면적의 저장장소 소요

⑥ 발효로 잡초종자가 죽고 화재 위험성이 없다.

⑦ 기계화 작업으로 인력 소모가 적다.

(3) 사일리지의 단점

① 사일로 시설과 기계 구입비 등 많은 자본 소요

② 일시에 많은 노력 투여

③ 건초에 비해 비타민 D 함량이 적고, 송아지 설사 유발

2. 사일리지의 발효과정

(1) 제 1단계(호흡작용, 충전 직후~3일)

① 재료의 호흡과 호기성 세균의 활동으로 물, 탄산가스 및 열이 발생한다.

② 이 기간이 길면 에너지의 손실이 크므로 답압과 밀봉에 의한 공기배제가 핵심

(2) 제 2단계(초산발효, 4~10일)

① 호기성 세균으로 초산을 생성하여 pH 6~5가 된다.

② 산소가 1% 정도 되면 혐기적 발효가 시작된다.

(3) 제 3단계(유산발효, 14~25일)

① 재료 충전 후 15~20일째, 사일로 내 혐기적 상태, 유산균의 발효가 시작된다.

② 유산균의 종류와 총수가 매우 중요

(4) 제 4단계(발효 안정기, 충전 후 30일)

① 유산 1.0~1.5%, pH 4.2 : 사일리지 안정상태, 호기성 세균 활동 정지

② 산도저하가 충분히 달성되지 않을 때 낙산발효로 부패

3. 사일로의 종류

(1) 원통 사일로(탑형 사일로, tower silo)

① 건축 공간이 적게 들며 노출되는 표면적이 적다.

② 즙액 손실이 크고 충전과 급여 등 이용에 불편하다.

(2) 트렌치 사일로(trench silo)

① 도랑형 수평 사일로, 설치면적을 적게 차지한다.

② 충전, 답압, 밀봉이 가장 쉽고 잘 된다. 공기 노출면적이 적고 답압이 잘 된다.

③ 건축비 과다 소요. 표면 배출장치 필요

(3) 벙커 사일로(bunker silo)

① 지상에 양벽을 콘크리트로 구축한 트렌치형 사일로

② 건축이 용이하고 답압이 편리하나 산패 위험성이 있음

(4) 퇴적 사일로(stack silo)

① 바닥에 비닐을 깔고 퇴적하는 사일로로 비용이 저렴하다.

② 표면적이 넓어 저장 중 건물 손실률이 30~35%에 이를 수 있다.

(5) 기밀 사일로(harvestor)

① 시상형 원통사일로, 강판 · FRP를 재료로 만든 진공 사일로

② 기능이 가장 우수하고 저수분 사일리지 적합

③ 계속해서 위로는 재료를 충전하고 아래로는 꺼내 먹일 수 있다.

(6) 곤포 랩핑 사일로(bale wrapping silo)

총체보리, 호밀 등 수분 함량을 40~65%로 건조하여 곤포한 사일로

(7) 비닐백 사일로(silo bags)

가변적인 사일리지 저장 체계, 생산된 양만큼 비닐백을 구입하여 이용

4. 사일리지의 조제

(1) 사일리지 재료의 수확 적기

〈표 7-7〉 재료에 따른 예취 적기

종류	적기
옥수수	● 황숙기, 수염이 나온 후 50~55일(출수 후 35~45일[37일]) ● 낟알에 흑색층(black layer)이 형성되는 시기 ● 낟알의 유선(milk line) 1/3~2/3 시기 ● 수분함량 65~70%(건물률 25~35%)
수수류	개화기~호숙기
호밀, 귀리	유숙기~호숙기
화본과 목초	출수기~개화 초기
두과 목초	개화 초기~1/2 개화 시

(2) 재료의 절단

① 재료 절단 후 공기를 완전히 제거하여 혐기 상태로 만드는 것이 중요하다.

② 옥수수 1~2㎝, 혼파목초 2~4㎝ 정도로 절단

③ 수확시기가 늦었을 경우에는 다소 짧게 한다.

▮ 수분 측정 방법

▮ 재료의 수분 조절

– 수분이 너무 많을 때 : 적당히 말리거나 볏짚이나 건초, 밀기울, 보릿겨를 섞는다.

– 수분이 너무 적을 때 : 물 또는 소금을 뿌린다.

① 사일리지 재료를 손으로 한 움큼 집어 20~30초간 꽉 쥐어 본다.

② 손가락 사이로 물이 흐르거나 뭉쳐 있으면 수분 함량이 70% 이상이다.

③ 적당한 수분 함량은 물기가 흐르지 않고 폈을 때 서서히 흐트러지는 상태이다.

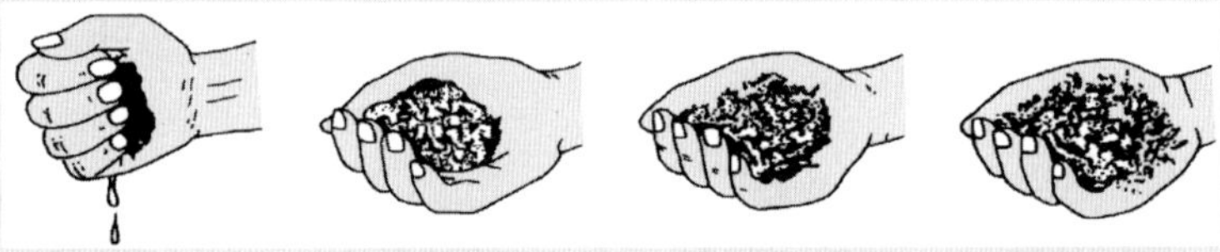

수분 85% 수분 70~80% 수분 65~70% 수분 65% 이하

(3) 충전

① 사일로를 깨끗이 청소한 후 비닐을 두른다.

② 충전을 빨리 하여 외부의 공기접촉을 막고, 트랙터나 굴삭기 등을 이용해 진압한다.

③ 벽 쪽은 진압을 더욱 강하게 한 후, 비닐로 덮고 가압한다.

(4) 진압(누름)

① 진압 후에는 비닐과 보온덮개로 공기가 들어가지 않도록 한다.

② 1㎡당 150~300㎏으로 헌타이어, 흙 또는 시멘트 블록 등으로 가압한다.

3. 평가 및 급여

(1) 외관 평가(감각에 의한 방법)

① 색깔 : 녹황색~담황색(불량 : 갈색 또는 암갈색, 곰팡이)

② 냄새 : 새콤한 과일 향(불량 : 담배 냄새, 퇴비 냄새, 썩은 냄새)

③ 맛 : 약간 신맛이 있는 것(불량 : 암모니아 맛)

④ 촉감 : 촉촉한 느낌, 까슬까슬한 것(불량 : 미끈, 끈적끈적, 뽀송뽀송한 것)

⑤ 기호성 : 가축이 즐겨 먹는 것이 좋다.

(3) 사일리지의 급여

① 조제 후 30~40일 경과 후 급여 가능하다

② 가축에 대한 급여량은 점차적으로 늘린다.

③ 썩은 것과 언 것은 먹이지 않는다.

④ 한 번 파내는 깊이는 10~15㎝ 이상이 적당하다.

▮ 사일리지 손실률
16~20%(포장 손실, 발효 중 손실, 삼출액 손실, 산화 손실)
– 일반적으로 옥수수 사일리지 1㎥당 무게 : 650㎏

기출문제

01 사료작물의 형태에 의한 분류 중 바르지 못한 것은?

㉮ 두과 – 티머시, 톨페스큐, 레드톱
㉯ 화본과 – 옥수수, 수단그래스, 오처드그래스
㉰ 십자화과 – 유채, 무, 배추, 갓, 순무
㉱ 국화과 – 해바라기, 돼지감자

■ 두과에는 클로버류, 콩류, 알팔파류, 자운영 등이 있다.

정답 ㉮

02 사료작물의 이용형태에 따른 분류 중 방목용으로 알맞은 것은?

㉮ 수단그래스, 수단그래스×수수 교잡종
㉯ 오처드그래스, 켄터키블루그래스
㉰ 오처드그래스, 티머시, 알팔파
㉱ 옥수수, 귀리, 호밀 등

■ ㉮ 청예용 ㉰ 건초용 ㉱ 사일리지용

정답 ㉯

03 다음 중 난지형(남방형) 목초의 특성에 대한 설명 중 바르지 못한 것은?

㉮ 생육적온이 30~35℃의 열대, 아열대 작물이다.
㉯ C_4 식물로 여름철에 높은 광합성을 발휘한다.
㉰ 더운 지방에서는 계속 재배할 수 있다.
㉱ 종류는 톨페스큐, 오처드그래스, 티머시가 있다.

■ 난지형(남방형) 사료작물은 옥수수, 수수, 수수×수단그래스 교잡종, 칡, 레스페데자, 대두, 완두, 잠두, 버뮤다그래스, 달리스그래스, 수단그래스 등이다.

정답 ㉱

04 두과작물의 줄기가 포복형인 사료작물은?

㉮ 화이트클로버
㉯ 알팔파
㉰ 완두
㉱ 레드클로버

■ 줄기는 포복형(화이트클로버), 직립형(레드클로버), 덩굴형(완두, 잠두)이 있다.

정답 ㉮

정답 및 해설

05 다음 목초 중 뿌리가 가장 깊게 뻗는 초종은?

㉮ 티머시
㉯ 오처드그래스
㉰ 알팔파
㉱ 라디노클로버

■ 알팔파는 다년생, 직근, 목초의 여왕(고 수량), 수확 후 재생이 빠르다.

정답 ㉰

06 과수원풀, 닭발 풀과 같은 별칭을 가지고 있으며 북방형의 다년생, 상번초, 내한성, 내서성이 강한 목초는?

㉮ 오처드그래스
㉯ 톨페스큐
㉰ 이탈리안라이그래스
㉱ 티머시

■ 오처드그래스
– 과수원풀, 오리새, 닭발 풀
– 원산지 : 유럽서부 및 중앙아시아
– 성상 : 북방형의 다년생, 상번초, 내한성, 내서성이 강하다.

정답 ㉮

07 다발형 상번초의 화본과목초로 추운지방에서는 1년생 또는 월년생으로 우리나라 남부 지방에서 재배되는 목초는?

㉮ 페레니얼라이그래스
㉯ 리드카나리그래스
㉰ 톨페스큐
㉱ 이탈리안라이그래스

■ 이탈리안라이그래스는 초기 생육 왕성, 초봄 일찍부터 이용 가능, 청예, 방목, 사일리지용

정답 ㉱

08 추위에 강하고 서늘한 기후에 적합하여 우리나라 대관령에서 재배하는 화본과목초는?

㉮ 켄터키블루그래스
㉯ 티머시
㉰ 레드톱
㉱ 오처드그래스

■ 티머시는 서늘한 기후를 좋아하는 대표적인 건초용, 방목용 작물이다.

정답 ㉯

09 다음 중 하번초 목초로 짝지어진 것은?

A. 켄터키블루그래스　B. 티머시　C. 화이트클로버
D. 레드클로버　E. 오처드그래스

㉮ C, D, E
㉯ A, C, E
㉰ A, C
㉱ A, C, D

■ 하번초는 키가 작고 잎이 줄기 밑에 많은 목초로 켄터키블루그래스, 화이트클로버 등이 있다.

정답 ㉰

10 목초의 이용형태에 따른 분류인 것은?

㉮ 청예용
㉯ 1년생(한해살이)
㉰ 방석형
㉱ 화본과목초

■ 목초는 이용형태에 따라 청예용(채초용), 방목용, 건초용, 사일리지용 등으로 구분한다.

정답 ㉮

11 대상방목이라고도 하며 목구를 전기목책 등으로 작게 나누어 초지를 집약적으로 이용하는 것은?

㉮ 고정방목
㉯ 윤환 방목
㉰ 대상방목
㉱ 계목

■ 대상방목 : 1일 방목, 구획방목

정답 ㉰

12 다음 중 파종상의 조건으로 알맞은 것은?

㉮ 겉흙과 속흙에 물기가 충분히 있어야 한다.
㉯ 매우 고운 가루 흙이 좋다.
㉰ 씨앗이 자리를 잡는 바로 밑의 흙은 부드러워야 한다.
㉱ 위층과 아래층의 흙은 수분과 양분의 이동이 있어서는 안 된다.

■ 파종상의 조건
- 상하층 토양의 수분함량이 적당해야 한다.
- 선점 식생과 잡초가 없어야 한다.
- 너무 고운 토양 입자가 아니어야 한다.
- 파종상이 평탄해야 한다.

정답 ㉮

정답 및 해설

13 단위면적당 생산성이 높고 사초의 품질도 우수하여 "목초의 여왕"이라고 불리며 붕소와 근류균 접종이 꼭 필요한 두과목초는?

㉮ 알팔파(alfalfa)
㉯ 레드클로버(red clover)
㉰ 화이트클로버(white clover)
㉱ 벌노랑이(birdsfoot trefoil)

■ 알팔파는 다년생, 상번초, 직근이며 수확 후 재생이 빠르고 연간 3회 예취 가능하다.

정답 ㉮

14 이탈리안라이그래스와 페레니얼라이그래스는 모양이 비슷하다. 두 목초에 대한 설명으로 바르지 못한 것은?

㉮ 이탈리안라이그래스는 1년생 또는 월년생이다.
㉯ 이탈리안라이그래스 줄기 기부의 색은 황록색이다.
㉰ 페레니얼라이그래스의 초장이 더 작다.
㉱ 페레니얼라이그래스의 이삭에는 까끄라기가 있다.

■ 페레니얼라이그래스의 이삭에는 까끄러기가 없고, 줄기 기부색은 붉은 색이며, 이탈리안라이그래스보다 작다.

정답 ㉱

15 지하경(땅속줄기)을 가지고 있어 땅속을 수평으로 기는 줄기를 가진 다년생 하번초 화본과목초는?

㉮ 이탈리안라이그래스
㉯ 톨페스큐
㉰ 레드톱
㉱ 켄터키블루그래스

■ 땅속줄기 목초는 켄터키블루그래스, 리드카나리그래스, 브롬그래스 등이 있다.

정답 ㉱

16 건초 제조법 중 목초를 땅 위에 얇게 펴서 1일 2~3회씩 뒤집어 주며 3~4일간 말리는 방법은?

㉮ 인공건조법이라고도 한다.
㉯ 송풍기에 의하여 바람으로 말리는 방법이다.
㉰ 화력건조법 등이 있다.
㉱ 천일건조법이라고도 한다.

■ ㉮㉯㉰는 인공 건조법이다. 포장건조법은 목초지에서 직접 널어 말리는 자연건조법이다.

정답 ㉱

정답 및 해설

17 목초는 이용하는 방법에 따라 목초가 함유한 영양분의 이용률이 다른데 다음 중 목초 이용율이 가장 높은 급여 형태는?

㉮ 생초
㉯ 건초
㉰ 엔실리지
㉱ 헤일리지

■ ㉯㉰㉱ 방법은 가공 과정에서 영양분 손실이 발생한다.

정답 ㉮

18 건초를 만들 때 빨리 말려야 되는 주된 이유는?

㉮ 영양소 손실이 적어진다.
㉯ 시간이 절략된다.
㉰ 노동력이 절약된다.
㉱ 생산비가 적게 든다.

■ 이슬, 비를 맞게 되면 영양 손실이 크다.

정답 ㉮

19 단백질 함량은 조금 낮지만 섬유소 함량이 높고, 단위면적당 건물생산량이 높은 사료작물은?

㉮ 화본과 사료작물
㉯ 두과 사료작물
㉰ 국화과 사료작물
㉱ 십자화과 사료작물

■ 화본과 사료작물에는 오처드그래스, 티머시, 톨페스큐, 리드카나리그래스, 퍼레니얼라이그래스,켄터키블루그래스 등이 있다.

정답 ㉮

20 혼파초지의 방목 이용에 알맞는 목초의 초장은?

㉮ 5 ~ 10 ㎝
㉯ 20 ~ 25 ㎝
㉰ 30 ~ 50 ㎝
㉱ 55 ~ 65 ㎝

■ 첫 방목시기는 초장이 20~25㎝일 때, 보통 15㎝일 때 시작한다.

정답 ㉯

정답 및 해설

21 건초에 대한 설명으로 알맞은 것은?

㉮ 건초는 미생물의 작용에 의해 만들어진다.
㉯ 수분함량이 15% 이하가 되도록 말린 조사료다.
㉰ 부피가 적어 운반과 저장이 편리하다.
㉱ 기호성이 우수한 다즙질 사료이다.

■ 건초는 가축에 만복감을 주고 유지사료로 이용한다. 겨울철 사료로 이용하고 설사 가축의 치료에도 이용된다.

정답 ㉯

22 초지 조성 시 토양개량제로 석회를 살포하는 주 목적은?

㉮ 토양산도 교정
㉯ 유기물 보충
㉰ 인산질 보충
㉱ 토양 수분 유지

■ 석회는 산성토양을 중화하는 목적으로 사용한다.

정답 ㉮

23 여름철 하고현상에 대한 대책 중 틀린 것은?

㉮ 10㎝ 이상 높게 베어 지온 상승을 억제시킨다.
㉯ 하고기가 되기 전 채초나 방목을 끝낸다.
㉰ 고온기에는 질소 비료의 사용을 증가시킨다.
㉱ 방목을 억제시키고 건초나 엔실리지를 급여한다.

■ 하고현상은 25℃ 이상의 고온과 건조, 장마철의 다습으로 병해 발생, 잡초의 번성이 원인이다. 여름철에는 낮춰 베기, 과방목, 질소비료 시용을 삼간다.

정답 ㉰

24 다음 목초 중 북방형 목초가 아닌 것은?

㉮ 오처드그래스
㉯ 수단그래스
㉰ 티머시
㉱ 켄터키블루그래스

■ 남방형 목초
버뮤다그래스, 달리스그래스, 바히아그래스, 수단그래스, 존슨그래스 등

정답 ㉯

정답 및 해설

25 넓은 방목지에 가장 적당한 파종방법은?

㉮ 흩어뿌림(산파)
㉯ 줄뿌림(조파)
㉰ 점뿌림(점파)
㉱ 무더기뿌림

■ 산파는 기계의 사용이 어려운 곳에서 실시한다.

정답 ㉮

26 북방형 목초는 일평균 기온이 몇 ℃ 이상일 때 하고현상이 나타나는가?

㉮ 5℃
㉯ 10℃
㉰ 15℃
㉱ 25℃

■ 하고현상은 25℃ 이상의 고온과 건조, 장마철의 다습으로 병해가 발생한다.

정답 ㉱

27 화본과(벼과) 목초의 건초 베는 시기는?

㉮ 영양기
㉯ 수잉기 ~ 출수기
㉰ 개화기
㉱ 서리내리기 전

■ 화본과 목초는 수잉기~출수 초기가 건초제조용 예취 적기이다.

정답 ㉯

28 불경운초지 조성법의 장점이 아닌 것은?

㉮ 기계사용이 안되는 경사지도 조성할 수 있다.
㉯ 작업이 간편하고 비용이 적게 든다.
㉰ 토양 유실의 염려가 없다.
㉱ 초지 조성기간이 단축된다.

■ ㉱는 경운초지의 장점이다.

정답 ㉱

정답 및 해설

29 다음 중 방목 전 기간을 통하여 가축을 한 방목지에 넣어서 방목하는 방법은?

㉮ 고정방목
㉯ 윤환방목
㉰ 대상방목
㉱ 계목

■ 연속방목(고정방목)
봄부터 가을까지 한곳의 방목지에 계속하여 방목시키는 방법

정답 ㉮

30 다음 중 콩과(두과) 사료작물이 아닌 것은?

㉮ 티머시
㉯ 화이트클로버
㉰ 알팔파
㉱ 헤어리베치

■ 두과작물에는 ㉯㉰㉱ 이외에 레드클로버, 버드풋트레포일 등이 있다.

정답 ㉮

31 방목 초지를 몇 개의 목구로 나누어 돌아가며 방목하는 방법을 무엇이라 하는가?

㉮ 윤환방목
㉯ 고정방목
㉰ 주야방목
㉱ 임간방목

■ 윤환방목은 몇 개의 작은 목구로 나누어 한 목구에 3~5일간씩 돌아가면서 방목시키는 방법이다.

정답 ㉮

32 생육적온으로 목초를 분류할 때 북방형 목초에 대한 설명으로 맞는 것은?

㉮ 난지형 목초라고도 한다.
㉯ 버뮤다그래스가 여기에 속한다.
㉰ 평균 기온 15 ~ 21℃에서 무성하게 자란다.
㉱ 평균 기온 25 ~ 35℃에서 무성하게 자란다.

■ 북방형 목초는 한지형 목초를 말한다. 버뮤다그래스는 난지형 목초이다.

정답 ㉰

정답 및 해설

33 건초 제조 시 장기간 안전하게 보관하기 위해서는 수분함량이 몇 % 이하가 되어야 하는가?

㉮ 15%
㉯ 20%
㉰ 25%
㉱ 30%

■ 건초는 생초를 수분 15% 이하로 건조시킨 제품이다.

정답 ㉮

34 경운초지 조성 시의 특징 설명으로 틀린 것은?

㉮ 전 식생 및 낙엽 등을 땅속에 묻어 버린다.
㉯ 잡목과 산야초의 재생이 적어 초지 사후관리에 용이하다.
㉰ 토양 유실의 염려가 없다.
㉱ 초지의 초기수량이 높다.

■ 경운으로 인한 토양 유실의 위험이 있다.

정답 ㉰

35 사일리지의 외관상 품질 평가를 하고자 한다. 다음 중 품질이 우수한 사일리지로 판단되는 것은?

㉮ 색채가 암갈색이다.
㉯ 낙산취가 난다.
㉰ 향긋한 산미(酸味)가 있다.
㉱ 수분이 마르면서 끈적끈적한 느낌이 있다.

■ 양호한 사일리지
색 : 담황색
냄새 : 시큼한 과일 향
맛 : 상쾌한 산미
촉감 : 까슬까슬한 느낌

정답 ㉰

36 라디노클로버는 화이트클로버의 성상 분류 중 어느 것에 해당하는가?

㉮ 거대형
㉯ 중간형
㉰ 소형종
㉱ 극소형

■ 화이트클로버는 야생형, 보통형(중간형), 거대형(라디노형; radino clover)이 있다.

정답 ㉮

37 풋베기에 관한 설명으로 알맞은 것은?

㉮ 영양분의 손실량이 많다.
㉯ 단위면적당 많은 사초를 생산한다.
㉰ 알맞은 초종은 캔터키블루그래스이다.
㉱ 방목보다 노동력이 적게 든다.

■ 풋베기
㉮ 영양 손실이 적다.
㉰ 오처드그래스, 이탈리안라이그래스
㉱ 노동력이 많이 든다.

정답 ㉯

38 초지의 입지적 조건에서 남사향지(양지)보다 북사향지(음지)가 목초 수확량이 많다. 그 이유로서 바르지 못한 것은?

㉮ 선선하며 습하기 때문에 토양 중 수분이 많다.
㉯ 토양의 pH와 인산 함량은 높고 유기물 함량은 낮다
㉰ 주야간의 지온변화가 적고 목초의 동해가 적다.
㉱ 햇볕이 잘 들고 지온이 높으며 바람이 많다.

■ 양지(남사향지)
햇볕이 잘 들고 지온이 높으며, 바람이 많고 증발산이 심하며 건조하다.

정답 ㉱

39 경운초지 조성 시 석회 시용에 관한 설명 중 가장 효과가 좋은 시용 방법은?

㉮ 경운 전에 전면에 전량을 살포하고 경운한다.
㉯ 시용량의 반량은 경운 전에, 나머지 반량은 경운 후에 시용한다.
㉰ 경운한 후에 전량을 고루 살포한다.
㉱ 경운한 후에 반량을 살포하고, 나머지 반은 종자 파종 후 한다.

■ 표층 시비보다 경운층 시비가 바람직하다. 시용량의 1/2은 경운 전, 1/2은 쇄토 전에 살포한다.

정답 ㉯

40 다음 중 목초를 혼파할 때에 주의해야 할 점으로 거리가 먼 것은?

㉮ 최소한 화본과 1종, 두과 1종 총 4종 이내로 한다.
㉯ 성숙기, 기호성이 비슷한 것끼리 혼파한다.
㉰ 화본과목초 : 두과목초의 비율은 8 : 2로 한다.
㉱ 주초종(우점종)은 화본과 초종으로 한다.

■ 혼파 조합은 화본과와 두과의 비율을 7 : 3으로 유지한다.

정답 ㉰

정답 및 해설

41 다음 중 정착 초기 붕소(B)의 시용이 필요한 작물은?

㉮ 오처드그래스
㉯ 수단그래스
㉰ 레스페데자
㉱ 알팔파

■ 알팔파는 근류균 접종과 붕사 시비를 해야 결핍증을 예방할 수 있다.

정답 ㉱

42 가을철의 목초 파종적기는 최소한 일평균 5℃되는 날부터 며칠 전이 좋은가?

㉮ 20 ~ 40일
㉯ 40 ~ 60일
㉰ 60 ~ 80일
㉱ 80 ~ 100일

■ 월동 전 영양 비축 기간 확보(5℃ 되는 날로부터 60~80일 전 파종)
8월 25일~9월 15일(가을장마 직전)

정답 ㉰

43 불경운초지 조성의 장점으로 거리가 먼 것은?

㉮ 목초의 정착률이 좋다.
㉯ 토양 침식의 위험이 적다.
㉰ 파종 비용이 적게 든다.
㉱ 지형에 영향을 적게 받는다.

■ 불경운 초지조성의 장점은 ㉯㉰㉱ 이외에
– 파종시기, 파종방법 등 작업의 폭이 넓다.
– 생산성이 낮은 산지를 신속하고 값싸게 개발할 수 있다.
– 산불, 한발, 홍수 등 긴급한 지표 복구에 알맞다.

정답 ㉮

44 우리나라 혼파초지 조성 시 가장 많이 사용하는 화본과 주초종은?

㉮ 티머시
㉯ 레드톱
㉰ 톨페스큐
㉱ 오처드그래스

■ 오처드그래스를 평야 및 중산간 지대에서 7~11㎏ 정도 뿌린다.

정답 ㉱

정답 및 해설

45 우리나라에서 알팔파 재배 시 일반적인 제한 요인에 대한 설명으로 틀린 것은?

㉮ 신규 조성 시 근류균의 접종이 필요하다.
㉯ 두과작물로 석회나 질소질 시비가 필요 없다.
㉰ 배수가 잘 되도록 하며 산성토양의 교정이 필수적이다.
㉱ 미량원소 특히 붕소의 시용이 효과적이다.

■ 우리나라 토양은 대부분 산성토양이므로 pH 5.5 이상으로 중화시켜 주어야 한다. 두과목초는 토양산도에 대한 반응이 민감하다.

정답 ㉯

46 강판 · FRP를 재료로 만든 진공 사일로로 계속해서 위로는 재료를 충전하고 아래로는 꺼내 먹일 수 있는 사일로는?

㉮ 벙커 사일로
㉯ 스텍 사일로
㉰ 비닐백 사일로
㉱ 기밀 사일로

■ 기밀 사일로(하베스터)는 인공적으로 공기를 배제하고 밑에서 꺼내 먹이도록 되어 있다.

정답 ㉱

47 목초의 채초 이용시 화본과목초의 첫 번째 예취 시기로 적당한 것은?

㉮ 수잉기
㉯ 수잉기 ~ 출수기
㉰ 개화기
㉱ 결실기

■ ① 첫 번째 예취시기
화본과 목초 : 수잉기~출수기
두과 목초 : 개화기 초기
② 2번째 예취 시기
풀의 키가 30~50cm 내외일 때부터 베어 먹이는 것이 좋다.

정답 ㉯

48 목초의 최종 예취기는 일평균기온이 5℃되는 날로부터 며칠 전의 시기가 가장 좋은가?

㉮ 10일
㉯ 20일
㉰ 30일
㉱ 40일

■ 1일 평균기온이 5℃ 되는 날로부터 약 40일 전에 마지막 예취를 한다. 겨울나기 초장이 10~12cm가 되어야 한다.

정답 ㉱

정답 및 해설

49 화본과목초의 경우 양질의 건초를 제조하기 위한 수확적기는?

㉮ 개화기
㉯ 생장기
㉰ 출수기
㉱ 결실기

■ 화본과목초 : 수잉기~출수 직전
두과목초: 개화 직전(출뢰기)~개화 초기

정답 ㉰

50 두과목초의 생육 초기에 요구도가 높은 비료는?

㉮ 질소
㉯ 칼륨
㉰ 인산
㉱ 석회

■ 시비량
질소 60㎏, 인산 100㎏, 칼륨 50㎏

정답 ㉰

51 북방형 목초의 채초 이용 시 초지관리에 대한 설명으로 올바른 것은?

㉮ 상번초는 6㎝ 정도로 높게 베고, 하번초는 낮게 베는 것이 좋다.
㉯ 하고기(夏枯期)에 목초의 2차 예취는 장마가 지난 후에 실시하는 것이 좋다.
㉰ 최종 예취 적기는 일평균기온이 10℃되는 날로부터 40일 전 정도가 된다.
㉱ 연간 적정 예취횟수는 2회일 때 생산량이 가장 높다.

■ 1일 평균 기온이 5℃ 되는 날로부터 약 40일 전에 마지막 예취를 한다.
중부지방은 10월 하순 마지막 예취, 겨울나기 초장이 10~12cm가 되어야 한다.

정답 ㉮

52 다음 중 조기 방목 시 작물이 청산 배당체를 함유하여 중독을 일으키는 사료작물은?

㉮ 오처드그래스
㉯ 수단그래스계 잡종
㉰ 호밀
㉱ 페레니얼라이그래스

■ 수수류, 수단그래스류의 어린 잎과 줄기는 청산 배당체를 함유한다.
줄기의 길이가 1m 이상 자라면 청산 함량이 거의 소실된다.

정답 ㉯

53 다음 중 초지이용률이 가장 높은 집약적인 방목 방법은?

㉮ 대상 방목법
㉯ 계목법
㉰ 윤환 방목법
㉱ 연속 방목법

54 다음 방목 방법 중 초지 이용율이 높은 것에서 낮은 것 순으로 나열된 것은?

㉮ 연속 방목 〉 대상 방목 〉 윤환 방목
㉯ 대상 방목 〉 연속 방목 〉 윤환 방목
㉰ 대상 방목 〉 윤환 방목 〉 연속 방목
㉱ 윤환 방목 〉 대상 방목 〉 연속방목

55 다음 중 풋베기(청예 이용)의 장점이 아닌 것은?

㉮ 사일리지나 건초제조의 노력과 비용이 절약된다.
㉯ 축사와 초지간의 거리에 제한을 받지 않는다.
㉰ 방목에서 생기는 제상과 유린을 방지할 수 있다.
㉱ 사일리지나 건초에 비해 영양가의 손실이 적다.

56 청예 이용 중 풋베기법의 단점은?

㉮ 기생충이 발생하기 쉽고, 질병을 빨리 발견하기 힘들다.
㉯ 기호성이 없는 풀만 남게 되어 우점초가 생긴다.
㉰ 저장시설 설치에 경비가 많이 든다.
㉱ 고창증, 과식, 독초 급여, 이물질 급여 가능성이 있다.

정답 및 해설

■ 초지이용율
풋베기 : 100%
대상 방목 : 80~85%
윤환 방목 : 60%
연속 방목 : 40~50%

정답 ㉮

■ 대상 방목(80~85%) 〉 윤환 방목(60%) 〉 연속 방목(40~50%)

정답 ㉰

■ 풋베기(청예 이용)의 장점
① 방목에 비하여 ㏊당 30~50%의 가축을 더 사육
② 먼 거리나 분산되어 있는 초지의 이용에 적합
③ 허실되는 양이 적어 사초를 절약
④ 저장급여에 비하여 시설(사일로 등)에 투자되는 비용 절감

정답 ㉯

■ 풋베기(청예 이용)의 단점
① 베고 나르는 데 필요한 기계장비 구입에 비용이 소요
② 봄철에 방목보다 2주 정도 이용 지연
③ 연간 생산량이 불균형하여 조절 필요

정답 ㉱

57 목초의 하고현상과 관리사항에 대한 설명으로 바르지 않은 것은?

㉮ 25℃ 이상의 고온기에 생육이 정지하거나 말라죽는 현상
㉯ 하고기에는 목초의 초장을 길게 유지하는 것이 좋다.
㉰ 하고기에는 질소질 비료를 시비하지 않는다.
㉱ 남방형 목초에서 나타난다.

58 척박한 토양에서 잘 자라며 답리작에 적합한 사료작물은?

㉮ 옥수수
㉯ 수수×수단그래스계 잡종
㉰ 호밀
㉱ 유채

59 작부체계는 지역에 따라 다르다. 다음 중 중부지방에서의 작부체계에 대한 설명으로 올바른 것은?

㉮ 부작물로 초기생육과 활력이 좋은 이탈리안라이그래스가 알맞다.
㉯ 여름철 주작물로는 사일리지가 용이한 수단그래스계 잡종이 가장 좋다.
㉰ 가을에 연맥(귀리)을 파종하면 봄철에 우수한 건초를 얻을 수 있다.
㉱ 주작물은 옥수수, 부작물로는 호맥(호밀)이 가장 많이 이용된다.

60 수단그래스계 잡종에 어릴 때 많이 함유되어 있는 유해 성분으로 가축 중독의 원인이 될 수 있는 성분은?

㉮ 청산　　㉯ 질산
㉰ 개미산　　㉱ 염산

정답 및 해설

57 ■ 북방형 목초에서 나타난다.
정답 ㉱

58 ■ 호밀은 내한성이 강하고 토양적응성이 크다.
정답 ㉰

59 ■ 중북부지방
사일리지용 : 옥수수+호밀
청예용 : 수수류+호밀
■ 남부지방
사일리지용 : 이탈리안라이그래스+옥수수 조합
청예용 : 이탈리안라이그래스+수단그래스 조합
정답 ㉱

60 ■ 청산 중독 예방을 위해 초장 60cm 이후에 방목한다.
정답 ㉮

61 다음 중 호밀에 대한 설명으로 틀린 것은?

㉮ 중남부지방에서 청예용, 사일리지용으로 이용한다.
㉯ 내한성이 강하고 토양적응성이 크다.
㉰ 유럽 남부와 아시아 서남부가 원산지이다.
㉱ 내한성이 약하고 토양적응성이 작다.

62 다음 연맥의 특성을 설명한 것 중 부적합한 것은?

㉮ 맥류 중에서 가장 목초에 가깝다.
㉯ 다른 맥류보다 줄기가 굳어지는 것이 느리다.
㉰ 다른 맥류보다 추위에 강하다.
㉱ 단경기 재배에 알맞다.

63 월년생 작물로 남부지방에서 답리작으로 재배하며 당분 함량이 높아 사일리지용으로 좋은 초종은?

㉮ 오처드그래스
㉯ 톨페스큐
㉰ 이탈리안라이그래스
㉱ 레드톱

64 다음 설명하고 있는 사료작물은?

> 십자화과(十字花科)에 속하며, 토양에 대한 적응성이 높다. 옥수수 후작으로 많이 재배하며, 봄파종의 경우 3월 상 · 중순이 적기이다. 풋베기용으로 많이 이용된다.

㉮ 호밀
㉯ 피
㉰ 유채
㉱ 순무

정답 및 해설

■ 호밀은 호맥(胡麥), 흑맥(黑麥)이라고 하며 월년생 식용 및 사료작물이다. 내한성이 강하고 토양적응성이 크다. 초장은 1.5~2.0cm

정답 ㉱

■ 연맥 또는 귀리라고 한다. 맥류 중 내한성이 가장 약하여 남부지방과 제주도에서 많이 재배한다.

정답 ㉰

■ 추위에 약하여 남부지방에서만 재배가 가능하다.

정답 ㉰

■ 유채는 생육이 빠르므로 생초로 이용 시 파종 후 60일 수확
뒷 재배작물이 없을 경우에는 추위가 오기 전까지 이용 가능

정답 ㉰

정답 및 해설

65 단위면적당 가소화영양소 총량이 가장 높아 사일리지 작물로 가장 알맞은 것은?

㉮ 수수
㉯ 연맥
㉰ 수단그래스
㉱ 옥수수

■ 옥수수는 단위면적당 TDN이 가장 높은 작물이다.

정답 ㉱

66 건초를 제조하는 과정에서 화본과보다 두과에서 발생하기 쉬운 양분 손실은?

㉮ 발효, 공기접촉 및 일광조사에 의한 손실
㉯ 잎의 탈락에 의한 손실
㉰ 강우에 의한 손실
㉱ 호흡에 의한 손실

■ 두과목초는 잎이 탈락되어 손실이 크다.

정답 ㉯

67 다음 중 양호한 옥수수 사일리지(silage)의 색깔은?

㉮ 갈색
㉯ 흑갈색
㉰ 암갈색
㉱ 녹황색

■ 색깔 : 녹황색~담황색
(불량 : 갈색 또는 암갈색, 곰팡이)

정답 ㉱

68 사일리지용 옥수수의 수확 적기는?

㉮ 고숙기
㉯ 유숙기
㉰ 황숙기
㉱ 호숙기

■ 옥수수는 황숙기에 수확하여 사일리지용으로 이용한다.

정답 ㉰

정답 및 해설

69 건초의 품질판정 시 가장 좋은 녹색도는?

㉮ 담록색인 것
㉯ 녹색이 짙고 자연색에 가까운 것
㉰ 녹색이 거의 남아있지 않은 것
㉱ 흑갈색을 띠고 있는 것

■ 녹색도 : 연록 또는 자연 녹색
잎의 비율 : 많을수록 좋다.
냄새: 상큼한 풀 냄새
수분 함량: 15% 이내로 곰팡이가 없을 것

정답 ㉯

70 건초의 품질을 평가하는 기준에 해당하지 않는 것은?

㉮ 녹색도
㉯ 잎의 비율
㉰ 수분 함량
㉱ 제조 방법

■ ㉮㉯㉰ 이외에 순도, 곰팡이 여부 등이 있다.

정답 ㉱

71 일반적으로 옥수수 사일리지의 1㎥당 무게는?

㉮ 350㎏
㉯ 450㎏
㉰ 650㎏
㉱ 850㎏

■ 일반적으로 옥수수의 사일리지 1㎥당 무게는 650㎏이다.

정답 ㉰

72 옥수수 사일리지 제조시 황숙기(유선 1/2 ~ 2/3 시기)에 수확하여 제조하고자 할 때 가장 적당한 수분 함량은?

㉮ 40~50%
㉯ 55~60%
㉰ 65~70%
㉱ 75% 이상

■ 적합한 수분 함량 : 65~70%
수분 과다 시 1/2~1일 정도 예건 또는 밀기울, 보릿겨 등 첨가

정답 ㉰

73 **건초의 조제 및 이용 시 장단점을 잘못 설명하고 있는 것은?**

㉮ 천일건초의 경우 비타민 D의 함량이 높다.

㉯ 조제과정에서 두과목초의 영양소 손실이 적다.

㉰ 조제에 있어서 기후의 영향을 많이 받는다.

㉱ 송아지의 소화관 발달을 촉진시킨다.

74 **사일리지 조제 시 생성되는 유기산 중 빨리 생성되는 순서로 나열했다. 다음 중 옳은 것은?**

㉮ 낙산 → 초산 → 젖산

㉯ 낙산 → 젖산 → 초산

㉰ 젖산 → 낙산 → 초산

㉱ 초산 → 젖산 → 낙산

75 **옥수수 사일리지를 제조할 때 쥐기시험(grab test)의 결과 중 세절 재료로 가장 적당한 것은?**

㉮ 즙액이 손가락 사이로 나오거나 물방울이 떨어질 때

㉯ 쥔 손을 서서히 폈을 때 재료의 덩어리가 흐트러지지 않고 모양이 유지될 때

㉰ 쥔 손을 서서히 폈을 때 재료의 덩어리가 흐트러지지 않으나 즉시 금이 가고 벌어질 때

㉱ 쥔 손을 서서히 폈을 때 재료의 덩어리가 즉시 흐트러져 모양이 급히 무너질 때

정답 및 해설

■ 두과목초는 잎이 탈락되어 영양소의 손실이 크다.

정답 ㉯

■ 제 2단계 : 초산 발효
제 3단계 : 유산(젖산) 발효
제 5단계 : 낙산 발효

정답 ㉱

■ 간이 수분 측정
엔실리지 재료를 손으로 한 움큼 집어 20~30초간 꽉 쥐었을 때, 손가락 사이로 물이 약간 스며 나오는 정도이다.

정답 ㉰

정답 및 해설

76 사일리지(silage)제조 단계의 설명으로 부적합한 것은?

㉮ 1단계 : CO_2와 열 발생
㉯ 2단계 : 초산의 생산
㉰ 3단계 : 젖산 발효, pH 증가
㉱ 4단계 : 낙산 생성

■ 제 4단계 : 발효 안정기

정답 ㉱

77 다음 중 양질의 사일리지를 만드는 발효는?

㉮ 유산발효
㉯ 초산발효
㉰ 낙산발효
㉱ 알코올발효

■ 유산균의 종류와 총수가 매우 중요하다.

정답 ㉮

78 건초를 장기간 보관하기 위해서는 재료의 수분 함량이 중요하다. 저장하고자 할 때 알맞은 수분 함량은?

㉮ 12% 이내
㉯ 15% 이내
㉰ 20% 이내
㉱ 25% 이내

■ 수분 함량을 15% 이내로 건조시켜 곰팡이가 피지 않도록 한다.

정답 ㉯

79 사일리지의 건물 손실률이 가장 높은 사일로는?

㉮ 기밀 사일로
㉯ 벙커 사일로
㉰ 퇴적 사일로
㉱ 콘크리트 원통형 사일로

■ 퇴적 사일로(stack silo)는 비용이 저렴한 저장 방법으로 이용할 수 있으나 표면적이 넓어 저장 중의 건물 손실률이 30~35%에 이를 수 있다.

정답 ㉰

제 8 장

동물의 사육과 관리

01 소의 사육과 관리

1. 소의 기원과 분류

(1) 소의 기원

① 소는 야생 원우가 기원전 6,000~8,000년인 신석기 시대에 가축화 되었을 것으로 추정

② 서아시아 메소포타미아 지방에서 가축화 됨

③ 축우는 유럽 원우와 아시아 원우의 교잡종으로 추정

④ 세계적으로 소의 품종은 251종이며, 재래종을 합하면 무려 449개 품종에 이른다.

(2) 소의 분류

① 동물학적 분류

척추동물문, 포유동물강, 우제목, 우제아목, 반추류, 동각과, 우속

② 용도별 분류

용도별	영명	특징	주요 품종
육용종	beef type	고기 양과 질에 중점	앵거스, 헤리퍼드, 쇼트혼, 겔로웨이, 데본, 한우(개량 중)
유용종	dairy type	우유 생산, 쐐기 모양	홀스타인, 저지, 건지, 브라운 스위스, 에어셔
역용종	draft type	전구 발달	한우, 인도우, 중국우
겸용종	dual type	우유, 고기의 겸용	심멘탈, 웰시 블랙, 데스터

③ 두개골 모양에 따른 분류

용도별	두개골 모양	주요 품종
유원우	약간 긴 두개골	홀스타인, 에어셔, 앵거스
장액우	긴 두개골	저지, 건지, 브라운 스위스
대액우	큰 두개골	심멘탈
단두우	작은 두개골	헤리퍼드

2. 육우의 품종

(1) 한우의 특성

① 한우의 기원

㉠ 인도 원우와 유럽 원우의 교잡종이 만주를 거쳐 기원전 2,000년 전 정착되었다는 학설

㉡ 몽골, 중앙아시아의 야생 원우들이 가축화되어 약 5,000년 전 정착되었다는 학설

㉢ 우리나라 고유 품종으로 한반도에 정착하여 순종교배 되어 왔다.

② 한우의 특성

㉠ 한우의 털색은 황갈색이며 기타 칡소, 흑우(흑소) 등이 있다.

㉡ 체고에 비해 다리가 길고 체장이 길다.

㉢ 앞가슴(전구)이 발달되고 발굽이 튼튼하여 역용에 적합하다.

㉣ 현재는 후구를 발달시켜 육용종으로 개량하고 있다.

③ 한우의 우수성과 장점

㉠ 성질이 온순하고 영리하여 명령에 잘 복종하며 일을 잘한다.

㉡ 체질이 강건하여 질병에 강하다.

㉢ 볏짚이나 거친 사료로도 사육이 가능하다.

㉣ 육질이 매우 우수하다.

▮ 한우의 단점

① 후구가 빈약하여 육량이 적다.

② 체폭이 너무 좁다.

③ 성장이 너무 늦다.

④ 산유량이 적다.

일반 한우(황우)

샤롤레

심멘탈

쇼트혼

애버딘 앵거스

헤리퍼드

브라만

리무쟁

비육우 품종

(2) 육우의 품종과 특징

품종명	원산지	체중(㎏)	모 색	특 징
한우	한국	♀ 450 ♂ 550	황갈색	● 육질 양호, 사지 강건 ● 후구 빈약, 도체율 50~55%
샤롤레	프랑스	♀ 700 ♂ 1200	크림색(흰색, 은백색)	● 성질 온순, 비육성 양호, 대형종 ● 체폭이 넓고 후구 발달 ● 육질 보통, 도체율 65~67%
심멘탈	스위스	♀ 800 ♂ 1200	적색, 적황색에 흰색 무늬	● 조숙성이고 정육률 높음 ● 도체율 60% 내외
쇼트혼	영국	♀ 750 ♂ 1000	적갈색에 회색 얼룩	● 미국에서 개량된 대형종 ● 도체율 60%, 육질이 연함
앵거스	영국	♀ 650 ♂ 950	검은색	● 방목 적합, 도체율 65~70% ● 장방형의 고기형, 육질 양호 ● 다리가 짧고 뿔이 없음
헤리퍼드	영국	♀ 650 ♂ 950	적갈색에 흰색 얼룩(머리, 가슴, 배, 꼬리)	● 방목형, 비육성 양호 ● 온순함, 유각종, 무각종 ● 도체율 55~58%
브라만	인 도 (미국 개량)	♀ 450~640 ♂ 700~1,000	회백색, 회색, 암적색, 검은색	● 더위에 강함. 경봉 있음 ● 진드기, 쇠파리 피해가 적음 ● 귀, 흉수가 늘어짐, 도체율 60%
리무쟁	프랑스	♀ 700 ♂ 1100	황금색	● 뼈가 가늘고 후구 발달 ● 도체율 69~71%, 정육률 높음

3. 젖소의 품종

(1) 젖소의 특성

① 몸은 전구에 비해 중구, 후구가 발달된 쐐기 모양이다.

② 소화기와 유방이 잘 발달되어 있다.

③ 방사 시 무리를 형성하는 군집성과 서열이 생긴다.

④ 사료 섭취, 착유시간 등 기억력이 뛰어나며 경계심이 강하다.

(2) 젖소의 선택

① 산유량이 가장 많은 품종 : 홀스타인

② 유지율이 가장 높은 품종 : 저지

③ 유 · 육 겸용 목적 : 홀스타인, 브라운 스위스
④ 방목에 적합한 품종 : 에어셔, 브라운 스위스
⑤ 홀스타인은 체구가 커서 심한 경사지나 넓은 방목지에는 부적합한 품종이다.
⑥ 우리나라에서는 주로 시유로 판매되기 때문에 유량이 많은 홀스타인을 사육한다.

(3) 젖소의 주요 품종

홀스타인

건지

에어셔

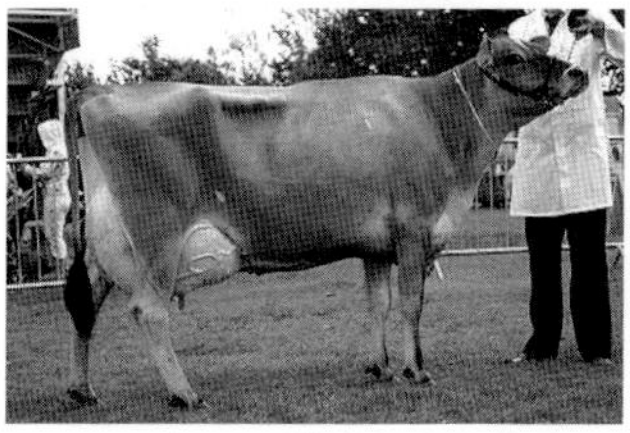
저지

브라운스위스

유용쇼트혼

품종명	원산지	체중(㎏)	산유량(㎏)	유지율(%)	모 색	특 징
홀스타인	네덜란드	♀650 ♂1,100	8,000	3.6	흑 · 백반 적 · 백반	성질 온순 산유량 많음
브라운 스위스	스위스	♀500~650 ♂700~1,000	5,500~ 6,000	4.0	은회색, 갈 색	유 · 육 겸용종 체질 강건
에어셔	영국	♀550 ♂800	4,000~ 5,000	3.5~4.4	백색에 갈색 반점	적응력 강함 치즈 제조용
건지	영국	♀500 ♂750	4,000~ 4,500	5.0~5.5	갈색 · 흰색 반점	추위에 강함
저지	영국	♀450 ♂650	4,500	5.0	갈색(담황)	유지율이 가장 높음
유용 쇼트혼	영국	♀500~700 ♂900~1,100	4,400~ 4,800	4.0	백색, 적색, 적백반 등	대형종으로 육 질이 우수

4. 한우의 사양관리

▮ 포유 송아리 관리 요점
- 초유는 분만 후 30분 이내에 급여
- 시간이 지나면 면역글로블린 흡수 저하
- 송아지 체중의 4~5% 급여 필수
- 이유 시기가 길어지면 번식 간격이 길어짐

(1) 송아지의 육성 과정

① 2~3개월 자연 포유 후, 사료를 1일 0.5~1kg 섭취하면 이유시킨다.

② 생후 1주일경부터 양질의 건초와 젖먹이 송아지 사료를 급여한다.

③ 거세는 4~6개월령이 적당하다. 너무 이르면 증체 부진과 요로결석이 발생하며, 너무 늦으면 육질 등급이 낮아지고 거세가 힘들다.

(2) 송아지의 제각

① 제각은 성질이 온순해져 관리가 용이하고, 투쟁으로 인한 상처 및 유산 위험을 예방하기 위해 실시한다.

② 약품 제각은 생후 6~10일령에 뿔의 생장점에 제각연고를 바른다.

③ 기타 전기인두로 뿔을 지지는 방법, 제각기나 뼈 톱 · 제각 철줄을 이용하여 뿔을 자르는 제각 방법이 있다.

▮ 거세 시기
28개월령까지 비육할 경우 육질은 4개월령의 거세가 가장 좋고, 증체는 6개월령 거세가 가장 높다(축산과학원, 2016).

(3) 거세하기

① 거세의 장단점

㉠ 근내 지방이 증가하고 근섬유가 가늘어져 육질이 개선된다.

㉡ 소의 성질이 온순해져 집단사육과 사양관리가 쉽다.

㉢ 출하 시 좋은 등급을 받을 수 있어 높은 가격을 받을 수 있다.

㉣ 증체율이 약 10% 정도 떨어지고 사료 효율도 다소 낮아진다(단점).

② 거세의 방법

㉠ 무혈거세 : 무혈거세기로 정관을 1분 정도 압착하여 절단한다. 혈관을 잘못 압착하면 음낭에 괴사가 생길 수 있다.

무혈 거세기(버딧조)

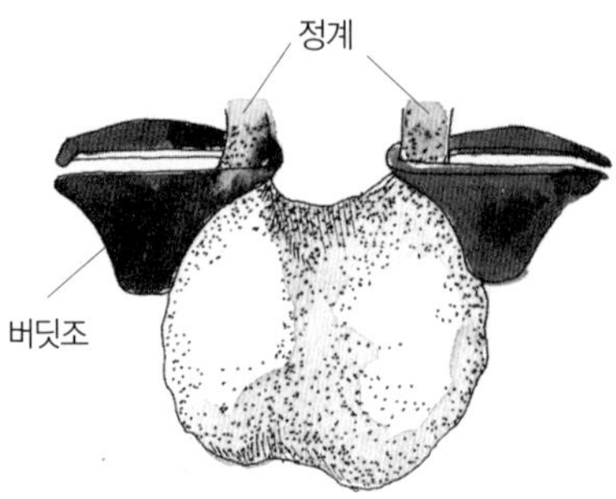

무혈 거세 방법

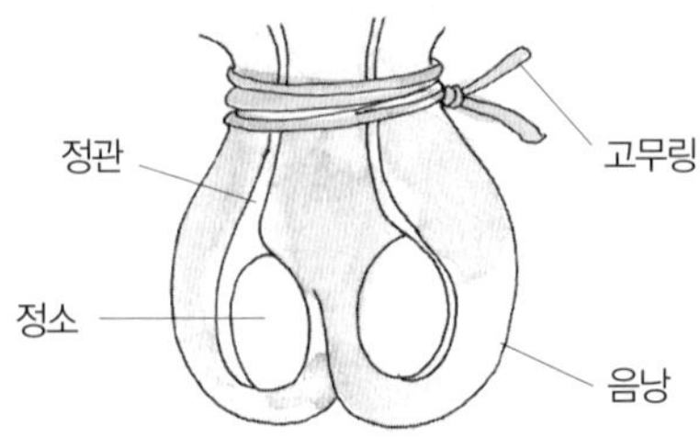

고무링법

거세기와 거세 방법

㉡ 무혈거세는 상처가 없고 스트레스가 적으며 화농의 위험이 없으나 확실치 않다.

㉢ 고무링법 : 고무링 장착기로 음낭의 상단 부위에 고무링을 끼워 혈액을 차단 · 괴사시키는 간편한 방법이나 장기간 스트레스를 준다.

㉣ 외과적 방법 : 음낭을 절개하여 정소를 적출하는 외과적 수술방법이다.

(4) 암소 육성우 사양관리

① 육성우 기간 : 이유에서 발정에 이르기까지

② 육성기 중점 : 충분한 운동과 영양 공급으로 번식우의 기틀을 마련하는 시기

③ 일당 증체량은 생후 6개월까지 0.8㎏ 이하, 7~12개월령 0.5~0.7㎏, 13~24개월령 0.4~0.6㎏를 목표로 한다.

④ 이유부터 6개월령까지는 육성비육 사료를 체중의 2.5% 급여, 조사료 자유채식

⑤ 6개월령부터 12개월령(체중 280㎏ 내외)까지는 비타민과 무기물의 균형 있는 사료 급여

(5) 번식우 사양관리

① 중소(생후 4~6개월), 큰소(7~12개월), 임신(13~25개월), 포유기의 4단계로 구분한다.

② 번식우는 번식능력 향상을 위해 적당한 운동을 통해 과비를 예방하는 것이 중요하다.

③ 일광욕을 통한 비타민 D 합성 및 반추위 발달을 위해서는 충분한 조사료 급여가 필요하다.

④ 분만 2~3개월 전에는 태아가 급격히 성장하므로 급여량을 20~30% 정도 증량 급여한다.

⑤ 농협중앙회 한우개량사업소에서 우량한 냉동 정액을 공급하고 있으므로 종모우 사육은 필요 없다.

⑥ 임신우는 모체 성숙과 태아 발육을 위한 충분한 영양소 공급과 세심한 관리가 요구된다.

(6) 비육우 사양관리

① 육성 비육

㉠ 가장 좋은 비육 방법으로 양질의 고기를 생산할 수 있다.

㉡ 한우는 생후 4~5개월령의 거세 수송아지를 20개월령 정도 비육하여 450kg 이상에서 출하

㉢ 비육 전기 : 농후사료는 체중의 1.7~1.8% 급여, 조사료로 건초는 1~1.2% 급여한다.

㉣ 비육 후기 : 농후사료는 체중의 약 1.8~2.0% 유지, 건초는 0.5~0.8% 정도로 감량 급여한다.

▮ 보리의 급여는 기호성이 좋아 섭취량을 증가시키고 지방의 색과 경도를 좋게 한다.

㉤ 운동은 초기에는 1일 1~2시간, 말기에는 매일 또는 격일로 30분 정도로 제한한다.

㉥ 자유 채식시키는 것이 보통이나 육성기의 제한급여는 보상성장 효과가 있다.

▮ **보상성장**
제한급여로 성장이 지체되었다가 정상적인 사료를 급여하면 지체된 성장이 급속도로 증가하여 증체되는 현상

제한 급여 효과

(육성기: 체중의 1.5%, 비육전기: 체중의 1.7~1.8% 급여 시)

1. 거래 정육율 향상
2. 체지방 감소
3. 등지방층 얇음
4. 육량 등급 향상
5. 약 15%의 사료 절약

(축산기술연구소, 1999)

구 분	자유채식	제한급여 후 자유채식
도 체 율(%)	62.6	60.8
거래정육율(%)	60.9	67.7
체 지 방(%)	25.9	20.1
등 지 방(㎝)	1.59	0.82
육량등급(A:B:C)	0:1:5	0:5:1

② 한우 큰소 비육

㉠ 체중이 200kg인 소는 7개월간, 250kg인 경우에는 5개월간, 300kg인 소는 3개월간 비육

㉡ 보상성장의 효과가 크고 살코기 생산비율이 높으나 양질의 쇠고기 생산은 어렵다.

③ 젖소 비육

㉠ 젖소 수송아지 비육은 성장률이 높아 22~24개월이면 800kg 정도 되나 판매 가격이 싸다.

㉡ 젖소의 노폐우 비육은 번식을 끝낸 8~9세 이상의 암소를 2~5개월간 비육시킨 후 출하

④ 비육 밑소의 선발

㉠ 우수한 수소와 교배시켜 생산된 송아지일 것

㉡ 건강하고 식욕이 좋으며 원기와 활력이 좋은 송아지일 것

㉢ 털은 가늘고 윤기가 있으며 눈은 활력이 있을 것

㉣ 눈곱이 없고 비경(콧등)에 습기가 촉촉하며 분은 정상일 것

㉤ 콧등이 짧고 입과 턱이 넓고 크며 복부가 넓고 크되 늘어지지 않은 것

㉥ 머리가 너무 크지 않으며 앞다리와 가슴이 넓고 충실할 것

㉦ 체고는 크고 늑골과 늑골사이가 넓고 등은 평평하고 넓을 것

㉧ 요각 폭이 넓고 십자부가 평평하며 발굽이 건강하게 발달한 것

㉨ 귀안의 털이 부드럽고 귀가 작으며 뿔은 둥글고 가늘면서 매끈할 것

5. 젖소의 사양관리

(1) 초유의 급여

① 초유 급여 시기는 빠를수록 좋으므로 15~30분 이내에 먹이도록 한다. 분만 6시간 이후에는 면역물질 흡수 능력이 현저히 낮아진다.

② 분만 후 4시간 이내에 충분한 양(1.2~1.5L)의 초유를 먹인다.

③ 초유를 급여하지 못할 경우 대용초유 또는 다른 소의 초유를 먹인다.

④ 1회에 1.5L 이상 먹이지 않는다(송아지 제1위의 용적이 1.5L 이하).

⑤ 초유급여 시 온도는 체온 정도인 37℃로 데워서 급여한다.

⑥ 냉동 초유는 해동시킨 후 초유 3 : 물 1의 비율로 혼합하여 급여한다.

⑦ 초유가 없을 때에는 대용초유를 만들어 1일 3회 급여한다.

⑧ 포유기구는 세제를 사용하여 세척하고 열탕 소독한다.

⑨ 포유기간이 3개월 이상 장기간일 경우 소화기관의 발달이 늦게 된다.

▮ 초유(colostrum)의 정의 및 조성

① 분만 후 5일간 생리적으로 분비되는 젖을 말한다.
② 농도가 짙고 황갈색이며 맛이 불쾌하고 혈액이 섞여있는 경우도 있다.
③ 정상유보다 지방, 단백질, 비타민, 무기물이 많고 유당(젖당)은 적다.

▮ 초유의 기능

① 면역 형성 : 어미소의 면역 항체(락토 글로불린)를 전달하여 질병의 저항성을 준다.
② 영양 공급 : 상유에 비해 단백질 6배, 지방과 무기물 3배, 비타민 A와 철분은 10배
③ 태분 배출 : 태어나기 전 뱃속의 똥을 배출해 주는 기능이 있다.

(2) 송아지(분만 후 3개월령까지)의 사양관리

■ 송아지 이유 시기
- 사료 섭취량 1일 1.4kg 이상
- 체중 70kg(보통 7주령) 정도
- 6주령 이내에 조기 이유할 수도 있음

일령	관리 사항
분만 직후 ~ 5일령	초유 급여
5일령 ~ 7일령	전유 또는 대용유 급여
7일령 이후	양질의 조사료 급여 시작
7일령 ~ 10일령	제각
14일령 ~ 3개월	이유 사료 급여
1개월령 이후	운동 시작

(3) 젖소 송아지 제각

① 제각연고(화학 약품) 사용
- ㉠ 제각 적기는 생후 7~10일령이다.
- ㉡ 뿔의 생장점 주위 털을 전모기나 가위로 깎고 제각 연고를 바른다.

② 소락법(인두로 지지기)
- ㉠ 생후 1주일 이상된 송아지의 뿔이 솟은 상태에서 사용한다.
- ㉡ 전기 소락기(인두) 또는 지름 2㎜, 두께 3~4㎜의 철근을 불에 달구어 5~10초간 지진다.

③ 제각기 사용
- ㉠ 생후 5개월 이상의 큰 소에 실시한다.
- ㉡ 제각기 밑 부분에 뿔이 끼이도록 하고 손잡이를 조여 자른다.

④ 뼈 톱 사용
- 뿔의 1/2 또는 1/3 지점을 자른다.

⑤ 줄 톱 사용
- ㉠ 큰 소의 뿔 자르기에 이상적인 방법이다.
- ㉡ 적당한 위치에 줄 톱을 감아 양손을 사용하여 빠른 속도로 당긴다.

(4) 육성우 사양관리

① 육성우 : 이유 후부터 첫 새끼 분만까지의 젖소

② 골격발달, 수정, 수태, 태아의 발육에 이르기까지 신체적 변화가 큰 시기

③ 양질의 조사료를 자유채식 시킨다. 적당한 조사료 : 농후사료 비율은 60 : 40이다.

④ 농후사료는 6개월령까지는 체중의 1.5%, 그 이후에는 1%를 급여한다.
⑤ 운동과 일광욕을 충분히 시키고 3개월령 이후에는 방목을 시작한다.
⑥ 송아지의 스텐천 계류는 12개월령 이후에 실시한다.

이상적인 첫 발정기
- 시기 : 24개월령
- 일당 증체량 : 0.6~0.7㎏

(5) 착유우 사양 관리

① 조사료는 체중의 2~2.5%, 농후사료는 단백질 함량 15~20%의 사료를 체중의 1/2.5~1/3 정도 급여한다.
② 우유생산에는 칼슘(Ca)과 인산(P)을 10 : 7의 비율로 급여한다.
③ 체중 변화 : 4~5주부터 급격한 감량, 8~10주 사이에 가장 체중이 적게 나가고, 10주 이후 서서히 회복하여 42주에 정상이 된다.
④ 우유생산량 : 비유 최고기 4~6주, 6주 이후 서서히 감소, 42주 최하
⑤ 비유기 구분 : 초기(분만 후~10주), 중기(10주~20주), 후기(20주~건유 전)
⑥ 완전혼합사료(TMR 섬유질배합사료)의 급여

(6) 건유우 사양 관리

① 건유 기간 : 임신 후 305일 착유한 후 50~60일간 건유한다.
② 건유 목적 : 유방 내 우유 분비조직의 재생 기회, 소화기관의 기능 회복, 영양 축적

건유 방법
1. 사료 급여량 조절
   - 물, 농후사료, 다즙질 사료 급여 중단
   - 건초와 볏짚만 급여
2. 착유 횟수 조절
   - 1일 2회 → 1일 1회 → 2일 1회
   - 유량이 10㎏ 이하가 되면 착유 중지
3. 건유연고 주입 후 유두 소독

(7) 착유 생리

① 분만 후 비유 개시 : 뇌하수체 전엽의 최유호르몬(LTH)의 분비 증가와 황체호르몬(프로제스테론)의 분비 감소에 의해 개시된다.
② 유방 · 유두 세척 및 사지 → 신경 → 뇌하수체(옥시토신 분비) → 혈액 → 유방(근상피세포 수축) → 우유 배출
③ 유즙 배출 : 옥시토신 분비는 자극 후 1분 이내에 일어나고 5~8분간 지속된다.
④ 우유 1L를 생산하기 위해서는 약 400~500L의 혈액이 유방을 순환해야 한다.
⑤ 착유우가 스트레스를 받으면 부신수질에서 에피네프린(아드레날린)이 분비되어 근상피세포를 이완시켜 젖 분비가 감소된다.

옥시토신(oxytocin)
뇌하수체 후엽에서 분비되며 분만 촉진, 유즙 분비 촉진 등의 기능을 한다.

기출문제

정답 및 해설

01 육용종 소 품종에 해당되는 것은?

㉮ 로드 아일랜드
㉯ 오핑턴
㉰ 앵거스
㉱ 오골계

■ ㉮㉯㉱는 닭의 품종이다.

정답 ㉰

02 소의 두개골 모양에 따른 분류 중 장액우에 속하는 품종은?

㉮ 홀스타인
㉯ 앵거스
㉰ 저지
㉱ 심멘탈

■ ㉮㉯ 유원우 ㉰ 장액우
㉱ 대액우

정답 ㉰

03 다음 중 한우의 단점은?

㉮ 육질이 매우 좋지 않다.
㉯ 후구가 빈약하여 육량이 적다.
㉰ 체질이 약하여 질병에 잘 걸린다.
㉱ 볏짚 등 거친 사료의 적응성이 약하다.

■ 한우의 단점
① 후구가 빈약하여 육량이 적다.
② 체폭이 너무 좁다.
③ 성장이 너무 늦다.
④ 산유량이 적다.

정답 ㉯

04 프랑스가 원산지로 털색은 크림색이며 성질이 온순하고 비육성이 양호한 대형의 육우 품종은?

㉮ 헤리퍼드
㉯ 브라만
㉰ 샤롤레
㉱ 쇼트혼

■ 샤롤레는 체폭이 넓고 후구가 발달되었다.

정답 ㉰

정답 및 해설

05 거세의 장단점에 대한 설명으로 바르지 못한 것은?

㉮ 근내 지방이 증가하고 육질이 개선된다.
㉯ 소의 성질이 온순해져 사양관리가 쉽다.
㉰ 좋은 등급을 받을 수 있어 높은 가격을 받을 수 있다.
㉱ 증체율이 약 10% 정도 증가한다.

■ 증체율이 약 10% 정도 떨어지고 사료 효율도 다소 낮아진다(단점).

정답 ㉱

06 원산지가 영국이고 체형이 젖소 중 가장 작고 유지율이 가장 높은 젖소의 품종은?

㉮ 저지
㉯ 건지
㉰ 에어셔
㉱ 홀스타인

■ 유지율 순서
저지(5.0~5.5) 〉 건지(4.5~5.0) 〉 브라운 스위스(4.0~4.5) 〉 홀스타인(3.5)

정답 ㉮

07 젖소 중 산유량이 가장 많고 평균 유지율은 3.4% 정도로 비교적 낮은 젖소의 품종은?

㉮ 저지종
㉯ 건지종
㉰ 브라운 스위스종
㉱ 홀스타인종

■ 홀스타인종은 성질이 온순하고 산유량이 많다.

정답 ㉱

08 한우의 표준적인 털의 색깔은?

㉮ 황갈색
㉯ 회갈색
㉰ 연갈색
㉱ 연백색

■ 한우의 털색은 황갈색이며 기타 칡소, 흑우(흑소) 등이 있다.

정답 ㉮

정답 및 해설

09 비육우 품종 종 영국 원산지로 적갈색의 털에 얼굴, 가슴 배에 흰 털이 있는 품종은?

㉮ 헤리퍼드
㉯ 브라만
㉰ 샤롤레
㉱ 쇼트혼

■ 브라만 : 인도, 암회색
샤롤레 : 프랑스, 크림색
쇼트혼 : 영국, 적백 혼합

정답 ㉮

10 비육우 중 영국이 원산지이며 흑색이고 뿔이 없는 품종은?

㉮ 앵거스
㉯ 샤롤레
㉰ 심멘탈
㉱ 쇼트혼

■ 앵거스 : 영국, 흑색
샤롤레 : 프랑스, 크림색
심멘탈 : 스위스, 적황색에 흰색 얼룩
쇼트혼 : 영국, 적갈색에 흰색 무늬

정답 ㉮

11 비육우의 품종 중 더위에 강하고 경봉이 있으며 진드기, 쇠파리 등의 피해가 적은 품종은?

㉮ 헤리퍼드
㉯ 리무쟁
㉰ 브라만
㉱ 한우

■ 헤리퍼드 : 영국, 적갈색에 얼굴, 가슴, 배가 희색
리무쟁 : 프랑스, 황금색
한우 : 한국, 황갈색

정답 ㉰

12 젖소의 이상적인 산유주기에서 산유량이 가장 많은 시기는 분만 후 어느 때인가?

㉮ 분만 직후
㉯ 분만 후 4~6주
㉰ 분만 후 6~8주
㉱ 분만 후 8~10주

■ 우유생산량 : 비유 최고기 4~6주, 6주 이후 서서히 감소, 42주 최하

정답 ㉯

정답 및 해설

13 송아지 인공포유 요령으로 옳지 못한 것은?

㉮ 포유기구의 소독을 철저히 하고 깨끗이 관리하여야 한다.
㉯ 포유 시 우유의 온도는 38~40℃가 적합하다.
㉰ 포유는 일정한 시간에 실시하고 신선한 젖을 먹여야 한다.
㉱ 큰 그릇에 여러 마리가 함께 포유하여 서로 빨도록 한다.

■ 개체별 포유가 바람직하다.

정답 ㉱

14 다음은 한우를 비육하고자 한우의 외모를 조사한 것이다. 비육할 소로 적당하지 않은 소는?

㉮ 늑골과 늑골 사이가 넓고 등이 평평하고 넓은 소
㉯ 전구가 발달하고 머리가 큰 소
㉰ 요각폭이 넓고 십자부가 평평한 소
㉱ 가슴이 넓고 깊이가 있는 소

■ 후구 발달이 좋고 머리가 크지 않아야 한다.

정답 ㉯

15 젖소의 건유기간으로 가장 적합한 것은?

㉮ 30~40일
㉯ 50~60일
㉰ 70~80일
㉱ 90~100일

■ 일반적으로 305일 착유, 60일 건유

정답 ㉯

16 한우의 육성기와 비육 전기의 제한 급여 효과가 아닌 것은?

㉮ 정육율 향상
㉯ 약 15%의 사료 절약
㉰ 등지방층이 두터움
㉱ 육량 등급이 향상

■ 체지방이 감소한다.

정답 ㉰

정답 및 해설

17 다음 중 초유의 기능에 속하지 않는 것은?

㉮ 면역 형성
㉯ 영양 공급
㉰ 태분 배출
㉱ 성질 온순

■ 초유는 분만 후 5일간 생리적으로 분비되는 젖을 말한다.

정답 ㉱

18 착유의 여러 자극에 의해 분비되는 뇌하수체 후엽 호르몬으로 젖의 배출을 촉진시키는 것은?

㉮ 프로제스테론
㉯ 옥시토신
㉰ 릴랙신
㉱ 부신피질호르몬

■ 옥시토신 분비는 1분 이내에 일어나고 5~8분간 지속된다.

정답 ㉯

19 착유우가 착유 시 스트레스를 받으면 젖 분비가 감소된다. 이때 부신수질에서 분비되는 호르몬은?

㉮ 프로제스테론
㉯ 옥시토신
㉰ 아드레날린
㉱ 최유호르몬

■ 착유우가 스트레스를 받으면 부신수질에서 에피네프린(아드레날린)이 분비되어 근상피세포를 이완시켜 젖 분비가 감소된다.

정답 ㉰

20 초유에 많이 들어 있는 성분으로 면역물질을 공급하는 것은?

㉮ 글로블린
㉯ 지방질
㉰ 유당
㉱ 무기물

■ 글로블린은 단백질의 성분으로 면역력을 부여한다.

정답 ㉮

21 비육대상우를 선정할 때 고려해야 할 사항 중 가장 부적합한 것은?

㉮ 몸의 길이가 충분하고 가슴이 넓어 살이 잘 찔 수 있는 소
㉯ 피부가 두터우며 탄력이 있고, 피모가 굵으며 거친 소
㉰ 목이 짧으며 배가 너무 늘어져 있지 않은 소
㉱ 머리가 작고 중구의 길이가 적당하며 비경이 넓은 소

■ 피모가 가늘고 밀생되어야 한다.
정답 ㉯

22 다음 중 비육할 소로 적당하지 않은 것은?

㉮ 늑골과 늑골 사이가 넓고 등이 평평하고 넓은 소
㉯ 요각 폭이 넓고 십자부가 평평한 소
㉰ 가슴이 넓고 깊이가 있는 소
㉱ 어깨가 좁고 비경이 건조한 소

■ 비경이 촉촉해야 한다. 비경이 건조하면 열성 질환이 있는 것이다.
정답 ㉱

23 젖소 송아지 제각 시 약품법(제각연고)에 의한 제각 적기는?

㉮ 생후 7~10일령
㉯ 생후 2주 내외
㉰ 생후 3주 내외
㉱ 생후 6주 내외

■ 제각연고(화학 약품) 사용
제각 적기는 생후 7~10일령이다.
정답 ㉮

24 비육 밑소의 선발에 대한 설명 중 바르지 못한 것은?

㉮ 콧등이 길고 입 턱이 넓고 크며 복부가 넓고 크고 늘어진 것
㉯ 머리가 너무 크지 않으며 앞다리와 가슴이 넓고 충실할 것
㉰ 체고는 크고 늑골과 늑골 사이가 넓고, 등은 평평하고 넓을 것
㉱ 요각 폭이 넓고 십자부가 평평하며 발굽이 건강하게 발달한 것

■ 콧등이 짧고 입 턱이 넓고 크며, 복부가 넓고 크되 늘어지지 않은 것
정답 ㉮

정답 및 해설

25 한우의 특성에 대한 설명으로 바르지 못한 것은?

㉮ 한우의 털색은 황갈색이며 기타 칡소, 흑소 등이 있다.
㉯ 체고에 비해 다리가 길고 체장이 길다.
㉰ 후구가 발달하고 고기질이 좋아 육용에 적합하다.
㉱ 현재는 후구를 발달시켜 육종종으로 개량하고 있다.

■ 전구가 발달하고 발굽이 튼튼하여 역용에 적합하다. 후구는 빈약하다.

정답 ㉰

26 우유 1L를 만드는 데 얼마만큼의 혈액이 유방을 순환해야 하는가?

㉮ 300~350 L
㉯ 400~500 L
㉰ 550~600 L
㉱ 650~700 L

■ 우유 1L를 생산하기 위해서는 약 400~500L의 혈액이 유방을 순환해야 한다.

정답 ㉯

27 착유우의 체중이 가장 많이 줄어드는 시기는?

㉮ 4~5주
㉯ 6~8주
㉰ 8~10주
㉱ 10~12주

■ 체중은 4~5주부터 급격한 감량, 8~10주 사이 가장 적게 나가고 10주 이후 서서히 회복하여 42주에 정상이 된다.

정답 ㉰

28 젖소 육성우 송아지의 적정한 조사료와 농후사료 비율(조농비율)은?

㉮ 20 : 80
㉯ 25 : 75
㉰ 30 : 70
㉱ 60 : 40

■ 양질의 조사료를 자유채식 시킨다. 적당한 조사료 : 농후사료 비율은 60 : 40이다.

정답 ㉱

02 돼지의 사육과 관리

1. 돼지의 기원과 분류

(1) 돼지의 기원

① 돼지는 신석기 시대인 BC. 7,000~8,000년경에 가축화된 것으로 추정하고 있다.

② 우리나라에는 2,000년 전인 삼한시대 만주에서 유입 추정

(2) 돼지의 분류

돼지는 척추동물문, 포유동물강, 우제목, 멧돼지과, 멧돼지속, 집돼지종

(3) 사육 목적에 따른 종류

① 원원종(GGP, great grand parents) : 순종의 개체, 원종 생산 목적 사육

② 원종(GP, grand parents) : 순종의 종돈, 번식돈 생산에 이용

③ 번식돈(모돈, parents) : 2개의 품종의 교잡하여 번식돈 생산, 실용돈 생산 목적

④ 실용돈(CS, commercial stock) : 5~6개월 비육하여 식용으로 이용

2. 돼지의 특성

(1) 형태 및 해부학적 특징

① 피부와 털

㉠ 피부 두께가 1~2㎜이며 피지선이 퇴화되어 건조하고 각질이 많이 발생한다.

㉡ 털은 품종에 따라 거친 털, 곱슬 털이 있고 백색, 적색, 흑색, 반점들이 있다.

■ **라드형(lard type)**
체장이 짧고 지방층이 두텁고 조숙 조비형
– 버크셔, 중요크셔, 폴란드차이나

■ **베이컨형(bacon type)**
체장이 길고 베이컨이 많음
– 랜드레이스, 대요크셔, 탐워스 등

■ **고기형(meat type)**
등지방이 얇고 햄(엉덩이)이 발달
– 햄프셔, 중요크셔 등

② 귀와 얼굴
㉠ 귀는 직립형, 처진형, 접힌형 등 다양하며 정맥 주사 부위이다.
㉡ 얼굴은 길고 좁은 것, 짧고 넓은 것, 곧은 것, 위로 굽은 것 등 다양하다.
㉢ 윗 턱과 연결된 코 연골은 땅을 파기 쉽도록 되어 있다.

③ 체중과 체형
㉠ 품종에 따라 차이가 많이 나며 일반적으로 110㎏에 출하한다.
㉡ 출생 시 체중은 1.4㎏ 정도이다.

④ 소화기관
㉠ 이빨은 3개월령에 28개의 유치, 18개월령에 44개의 영구치를 갖는다.
㉡ 어금니와 송곳니가 모두 발달한 잡식성 동물로 위가 1개이다.
㉢ 장의 길이는 초식과 육식동물의 중간으로 체장의 14~16배이다.

⑤ 생식기관
㉠ 계절에 관계없이 번식하고 성성숙이 빨라 5~6개월이면 발정이 온다.
㉡ 암컷은 자궁각이 길고 꼬불 꼬불한 쌍각자궁 형태이다.
㉢ 유두의 수는 보통 12~14개가 있다.

(2) 생리적 특성

■ **사료 이용성**
사료효율
= 증체량/사료 섭취량
사료요구율
= 사료 섭취량/체중 증가량

① 잡식성 : 동물성 사료, 식물성 사료, 농후사료, 조사료 등 모두 섭취한다.
② 다산성 : 한배에 8~12마리의 새끼를 낳으며, 1년에 2~2.5회 분만이 가능한 다산성 동물이다.
③ 다육성 : 사료 요구율이 3.0~3.5으로 사료 효율이 높고 성장이 빨라 5~6개월이면 100~110㎏이 된다.
④ 후각과 청각 발달
㉠ 후각이 발달되어 자신의 새끼를 구별한다(위탁 포유 시 어미의 오줌을 발라 준다).
㉡ 청각이 발달하여 주인 발자국 소리도 기억한다.

(3) 심리적 특성

① 굴토성

㉠ 돼지의 코 등에는 연골판이 있어 땅을 잘 파는 성질이 있다.

㉡ 발달된 후각과 촉각을 이용하여 흙속에 있는 풀뿌리, 벌레, 미량 원소 등을 섭취한다.

② 청결성

㉠ 돼지는 잠자는 곳과 배설하는 장소를 구별하는 청결성이 있다.

㉡ 청결성은 안심하고 쉴 수 있는 장소를 적으로부터 보호하려는 본능에서 시작되었다.

③ 마찰성 : 목이 굵고 꼬리가 짧아 외부 해충이나 가려움증이 있으면 몸을 비비는 마찰성이 있다.

④ 후퇴성

㉠ 돼지는 꼬리를 뒤로 잡아당기면 앞으로 가는 후퇴성이 있다.

㉡ 후퇴성을 이용하여 돼지를 보정하여 예방 주사 등 특수 관리를 하는 데 이용한다.

⑤ 군거성 : 무리를 지어 생활하는 군거성이 있다.

3. 돼지의 품종

(1) 돼지의 주요 품종

품 종 명	원산지	모 색	산자수	특 징
대요크셔 (라지화이트)	영국	흰색	10~12	● 얼굴이 곧고 귀가 직립 ● 번식 능력과 포유능력 우수 ● 3원 교잡 시 모계로 사용
버크셔	영국	흑색 6백 (사지, 이마, 꼬리 등)	7~9	● 얼굴, 네다리 끝, 꼬리는 백색 ● 얼굴이 위로 굽음. 산자수 적음 ● 체질 강건, 중형종, 사육수 감소 추세
랜드레이스	덴마크	흰색	11~12	● 얼굴이 곧고 귀가 밑으로 늘어짐 ● 베이컨형으로 산자수가 가장 많음 ● 번식, 비유능력이 우수, 모계용으로 쓰임 ● 후구 다리가 약하고 피부가 약함

품종	원산지	털색	산자수	특징
듀록	미국	담홍색 농적색	10	● 귀는 직립이나 끝이 처짐 ● 체질과 적응성이 강하여 부계용으로 쓰임 ● 방목에 적합하고 증체량이 많음
햄프셔	미국	흑색, 흰색 어깨 띠	8~10	● 귀가 곧음. 체질 강건, 방목용으로 적합 ● 등 지방층 얇음. 부계용으로 쓰임
폴란드차이나	미국	흑색 6백 (사지, 이마, 꼬리 등)	8	● 얼굴이 곧고 귀가 처짐. 조숙 조비 ● 산자수가 적음, 라드형
스포티드	미국	흑 · 백반	8~10	● 몸이 길고 근육 발달 ● 흰색과 검은색이 1/2
체스터화이트	미국	흰색	10	● 귀가 약간 늘어짐. 성질 온순. 모계용 ● 번식 능력 우수. 증체량 낮음
한국종	한국	흑색	6~8	● 코 주위에 주름이 있고 체구가 작음 ● 성장률, 도체율이 낮으나 육질 양호

대요크셔종

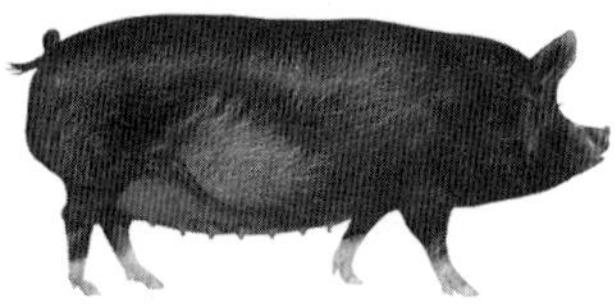
버크셔종

랜드레이스종

듀록종

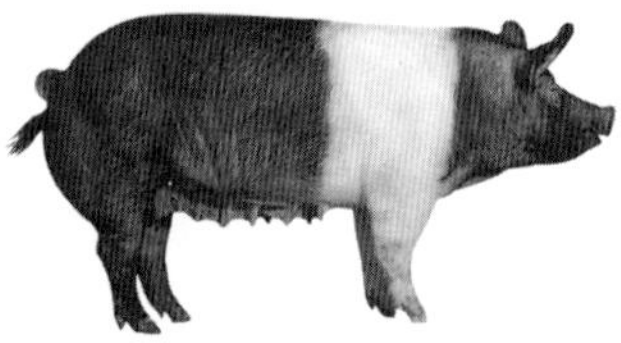
햄프셔

한국종

폴란드차이나

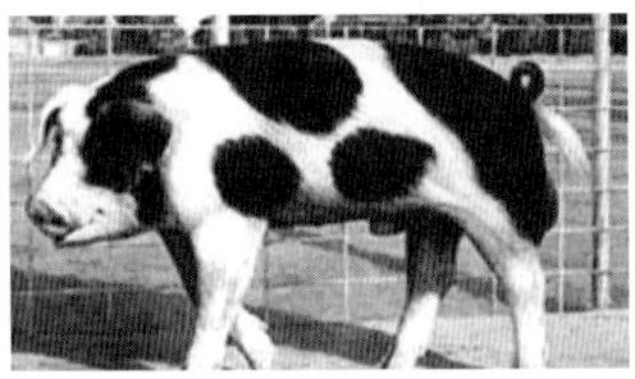
스포티드

체스터 화이트

출처 : Hoechst Holland N.V. Agro, Animal Health

돼지의 품종

(2) 품종의 선택 기준

① 산자수 : 한배 새끼수가 많을 것
② 포유능력 : 젖 생산량과 새끼를 돌보는 능력이 우수할 것
③ 번식능력 : 수태율이 높을 것
④ 발육과 체형 : 일당 증체량이 높고 고기형의 체형일 것
⑤ 육질 : 도체율, 도체장, 배장근 면적이 우수하고 등지방이 적을 것

(3) 새끼돼지의 선택 기준

① 한배 새끼 전체가 균일한 것
② 체구가 장방형이고 옆구리가 잘 펴져 있고 네 다리가 바르게 위치할 것
③ 피부는 부드러우며 탄력이 있고 여유가 있을 것
④ 피모는 광택이 있고 밀생된 것
⑤ 젖꼭지가 6쌍 이상으로 간격이 넓고 균일하며 잘 배열된 것
⑥ 귀는 얇으며 두 귀 사이가 넓을 것
⑦ 생리적, 유전적 결함이 있는 것을 피할 것
⑧ 어깨가 넓고 후구가 잘 발달된 것

■ 돼지의 경제적 형질

① 산자수 : 경산돈이 초산돈보다 많다. 9~10두 이상이면 우수
② 이유 시 체중 : 이유 전 성장률을 표시, 모돈의 비유능력에 영향
③ 이유 후 증체율 : 이유 후부터 출하 전까지의 증체량으로 표시
④ 사료효율 : 증체율을 사료 소비량으로 나누어 계산, 높을수록 좋다.
⑤ 도체의 품질 : 도체장, 배장근단면적, 도체율, 등지방 두께 등

4. 돼지의 번식

(1) 교배 적령기

① 수퇘지는 생후 8~9개월에 체중이 120~130㎏ 정도 되었을 때 번식에 이용
② 암퇘지는 생후 8개월 이후 체중이 120~130㎏ 이상, 등지방 두께가 18㎜ 이상일 때 번식에 이용

(2) 발정과 교배

① 발정증상은 외음부가 붉게 커지고 유백색의 점액이 나오며 승가를 허용한다. 또한 귀를 몸쪽으로 눕히고 소리를 지르거나 오줌을 자주 누며 식욕이 감퇴하는 징후를 보인다.
② 발정주기는 평균 21일이고, 발정지속시간은 평균 58시간이며 경산돈이 초산돈보다 길다.

③ 교배적기는 승가허용 후 10~26시간, 외음부의 붓기가 최고조에 달했다가 쭈글쭈글해지는 시점이다.

(3) 임신과 분만

① 임신기간은 평균 114일, 즉 3개월 3주 3일이 된다.

② 진통에 따라 5~30분 간격으로 1마리씩 낳으며 모두 분만하는 데 2~3시간이 걸린다.

③ 탯줄은 행동하는 데 방해되지 않도록 5~7㎝를 남기고 자른 뒤 소독한다.

5. 자돈 및 육성돈 관리

▮ 자돈관리의 3대 원칙
① 보온 : 매우 중요하다.
② 건조 : 상태습도는 50~60% 유지
③ 청결 : 주기적 소독으로 질병 예방

(1) 적온의 유지

① 적온 : 생후 1~3일 30~32℃, 4~7일 28~30℃, 8~30일 22~25℃, 31~45일 20~22℃

② 돈방 내 자동 보온상자 또는 보온등, 보온매트 등을 설치한다.

(2) 초유 급여

① 초유는 분만 후 3일간 분비되는 것으로 30분 이내에 충분한 양을 먹인다.

② 초유에는 단백질, 지방, 비타민 등 영양분 함량이 매우 높다.

③ 면역 글로블린 G(IgG)가 함유되어 항체를 형성하여 질병에 대한 저항성을 갖게 한다.

④ 태변 배출을 촉진하는 기능이 있다.

(3) 포유

① 체중이 무겁고 강한 새끼는 뒤쪽 젖꼭지에, 약한 새끼는 앞쪽의 젖꼭지에 포유시킨다.

② 자기 젖꼭지가 결정될 때까지 2~3일간 잘 관리한다.

③ 비유 능력이 우수하면 10~12마리, 초산이거나 비유 능력이 좋지 못하면 8마리 정도로 제한하는 것이 좋다.

④ 출생 후 1주일까지는 1일 24회, 이후 점차 감소하여 이유 시에는 17회 포유한다.

(4) 위탁 포유

① 위탁 포유
- ㉠ 이유어미가 죽거나 질병으로 새끼를 키울 수 없는 경우
- ㉡ 다산으로 어미의 젖꼭지 수보다 많은 새끼를 분만하였을 경우
- ㉢ 어미의 젖 분비량이 적을 경우
- ㉣ 성장이 부진한 새끼돼지의 정상적인 발육을 위해 실시한다.

② 위탁 포유 요령
- ㉠ 분만 간격이 3일 이내의 동일기에 분만한 모돈으로 보낸다.
- ㉡ 양자 보낼 자돈은 초유를 충분히 먹인 후 실시한다.
- ㉢ 위탁 모돈의 오줌이나 분을 새끼의 몸통에 발라 위장시킨다.
- ㉣ 위탁 모돈의 새끼 돼지와 30분 정도 합사시킨 후 포유시킨다.

(5) 송곳니 자르기

① 목적 : 포유 어미 젖꼭지의 상처 및 자돈끼리 싸움으로 인한 상처 방지

② 방법 : 출생 직후 아래턱과 위턱 각 4개씩, 총 8개의 송곳니를 1/2~1/3씩 니퍼로 자르거나 그라인더로 갈아준다.

(6) 꼬리 자르기(단미)

① 목적 : 자돈 또는 육성돈 시기에 꼬리를 물거나 잘라먹는 버릇 방지, 잘린 꼬리의 골수염 등 질병의 예방

② 방법 : 생후 1~3일령에 3번~4번 미추 사이(2㎝ 정도 남김)를 단미기로 자른다.

가스 단미기

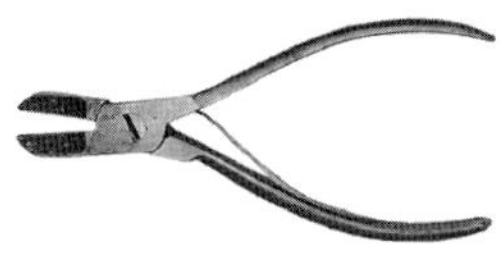

절치기(니퍼)

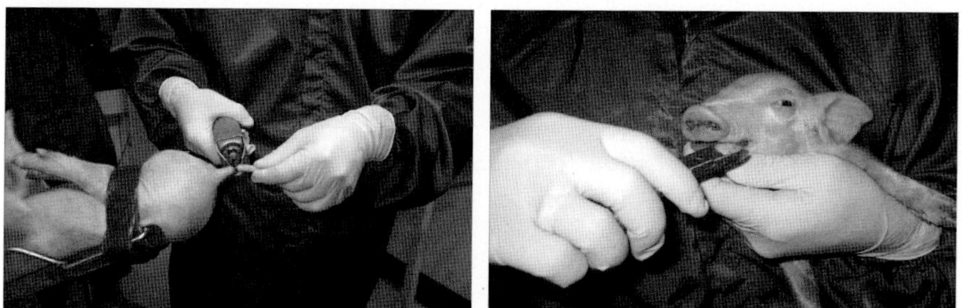

돼지의 꼬리 자르기와 송곳니 자르기

(7) 거세

① 목적 : 웅취 발생 예방, 육질 양호(상강육), 성질 온순

② 시기 : 생후 3~5일 이내(최근에는 1일령에 실시하는 추세임)

③ 방법 : 외과적 수술에 의한 완전 거세

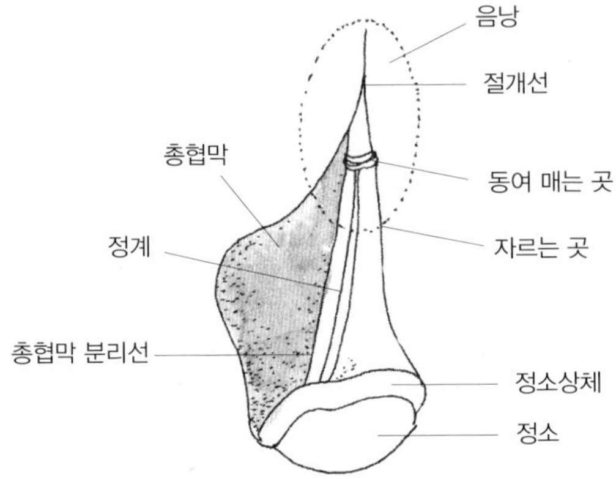

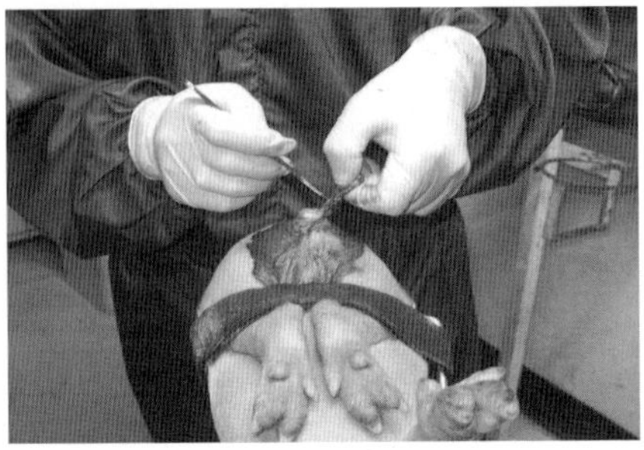

정소를 압출시켜 총협막과 정계를 분리한 후 봉합사로 묶고 자른다.

(8) 귀표하기

① 시기 : 귀표는 출생 즉시 분만 관리를 할 때 실시한다.

② 방법 : 귀표 부분을 알코올로 소독한 후 전이기로 신속하게 자른다.

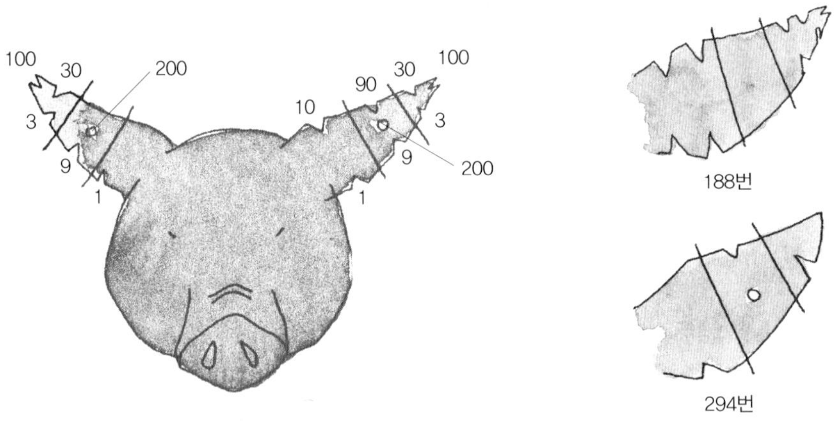

귀 자르기(한국종축개량협회 표준 이각)

※ 개체 표시방법은 귀 자르기, 귀표 붙이기, 입묵법이 있다.

(9) 빈혈 예방

① 철분주사 시기 및 주사량

㉠ 1차 : 생후 1~3일(두당 100㎎/1mL)

㉡ 2차 : 생후 10~14일(두당 100㎎/1mL)

② 주사 방법 : 대퇴부나 목 부위 근육에 1~2mL를 주사한다.

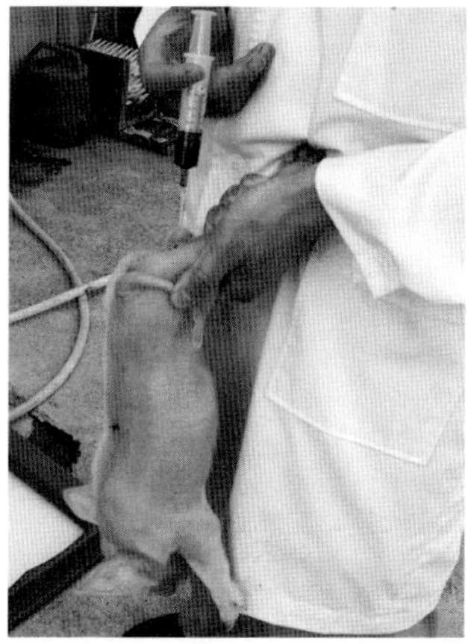

철분 주사

(10) 이유

① 이유 시기 : 평균 21일령

② 이유 시 자돈 체중 : 평균 6.0㎏(5.6~6.4㎏)

③ 최소한 14일령 이후에 이유시켜야 한다.

④ 이유 시기가 28일 이상이면 발정 재귀일이 늦어진다.

(11) 조기 이유

① 조기 이유의 목적

㉠ 포유 모돈으로부터 신생 자돈으로 병원체가 전파되는 수직감염을 차단할 수 있다.

㉡ 분만 회전율 향상(보통 이유 후 5일 이내에 발정, 1두당 2.3회 이상을 확보)

㉢ 한 배 새끼의 생존율 향상(11두 이상 확보)

㉣ 모돈 1두당 경비 절감(20~30% 이상 생산성 향상)

▮ 이유 시기의 결정 요인

① 어미 돼지의 수유량
② 면역 수준
③ 이유 후 발정 및 수태율
④ 차기 산자수
⑤ 돈사 시설비용
⑥ 사료 비용
⑦ 관리자 수준
⑧ 모돈의 사료섭취 능력
⑨ 이유 체중

6. 번식돈 관리

(1) 후보돈 육성 및 선발

① 후보돈은 보통 4개월, 체중 70㎏부터 육성한다.

② 생식기의 발달을 촉진시키기 위해 알팔파 분말 또는 목초를 첨가하여 급여하기도 한다.

③ 일반적으로 6개월이 지나면 두당 1.8~2.0㎏/일 정도의 사료를 급여한다.

④ 체중 100㎏ 이후에는 제한급여를 하여 체지방축적을 억제하고 근육형성에 중점을 둔다.

⑤ 모돈의 선발은 90㎏ 이상에서 선발기준에 따라 선발한다.

⑥ 교배 시기는 7~8개월령 이후 2~3번째 발정기에 하며 발정을 촉진하기 위해 웅돈방에 넣어 자극을 주기도 한다.

⑦ 이상적인 모돈의 체형 점수는 ③이 적당하다.

체형

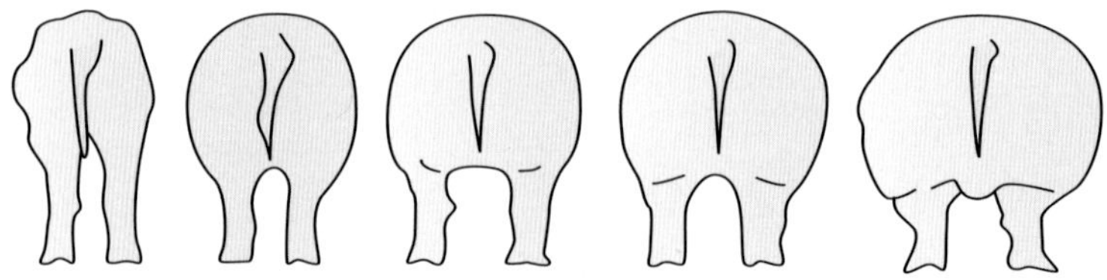

점수	①	②	③	④	⑤
구분	매우 마름	마름	적당	약간 비만	매우 비만

모돈의 체형점수

(2) 임신돈 관리

① 임신초기 : 교배~4주령까지, 임신중기 : 5주령~11주령, 임신말기 : 12주령~16주(분만)로 구분한다.

② 임신초기에는 저에너지사료 급여 또는 제한급여해야 태아의 생존율이 높아진다.

③ 임신초기는 태아 발육이 완만한 시기로, 과비는 산자수 감소와 분만장애를 일으킬 수 있다.

④ 사료 급여량은 초산돈 2.5~3.5㎏, 경산돈 2.5~3.0㎏을 급여한다.

⑤ 초산돈은 자체성장을 위해 경산돈보다 0.5~1㎏을 더 증량 급여한다.

⑥ 과비는 수정란과 산자수 감소의 원인이 되고 분만장애를 일으킬 수 있다.

⑦ 임신말기는 수태 후 80일부터 분만까지 약 35일간으로 임신돈의 체중, 자궁, 태아, 양막, 유선 등이 급격히 증가하므로 전반기 사료급여량보다 20~30% 증량하여 급여한다.

(3) 포유돈 관리

① 포유돈은 젖 생산으로 포유 전보다 25% 정도 체중이 감소된다.

② 비유기간 중 영양 공급이 부족하면 체중 감소가 심해 무발정 또는 발정지연 등을 일으킨다.

③ 포유돈의 사료급여량은 어미돼지의 체중, 산차, 포유자돈수 등에 의해서 결정된다.

④ 일반적으로 분만 후 3일까지는 1.9~2.1㎏을 급여하고, 4일부터 매일 300~400g씩 증량하여 최대급여량을 4~6㎏까지 급여한다.

⑤ 사료급여량은 어미의 체중, 산차, 한배 새끼수에 따라 달라진다.

⑥ 이유하기 수일 전부터 점차적으로 감량하여 사료를 급여한다.

(4) 종부 전 관리

① 이유 후 몸이 쇠약해진 모돈에게 종부 2~3주전 고에너지 및 고단백질 사료를 급여하는 강정사양을 하여 재귀발정을 빨리 오게 한다.

② 강정사양은 영양상태가 불량한 개체의 배란수와 복당 산자수의 증가에 효과적이다.

③ 일반적으로 하루 0.5㎏정도 증체가 적당하다.

(5) 종모돈의 사양 관리

① 종모돈은 생후 18개월까지는 정액량과 농도가 상승하여 5세가 되기까지 유지된다.

② 수돼지의 사양 관리가 소홀하면 성욕, 정자수 및 활력이 저하되어 암돼지의 수태율이 떨어진다.

③ 사료는 5~6개월령 체중 100㎏ 전후까지 무제한으로 사료를 급여한다.

④ 종모돈이 비만하면 뒷다리가 약해지고 번식 능력이 저하되므로 충분한 운동을 시킨다.

⑤ 종모돈은 서로 싸우거나 등에 오르는 것을 방지하기 위하여 한 돈방에 한 마리씩 넣어 관리한다.

⑥ 종모돈의 교배 횟수가 많으면 수명을 단축시키고 수태율과 산자수의 저하를 가져온다.

⑦ 교배는 사료 급여 후 2시간 이내, 질병이나 부상 치료 후 30일 이내에는 실시하지 않는다.

⑧ 교배 후에는 충분한 휴식 기간을 주어야 번식 성적이 좋아진다.

⑨ 1일 사료 급여량은 교배기에는 2.5~3.5㎏, 비교배기에는 2~3㎏이 적당하다.

⑩ 정액 채취는 1주에 3회 이내로 실시한다(4~5일 간격으로 실시).

7. 비육돈 관리

(1) 비육돈 사양관리

① 비육돈의 발육 과정은 골격, 근육, 지방 순으로 발달한다.

② 성장 초기와 중기에는 골격과 근육, 성장 후기에는 근육의 발달과 지방의 축적이 점차로 증가한다.

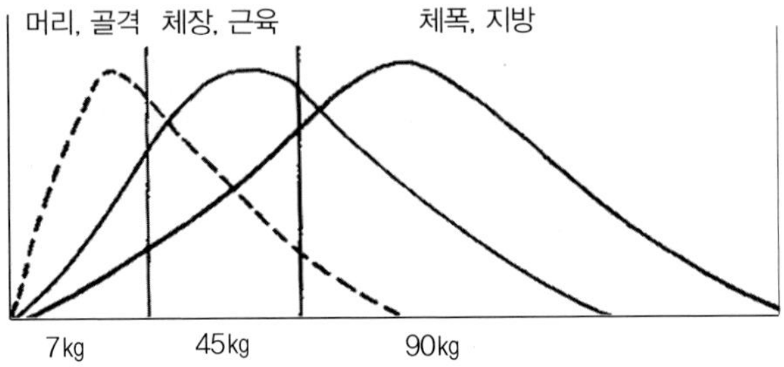

비육돈의 발육 과정

③ 50kg 전후인 비육 전기까지는 근육의 성장은 빠르나 체지방 형성은 늦기 때문에 자유급식을 한다.

④ 비육 후기에는 과다한 지방축적을 막기 위해 탄수화물 사료를 제한하여 급여한다.

⑤ 비육돈은 체중을 기준으로 하여 육성기, 비육 전기, 비육 후기로 나누어 사료를 급여한다.

⑥ 비육돈 새끼돼지 : 건강하고 등이 수평, 배가 처지지 않고 어깨는 넓으며 후구가 발달한 것

⑦ 비육돈의 적당한 사육 온도는 20℃ 내외이며 습도는 60~80%가 최적이다.

▮ 잡종강세를 이용한 비육돈의 3원 교잡

랜드레이스(♀) × 대요크셔(♂)

↓

F_1(♀) × 듀록 또는 햄프셔(♂)

↓

F_2 ――― 비육돈

〈표 8-1〉 비육돈 사양 표준 매뉴얼(농촌진흥청)

사육단계	육성 전기		육성 후기		비육 전기				비육 후기		
주령	9	11	12	14	16	17	18	20	22	24	26
표준 체중(㎏)	20.1	27.6	31.6	40.2	51	57	63	75.2	87.7	100.15	113
일당 증체량(g)	443	536	571	614	771	857	857	871	889	893	893
섭취량(㎏)	1.1	1.45	1.65	1.79	2.1	2.2	2.3	2.8	3.07	3.17	3.5
사료명	육성 전기		육성 후기		비육 전기				비육 후기		
적정 온도(℃)	20~22				18~20						
두당 소요 면적(㎡)	0.6				0.9						

(2) 비육돈의 출하

① 비육돈의 출하 체중 : 115~120㎏

② 출하 체중을 균일하게 한다.

③ 암수 분리, 위축돈 분리 출하가 유리하다.

④ 비육돈의 출하와 계류 시 스트레스를 주면 물돼지고기(PSE)가 발생한다.

▮ 물돼지고기(PSE : Pale Soft Exudative) 방지

① 수송 시 적정 두수 적재, 차광막 설치 등 스트레스 최소화

② 상하차 시 몰이판 이용, 수송시간 최소화, 계류장의 휴식

③ 출하 12시간 전 절식, 물만 공급

8. 양돈장의 유형

① 종돈전문농장

원원종, 원종돈이나 이원교배 모돈의 생산이 목적

② 자돈생산농장

모돈을 사육하여 자돈 생산, 20~25㎏의 이유 자돈을 비육농장에 판매

③ 비육전문농장

㉠ 20㎏ 내외의 자돈을 구입, 육성 · 비육하여 판매

㉡ 시설, 장비 투자비용이 적고 자금회전이 빠름

④ 일관경영농장

㉠ 번식용 모돈 사육 → 종모돈 정액구입 인공수정 → 자돈 생산 → 육성, 비육 → 출하

㉡ 가장 일반적인 양돈농가의 형태

⑤ 계열농장

㉠ 조합 또는 기업과 양돈농가 연계하여 생산, 가공, 유통

㉡ 경기 변동에도 안정적인 수익이 보장 됨

기출문제

| 정답 및 해설 |

01 덴마크가 원산지이며 흰색으로 산자수가 많아 3원 교배시 모계용으로 쓰는 품종은?

㉮ 대요크셔
㉯ 버크셔
㉰ 랜드레이스
㉱ 듀록

■ 대요크셔 : 영국, 흰색
버크셔 : 영국, 흑색에 6백
듀록 : 미국, 담황색

정답 ㉰

02 다음 중 돼지의 생리적 특성에 들지 않는 것은?

㉮ 잡식성
㉯ 다산성
㉰ 다육성
㉱ 초식성

■ ㉮㉯㉰ 외에 후각과 청각 발달

정답 ㉱

03 돼지를 보정하거나 예방주사 등 특수관리를 하는 데 이용하는 심리적 특성은?

㉮ 후퇴성
㉯ 군거성
㉰ 청결성
㉱ 굴토성

■ 돼지는 꼬리를 뒤로 잡아당기면 앞으로 가는 후퇴성이 있다.

정답 ㉮

04 미국이 원산지로 흑색에 어깨와 앞다리 사이에 흰 띠가 있으며 체질이 강건하여 기후풍토에 적응성이 강한 돼지는?

㉮ 버크셔　　㉯ 햄프셔
㉰ 듀록　　㉱ 체스트 화이트

■ 햄프셔는 귀가 곧고 체질이 강건하며, 방목용으로 적합하다.

정답 ㉯

05 다음 중 돼지의 경제적 형질에 속하지 않는 것은?

㉮ 산자수
㉯ 이유 시 체중
㉰ 출하 시 체중
㉱ 사료 효율

06 다음 중 돼지의 교배 적기는?

㉮ 승가 허용 후 10~26시간
㉯ 승가 허용 후 30~58시간
㉰ 발정 개시 후 30~58시간
㉱ 발정 종료 후 10~26시간

07 새끼 돼지 포유 관리에 대한 설명으로 바르지 못한 것은?

㉮ 자기 젖꼭지가 결정될 때까지 2~3일간 잘 관리한다.
㉯ 강한 새끼는 앞쪽의 젖꼭지에 포유시킨다.
㉰ 출생 후 1주일까지는 1일 24회 포유시킨다.
㉱ 비유 능력이 우수하면 10~12마리까지 포유시킨다.

08 다음 중 거세를 실시하는 주목적은?

㉮ 성장 촉진
㉯ 웅취 예방
㉰ 질병 예방
㉱ 식욕 촉진

정답 및 해설

■ ㉮㉯㉱ 외에 이유 후 증체율이 있다.

정답 ㉰

■ 교배적기는 승가허용 후 10~26시간, 외음부의 붓기가 최고조에 달했다가 쭈글쭈글해지는 시점이다.

정답 ㉮

■ 약한 새끼는 앞쪽의 젖꼭지에 포유시킨다.

정답 ㉯

■ 거세의 목적
웅취 발생 예방, 육질 양호(상강육), 성질 온순

정답 ㉯

정답 및 해설

09 덴마크에서 재래종에 요크셔를 교배시켜 베이컨형으로 개량한 흰돼지 품종은 ?

㉮ 폴란드차이나
㉯ 체스터화이터
㉰ 햄프셔
㉱ 랜드레이스

■ 랜드레이스는 얼굴이 곧고 귀가 밑으로 늘어지는 품종이다.

정답 ㉱

10 돼지에서 산자수가 가장 많은 돼지의 품종은?

㉮ 랜드레이스종
㉯ 버크셔종
㉰ 듀록저지종
㉱ 햄프셔종

■ 랜드레이스는 베이컨형으로 산자수가 11~12두로 가장 많다.

정답 ㉮

11 돼지의 육성에서 잡종강세를 최대한 이용하기 위한 교배 방법은?

㉮ 1대 잡종 이용
㉯ 윤환교배
㉰ 3원 교잡
㉱ 계통교배

■ 랜드레이스 × 대요크셔
F_1 × 햄프셔 또는 듀록의 3원 교잡이 가장 많이 이용된다.

정답 ㉰

12 돼지의 생육기별 영양소 공급이 최대로 필요하여 사료량을 최대로 증량해야 하는 돼지는?

㉮ 육성돈
㉯ 임신돈
㉰ 포유돈
㉱ 종모돈

■ 포유돈은 최대급여량을 4~6㎏까지 급여한다. 사료급여량은 어미의 체중, 산차, 한배 새끼수에 따라 달라진다.

정답 ㉰

13 다음 설명 중 돼지의 품종 선택 기준으로 적합하지 않은 것은?

㉮ 산자수
㉯ 포유 능력
㉰ 성격 온순
㉱ 번식 능력

14 돼지의 거세에 적당한 시기는?

㉮ 생후 3~5일
㉯ 생후 14~21일
㉰ 생후 21~28일
㉱ 생후 1~2개월

15 돼지의 경제적 형질에 속하지 않는 것은?

㉮ 산자수
㉯ 이유 시 체중
㉰ 체형과 모색
㉱ 사료 효율

16 미국 뉴저지주 원산으로 육질이 우수하여 우리나라에서 3원 교잡종 생산을 위한 부돈(종모돈)으로 많이 이용되는 품종은 ?

㉮ 랜드레이스종
㉯ 듀록종
㉰ 햄프셔종
㉱ 요크셔종

정답 및 해설

■ 돼지의 품종 선택 기준
① 산자수
② 포유능력
③ 수태율
④ 발육과 체형
⑤ 육질과 도체율

정답 ㉰

■ 돼지 거세의 시기
생후 3~5일 이내(최근에는 1일령에 실시하는 추세)

정답 ㉮

■ ㉮㉯㉱ 이외에 이유 후 증체율, 도체의 품질 등이 있다.

정답 ㉰

■ 듀록종은 체질과 적응성이 강하여 부계용으로 쓰인다.

정답 ㉯

정답 및 해설

17 초유에 대한 설명으로 바르지 못한 것은?

㉮ 분만 후 3일간 분비되는 젖이다.
㉯ 영양분 함량이 매우 높다.
㉰ 면역 글로블린이 없다.
㉱ 태변 배출을 촉진하는 기능이 있다.

■ 면역 글로블린 G(IgG)가 함유되어 항체를 형성하고 질병에 대한 저항성을 갖게 한다.

정답 ㉰

18 새끼돼지는 출생 직후 어미의 젖꼭지나 다른 새끼에 상처를 주기 쉬운 송곳니를 잘라주어야 하는데 출생 시 송곳니의 갯수는?

㉮ 2개
㉯ 4개
㉰ 8개
㉱ 12개

■ 출생 직후 아래턱과 위턱 각 4개씩, 총 8개의 송곳니를 1/2~1/3씩 자르거나 그라인더로 갈아준다.

정답 ㉰

19 돼지의 일반적인 이유시기로 적당한 것은?

㉮ 14일령
㉯ 21일령
㉰ 32일령
㉱ 40일령

■ 최소한 14일령 이후에 이유시켜야 하며 이유 시기가 28일 이상이면 발정 재귀일이 늦어진다. 이유시 체중은 평균 6㎏ 정도 되어야 한다.

정답 ㉯

20 새끼 돼지의 빈혈 예방을 위한 방법은?

㉮ 항생제 주사
㉯ 비타민 주사
㉰ 고영양 사료 급여
㉱ 철분 주사

■ 철분주사 : 대퇴부 근육주사
1차 : 생후 1~3일(100㎎/1mL)
2차 : 생후 10~14일(100㎎/1mL)

정답 ㉱

정답 및 해설

21 돼지의 심리적 특성에 속하지 않는 것은?

㉮ 굴토성
㉯ 청결성
㉰ 마찰성
㉱ 전진성

■ ㉮㉯㉰ 이외에 후퇴성, 군거성이 있다.

정답 ㉱

22 돼지의 체형 중 체장이 짧고 지방층이 두텁고 조숙 조비형으로 버크셔, 중요크셔, 폴란드차이나 등이 있다. 이러한 돼지의 체형은?

㉮ 살코기형
㉯ 베이컨형
㉰ 라드형
㉱ 고기형

■ 베이컨형(bacon type) : 체장이 길고 베이컨이 많은 품종, 랜드레이스종, 대요크셔종, 탐워스종 등
고기형(meat type) : 등지방이 얇고 햄(엉덩이)이 발달된 품종, 햄프셔종, 중요크셔종 등

정답 ㉰

23 물돼지고기(PSE : Pale Soft Exudative) 방지에 대한 조치로 바르지 못한 것은?

㉮ 수송 시 적정 두수를 적재하여 스트레스를 최소화한다.
㉯ 상하차 시 전기봉 사용을 금지하고 몰이판을 이용한다.
㉰ 출하 전 충분한 양의 사료와 물을 공급한다.
㉱ 수송시간을 최소화하고 계류장에서 휴식을 취하게 한다.

■ 12시간 전 절식, 물만 공급한다.

정답 ㉰

24 번식돈을 사육하여 자돈을 생산하고 육성 비육하여 판매하는 농장 형태는?

㉮ 일관경영농장
㉯ 자돈생산농장
㉰ 계열농장
㉱ 비육전문농장

■ 일관경영농장은 가장 일반적인 양돈농가의 형태이다.

정답 ㉮

03 가금의 사육과 관리

1. 닭의 기원과 특성

(1) 닭의 기원

① 닭은 조류강, 순계목, 치계과, 계속, 계종에 속하는 동물이다.

② 닭은 BC 4,000년경 야계(들닭)가 순화되어 가축화 되었다.

③ 야계의 종류

㉠ 적색야계 : 인도, 중국, 동남아 지역 - 가장 많이 서식, 닭의 조상이라 추정

㉡ 실론야계 : 스리랑카(옛 실론)

㉢ 회색야계 : 중국, 서남인도 지역

㉣ 녹색야계 : 자바섬 지역

적색야계

회색야계

녹색야계

실론야계

야계의 종류

(2) 닭의 형태적 · 생리적 특성

① 뼈 속에 공기가 들어 있는 함기골로 되어 있다.

② 이빨, 입술이 없고 부리로 되어 있으며 맹장이 발달되어 있다.

③ 기낭은 폐와 연결되는 공기주머니로 체온유지와 나는 데 도움을 준다.

④ 호흡수는 20~30회이고, 맥박은 250~300회로 매우 빠르다.

⑤ 볏의 모양에 따라 홑볏, 장미볏, 완두볏, 호두볏, 털볏이 있다.

⑥ 닭의 피부에는 땀샘과 피지샘이 없어 피부의 표면은 건조하다. 꼬리에 기름샘이 있다.

⑦ 닭의 체온은 41~42℃로 포유동물보다 월등히 높고 더위에 약하다.

(3) 일반적 특성

① 쪼는 습성 : 곤충을 포식하는 습성이 있어 식우증을 갖고 태어난다.

② 털갈이 : 일조시간이 짧아지는 가을부터 봄까지 털갈이를 한다.

③ 장일성 동물 : 일조시간이 길어지는 봄철에 산란을 하는 동물이다.

④ 성격이 민감하여 주위 경계심이 강하고 잘 놀랜다.

홑볏 장미볏 완두볏 호두볏 털볏

볏의 모양과 명칭

(4) 닭의 소화 기관

① 입 → 식도 → 소낭 → 선위 → 근위 → 소장 → 대장 → 총배설강으로 되어 있다.

② 입은 이가 없고 부리로 되어 있어 알곡을 주어 먹는 데 편리하다.

③ 소낭(모이주머니)은 모이를 12시간 정도 불려 연하게 하고 발효시킨다.

④ 선위는 위산과 펩신 등 소화액을 분비하며 소화를 돕는다.

⑤ 근위는 두텁고 강한 근육으로 곡류를 부수고 혼합하는 역할을 한다.

⑥ 소장은 십이지장, 공장, 회장으로 구분되고 췌장에서 분비되는 췌장액, 간에서 분비되는 답즙액, 소장에서 분비되는 장액이 3대 영양소를 분해하여 흡수한다.

⑦ 맹장은 한 쌍의 긴 자루 모양으로 된 기관으로 미생물에 의해 섬유소를 분해한다.

⑧ 대장은 매우 짧으며 끝 부위의 총배설강은 항문과 함께 비뇨기, 생식기와 연결된다.

▮ 췌장액

아밀라제 : 탄수화물 분해

트립신 : 단백질 분해

리파제 : 지방 분해

(5) 암탉의 생식기관

① 암탉의 난소는 오른쪽은 퇴화되고, 왼쪽의 난소와 난관만이 발달되어 있다.

② 정자는 암컷의 생식기 내에서 장기간 수정능력을 유지한다.

〈표 8-2〉 난관의 길이와 기능

구성	길이/㎝	경과시간	기 능
난관누두부	11~12	15분	수정장소
난백분비부	30~35	3시간	농후난백 분비, 알끈 형성
협부	10~11	1시간35분	수양난백 분비, 난각막 형성
자궁부	10~11	19~20시간	난각, 난각색소 분비
질부	6~7	1~10분	산란
계	70~80	24~26시간	

③ 난소의 난포는 약 1,000~3,000개가 있으며 에스트로겐의 영향을 받아 발달한다.

④ 난관은 난관누두부, 난백분비부, 협부, 자궁부, 질부의 5개 부분으로 되어 있다.

⑤ 난관은 복강 왼쪽의 대부분을 차지하고 있으며, 총배설강과 연결되어 있다.

(6) 수탉의 생식기관

① 1쌍의 정소, 정소 상체, 2개의 정관, 퇴화된 교미기로 되어 있다.

② 정소는 포유류에서처럼 음낭으로 내려오지 않고 복강 내에 머물러 있다.

③ 정액은 10~12주령에도 생성되나 인공수정용은 22~26주령에 채취한다.

2. 닭의 품종과 선택

(1) 닭의 주요 품종

구분	품 종 명	원 산 지	모 색	산란수	난중(g)
난용종	백색 레그혼	이탈리아	흰색. 홑볏	200~250	55~60
	미노르카	스페인	흑색. 홑볏	180~200	60
	햄버그	독일 함부르크	은색, 금색, 장미볏	200	50
	안달루시안	이탈리아	청회색, 홑볏	150	60
육용종	코니시	영국	흰색. 완두볏	100~150	55~60
	코친	중국	담갈색. 홑볏	90	50
	부라마	인도	삼매관		
겸용종	횡반 플리머드록	미국	흑색. 흰점. 홑볏	220	55~80
	로드아일랜드 레드	미국	적색. 홑볏	220	55~60
	뉴햄프셔	미국	갈색. 홑볏	220	55~60
애완종	폴리시	폴란드	주황색, 털볏	120	40
	오골계(실키)	말레이시아	흰색, 장미볏, 3매관	80	40~50
	오골계(연산)	한국	검정색, 홑볏	100	45
	폴리시	폴란드	청색, 담갈색 무늬, 털볏	100	50
	장미계	일본	적색, 홑볏	60	40
	챠보	인도지나	흰색, 갈색, 홑볏	40	20~30

레그혼

미노르카

안달루시안

횡반 플리머드록

뉴햄프셔

로드아일랜드 레드

백색 코니시

담황색 코친

연산 오골계

한국 재래닭

폴리시

실키

닭의 품종

(2) 실용계의 선택

① 산란 실용계의 선택

㉠ 산란능력이 높을 것(다산성)

㉡ 생존율이 높을 것(강건성)

㉢ 몸 크기가 작을 것(왜소성)

㉣ 사료 요구율이 낮을 것(사료 효율)

㉤ 난중이 무거울 것(대란성)

㉥ 난질이 양호할 것(고품질)

② 육용 실용계의 선택

㉠ 초기 성장율이 높을 것

㉡ 우모 발생속도가 빠를 것

㉢ 생존율이 높을 것

㉣ 체형이 좋을 것(가슴과 넓적다리)

㉤ 사료 요구율이 낮을 것

㉥ 우모색이 백색일 것

㉦ 도체율이 높고 육색과 육미가 좋을 것

■ 산란 5요소설(Goodale과 Hays)

① 조숙성(성 성숙) : 암닭의 초산일령 또는 계군의 산란율이 50%에 달한 날로 나타냄
② 산란 강도 : 연속 산란일수(clutch)의 장단을 의미
③ 취소성 : 알을 품는 성질이 없는 닭이 다산성
④ 동기 휴산성 : 동기(11월~다음해 3월)에 휴산성이 없거나 1주일 이내인 닭이 다산성
⑤ 산란 지속성 : 초산 후 다음해 환우까지의 기간, 즉 초년도 산란기간의 장단

3. 닭의 부화

(1) 인공 부화의 조건

① 부화 기간 : 21일

② 부화 온도 : 발육실 37.8℃(입란부터 18일까지), 발생실 36.5~37℃(18일 이후)

③ 습도 : 입란 후 18일까지 60%, 18일부터 발생할 때까지 75%

④ 환기 : 산소 21%, 이산화탄소 0.5% 이하

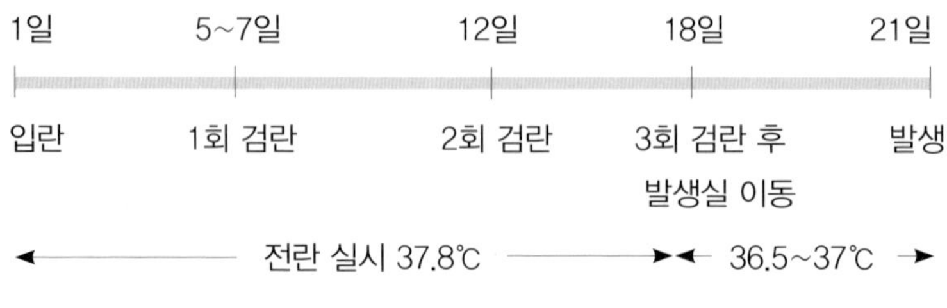

부화 과정

(2) 부화 작업

① 입란 : 둔단부가 위로 가게 하여 난좌에 종란을 정렬

② 검란 : 입란 후 5~7일, 12~13일, 18일 등 3회에 걸쳐 검란기로 실시한다.

※ 무정란, 중지란, 부패란 등을 가려내고 부화 후 18일째 최종 검란을 마치고 발육란만 발생실로 옮겨 병아리를 발생시킨다.

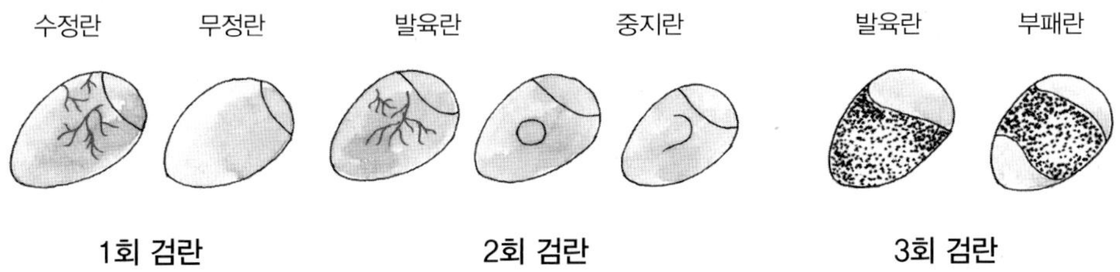

③ 전란(알 굴리기) : 입란 후 18일까지는 1일에 5~6회, 상하 또는 좌우 90° 각도

④ 병아리의 발생과 꺼내기 : 대개 30~40%가 발생하였을 때 한 번 꺼내고, 나머지는 알이 모두 깨어 나온 다음에 꺼낸다.

4. 병아리 사육관리

(1) 육추의 기본

① 온도

㉠ 31~33℃를 기준으로 1주일마다 2~3℃씩 낮추고 5주령 이후에 폐온한다.

㉡ 온도는 병아리의 어깨 높이에서 측정한다(삿갓 끝 바닥의 2~3㎝ 높이).

② 습도

㉠ 입추 후 7~10일간은 60~65%, 그 이후부터는 50~55%가 적당하다.

㉡ 너무 건조하면 물을 많이 먹고 소화 불량, 깃털 발생과 발육 부진

▮ 병아리 사육관리

– 어린 병아리(초생추)는 육추기(입추~3주령), 육성기(3주령~6주령)로 구분

– 육추는 폐사율이 가장 높은 시기로 철저한 관리가 필요하다.

– 육추기는 삿갓 육추기와 배터리 육추기가 널리 이용된다.

– 전 계군을 동시 입추, 동시 출하하는 올인 올아웃(all in–all out) 방식

③ 환기

㉠ 연료에서 발생하는 유독 가스와 병아리의 호흡에 의한 이산화탄소 발생

㉡ 호흡기 질병 예방을 위한 적절한 환기와 샛바람을 방지시켜야 한다.

(2) 첫 모이 주기와 점등 관리

① 병아리가 도착하면 상자에서 3시간 정도 휴식을 취한 후 육추기로 옮긴다.

② 30시간 후 소화기관이 어느 정도 발달하면 따뜻한 물을 먼저 급여한다.

③ 첫 모이는 사료에 물을 약간 넣어 반죽한 먹이를 종이를 깔고 뿌려준다.

④ 급여 횟수는 처음 3일간은 반죽 모이를 5~6회 급여하고 그 이후에는 자유 급식한다.

⑤ 1주일간은 22~23시간 점등하여 환경에 익숙하도록 한다.

(3) 부리 및 볏 자르기

▮ 부리 자르기의 목적

- 식우증(쪼는 성질: 카니발리즘) 예방
- 사료의 손실 및 편식 방지
- 알을 깨 먹는 습성 방지
- 투쟁심 방지(체력 소모, 신경과민 예방)

① 부리 자르기(debeaking)

㉠ 자르는 시기는 1회째 7~10일경, 2회째 8~10주령에 실시한다.

㉡ 성장이 빠른 병아리는 부리의 1/3을 절단하고, 느린 병아리는 1/2을 절단한다.

㉢ 큰 닭은 윗부리의 1/2 또는 1/3 정도, 아랫부리는 1/3 정도를 자른다.

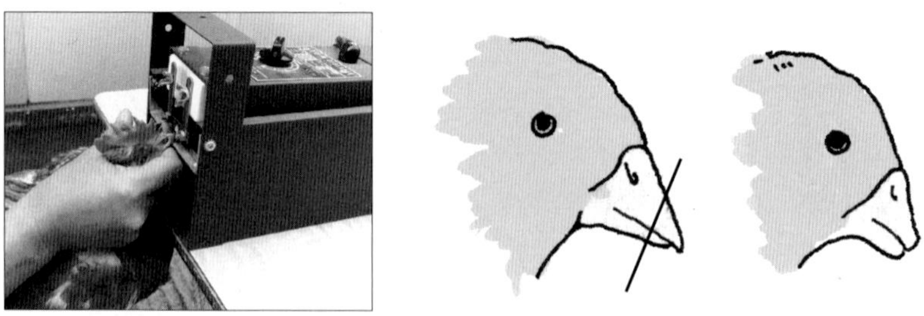

어린병아리 부리 자르기

② 볏 자르기

㉠ 병아리가 2일령이 되기 전에 작은 가위로 볏을 잘라야 피가 나지 않는다.

㉡ 큰 닭은 자른 부분에서 피가 나면 전기 납땜인두로 지져서 지혈시킨다.

▮ 볏 자르기의 목적
- 닭이 온순해진다.
- 겨울철 볏의 동상 방지
- 케이지 사육 시 볏의 상처 예방
- 계두 발병 시 병반 발생 예방

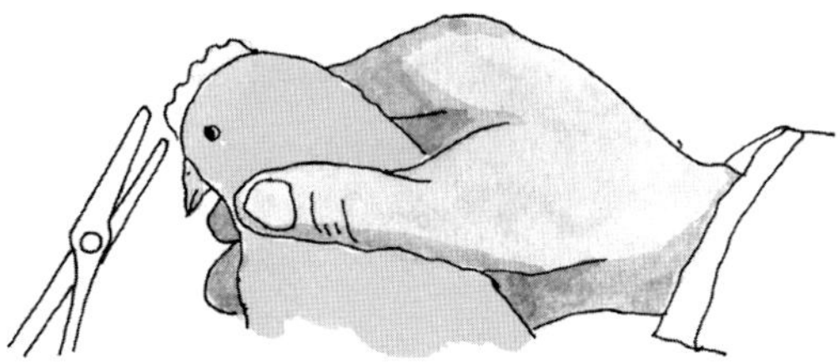

초생추의 볏 자르기

(4) 중병아리(중추) 사육관리

① 중병아리(중추)는 폐온(7주령)~12주령(3개월령)까지이다.

② 7주령부터 1주일 간격을 두고 중병아리 사료로 교체한다.

③ 수용 밀도를 적게 하여 밀집 사육으로 인한 압사가 생기지 않도록 한다.

④ 일광욕과 운동을 시키고 콕시듐 등 내부 기생충을 구충한다.

⑤ 다발성 신경염 예방을 위해 비타민 B_1이 부족하지 않도록 한다.

(5) 큰병아리(대추) 사육관리

① 큰병아리(대추)는 12주령(3개월)~16주령(초산)까지이다.

② 큰병아리 사료의 조단백질 함유량을 12%로 낮추어 급여한다.

③ 강, 약추를 분리 사육하여 균일하게 발육하도록 한다.

④ 산란 계사로 이동하는 시기는 초산 1개월 전인, 16주령에 실시한다.

⑤ 햇닭의 초산 일령은 백색 레그혼종은 140~150일령, 유색종은 150~160일령이다.

⑥ 산란율이 2~5%가 되면 산란초기 사료를 급여하기 시작한다.

▮ 체중 측정과 제한 급여
- 체중 측정 요령 : 6주령, 12주령, 18주령 3회 측정, 전 사육수의 10%
- 제한급여 기간 : 난용종은 8주령~20주령, 육용종 5주령~22주령
- 제한급여량 : 표준 급여량의 15~20% 감축

5. 산란계의 사육관리

(1) 산란기의 구분과 관리

① 산란 초기(계균 산란율 5% 시점~30주령) : 산란율이 95%까지 도달

㉠ 산란 피크 전 사료 : 조단백질 20% 수준, 21주령까지 급여

㉡ 산란 피크 사료 : 조단백질 18% 수준, 21주령 이후 급여

② 산란 중기(30주령~45주령) : 45주령에 산란율 90%로 감소

– 조단백질 17.5% 수준 사료 급여

③ 산란 말기(45주령~도태) : 80주령에 산란율 70%로 감소

– 강제환우 : 65~70주령 실시, 경제성이 없는 과산계, 병계 선발 도태

(2) 일반 관리

① 항상 세밀한 관찰을 하여 병든 닭이나 이상이 있는 닭을 골라내도록 한다.

② 사료와 물주기, 알 꺼내기, 점등 등 일반적인 관리를 규칙적으로 실시한다.

③ 닭의 취급이나 관리는 산란이 끝난 오후 3~4시 이후에 하도록 한다.

④ 아침에는 닭똥, 닭의 상태 및 먹이 먹는 동작 등을 관찰한다.

⑤ 저녁에는 채식량과 산란 수를 조사하여 산란 상태를 파악한다.

⑥ 환기는 철저히 하여 계사 안에 먼지나 유독가스가 없도록 한다.

⑦ 밤에 닭들이 잘 때는 닭의 숨소리와 잠 자는 상태를 관찰한다.

⑧ 하루 일과가 끝나면 산란 수, 사료 소비량, 생산물 판매와 구입 등을 기록한다.

(3) 점등 관리

① 점등의 목적

㉠ 산란계는 일조 시간을 연장하면 성장과 산란이 촉진된다.

㉡ 묵은 닭이 털갈이로 인하여 산란율이 떨어지는 것을 막는다.

㉢ 햇닭의 성 성숙 일령을 동기화하고 산란을 촉진시키기 위하여 실시한다.

② 점등 방법(무창계사)

㉠ 1주간은 22~23시간 점등을 한다.

㉡ 2주령부터는 점등 시간을 20시간으로 조절한다. 8주령이 될 때까지 매주 1시간씩 감소시킨다.

㉢ 9~14주령까지는 9시간 점등한 후, 18주령 때에는 12~13시간으로 연장한다.

㉣ 그 후부터는 매주 30분~1시간씩 증가시켜 16~17시간이 되면 고정 점등을 한다.

(4) 강제 털갈이(강제 환우)

① 강제 환우의 의의

㉠ 강제 털갈이는 휴산기간이 50~60일로 단축된다.

㉡ 연중 아무 때나 실시할 수 있다.

㉢ 달걀 값이 쌀 때 실시하여 달걀 값이 비쌀 때 산란하게 한다.

㉣ 털갈이 후 산란율, 수정율, 부화율이 향상된다.

㉤ 난중이 무거워지고 난각이 두꺼워진다.

㉥ 산란시기가 일치하여 관리가 용이하다.

※ 환우 순서 : 머리 → 목 → 몸통(가슴, 등, 배) → 날개 → 꼬리

▮ 강제 환우의 기본 사항

- 절식(사료 굶기기), 절수(물 굶기기), 일조시간 단축(점등 중지)
- 강제 환우의 기간을 단축시키기 위해 절식 및 절수와 병행하여 점등을 중단한다.

② 절식, 절수법

㉠ 점등 중단 → 2일째부터 3일간 절식 → 2일간 절수

㉡ 5일째부터 산란율이 1%가 될 때까지 제한 급여(1일 1수당 27g)

㉢ 10일 전후부터 환우를 시작하여 14~20일경 새로운 우모가 발생한다.

㉣ 50일이 되면 점등시간은 자연일조시간을 포함하여 16시간 정도로 조절한다.

㉤ 4~5주경에 산란을 시작하며 6~7주경에 산란율이 50% 정도 도달하게 된다.

③ 절식법

㉠ 첫날부터 30일간 점등 중단 → 1일~10일까지 절식(물은 급수)

㉡ 11일~30일까지는 옥수수, 수수, 밀, 보리 등을 자유 채식시킨다.

㉢ 31일령부터는 산란사료를 자유 채식시킨다.

노란 색소의 퇴색 순서

(5) 다산계 감별

① 노란색 색소의 퇴색에 의한 감별

㉠ 다산계의 황색 색소(크산토필)는 노른자에 착색되므로 몸의 색소가 퇴색된다.

㉡ 노란색은 항문(1~2주) → 눈 주위(2~3주) → 귓불(3~4주) → 부리(6주) → 정강이(4~6개월) 순으로 퇴색된다.

② 외모와 체형에 의한 감별

– 다산계와 과산계는 외부 체형, 골격, 건강 상태에 따라 식별한다.

구분	다 산 계	과 산 계
볏	선홍색으로 팽팽하며 잘 발달되어 있다.	위축, 퇴색되어 있고, 비듬으로 덮여 있다.
눈	맑고 활기가 있다.	흐리고 활기가 없다.
항문	습윤하고 탄력이 있으며, 희게 퇴색되어 있다.	건조하고 주름살이 많으며 노란색이다.
부리	닳아서 짧고 희게 퇴색되어 있다.	길고, 노란색이다.
치골 간의 너비	손가락이 3개 이상 들어가고 탄력이 있다.	손가락이 3개 이하로 들어가고, 굳어 있다.
가슴뼈와 치골과의 간격	손가락이 3~5개 들어간다.	손가락이 3개 이하로 들어 간다.
배의 지방	지방 축적이 적다.	지방 축적이 많다.
발톱	닳아서 짧다.	길다.

③ 산란 조사에 의한 방법

㉠ 각 개체별 산란수를 조사하는 방법으로 케이지 사육 시에 가능하다.

㉡ 산란율에 의한 방법은 계군 전체를 파악하여 도태시기를 결정하는 방법이다.

④ 환우 상태에 의한 방법

㉠ 환우를 일찍 시작하여 길게 하는 닭은 과산계이다.

㉡ 환우를 늦게 시작하여 한 번에 주익우(主翼羽)가 많이 빠지는 닭은 다산계이다.

(6) 불량계 도태

① 산란능력이 불량한 닭(과산계)

② 병든 닭으로 회복될 가능성이 없는 닭(병계)

③ 발육이 불량하여 산란계로 충실하지 못한 닭(발육 불량 닭)

④ 늙은 닭으로 사육할 가치가 없는 닭(노계)

6. 육계의 사육관리

(1) 육계사육의 장단점

① 사료 요구율이 2.0으로 사료 효율이 높다.

② 시설비가 적게 들어 소자본으로 시작할 수 있고 자본회전이 빠르다.

③ 투기성이 있어 수급이 불안정하고 시세 변동이 심하다.

④ 시장 출하 조절이 어려워 가격하락에 대처하기 어렵다.

(2) 육용계의 일반관리

① 첫 모이급여 시기는 생후 1~3일령으로 생존율을 높이는 것이 핵심이다.

② 입추~14일령 : 육계 전기사료(조단백질 23%) – 골격과 근육을 발달시킨다.

③ 15일령~출하 : 육계 후기사료(조단백질 20%) – 체중이 급격히 증가하는 시기

④ 출하 : 세미브로 1.0~1.3kg(27일 전후), 얼치기 1.35~1.5kg(29일령 전후), 하이브로 1.5kg(31일 전후) 이상 출하

⑤ 출하 시 8~12시간 절식시킨다.

(3) 암수 분리 사육

① 병아리의 체중이 약 1% 정도 더 무거워진다.

② 체중 변이가 줄어들어 계군이 균일해진다.

③ 사료 요구율을 개선할 수 있다.

7. 오리의 사육과 관리

(1) 오리의 가축화와 분류

① 현재 사육되고 있는 오리는 야생의 청둥오리(*Anas platyrhynchos*)와 머스코비 오리(*Cairina moschata*)가 가축화된 것이다.

② 오리의 동물학적 분류 : 척추동물문, 조강, 기러기목, 오리과, 집오리

③ 크기에 따른 분류

– 반탐종(0.5~1.0kg), 소형종(1.0~2.0kg), 중형종(2.0~3.0kg), 대형종(3.0~5.5kg)

④ 사육 목적에 따른 분류

㉠ 난용종 : 연간 200~300개 산란, 체중 2.0kg 내외

㉡ 육용종 : 연간 130개 이하로 적고 체중 4.0kg 내외

㉢ 난육겸용종 : 산란능력이 우수하면서도 체구가 큰 품종이다.

㉣ 관상용 : 르왕, 만다린(원앙; Mandarin), 블랙이스트 인디안(Black East Indian)

(2) 오리의 주요품종

구분	품 종 명	원 산 지	모 색	체중(kg)
난용종	인디안 러너	동인도	● 백색, 황갈색, 회색 등 다양 ● 곧고 긴 체형	1.6~2.3
	캠벨	영국	● 인디안 러너(♀)×르왕(♂) 교배 ● 카키색, 연간 300개 이상 산란	2.3~2.5
육용종	르왕	프랑스	● 청둥오리색, 만숙종, 산란수 100개	4.5~5.4
	에일즈버리	영국	● 연한 핑크색을 띠는 백색 ● 산란수 30~100개	4.0~5.4
	머스코비	남미	● 얼굴에 붉은색의 근육혹 ● 취소성이 강, 산란수 70~100개	3.0~4.5
겸용종	페킨	중국	● 가장 많이 사육됨, 백색 털 ● 산란수 100~200개	3.5~4.1
	오핑톤	영국	● 에일즈버리, 르왕, 인디안러너 등을 교잡 ● 담황색, 산란수 200개	2.3~3.4

캠벨

인디언 러너

르왕

에일즈버리

머스코비

페킨

오핑톤

만다린

(3) 오리의 일반 사육관리

① 올인 올아웃 사육방식

㉠ 육추사는 약간 어둡게 하고 통풍과 건조가 잘 되어야 한다.

㉡ 보통 평사에 사육하고 1동에 1,000수 이하로 수용하는 것이 좋다.

㉢ 새끼오리를 일시에 입추하여 일시에 출하하는 올인 올아웃(all-in all-out) 방법으로 사육한다.

㉣ 정상적인 오리사 휴식기간은 7~14일이 적당하다.

② 첫 모이 급여와 관리

㉠ 오리는 난황 흡수가 빠르므로 부화 후 20시간 이내에 첫 모이를 준다.

㉡ 새끼오리 도착 직후 물을 먼저 급수하고 3~4시간 후에 사료를 급여한다.

㉢ 사료는 비타민제를 희석한 물로 버무려서 1~2시간 불린 후 급여하는 것이 좋다.

㉣ 사료는 3~4주령 이전까지는 단백질 함량이 높은 전기사료를 급여한다.

㉤ 4주령 이후부터는 에너지 함량이 높은 후기사료를 급여한다.

㉥ 전기사료와 후기사료를 교체할 때는 5~7일 간격을 두고 서서히 변경한다.

③ 급수관리

㉠ 처음 7일간 영양 물통(비타민제 수용액)을 200수당 1개씩 넣어 준다.

㉡ 오리는 신선한 기후에서는 1일/1수당 1.5L, 더운 기후에서는 5L의 물이 필요하다.

㉢ 유수식 급수기일 경우 오리의 등 높이로 설치하여 물이 흐르도록 하면 위생적이다.

④ 온 · 습도, 환기관리

㉠ 처음 1주간은 32℃를 유지하고 1주일에 3~5℃씩 내려주어 3주 후 폐온한다.

㉡ 육추실의 습도는 60~70%가 적당하다.

㉢ 습도 유지를 위해 열풍기 앞에 수반을 설치하거나, 실내에 안개 분무를 실시한다.

㉣ 환기는 여름철에는 열과 수분을 제거함과 동시에 체감온도를 낮추어준다.

⑤ 점등 관리

㉠ 처음 1주일간은 23~24시간 점등 환경에 적응하도록 한다.

㉡ 2주부터 자연일조시간을 합하여 14~16시간을 유지한다.

㉢ 밝기는 15㎡당 300W 전구 1개 정도이다.

⑥ 깔짚관리

㉠ 깔짚은 가볍고 수분 흡수능력이 높으며 빨리 건조되는 재료가 좋다.

㉡ 처음 2~3주간은 톱밥이나 왕겨가 적합, 바닥에 5~10㎝ 두께로 깔아준다.

㉢ 이후에는 볏짚, 보릿짚 등을 이용해도 된다.

⑦ 수욕장 관리

㉠ 육용 오리는 출하 2~3주 전인 5~7주령에 수욕장에 방사한다.

㉡ 수욕은 성장이 빠르고 외모가 깨끗해지는 효과가 있다.

(4) 육용 오리 관리

① 부화 후 4주령 이후에 방사한다.

② 계사 내 사육은 1수당 0.1㎡, 야외 비육 시는 1수당 1.0㎡의 면적이 적당하다.

③ 비육은 부화 후 50일령부터 시작하며, 비육 후 3개월에 판매한다.

④ 비육사는 다소 어둡게 하고 6.6㎡의 면적에 50마리 정도 수용한다.

(5) 난용 오리 관리

① 밤 0시부터 새벽 4시까지 82% 정도를 산란하며, 오전 6시 이후에는 산란하지 않는다.

② 보통 2~3월경부터 산란하여 6~7월까지 계속하고, 8월경부터 산란수가 줄어든다.

③ 난용 오리는 씨오리와 같은 수욕장은 필요 없고 먹는 물만 충분히 주면 된다.

④ 환우 시 처음에는 탄수화물 사료를 주고 털이 나면 동물성 사료를 먹인다.

⑤ 오리에 있어서 점등사육은 별 효과가 없는 것으로 알려져 있다.

(6) 종오리 사육

① 주령별 목표체중에 도달하기 위하여 사료의 제한급여가 반드시 이루어져야 한다.

② 칸막이 단위로 오리 수를 조정한 경우 칸막이당 수에 따라 총 급여량도 조절한다.

③ 매일 수당 사료섭취량을 파악하고 기록하여야 한다.

기출문제

정답 및 해설

01 닭에 대한 설명으로 옳은 것끼리 짝지어진 것은?

ㄱ. 닭은 조류 중 가장 먼저 가축화 되었다.
ㄴ. 동남아시아 지역의 들닭이 가축화 되었다.
ㄷ. 들닭은 적색, 회색, 녹색, 실론야계가 있다.
ㄹ. 들닭의 종류로 레그혼, 미노르카 등이 있다.

㉮ ㄱ, ㄴ, ㄷ　　㉯ ㄴ, ㄷ
㉰ ㅁ, ㅂ　　㉱ ㄷ

■ 레그혼, 미노르카 등의 닭은 들닭(야계)이 순화되어 탄생되었다.

정답 ㉮

02 닭의 외부 형태에 대한 옳은 설명으로 짝지어진 것은?

ㄱ. 닭의 외부구조는 머리, 가슴, 배 등으로 구분한다.
ㄴ. 볏은 홑볏, 완두볏, 호두볏, 장미볏 등으로 구분한다.
ㄷ. 뼈 속에 공기가 들어 있는 함기골로 되어 있다.
ㄹ. 닭의 피부에는 땀샘과 피지샘이 없다.
ㅁ. 닭은 더위에 견디는 힘이 강하나 추위에는 약하다.

㉮ ㄱ, ㄴ, ㄷ　　㉯ ㄱ, ㄷ, ㅁ
㉰ ㄴ, ㄷ, ㄹ　　㉱ ㄷ, ㄹ, ㅁ

■ 닭은 머리, 부리, 가슴, 어깨 등으로 구분한다. 닭의 체온은 41~42℃로 포유동물보다 월등히 높고 더위에 약하다.

정답 ㉰

03 닭의 특성에 대한 설명으로 가장 옳은 것은?

㉮ 닭의 체온은 36.5~38℃로 포유동물보다 높다.
㉯ 닭의 뼈는 함기골이라 단단하고 무겁다.
㉰ 맥박은 150회 정도로 매우 빠르다.
㉱ 닭은 식우증이 있어 무엇이든 쪼는 습성이 있다.

■ ㉮ 체온은 41~42℃
㉯ 뼈 속에 공기가 들어 있는 함기골로 되어 있다.
㉰ 호흡수는 20~30회이고 맥박은 250~300회

정답 ㉱

| 정답 및 해설 |

04 닭의 형태적, 생리적 특성에 대한 설명 중 바르지 못한 것은?

㉮ 뼈 속에 공기가 들어 있는 함기골로 되어 있다.
㉯ 이빨, 입술이 없고 부리가 있으며 맹장이 발달되어 있다.
㉰ 기낭은 공기주머니로 체온유지와 나는 데 도움을 준다.
㉱ 땀샘과 피지샘이 매우 발달되어 있다.

■ 땀샘과 피지샘이 없어 피부의 표면은 건조하다. 꼬리에 기름샘이 있다.

정답 ㉱

05 닭의 일반적 습성에 대한 설명으로 바르지 못한 것은?

㉮ 쪼는 습성
㉯ 털갈이 습성
㉰ 단일성 동물
㉱ 경계심이 강함

■ ㉮㉯㉱ 이외에 성격이 민감, 경계심이 강함
닭은 봄철에 산란하는 장일성 동물이다.

정답 ㉰

06 닭의 소화기관 중 위산과 펩신 등 소화액을 분비하는 기관은?

㉮ 소낭
㉯ 근위
㉰ 선위
㉱ 맹장

■ 선위는 위산과 펩신 등 소화액을 분비하며 소화를 돕는다.

정답 ㉰

07 한 쌍의 긴 자루 모양으로 미생물에 의해 섬유소를 분해하는 기관은?

㉮ 맹장
㉯ 십이지장
㉰ 공장
㉱ 직장

■ 맹장은 한 쌍의 긴 자루 모양으로 된 기관으로 미생물에 의해 섬유소를 분해한다.

정답 ㉮

정답 및 해설

08 암탉의 생식 기관에 대한 설명으로 바르지 못한 것은?

㉮ 왼쪽의 난소와 난관만이 발달되어 있다.
㉯ 정자는 암컷의 생식기 내에서 장기간 수정능력을 갖는다.
㉰ 정자와 난자의 수정 장소는 난관 누두부이다.
㉱ 달걀이 만들어지는 시간은 약 12시간이다.

■ 달걀이 만들어지는 시간은 약 24~26시간이디

정답 ㉱

09 난각이 만들어지는 암탉의 생식기관은?

㉮ 난관누두부
㉯ 난백분비부
㉰ 자궁
㉱ 협부

■ ㉮ 난관누두부 : 수정장소
㉯ 난백분비부 : 흰자질, 알끈
㉱ 협부 : 난각막

정답 ㉰

10 닭의 품종 중 이탈리아가 원산지이며 산란율이 가장 높은 품종은?

㉮ 레그혼
㉯ 안달루시안
㉰ 오팅턴
㉱ 부라마

■ 난용종에는 백색 레그혼, 미노르카, 햄버그, 안달루시안 등이 있다.

정답 ㉮

11 닭 품종 중 난육 겸용종인 품종은?

㉮ 로드아일랜드 레드종
㉯ 코친종
㉰ 코니시종
㉱ 레그혼종

■ 겸용종에는 횡반 플리머드록, 로드아일랜드 레드, 뉴햄프셔 등이 있다.

정답 ㉮

정답 및 해설

12 다음 중 원산지가 중국인 육용종 품종은?

㉮ 레그혼
㉯ 코친
㉰ 플리머드록
㉱ 미노르카

■ 육용종에는 코니시, 코친, 부라마 등이 있다.

정답 ㉯

13 다음 닭 중 미국 원산으로 깃털은 적갈색이고 난각이 갈색인 겸용종은?

㉮ 미노르카
㉯ 레그혼
㉰ 뉴햄프셔
㉱ 플리머드록

■ 뉴햄프셔는 갈색 홑볏의 난육 겸용종이다.

정답 ㉰

14 야계의 종류가 아닌 것은?

㉮ 적색야계
㉯ 실론야계
㉰ 회색야계
㉱ 중국야계

■ 적색야계, 실론야계, 회색야계, 녹색야계 등이 있다.

정답 ㉱

15 산란계 실용계 선택 시 고려할 사항과 가장 거리가 먼 것은?

㉮ 난중이 무거울 것
㉯ 체형이 좋을 것
㉰ 산란능력이 높을 것
㉱ 사료 요구율이 낮을 것

■ 산란계 실용계 선택 시 고려할 사항
- 산란능력이 높을 것
- 생존율이 높을 것
- 몸 크기가 작을 것
- 사료 요구율이 낮을 것
- 난중이 무거울 것
- 난질이 양호할 것

정답 ㉯

정답 및 해설

16 육용 실용계의 선택 방법으로 바르지 못한 것은?

㉮ 초기 성장률이 높을 것

㉯ 우모 발생 속도가 빠를 것

㉰ 생존율이 높을 것

㉱ 우모색이 갈색일 것

■ ㉮㉯㉰ 이외에
- 체형이 좋을 것
- 사료 요구율이 낮을 것
- 우모색이 백색일 것
- 도체율이 높고 육색과 육미가 좋을 것

정답 ㉱

17 닭의 산란성을 지배하는 유전적 요소와 관계가 가장 적은 것은?

㉮ 성 성숙

㉯ 쪼는 습성

㉰ 산란 강도

㉱ 산란 지속성

■ 산란 5요소설(Goodale과 Hays)
① 조숙성(성성숙)
② 산란 강도
③ 취소성
④ 동기 휴산성
⑤ 산란 지속성

정답 ㉯

18 산란 5요소설에 대한 설명으로 옳은 것은?

㉮ 조숙성은 계군의 산란율이 40%에 도달하는 초산 일령을 말한다.

㉯ 산란강도는 연속 산란일수(clutch)의 장단을 의미한다.

㉰ 취소성은 알을 낳거나 병아리를 기르는 성질을 말한다.

㉱ 동기 휴산성은 일조시간이 길어지는 봄철에 휴산하는 성질을 말한다.

■ ㉮ 산란율 50%에 달하는 일령
㉰ 취소성 : 알을 품고 기르는 성질
㉱ 동기(겨울철)에 휴산하는 성질

정답 ㉯

19 입체부화기의 발육실은 전 기간을 통해 몇 ℃를 유지하는 것이 가장 좋은가?

㉮ 32~33℃

㉯ 37.8℃

㉰ 38.5℃

㉱ 39~40℃

■ 발육실 : 37.8℃
발생실 : 36.5~37℃

정답 ㉯

20 전란의 회수가 1일 5~6회일 때 전란 각도는?

㉮ 90°

㉯ 120°

㉰ 160°

㉱ 180°

■ 좌우 또는 상하 45°
총 90°로 18일까지만 전란한다.

정답 ㉮

21 부화의 4대 요소가 아닌 것은?

㉮ 온도

㉯ 습도

㉰ 소독

㉱ 환기

■ 부화의 4대 요소
온도, 습도, 환기, 전란

정답 ㉰

22 다음은 부화 중인 종란이다. 이 중에서 무정란은?

㉮ 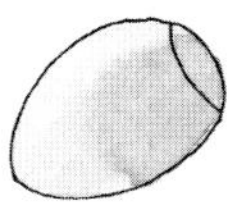

㉯ 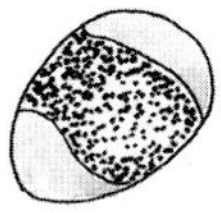

㉰ 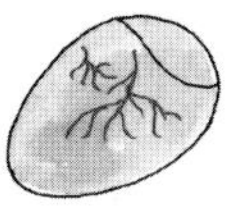

㉱ 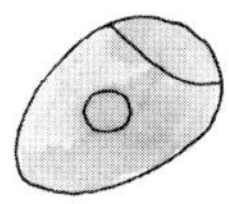

■ ㉮ 무정란 ㉯ 18일째 부패란
㉰ 7일째 발육란 ㉱ 12일째 중지란

정답 ㉮

23 부리자르기의 목적에 속하지 않는 것은?

㉮ 식우증(쪼는 성질) 예방

㉯ 성장 촉진과 질병 예방

㉰ 사료의 손실 및 편식 방지

㉱ 알을 깨 먹는 습성 방지

■ 1회째 부리자르기는 7~10일령에 실시한다.

정답 ㉯

정답 및 해설

24 병아리 사양관리에 관한 사항 중 틀린 것은?

㉮ 첫 주에는 31~35℃를 기준으로 1주에 2℃씩 낮춘다.
㉯ 첫 주의 적당한 습도는 60~65% 수준이다.
㉰ 적절한 환기와 샛바람을 막아 준다.
㉱ 처음 1주간은 안정하도록 야간에 점등을 하지 않는다.

■ 1주일간은 22~23시간 점등하여 환경에 익숙하도록 한다.

정답 ㉱

25 병아리 육추의 성공여부는 온도와 습도 및 환기를 알맞게 해 주어야 하는 것에 달려 있다. 평면 육추실의 온도 측정은 어디를 기준으로 하는가?

㉮ 병아리 어깨 높이
㉯ 지면 1.5m
㉰ 병아리 무릎 높이
㉱ 급열기 높이

■ 온도 측정은 병아리의 어깨 높이에서 측정한다(삿갓 끝 바닥의 2~3cm 높이).

정답 ㉮

26 강제털갈이의 효과가 아닌 것은?

㉮ 휴산기간이 단축된다.
㉯ 난각(알껍질)이 두꺼워진다.
㉰ 수정률은 높으나 부화율이 낮다.
㉱ 관리가 용이하고 산란시기가 일치한다.

■ 부화율도 높아지며, 연중 아무 때나 실시할 수 있다.

정답 ㉰

27 강제 환우 실시 방법이 아닌 것은?

㉮ 점등 중지
㉯ 절식
㉰ 절수
㉱ 예방접종

■ 강제 환우의 기본 사항
절식(사료 굶기기), 절수(물 굶기기), 일조시간 단축(점등 중지)

정답 ㉱

정답 및 해설

28 브로일러 양계 경영의 장점과 거리가 먼 것은?

㉮ 자본회전이 빠르다.
㉯ 생산량의 출하 조정이 가장 잘 된다.
㉰ 사료 효율이 높다.
㉱ 위험 부담 기간이 짧다.

■ 생산량의 출하 조정이 어렵다.

정답 ㉯

29 육계경영의 장점이라고 할 수 있는 것은?

㉮ 육계가격의 진폭이 심하다.
㉯ 자본회전율이 빠르다.
㉰ 사료요구율이 높다.
㉱ 출하조정이 어렵다.

■ 육계는 6~8주면 출하가 가능하다.

정답 ㉯

30 산란계 사육에서 일조시간이 길고 짧음에 따라 가장 크게 반응하는 것은?

㉮ 증체율
㉯ 육추율
㉰ 산란율
㉱ 발정주기

■ 산란계는 장일성 동물로 17시간 점등한다.

정답 ㉰

31 강제 환우 시 실시하는 방법으로 적합하지 않은 것은?

㉮ 절식
㉯ 절수
㉰ 일조시간 단축
㉱ 부리자르기

■ 절식, 절수, 일조시간 단축을 기본으로 실시한다.

정답 ㉱

정답 및 해설

32 산란계의 황색색소가 가장 먼저 퇴색하는 곳은?

㉮ 항문
㉯ 눈 주위
㉰ 귓불
㉱ 정강이

■ 항문(1~2주)→눈 주위(2~3주)→귓불(3~4주)→부리(6주)→정강이(4~6개월) 순으로 퇴색된다.

정답 ㉮

33 다음 중 부리자르기의 목적이 아닌 것은?

㉮ 식우증 예방
㉯ 사료의 허실 및 편식 방지
㉰ 성장 촉진
㉱ 알 깨먹는 습성 방지

■ ㉮㉯㉱ 이외에 투쟁심 방지 등이 있다.

정답 ㉰

34 육용계(브로일러) 양계경영의 특성상 단점은?

㉮ 자본회전이 빠르다.
㉯ 다른 가축보다 사료 효율이 높다.
㉰ 위험부담의 기간이 짧다.
㉱ 가격의 변동이 크다.

■ 시장 출하 조절이 어려워 가격하락에 대처하기 어렵다.

정답 ㉱

35 육계 병아리를 약 27일 정도 사육하여 체중이 1.0~1.3㎏에 출하하는 것은?

㉮ 하이브로
㉯ 얼치기
㉰ 세미브로
㉱ 구이용

■ 세미브로 1.0~1.3㎏(27일 전후) 얼치기 1.35~1.5㎏(29일령 전후) 하이브로 1.5㎏(31일 전후) 이상 출하

정답 ㉰

정답 및 해설

36 다음 중 난용종 오리의 품종은?

㉮ 인디안 러너
㉯ 르왕
㉰ 페킨
㉱ 머스코비

■ 난용종 : 인디안 러너, 캠벨
겸용종 : 페킨, 오핑톤

정답 ㉮

37 중국이 원산지이며 백색의 털을 가진 겸용종 오리는?

㉮ 인디안 러너
㉯ 르왕
㉰ 페킨
㉱ 머스코비

■ 페킨 품종은 가장 많이 사육되고 있다.

정답 ㉰

38 오리가 가장 알을 많이 낳는 시간은?

㉮ 오후 13~18시
㉯ 오후 18~21시
㉰ 오전 0시~6시
㉱ 오전 6시~12시

■ 밤 0시부터 새벽 4시까지 82% 정도를 산란하며, 오전 6시 이후에는 산란하지 않는다.

정답 ㉰

04 말의 사육과 관리

1. 말의 기원과 분류

(1) 말의 기원

① 말은 중앙아시아 프르제발스키(Przewalski) 야생마를 조상으로 추정

② 가축화 시기는 BC 5,000~6,000년경인 청동기시대로 추정

③ 우리나라 부여, 옥저, 고구려 등에서 소, 돼지와 더불어 사육한 기록 존재

(2) 동물학학 분류

포유동물강, 기제목, 말과, 말속, 말(*Equus caballus* L.)

(3) 품종의 구분

① 크기에 따른 분류

㉠ 조랑말(pony) : 142㎝ 이하 – 팔라벨라, 셔틀랜드 포니

㉡ 경종마(light horse) : 145~160㎝ – 더러브렛, 아랍, 앵글로아랍

㉢ 중종마(heavy horse) : 160㎝ 이상 – 퍼슈론, 셔이어

② 용도에 따른구분

㉠ 승마용 : 아랍, 더러브레드, 앵글로아랍, 아팔루사, 테네시 워킹

㉡ 경마용 : 앵글로노르만, 해크니, 아메리카트로터

㉢ 역용 : 셔이어, 클라이즈데일, 페르슈롱, 브라반트

2. 말의 품종

(1) 말의 주요 품종

① 말의 품종은 나라와 시대에 따라 인위적으로 개량되어 고유의 특징을 갖는다.

② 현재 200여 종이 전세계적으로 분포한다.

더러브레드

앵글로 아랍

아랍

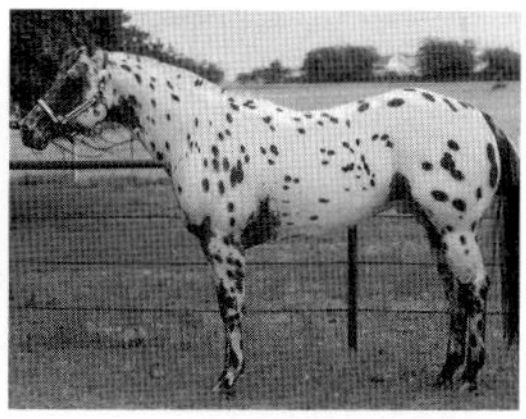

아팔루사

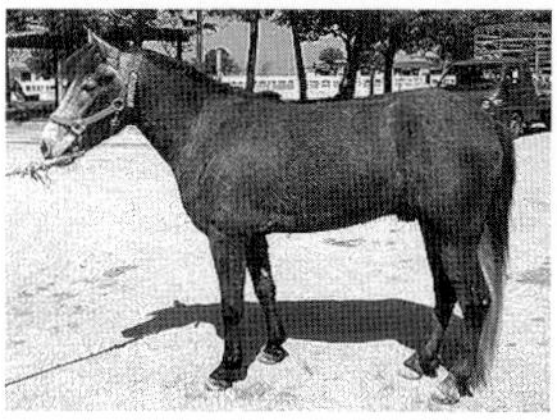

제주마

셔틀랜드 포니

셔이어

테네시 워킹

품 종	원 산 지	용 도	체고(㎝)	특 징
아랍	아라비아	승마용	145~155	● 아름다운 몸체, 경쾌한 운동성 ● 강건한 체질 , 지구력
더러브레드	영 국	경주용 승마용	158~165	● 아라비아 말 × 영국산말 교잡종 ● 날씬한 몸매, 우수한 질주 능력 ● 질병 저항력과 지구력이 약함
앵글로아랍	프랑스	경주용 승마용	155~160	● 아랍 × 더러브렛의 교배종 ● 두 종류의 장점 소유
해크니	영국	경주용 승마용	147~168	● 걸음걸이가 웅장하고 기품이 있음 ● 몸 빛깔은 사슴색이나 밤색
아팔루사	미국	승용	145~155	● 밤색과 흰색 또는 회색이 섞인 얼룩 무늬
셔이어	영국	역용	168~188	● 농경마, 세계 최대 크기 ● 사슴색이나 밤색, 검은색도 있음
제주마 (조랑말)	제주	승용 역용	115~117	● 천연기념물(347호) ● 질병 저항력 , 지구력이 강함

3. 말의 특징

(1) 머리 부분

① 얼굴에 있는 흰점을 이용하여 개체를 구분한다.

② 시야가 350°로 매우 넓다. 두려움과 화가 났을 때는 흰자위를 드러낸다.

③ 귀는 머리의 제일 위쪽에 위치하며, 귓바퀴는 180° 범위로 움직일 수 있다.

④ 청력이 매우 뛰어나서 1km 이상의 거리에서도 서로의 움직임을 감지할 수 있다.

⑤ 코의 '야콥스기관'은 수 백 미터 떨어진 곳의 냄새를 맡을 수 있다.

⑥ 앞니와 어금니 사이에 빈 공간이 있는데, 이것을 이용하여 재갈을 물릴 수 있다.

▮ 야콥스 기관
말의 코 안쪽 입천장 위에 자리 잡고 있는 특수한 주머니이다. 신중히 냄새를 맡을 때는 이 주머니에 공기를 저장하여 냄새를 분석한다.

(2) 몸통 및 다리 부분

① 말의 호흡수는 분당 20회 가량이나 운동할 때는 120~180회까지 빨라져서 몸 전체에 산소 공급을 원활히 한다.

② 말의 앞다리는 체중을 지탱하고 뛰거나 도약할 때 충격을 흡수한다.

③ 뒷다리는 근육 다발이 발달하여 강력한 힘으로 빠르게 달릴 수 있다.

④ 말의 발굽(제차)은 마치 고무굽 같이 발굽의 충격을 흡수한다.

(3) 의사 전달

① 소리를 통해 의사 전달 : 낮거나 높게, 길게 내거나 으르릉 소리, 쇠끓는 소리 등

② 놀랐을 때 : 머리와 꼬리를 높이 들고 콧구멍을 열고 큰 숨을 쉰다.

③ 겁났을 때 : 귀를 뒤로 눕히고 꼬리를 다리 사이에 놓고 눈을 피하며 도망치려 한다.

④ 화났을 때 : 이를 드러내고 귀를 뒤로 젖히며 한 쪽 다리를 들거나 땅을 찬다.

⑤ 기분이 좋을 때 : 목을 숙이고 머리를 앞으로 내뻗으며 눈을 가늘게 뜬다.

⑥ 사료나 물을 먹고 싶을 때 : 앞다리로 땅을 가볍게 파헤친다.

4. 번식과 육성

(1) 번식

① 생후 9개월부터 암수를 분리하여 사육한다.

② 말은 장일성 동물로 암말의 생리적 번식 계절은 봄에서 여름 사이이다.

③ 번식 적령기 : 암수 모두 3세부터이며 16~18세까지 가능

④ 발정 주기 : 봄과 여름에만 18~26일 주기, 발정 지속기간 4~11일

⑤ 단태 동물이며 임신 기간은 평균 336일

⑥ 분만은 진통이 시작된 후 약 1시간 만에 완료되며, 망아지 체중은 45~50㎏ 정도

(2) 망아지 기르기

① 망아지는 분만 20~40분 후에 스스로 일어난다. 반드시 초유를 충분히 먹인다.

② 3개월이면 털갈이를 하고, 4~6개월령에 젖을 뗀다.

③ 출생 후 10~20일 사이에 건초나 농후사료를 먹기 시작한다.

(3) 육성말 및 큰 말의 관리

① 경주용으로 선발되면 기승 순치와 전문 조교를 받는다.

② 이유 초기에는 단백질, 비타민과 뼈의 구성을 도와주는 광물질을 급여한다.

③ 말의 위는 크기가 작으므로 소량씩 여러 번 나누어주는 것이 좋다.

④ 보통 아침, 점심, 저녁 3회로 나누어 급여하고 야간에는 물과 건초만 급여한다.

⑤ 1일 1시간 정도 운동시켜 근육과 골격, 특히 관절의 발육과 단련을 시킨다.

⑥ 보통 방목은 5월 상순부터 10월 하순까지 실시하며 식염은 반드시 보급해야 한다.

⑦ 발굽은 매일 손질하고 발굽 표면과 바닥에 발굽 보호 기름을 충분히 발라준다.

⑧ 경주마는 운동 능력 향상과 마멸의 방지, 질병 예방을 위하여 발굽에 편자를 달아준다.

⑨ 경주마는 한 달에 한 번 정도 발굽을 깎고 새 편자로 갈아주어야 한다.

기출문제

정답 및 해설

01 다음 중 조랑말에 속하는 것은?

㉮ 팔라벨라
㉯ 더러브레드
㉰ 셔이어
㉱ 해크니

■ 조랑말(pony) : 42㎝ 이하 팔라벨라, 셔틀랜드 포니 등

정답 ㉮

02 다음 중 경마용말에 속하는 것은?

㉮ 페르슈롱
㉯ 앵글로노르만
㉰ 앵글로아랍
㉱ 브라반트

■ 경마용 : 앵글로노르만, 해크니, 아메리카트로터 등

정답 ㉯

03 영국이 원산지이며 아라비아 말을 영국산 말과 교잡하여 태어났으며 몸매가 날씬한 경주 및 승마용 말의 품종은?

㉮ 팔라벨라
㉯ 더러브레드
㉰ 셔이어
㉱ 해크니

■ 더러브레드는 질병 저항력과 지구력이 약하다.

정답 ㉯

04 말의 특징에 대한 설명으로 바르지 못한 것은?

㉮ 얼굴에 있는 흰점을 이용하여 개체를 구분한다.
㉯ 시야가 350°로 매우 넓어 민감하다.
㉰ 말이 운동할 때 호흡수는 120~180회까지 빨라진다.
㉱ 귓바퀴를 움직이는 범위가 좁고 청력이 매우 낮다.

■ 귓바퀴는 180° 범위로 움직이며 청력이 뛰어나다.

정답 ㉱

05 말의 의사표현 중 사료를 먹고 싶을 때 나타내는 행동은?

㉮ 목을 숙이고 머리를 앞으로 내뻗는다.
㉯ 이를 드러내고 귀를 뒤로 젖힌다.
㉰ 앞다리로 땅을 가볍게 파헤친다.
㉱ 머리와 꼬리를 높이 들고 콧구멍을 열고 큰 숨을 쉰다.

06 말의 번식에 대한 설명 중 바르지 못한 것은?

㉮ 말은 단일성 동물로 늦여름에서 가을에 발정이 온다.
㉯ 발정 주기는 18~26일, 발정 지속기간 4~11일간이다.
㉰ 단태 동물이며 임신 기간은 평균 336일이다.
㉱ 생후 9개월부터 암수를 분리하여 사육한다.

07 망아지의 젖떼는 시기로 적당한 것은?

㉮ 생후 2~3개월
㉯ 생후 3~4개월
㉰ 생후 4~6개월
㉱ 생후 6~8개월

정답 및 해설

■ ㉮ 기분이 좋을 때
㉯ 화났을 때
㉱ 놀랐을 때

정답 ㉰

■ 말은 장일성 동물로 암말의 생리적 번식 계절은 봄에서 여름 사이이다.

정답 ㉮

■ 망아지는 3개월이면 털갈이를 하고, 4~6개월령에 젖을 뗀다.

정답 ㉰

05 염소의 사육과 관리

1. 염소의 기원과 특징

(1) 염소의 기원

① BC 8,000~9,000년경 이란과 이라크 지방에서 가축화된 동물로 산양이라고도 한다.

② 우리나라에서는 삼한시대 중국 동부로부터 유입된 것으로 추정

③ 체질이 강건하고 풍토에 대한 적응성이 뛰어나 세계적으로 사육되고 있다.

(2) 동물학적 분류

염소는 포유강, 소목, 소과, 영양아과, 염소속, 들염소(*Capra hircus* L.)

(3) 염소의 특징

① 양질의 젖과 보양식의 고기, 가죽, 뿔 등을 생산한다.

② 위가 4개인 반추가축이며, 발굽은 모두 2개를 가지고 있다.

③ 높고 건조한 곳을 좋아하고 성격이 활발하고 민첩하다.

④ 무리지어 생활하기를 좋아하며 낙엽과 깨끗한 먹이를 좋아한다.

⑤ 염소는 면양과 달리 턱수염과 고기수염이 있다.

⑥ 염소는 뿔이 있지만, 면양은 뿔이 없거나 수컷만 가지고 있다.

⑦ 집단 내 서열이 뚜렷하고 침입자에게 저항한다.

2. 염소의 품종

염소는 털색, 귀의 모양, 체형, 능력 등에서 차이가 난다. 용도에 따라 유용종, 모용종, 육용종, 모육겸용종으로 나눈다.

자넨

토겐부르크

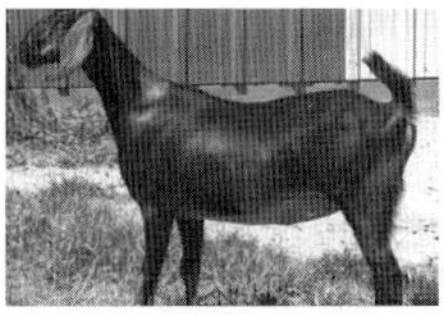
누비안

알파인

한국종(흑염소)

앙고라

캐시미어

콜롬비아

보어

키코

구분	품종	원산지	특징
유용종	자넨	스위스	● 유용종 산양 중 가장 많이 사육된다. ● 백색 털, 암수 턱수염이 있고 귀는 직립한다. ● 비유기간 : 240~300일, 비유량 500~800㎏
	토겐부르크	스위스	● 황갈색 또는 초콜릿색, 얼굴 양쪽에 흰 줄이 있다. ● 하복부 쪽은 흰색이며 체질이 강건하다. ● 비유량은 자넨보다 적다.
	알파인	스위스	● 털색은 흰색, 갈색, 흑색, 적색 또는 혼합색이다. ● 성질이 온순하고 건강하며 산악지대에 적합하다. ● 비유기간 : 280~300일, 비유량은 1,600㎏이다.
	누비안	아프리카	● 털색은 암적색, 갈색, 유백색, 흑색, 혼합색이다. ● 머리는 짧고 크며 넓적하고 귀는 처져 있다. ● 비유량 : 1일 3~4 ㎏, 유지방이 4~7%로 높다.
육용종	한국 재래종	한국	● 털이 검고 윤기가 나며 뿔이 있고 강건하다. ● 약용 내지 육용으로 쓰인다. 정육률이 낮다. ● 사료 이용성과 환경 적응성이 매우 우수하다.
	중국종	중국	● 마두산양은 백색으로 뿔이 없고 귀가 처져 있다. 수컷의 체중은 약 44㎏이고 암컷은 34㎏이다. ● 반각산양은 백색으로 뿔이 있다. 수컷의 체중은 40㎏ 이상이며 암컷은 30㎏ 정도이다.
	보어	남아프리카	● 흰색에 양볼과 턱이 갈색이다. 수컷의 체중은 110~135㎏, 암컷은 90~100㎏이다. ● 증체량과 정육률이 우수, 우리나라에서도 사육된다.
모용종	앙고라	티베트	● 흰색의 부드러운 털을 모헤어(Mohair)라고 한다. ● 1두당 모헤어를 2~3㎏ 생산한다. ● 양모보다 털이 질기고 탄력이 있으며 염색이 된다.
	캐시미어	티베트 캐시미어	● 흰색털이며 목과 어깨에는 붉은 무늬가 있다. ● 외부에는 10~12㎝의 장모, 내부에는 단모가 있다. ● 단모는 봄에 빠지고 가을에 다시 발생한다.
겸용종	콜롬비아, 파나마, 타기, 로멜데일		

3. 염소의 번식과 육성

(1) 성 성숙과 번식적기

① 염소는 단일성 계절번식 동물로 일조 시간이 짧아지는 가을과 겨울철에 발정을 한다.

② 흑염소 : 암컷 10㎏ 10개월령 이상, 수컷 30㎏ 15개월 이상, 2년에 3회 분만

③ 유산양 : 암컷 30㎏ 10개월령 이상, 수컷 36㎏ 12개월 이상

(2) 발정과 교배

① 발정 주기는 21일이며 발정 지속시간은 30~50시간이다.

② 발정 증상은 식욕과 비유량 감소, 불안, 계속 울면서 다른 염소의 등에 올라타려고 한다.

③ 외음부가 붓고 붉어지며, 점액이 흐르고 소변을 자주 보며, 꼬리를 흔들고 옆으로 제친다.

④ 교배 적기는 발정개시 후 12~20시간 이후이다.

(3) 임신

① 염소의 평균 임신기간은 152일(평균 5개월)이며 평균 산자수는 2두이다.

② 임신 징후는 초기에는 외음부 탄성 증가, 식욕 왕성, 윤기가 나고, 체구가 풍만해진다.

③ 유방 팽대, 음부가 붓고, 점액 유출, 오줌을 자주 누고, 먹지 않고 앞발로 땅을 긁는다.

(4) 분만

① 양수막이 터진 후 20~30분에 태아가 나오고 두 번째는 15~20분 뒤 출산한다.

② 태아는 마른 걸레로 콧구멍, 입주위, 목, 몸집의 순으로 닦아 말려준다.

③ 탯줄을 10㎝ 남기고 묶은 후 자르고 소독한다.

(5) 육성

① 출생 후 초유를 바로 주고, 5일간 급여한다.

② 초유를 출생 후 20~30분부터 1일 4회, 0.6~1.2kg 급여한다.

③ 냉동 초유는 38~40℃로 따뜻하게 가열하여 급여한다.

④ 생후 2~3주부터 사료급여를 시작하고 3개월경 이유시킨다.

⑤ 약 3개월에 한 번씩 발굽을 잘라 준다.

(6) 염소의 거세

① 무혈거세는 생후 3~5개월령(이유 후)에 하는 것이 적당하다.

② 고무링 장착기로 정소에 고무링을 장착하면 20~25일 후 자연적으로 탈락한다.

③ 외과적 유혈거세는 생후 4~6주 사이에 실시한다.

(7) 뿔의 제거

① 제각연고를 이용한 제각은 생후 3~7일령에 각근부에 제각연고를 바른다.

② 제각기 사용은 생후 1주일경에 뿔의 생장점을 전기 인두기로 지져 준다.

4. 염소의 사양관리 및 위생

(1) 염소 사육시설

① 염소사의 위치는 약간 높고 경사가 있어 배수가 잘 되는 건조한 곳이 좋다.

② 남향으로 통풍이 잘 되도록 창문을 설치하고 겨울에는 틈바람이 들어오지 않도록 한다.

③ 험한 지형을 뛰어다니는 습성이 있으므로 방목장이 필요하다.

④ 창고, 풀시렁, 사료조, 식염대, 급수시설 등을 설치한다.

(2) 염소의 사양관리

① 염소는 나뭇잎을 특히 좋아하여 잡관목류를 40~60% 정도 급여한다.

② 임신 염소는 고영양의 육성우 사료나 전용 사료를 주고, 칼슘, 인 및 소금을 주어야 한다.

③ 임신 후 130일까지는 점차 사료의 양을 늘려주며 130일 이후에는 양을 줄여 준다.

④ 분만 후에는 변비를 방지하기 위하여 소화가 잘되는 질 좋은 건초를 준다.

⑤ 번식용 수염소는 단백질이 풍부한 사료를 주고 운동을 충분히 시킨다.

⑥ 염소는 밟거나 더러워진 사료를 먹지 않으므로 풀시렁을 만들어 주어야 한다.

(3) 염소 생산물의 이용

① 염소의 생산물에는 젖, 고기, 가죽, 털 등이 있다.

② 염소의 젖은 소화가 잘되며 영양분이 풍부하여 음료용으로 많이 사용한다.

③ 특히 결핵균의 감염이 없어 젖먹이, 병약자, 노인들에 대한 최적의 영양 식품이다.

④ 고기는 철분을 비롯한 광물질이 풍부하여 약용이나 보양제로 이용되어 왔다.

⑤ 염소 가죽은 키드라고 하여 얇고 가벼워서 장갑, 구두, 핸드백 등에 사용된다.

⑥ 털은 부드럽고 가늘어서 고급 옷감과 레이스, 커튼 등의 재료로 이용한다.

기출문제

정답 및 해설

01 염소의 특징을 설명한 것으로 바르지 못한 것은?

㉮ 위가 4개인 반추가축이며 발굽은 모두 2개를 가지고 있다.

㉯ 염소는 면양과 달리 턱수염과 고기수염이 있다.

㉰ 염소는 뿔이 없거나 수컷만 가지고 있다.

㉱ 집단 내 서열이 뚜렷하고 침입자에게 저항한다.

■ 염소는 암수 모두 뿔이 있다. 면양은 암소 모두 뿔이 없거나 수컷만 가지고 있다.

정답 ㉰

02 남아프리카 원산의 흰색에 양볼과 털이 갈색이며, 증체량과 정육율이 우수하여 우리나라에서도 사육되는 육용종 염소는?

㉮ 자넨

㉯ 토겐부르크

㉰ 누비안

㉱ 보어

■ 육용종 염소에는 한국 재래종, 중국종, 보어 등이 있다.

정답 ㉱

03 염소의 발정 주기는?

㉮ 15일　　㉯ 18일

㉰ 21일　　㉱ 28일

■ 염소의 발정 주기는 21일이며 발정 지속시간은 30~50시간이다.

정답 ㉰

04 다음 중 유용종 염소의 품종은?

㉮ 자넨종, 토겐부르크

㉯ 중국종, 보어

㉰ 앙고라 캐시미어

㉱ 콜롬비아, 타기

■ 유용종은 ㉮ 이외에 알파인, 누비안이 있다. ㉯는 육용종, ㉰는 모용종, ㉱는 겸용종

정답 ㉮

정답 및 해설

05 염소의 품종 중 모용종끼리 짝지어진 것은?

㉮ 자넨종, 알파인종
㉯ 콜롬비아종, 라만차종
㉰ 앙고라종, 캐시미어종
㉱ 누비안종, 로멜데일종

■ 모용종 염소에는 앙고라, 캐시미어 등이 있다.

정답 ㉰

06 다음에 설명하는 염소의 품종은?

- 젖 생산을 목적으로 우리나라에서 사육되는 품종
- 원산지는 스위스이며 유량이 많고 체구가 큼

㉮ 자넨종
㉯ 보어종
㉰ 누비아종
㉱ 키코종

■ 자넨종은 유용종 산양 중 가장 많이 사육된다.

정답 ㉮

07 제각연고를 이용한 제각을 하는 시기는?

㉮ 생후 3~7 일
㉯ 생후 10~14일
㉰ 생후 16~19일
㉱ 생후 1개월

■ 제각연고를 이용한 제각은 생후 3~7일령에 각근부에 제각연고를 바른다.

정답 ㉮

08 스위스가 원산지이며 흰색이고 젖 생산량이 가장 많은 염소 품종은?

㉮ 자넨종
㉯ 토겐부르크
㉰ 알파인
㉱ 누비안

■ 토겐부르크 : 황갈색, 초콜릿색
알파인 : 흰색, 갈색의 혼합색
누비안 : 암적색, 유백색의 혼합색

정답 ㉮

정답 및 해설

09 다음 중 단일성 동물은?

㉮ 염소
㉯ 토끼
㉰ 돼지
㉱ 닭

■ 염소는 단일성 계절번식 동물로 일조 시간이 짧아지는 가을과 겨울철에 발정을 한다.

정답 ㉮

10 염소의 평균 임신기간은?

㉮ 60일
㉯ 90일
㉰ 114일
㉱ 152일

■ 염소의 평균 임신기간은 152일(평균 5개월)이며, 평균 산자수는 2두이다.

정답 ㉱

11 염소의 외과적 유혈거세 시기로 적당한 것은?

㉮ 1~2주
㉯ 3~4주
㉰ 4~6주
㉱ 8~9주

■ 무혈거게 시기는 생후 3~5개월령, 유혈거세는 생후 4~6주 사이에 실시한다.

정답 ㉰

12 흰색의 부드러운 모헤어(Mohair)라는 털을 생산하는 품종은?

㉮ 보어
㉯ 앙고라
㉰ 메리노
㉱ 캐시미어

■ 앙고라 1두당 모헤어를 2~3㎏ 생산한다.

정답 ㉯

06 면양의 사육과 관리

1. 면양의 기원과 특징

(1) 면양의 기원

① 중앙아시아, 유럽의 야생 원종이 가축화된 것으로 추정

② 가축화는 BC 8,000~9,000년경으로 추정

(2) 면양의 동물학적 분류

척추동물문, 포유류강, 소목, 소과, 양속, 양(*Ovis aries* L.)

(3) 면양의 특징

① 털은 길고 부드러우며 곱슬곱슬하다.

② 면양은 크기가 다양하나, 보통 체장 90~120㎝, 체중 95~115㎏ 정도이다.

③ 뿔은 있는 것과 없는 것이 있고 턱에는 수염이 없다.

④ 성질이 매우 온순하며 겁이 많아 한데 모여 산다.

(4) 면양의 품종

랑부예메리노

코리데일

사우스다운

서포크

링컨

카라쿨

구분	품종	원산지	특징
세모종	랑부예메리노	프랑스	● 털색은 흰색이고 질이 매우 우수하다. ● 수양은 나선형의 뿔이 있으나, 암양은 무각이다. ● 1년간 털 생산량은 5~10kg이다.
모육 겸용종	코리데일	뉴질랜드	● 얼굴, 귀, 다리는 흰색이고, 암수 모두 뿔이 없다. ● 털의 질은 보통이고 연간 5~8kg을 생산한다. ● 링컨, 레스터 수양을 메리노 암양에 교배하여 만든다.
중모종	사우스다운	영국	● 몸은 직사각형으로 튼튼하고 다리와 털은 짧다. ● 뿔은 암수 모두 없다. ● 털의 질이 좋고 고기는 맛이 좋다.
	서포크	영국	● 얼굴, 귀, 사지는 검은색, 암수 모두 뿔이 없다. ● 1년간 털 생산량은 2~4kg 정도이다.
유용종	오스트프리지안	독일	● 암수 뿔이 없고, 유방이 잘 발달되었다. ● 1일 젖 생산량이 2~4kg 정도이다. ● 양털은 질이 좋지 못하나 고기의 질은 좋다.
장모종	링컨	영국	● 산모량이 가장 많고 25cm 정도의 긴 털을 생산한다. ● 수양의 경우 12~14kg, 암양의 경우 7~9kg 정도의 털을 생산한다.
모피용종	카라쿨	중앙 아시아	● 몸집이 작고 털이 거칠며 회갈색이다. ● 털가죽은 브로드테일이라 하여 고급 코트를 만든다.

3. 면양의 번식과 육성

(1) 발정과 교배

① 보통 2~5살, 7~8세까지 이용한다.

② 발정은 주로 가을철에 일어나고, 발정주기는 17일이며, 지속시간은 약 30시간이다.

③ 발정 징후는 염소와 같으며, 우리에 시정양을 넣어 발정 암양을 가려낸다.

(2) 임신과 교배

① 임신기간은 150일이다.

② 분만 두수는 보통 1마리이나 2~3두를 낳는 경우도 있다.

▮ 면양의 꼬리 자르기 목적
- 외관을 좋게 한다.
- 교배 시 편리하다.
- 꼬리의 더럽힘 방지
- 외부기생충 기생 방지

(3) 면양의 육성 관리

① 생후 1주일 후 운동을 시키고 2주일 후 사료를 급여하기 시작한다.

② 3개월 후 이유시킨다.

③ 꼬리 자르기는 생후 1~2주령에 둘째 꼬리뼈와 셋째 꼬리뼈 사이를 자른다.

④ 불까기(거세)는 생후 1~2주령에 실시한다.

4. 면양의 사양관리 및 위생

(1) 면양의 사육관리

① 면양은 평균 기온이 15℃인 4~5월경, 연 1회 털 깎기를 한다.

② 털을 깎은 후 20~30일 후 약물 목욕을 시켜 외부 기생충과 피부병을 예방한다.

③ 털 깎기는 면양을 무릎 사이에 앉히고 털 깎는 가위나 전모기로 배쪽에서부터 깎는다.

④ 털을 깎는 전날부터 절식시키면 장염전 등의 사고를 방지할 수 있다.

(2) 면양의 생산물 이용

① 메리노 털 : 가장 질이 좋은 털을 생산한다.

② 블랙페이스 털 : 하급 양모로 카펫을 짜는 데 사용된다.

③ 양고기는 특유의 냄새가 있고, 지방은 녹는점이 42℃로 높아 구이요리에 알맞다.

④ 양젖은 지방률이 6~8%로 높아 음용 외에 버터와 치즈의 원료유로도 이용된다.

기출문제

| 정답 및 해설 |

01 면양의 품종 중 프랑스가 원산지이고 흰색의 세모를 가장 많이 생산하는 것은?

㉮ 코리데일
㉯ 랑부예메리노
㉰ 사우스다운
㉱ 카라쿨

■ ㉮ 코리데일 : 모육겸용종
㉯ 랑부예메리노 : 세모종
㉰ 사우스다운 : 중모종
㉱ 카라쿨 : 모피용종

정답 ㉯

02 뉴질랜드 원산으로 얼굴, 귀, 다리는 흰색이고, 암수 모두 뿔이 없는 모육 겸용종은?

㉮ 코리데일
㉯ 링컨
㉰ 사우스다운
㉱ 랑부예메리노

■ 코리데일의 털의 질은 보통이고 연간 5~8㎏을 생산한다.

정답 ㉮

03 영국이 원산지이고 산모량이 가장 많고 25㎝ 정도의 긴 털을 생산하는 장모종은?

㉮ 코리데일
㉯ 사우스다운
㉰ 카라쿨
㉱ 링컨

■ ㉮ 모육 겸용종
㉯ 중모종
㉰ 모피용

정답 ㉱

04 면양의 임신기간은?

㉮ 90일　　㉯ 114일
㉰ 150일　　㉱ 280일

■ 면양의 임신기간은 150일이고, 분만 두수는 보통 1마리이나 2~3두를 낳는 경우도 있다.

정답 ㉰

05 양의 꼬리 자르기 목적이 아닌 것은?

㉮ 외관을 좋게 한다.

㉯ 교배 시 편리하다.

㉰ 꼬리의 더럽힘을 방지

㉱ 싸움을 방지한다.

06 면양의 이유 시기는?

㉮ 2개월

㉯ 3개월

㉰ 4개월

㉱ 5개월

07 우리나라에서 양의 털을 깎는 적당한 시기는?

㉮ 2~3월

㉯ 3~4월

㉰ 4~5월

㉱ 6~7월

정답 및 해설

■ ㉮㉯㉰ 외에 외부 기생충의 기생을 방지한다.
꼬리 자르기는 생후 1~2주령에 둘째 꼬리뼈와 셋째 꼬리뼈 사이를 자른다.

정답 ㉱

■ 면양은 3개월 후 이유시킨다.

정답 ㉯

■ 면양은 평균 기온이 15℃인 4~5월경, 연 1회 털 깎기를 한다.

정답 ㉰

07 사슴의 사육과 관리

1. 사슴의 기원과 특징

(1) 사슴의 기원

① 중앙아시아, 유럽의 야생 원종이 가축화된 것으로 추정

② 가축화는 BC 7,000년경으로 추정

(2) 사슴의 동물학적 분류

① 척추동물문, 포유류강, 소목(우제목), 사슴과, 5아과 17속 39종(학자마다 다름)

② 진사슴아과 : 꽃사슴, 레드디어, 엘크, 사불상, 엑시스

③ 아메리카사슴아과 : 노루, 무스, 순록

▮ 사슴의 종류
– 엘크(elk or wapiti)
: *cervus canadensis*
– 레드디어(적록 red deer)
: *cervus elaphus*
– 꽃사슴(sika dee)
: *cervus nippon*

(3) 사슴의 일반적 특징

① 사슴은 고산의 산림지대나 초원에서 군서생활을 하는 반추동물이다.

② 사슴의 종류는 전 세계에 걸쳐 47종에 150~200여 종이 있다.

③ 사슴의 크기는 다양하며 순록을 제외하고는 수컷만 뿔이 있다.

④ 사슴은 담낭이 없어 담즙이 바로 십이지장으로 들어간다(사향사슴 제외).

⑤ 단일성 동물로서 가을에서 겨울에 발정, 다음해 6월경 분만한다.

⑥ 단태동물로 임신기간은 품종별 차이가 커서 5~8개월 정도이다.

⑦ 매년 이른 봄에 낙각(落角)이 되고 봄에 새 뿔이 나온다.

2. 사슴의 품종

꽃사슴

레드디어

엘크

품종	서식지	체중(kg)	임신기간	특징
꽃사슴	일본, 대만	♀ 60 ♂ 79	225일	● 흰색 반점이 있어 꽃사슴이라 함 ● 낙각 후 50~60일 절각 ● 녹용 900g 생산
레드디어 (적록)	유럽, 북미	♀ 100 ♂ 160	231일	● 적갈색, 겨울에는 회갈색을 띈다. ● 수컷은 목둘레에 갈기털이 있고 꼬리 끝이 뾰족하다. ● 녹용 생산량 2.5~3.5kg
엘크 (와피티)	유럽, 북미	♀ 300 ♂ 450	252일	● 대형 사슴, 꼬리가 짧음 ● 털색은 회색과 갈색이 섞여 있으며 암수 모두 목둘레에 긴 털이 나 있음 ● 녹용 생산량 8~12kg

3. 사슴의 번식과 육성

(1) 사슴의 번식

① 번식 적령기 : 출생 24개월 이후 번식에 이용한다.

② 암컷 4~6세, 수컷은 3~5세가 번식 최성기

③ 단일성 번식동물로 일조 시간이 짧아지는 8월 하순부터 12월 사이에 발정이 온다.

④ 임신기간은 꽃사슴 평균 225일, 레드디어 231일, 엘크 252일 정도이다.

⑤ 임신 증상은 발정 중지, 성질 온순, 식욕 증가, 털의 윤기, 복부의 태동 감지 등

⑥ 분만일이 가까워 오면 다른 사슴과 격리시킨다.

(2) 새끼 사슴의 사양 관리

① 사슴은 출생 후 2~3시간이 지나면 젖을 먹는다.

② 사슴의 젖 먹는 기간은 반추위가 발달되는 3개월 정도이다.

③ 출생 후 2~3주가 되면 풀을 먹기 시작한다.

④ 설사를 예방하기 위해서는 바닥에 깨끗한 깔짚을 깔아주고 건조하게 한다.

(3) 육성 사슴의 사양 관리

① 육성 사슴은 품질이 좋은 건초, 청초, 사일리지 등과 같은 조사료 위주의 사양을 한다.

② 농후사료를 보충하여 급여하면 소화율을 높이고 소화기관도 발달시킬 수 있다.

(4) 암사슴의 사양 관리

① 사슴은 24개월령이 되면 번식에 이용한다.

② 암사슴은 비만해져서 번식장애가 발생하지 않도록 주의해야 한다.

③ 임신 기간에는 조사료 위주로 관리한다.

④ 새끼를 분만한 후 가을철이 되면 젖을 먹이는 포유기가 된다.

⑤ 이때는 젖 생산과 분만 때 감소한 체중을 회복하기 위하여 더 많은 영양분을 요구한다.

⑥ 이유를 빨리하고 강정 사양을 하면 난소 기능이 회복되어 발정 시기를 빨리 오게 한다.

(5) 수사슴의 사양 관리

① 번식 시기에는 고단백의 사료와 양질의 건초를 공급해 체중의 감소를 줄여야 한다.

② 번식시기에 서열 다툼이 일어나므로 분리해서 사육해야 한다.

③ 투쟁 시 사고사 방지를 위해 뾰족하게 자란 재생 뿔은 절단해 준다.

④ 보통 수컷 1마리에 암컷 10~15마리를 같은 우리에 넣어 기르는 것이 좋다.

⑤ 1~2월이 되어 교미가 완전히 끝나면 수사슴을 다른 칸으로 완전히 분리한다.

(6) 사료 급여

① 조사료

㉠ 사슴은 수엽류에 대한 채식 기호성이 높다.

㉡ 관목류는 수분과 조섬유 함량이 목초나 야초에 비해 낮고 타닌이 있다.

㉢ 조사료는 떡갈나무, 칡 및 아까시나무 잎을 주로 이용하고 있다.

㉣ 겨울철에는 소화가 잘 되는 질 좋은 건초를 급여한다.

② 농후사료

㉠ 일반적으로 젖소용 사료나 사슴 전용 농후사료를 이용하고 있다.

㉡ 새끼사슴에게는 어린 송아지용 사료를 급여하고 있다.

㉢ 사슴 체중 50㎏에 일일 급여량을 농후사료 0.5㎏을 기준으로 급여한다.

㉣ 단백질 요구량은 새끼사슴 14~17%, 암컷 10~14%, 수컷 17~18%

㉤ 사료 급여량은 대형사슴은 체중의 1.5~2.2%, 소형사슴은 2.0~3.5% 정도이다.

4. 녹용 및 녹혈 채취

(1) 용어의 이해

① 녹용 : 혈액이 많고 물렁한 상태이며 잔털로 덮혀 있다. 석회질과 콜라겐이다.

② 녹각 : 6~7월이 지나 완전히 골화된 뿔로 딱딱하고 털이 벗겨진 것

③ 녹혈 : 뿔을 자를 때 나오는 혈액

④ 녹용의 끝부분을 분골이라 하며, 값이 비싸고 아래로 상대, 중대, 하대로 구분한다.

(2) 녹용 및 녹혈 채취

① 절각 시기는 사슴의 종류와 연령, 영양 상태에 따라 다르며, 꽃사슴은 낙각 후 50~60일, 레드디어는 60~75일, 엘크는 70~90일이다.

② 어린 사슴은 낙각이 늦게 이루어지고 녹각화 현상은 빨리 나타난다.

③ 영양 상태가 좋지 못하면 낙각이 늦게 이루어지는 경향이 있다.

기출문제

01 다음에 설명하는 사슴 뿔의 명칭은?

> 사슴 뿔 중 아직 뿔속에 혈액이 흐르고 말랑말랑한 상태로 겉에 털이 나있어 벨벳이라고 부르는 뿔

㉮ 녹각
㉯ 녹육
㉰ 녹혈
㉱ 녹용

02 사슴의 일반적 특징에 대한 설명 중 바르지 못한 것은?

㉮ 순록을 제외하고는 수컷만 뿔이 있다.
㉯ 사향사슴을 제외하고 담낭이 없다.
㉰ 장일성 동물로 봄철에서 여름철에 발정이 온다.
㉱ 이른 봄에 낙각이 되고 봄에 새 뿔이 나온다.

03 우리나라에서 사육하는 사슴 중 가장 작고 흰색 반점이 있는 품종은?

㉮ 꽃사슴
㉯ 레드디어
㉰ 순록
㉱ 엘크

정답 및 해설

■ 녹용은 혈액이 많고 물렁한 상태이며 잔털로 덮혀 있다.

정답 ㉱

■ 단일성 동물로서 가을에서 겨울에 발정, 다음해 6월경 분만한다.

정답 ㉰

■ 꽃사슴은 낙각 후 50~60일에 절각하며, 녹용 900g을 생산한다.

정답 ㉮

정답 및 해설

04 레드디어의 특징이 아닌 것은?

㉮ 털색은 여름에는 적갈색이다.
㉯ 기후에 대한 적응력이 강하다.
㉰ 암컷의 임신기간은 231일 정도이다.
㉱ 수컷은 낙각 후 40~50일경 절각한다.

■ 수컷은 낙각 후 60~75일경 절각한다.

정답 ㉱

05 사슴의 관목류 조사료로 적합한 것은?

㉮ 떡갈나무잎
㉯ 칡덩굴
㉰ 솔잎
㉱ 클로버

■ 조사료는 떡갈나무, 칡 및 아카시아나무의 잎을 주로 이용하고 있다.

정답 ㉮

06 꽃사슴의 절각 시기는 낙각 후 며칠 후인가?

㉮ 30~40일
㉯ 40~50일
㉰ 50~60일
㉱ 70~90일

■ 꽃사슴은 낙각 후 50~60일경 절각한다.

정답 ㉰

07 사슴의 자연교배 시 수사슴 1마리당 암사슴 수로 적당한 것은?

㉮ 1~2두
㉯ 3~5두
㉰ 6~8두
㉱ 10~15두

■ 보통 수컷 1마리에 암컷 10~15마리를 같은 우리에 넣어 기르는 것이 좋다.

정답 ㉱

정답 및 해설

08 암사슴의 발정증세로 바른 것을 〈보기〉에서 모두 고른 것은?

ㄱ. 식욕이 떨어진다.
ㄴ. 거동이 불안해진다.
ㄷ. 유방과 복부가 커진다.
ㄹ. 외음부가 붓고, 질점액을 분비한다.

㉮ ㄱ, ㄴ　　㉯ ㄴ, ㄷ
㉰ ㄱ, ㄴ, ㄹ　　㉱ ㄴ, ㄷ, ㄹ

■ 유방과 복부가 커지는 것은 임신의 증상이다.

정답 ㉰

09 사슴에 대한 설명으로 잘못된 것은?

㉮ 추위에 약하고 더위에 강하다.
㉯ 생산물은 녹용, 고기, 모피 등이 있다.
㉰ 단태동물로 계절번식을 하는 반추동물이다.
㉱ 출생 후 2~3주가 되면 풀을 먹기 시작한다.

■ 사슴은 추위에 강하고 더위에 약하다.

정답 ㉮

10 녹용의 가장 끝부분으로 값이 가장 비싼 부위의 명칭은?

㉮ 분골
㉯ 상대
㉰ 중대
㉱ 하대

■ 녹용의 끝부분을 분골이라 하며 값이 비싸고 아래로 상대, 중대, 하대로 구분한다.

정답 ㉮

08 토끼의 사육과 관리

1. 토끼의 기원과 특징

(1) 토끼의 기원

① 집토끼는 포유강, 토끼목, 토끼과, 굴토끼속에 속하는 동물로 약 150여 종이 있다.

② BC 1,000년경 유럽에서 굴토끼를 가축화하였다.

③ 식용, 모피용으로 육성되었으나 최근에는 애완종으로도 많이 개량되었다.

(2) 토끼의 특징

① 형태적 특성

㉠ 귀가 매우 크며 자유롭게 움직이고 혈관이 발달하여 체온 발산 역할을 한다.

㉡ 눈은 머리 위쪽에 있어 시야가 넓으며, 코 주위에 촉수 역할을 하는 20여 개의 긴 수염이 있다.

㉢ 뒷다리가 앞다리에 비하여 길고 근육이 발달되어 있어 산을 잘 오른다.

㉣ 이빨은 윗니 16개, 아랫니 12개로 모두 28개이며, 앞니 2개가 겹친 중치류 동물이다.

㉤ 토끼의 윗입술은 언청이 모양으로 양쪽으로 갈라져 있어 물건을 씹기에 편하게 되어 있다.

② 심리 · 생리적 특징

㉠ 촉각이 예민하고 후각도 발달하여 냄새로 자신의 새끼를 구별한다.

㉡ 큰 귀에 청각이 뛰어나 잘 놀란다.

㉢ 땀샘은 없어 체온 조절이 잘되지 않으므로 더위에 약하다.

㉣ 초식동물로 창자는 몸길이의 약 10배에 해당한다.

㉤ 맹장이 잘 발달되고 셀룰로오스의 분해를 돕는 박테리아가 있다.

㉥ 자기 똥을 먹는 식분증(분식성)이 있다.

㉦ 깨끗한 것을 좋아하고 같은 장소에 배설한다.

▮ 토끼의 식분증(분식성)
토끼는 밤중에 입을 항문에 대고 똥을 직접 받아먹거나 토끼장 바닥의 것을 먹기도 한다. 모든 분을 먹는 것이 아니라 일반 분과는 다르게 부드러우면서 점액으로 덮여 있는 분을 먹는다. 이것을 점질피막분이라고 부르는데 조단백질 함량이 높고 비타민 B_{12}가 풍부하다. 식분증은 정상적인 토끼의 습성이다.

2. 토끼의 품종

집토끼의 품종은 몸의 크기, 털의 길이, 용도에 따라 다음과 같이 분류한다.

구분	품종명	원산지	특징
육용종	플레미시 자이언트	프랑스	● 체중은 5~8㎏의 거대종이다. ● 토끼 중에서 가장 큰 식용이다.
	캘리포니안	미국	● 백색에 귀, 꼬리, 코, 네 다리 끝이 검다. ● 성질 온순, 체질이 강건하다. ● 1년에 4~5회 분만, 산자수 6~7두 ● 체중 암컷 4.3㎏, 수컷 4.1㎏
모피용종	렉스	프랑스	● 융단 같은 촉감의 단모종이다. ● 모피를 얻기 위해 개량, 체중은 4㎏ 전후
	친칠라	프랑스, 영국 개량	● 털은 검은색과 백색이 혼합된 청회색이다. ● 체질이 약하나 번식 능력은 좋다. ● 체중은 암컷 2.9㎏, 수컷 3.2㎏
모피, 육 겸용종	뉴질랜드 화이트	미국	● 털색은 백색으로 두껍고 촘촘하다. ● 성질 온순, 산자수 6~7마리 ● 체중은 암컷 5㎏, 수컷 4.5㎏
	백색 일본종	일본	● 털색은 백색, 고기의 질이 좋고 맛도 좋다. ● 모피의 품질도 우수하다.
모용종	앙고라	터키	● 순백색의 6~8㎝의 긴 털을 가지고 있다. ● 연간 4~5회 제모, 400~600g을 생산한다. ● 성질 온순, 산자수 4~5마리 ● 체중은 암컷 2.7㎏, 수컷 3.1㎏,
애완종	롭이어	영국, 프랑스, 독일	● 갈색, 회색, 흑색 등이 있다. ● 길게 늘어진 귀가 특징이다.
	라이언헤드	벨기에 네덜란드	● 얼굴에 사자갈기 같은 털이 있다. ● 보통 흰색에 귀가 검정색이다.
	더치	네덜란드	● 신체 앞쪽은 희고 귀와 눈 주변, 몸 뒤쪽은 검정 혹은 갈색인 소형종이다.
	드워프	네덜란드	● 더치 개량종으로 귀가 짧다 ● 체중은 1.0~1.5㎏이다.

자이언트

캘리포니안

렉스

친칠라

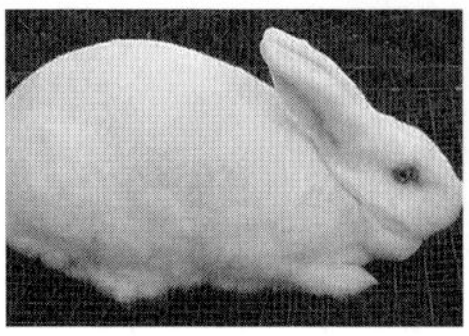
뉴질랜드 화이트

앙고라

더치

롭이어

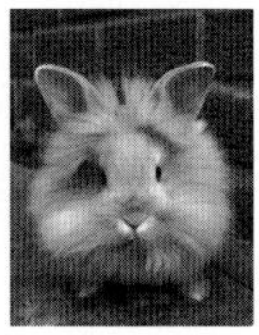
라이언헤드

3. 토끼의 번식과 육성

(1) 번식 적령기

① 암토끼는 7개월령 이후부터 1년에 3~4회씩 2~3년간 활용할 수 있다.

② 수토끼는 8개월령부터 번식에 이용하는 것이 좋다.

(2) 발정과 교배

① 토끼는 주기적으로 배란하지 않고 교미 자극으로 배란한다.

② 배란은 교미 자극 후 10시간 쯤 뒤에 일어난다.

③ 발정 징후는 음부가 붉게 충혈되고 행동이 활발해지며 뒷발로 바닥을 구르기도 한다.

④ 발정 주기는 10~15일이며 3~4일간 지속된다.

⑤ 암컷을 수컷상자에 넣어 교배시키고 교배 후 즉시 분리한다.

(3) 임신과 분만

① 임신기간은 평균 31일이며 보통 5~8마리를 30분에서 1시간 사이에 분만한다.

② 분만 5~6일 전에 분만 자리를 만들어 주고 부드럽고 깨끗한 자리깃을 넣어준다.

③ 어미가 불안감을 느끼게 되면 새끼를 먹어버리는 식자벽이 발생할 수 있다.

④ 임신 징후는 온순해지고, 식욕이 왕성해지며, 수컷의 접근을 허용하지 않는다.

⑤ 임신 후기는 하복부가 커지고 유선이 발달, 분만 전 3~4일에는 보금자리를 만든다.

(4) 육성 관리

① 새끼는 4~5일이면 털이 나고, 9~10일이면 눈을 뜬다.

② 생후 15일이면 사료 입질을 시작하며 20일경에는 예건한 청초 등을 공급한다.

③ 어린 새끼 토끼에게 수분이 많은 사료는 설사의 우려가 있다.

④ 생후 40~50일령(6~7주)이 되어 사료에 적응이 되면 이유시킨다.

⑤ 종토용 토끼나 발육이 좋지 못한 자토는 포유기간을 10여 일 더 연장한다.

⑥ 3개월 후 생식기의 모양을 보고 암수를 구별하여 분리 사육한다.

⑦ 토끼는 3~4개월 사육하면 2.5~3.0㎏이 되므로 육용으로 출하할 수 있다.

⑧ 봄철에 갑작스런 다량의 청초 급여는 설사나 고창증이 발생할 수 있다.

(5) 토끼의 사료 급여

① 조사료

㉠ 목초는 영양분이 풍부하고 기호성이 좋다.

㉡ 겨울철에는 맥류, 고구마 덩굴, 농가 부산물 등을 이용한 사일리지를 급여한다.

㉢ 건초는 티모시, 알팔파, 클로버 등을 구입하여 급여한다.

㉣ 녹사료는 3개월령까지 25~30㎏이 소요된다.

② 농후사료

㉠ 곡류사료로 옥수수, 보리, 밀, 연맥 등은 에너지원으로 사용한다.

㉡ 대두박, 아마박, 유채박, 면실박 등은 단백질원으로 사용한다.

㉢ 밀기울, 보릿겨, 쌀겨 등도 단용사료 또는 배합사료의 원료로 사용된다.

㉣ 사료는 1일 5회 정도 급여하며, 농후사료는 1일 40~60g 급여한다.

(6) 토끼 털 깎기

① 털은 가볍고 보온성이 뛰어나며 촉감도 좋아 섬유 제품의 원료로 이용한다.

② 앙고라종의 털 깎기는 생후 50일령에 1회, 7.5㎝ 크기는 3~4회, 5㎝ 크기는 4~5회 깎는다.

③ 털 깎기는 등의 털을 좌우로 가른 다음 머리 쪽에서 꼬리 쪽으로 왼쪽을 깎은 후 다시 오른쪽 꼬리 쪽에서 머리 쪽으로 깎는다.

④ 털가죽은 봄 털갈이 전의 겨울철에 생산한 것이 품질이 좋다.

(7) 토끼의 이동과 취급 추가

① (a)와 같이 등 가죽을 잡으면 허리를 다치기 쉽다.

② (b)는 놓치기 쉬워 도망칠 위험이 있다.

③ (c)는 귀를 다치기 쉬워 절대 잡지 말아야 한다.

④ (d)는 비교적 좋는 방법이나 앞발질을 할 가능성이 있다.

⑤ (e)는 가장 좋은 방법으로 귀와 어깨 가죽을 잡고 엉덩이를 받쳐 든다.

(a) (b) (c) (d) (e)

기출문제

정답 및 해설

01 프랑스가 원산지이며 체중은 5~8㎏의 거대종인 육용종 토끼 품종은?

㉮ 캘리포니안
㉯ 렉스
㉰ 친칠라
㉱ 플레미시 자이언트

■ 플레미시 자이언트는 토끼 중에서 가장 큰 식용이다.

정답 ㉱

02 다음의 토끼 품종 중 모피용종으로 짝지어진 것은?

㉮ 렉스, 친친라
㉯ 뉴질랜드 화이트, 백색 일본종
㉰ 앙고라
㉱ 롭이어, 라이언헤드

■ ㉯ 모피, 육겸용종
㉰ 모용종
㉱ 애완종

정답 ㉮

03 암토끼의 연간 번식 횟수(분만 횟수)로 적당한 것은?

㉮ 1~2회
㉯ 3~4회
㉰ 5~6회
㉱ 6~7회

■ 암토끼는 7개월령 이후부터 1년에 3~4회씩 2~3년간 활용할 수 있다.

정답 ㉯

04 토끼의 형태적 특성에 대한 설명으로 바르지 못한 것은?

㉮ 귀가 크고 혈관이 발달하여 체온 발산 역할을 한다.
㉯ 시야가 넓고 코 주위의 긴 수염이 촉수 역할을 한다.
㉰ 앞다리 근육이 발달하여 산을 잘 내려올 수 있다
㉱ 앞니 2개가 겹친 중치류 동물이다.

■ 뒷다리가 길고 근육이 발달하여 산을 오를 수 있다.

정답 ㉰

| 정답 및 해설 |

05 토끼의 심리적, 생리적 특징으로 바르지 못한 것은?

㉮ 자기 똥을 먹는 식분증(분식성)이 있다.
㉯ 맹장이 발달되고 섬유소 분해를 돕는 박테리아가 있다.
㉰ 촉각과 후각이 발달하여 자신의 새끼를 구별한다.
㉱ 땀샘이 발달되어 체온 조절을 잘 하고 추위에 약하다.

■ 땀샘은 없어 체온 조절이 잘되지 않으므로 더위에 약하다.

정답 ㉱

06 다음 중 육용종 토끼의 품종은?

㉮ 캘리포니안
㉯ 렉스
㉰ 뉴질랜드 화이트
㉱ 앙고라

■ 육용종은 플레미시 자이언트(영국), 캘리포니안(미국)이 있다.

정답 ㉮

07 다음 중 모용종 토끼의 품종은?

㉮ 렉스
㉯ 친칠라
㉰ 백색 일본종
㉱ 앙고라

■ ㉮㉯는 모피용
㉰는 모피, 육겸용종

정답 ㉱

08 일반적인 암토끼의 번식 적령은?

㉮ 4개월
㉯ 5개월
㉰ 6개월
㉱ 7개월

■ 암토끼는 7개월령 이후부터, 수토끼는 8개월령부터 번식하는 것이 좋다.

정답 ㉱

09 토끼의 임신기간은?

㉮ 21일　　㉯ 25일
㉰ 31일　　㉱ 40일

■ 토끼의 임신기간은 평균 31일이며 보통 5~8마리를 30분에서 1시간 사이에 분만한다.

정답 ㉰

10 새끼 토끼의 적당한 이유 적기는?

㉮ 20~30일
㉯ 40~50일
㉰ 50~60일
㉱ 70일 이후

11 다음 중 교미 후 배란 동물은?

㉮ 염소
㉯ 양
㉰ 개
㉱ 토끼

12 토끼의 번식과 관련된 설명으로 바르지 못한 것은?

㉮ 수컷을 암컷 상자에 넣어 교배시킨다.
㉯ 임신기간은 평균 31일이다.
㉰ 발정 시 음부가 붉게 충혈되고 뒷발로 바닥을 구른다.
㉱ 암토끼 7개월령 이후부터 1년에 3~4회 번식시킨다.

13 토끼의 식분증(분식성)에 대한 설명으로 바르지 못한 것은?

㉮ 주로 밤중에 입을 항문에 대고 똥을 직접 받아먹는다.
㉯ 이 똥은 부드럽고 점액이 있는 점질 피막분이다.
㉰ 맹장의 발효분으로 조단백질과 비타민이 풍부하다.
㉱ 분을 먹는 악습으로 질병 감염 가능성이 있다.

정답 및 해설

■ 생후 40~50일령(6~7주)이 되어 사료에 적응되면 이유시킨다.

정답 ㉯

■ 토끼는 주기적으로 배란하지 않고 교미 자극으로 배란하며 교미 자극 후 10시간 쯤 뒤에 일어난다.

정답 ㉱

■ 교배 시에는 일반적으로 암컷을 수컷상자에 넣는다.

정답 ㉮

■ 식분증은 정상적인 토끼의 습성이다.

정답 ㉱

09 꿀벌의 사육과 관리

1. 양봉의 기원과 품종

(1) 양봉의 기원

① 양봉 벌은 유럽 원산의 양종(洋種) 꿀벌이 주종이다.

② 꿀벌은 인도 북부 지역이 원산지로, 동양종과 서양종으로 진화하였다.

③ 인류가 꿀벌을 이용하게 된 것은 5,000년 이전으로 추정하고 있다.

④ 우리나라는 약 2,000년 전 고구려 태조 때 중국에서 꿀벌을 들여와 길렀다는 기록이 있다.

⑤ 근대적 양봉은 구한말 독일인 선교사들에 의해 개량종벌이 도입되면서부터이다.

(2) 동물학적 분류

절지동물문, 곤충강, 벌목, 꿀벌과, 꿀벌속(*Apis*), 양봉꿀벌(*Apis mellifera*)

(3) 꿀벌의 형태적 특징

① 수컷은 15~17㎜이며 겹눈은 정수리에 서로 붙어 있고, 주둥이는 퇴화되었다.

② 암컷(일벌)은 암갈색이고 배는 흑갈색이며, 몸길이는 12~14㎜이다.

③ 여왕벌은 암컷보다 몸집이 크고 더듬이 및 머리방패의 가장자리가 암갈색이다.

④ 여왕벌의 몸길이는 15~20㎜이며, 특히 복부가 길다.

⑤ 일벌의 타액선에서 분비되는 로얄젤리를 먹으면 여왕벌이 된다.

(4) 꿀벌의 습성

① 1봉군 1왕제

㉠ 한 무리에 여왕벌은 1마리만 존재한다.

㉡ 2마리일 경우 분봉한다.

② 단체성과 애소성

㉠ 절대 무리를 떠나지 않고 분담된 일을 한다.

㉡ 기타 행동성, 근면성, 발전성과 보존성, 배타성과 융화성 등 습성

③ 의사소통

㉠ 둘레춤 : 밀원이 90m 이내에 있을 때 소비면 위에서 장소와 방향을 알려준다.

㉡ 꼬리춤: 밀원이 90m를 약간 초과할 때 분당 40회로 흔들며 춘다.

④ 귀소성

㉠ 벌의 행동반경은 10㎞까지이나 2㎞ 이내가 귀소시간이 빠르고 수밀능력이 좋다.

㉡ 벌통 주위의 환경과 장소를 상대적으로 연관하여 벌통위치를 기억해둔다.

㉢ 외역할 때 태양과 각도를 파악했다가 각도의 기억으로 귀소한다.

▮ 분봉
기존의 벌통에서 살고 있는 여왕벌이 새로운 여왕벌이 태어나기 전에 약 40~50% 정도의 군사를 데리고 새로운 집을 찾아 나가는 것

(5) 꿀벌의 종류

구분	품종명	원산지	특징
서양종	이탈리안	이탈리아	● 황색 계통의 꿀벌, 우리나라에서 사육됨 ● 꿀 수집 능력이 우수하고 분봉성은 적다. ● 부저병에 강하나 도봉성이 강한 단점이 있다.
	코카시안	러시아 코카서스	● 흑색 계통의 꿀벌, 가장 작은 꿀벌이다. ● 분봉성이 적고 추위에 강하다. ● 노세마병에 약하다.
동양종	토종 (재래종)	인도	● 성질이 온순하고 밀납을 많이 생산한다. ● 꿀 수집 능력이 떨어지고 외적의 방어력이 약하다. ● 환경이 불리하면 집을 버리고 도망간다. ● 나무나 바위 틈에 벌집을 수직으로 만든다.

이탈리안종

코카시안종

재래꿀벌

2. 꿀벌의 생태와 밀원식물

(1) 봉군 구성

① 여왕벌

㉠ 알(3일)→애벌레(6일)→번데기(8일)→출방(여왕벌) = 17일 소요

㉡ 여왕벌은 유정란에서 태어나고 6~10일경 공중을 날며 수벌과 교미를 한다.

㉢ 교미 횟수는 2~3회, 교미 후 후 2~3일부터 하루에 700~6,000개 산란한다.

㉣ 한 번의 교미로 평생 100~150만 개 정도의 알을 낳는다.

㉤ 보통은 수정란을 낳고 약간의 무정란을 낳으나 늙으면 무정란을 많이 낳는다.

㉥ 수명은 보통 3~5년이며, 이용 연한은 1~2년 정도이다.

② 수벌

㉠ 알(3일)→애벌레(7일)→휴면(3일)→번데기(11일)→출방(수벌) = 24일

㉡ 수벌은 무정란에서 태어나고 일벌보다 크며 교미 외에는 하는 일이 없다.

㉢ 출방 후 12일이 경과하면 교미가 가능하고 교미 후 죽는다.

③ 일벌

㉠ 알(3일)→애벌레(6일)→휴면(3일)→번데기(9일)→출방(일벌) = 21일

㉡ 일벌은 유정란에서 생성되고 번식을 못하며 체구가 작다.

㉢ 수명은 유밀기에는 1~2개월, 겨울철은 4~6개월 정도이다.

(2) 일벌의 분업

① 1주일 내 벌 : 소내 청소, 애벌레 기르기 등 벌통 내에서 가벼운 일
② 1주일~2주 벌 : 밀납을 분비하여 벌집 조성, 왕유 분비, 온·습도와 환기 조절
③ 2주일 이상 된 벌 : 꽃가루, 수지와 물 수집 등 야외 작업을 전담
④ 늙은 벌 : 외적 침입방지와 수벌 수량조절 임무

(3) 밀원 식물

① 농작물 밀원 : 평지(유채), 메밀, 들깨, 참깨, 해바라기, 파
② 녹비작물 밀원 : 자운영, 클로버류
③ 과수 밀원 : 귤, 사과나무, 감나무, 밤나무, 복숭아
④ 화훼 밀원 : 리아트리스, 코스모스
⑤ 수목 밀원 : 아까시나무, 싸리나무, 피나무, 산수유나무, 산딸나무, 오동나무, 침엽수
⑥ 도입 밀원 : 바이텍스(vitex), 금밀초, 황금초, 튤립, 국화

3. 봉군의 관리

(1) 봉군 관리의 유의사항

① 꿀벌은 정숙하게 다루고 급격한 충격은 피한다.
② 소문(巢門, 나들문) 앞에 장애물을 없게 한다.
③ 벌통의 내검은 신속하게 실시한다.
④ 분봉군은 사람을 잘 쏘지 않으나 조심스럽게 다루어야 한다.
⑤ 벌통의 위치 변경은 신중을 기한다.
⑥ 벌에 쏘였을 때는 벌침을 신속히 제거하고 암모니아수를 바른다.

(2) 내부 관찰

① 봉군의 내부는 1~2주일 간격으로 관찰한다.
② 점검 항목은 일벌의 수, 여왕벌의 유무 및 건강 상태, 산란상태, 위생상태, 죽은 벌의 수와 사인, 꽃가루와 저밀 상태, 질병과 소충의 발생 유무 등이다.

(3) 외부 관찰

① 소문을 출입하는 벌의 수와 속도, 운반하는 꽃가루 등을 관찰한다.

② 휴면기에 소문 앞의 죽은 벌은 사료 부족을 의미한다.

③ 소문 앞 벌들이 날지 못하고 기어 다니면 노세마병 등을 의심할 수 있다.

④ 소나기가 온 후 소문 앞에서 일벌의 투쟁은 도봉(도둑벌)일 가능성이 높다.

4. 여왕벌 유입법

▮ 여왕벌이 없을 때
- 여왕벌이 없어지면 일벌이 난소 기능을 회복해 알을 낳는다.
- 이 알은 무정란으로 수벌만 태어나므로 봉군이 무너진다.
- 새 여왕벌을 유입하던가 왕대나 산란 소비를 다른 벌통에서 옮겨 넣는다.

(1) 직접 유입법

① 일벌들이 채집이 분주하여 경계심이 적을 때 실시하는 방법이다.

② 첫째 : 여왕벌이 있는 봉군의 중간 벌집을 빼내고 무왕군의 유충이 많은 소비를 넣어 여왕벌이 이동하면 원위치로 이동한다.

③ 둘째 : 유입 여왕벌의 몸체에 꿀을 묻히고 무왕군 벌집 상단으로 유입한다.

④ 셋째: 여왕벌이 있는 소비를 벌통 문앞에 털어 놓아 벌통으로 들어가는 무리와 함께 유입하도록 한다.

(2) 간접 유입법

① 여왕벌을 먹이를 넣은 왕롱에 가두어 소비의 저밀권에 유입시킨다.

② 일벌의 공격이 지속되면 친화력이 생길 때까지 기다린 후 여왕벌을 내 놓는다.

▮ 왕대
여왕벌 산란방

(3) 왕대 이식법

① 유밀기에 출방 직전의 왕대를 무왕군에 이식하는 방법이다.

② 무밀기에는 일벌이 왕대를 파괴하는 수도 있다.

③ 무밀기에는 여왕벌을 왕대보호기에 넣어 소비 중앙에 끼워둔다.

5. 합봉법

(1) 합봉의 요건

① 다른 봉군과 분별이 불가능하도록 훈연 후 실시한다.

② 합봉 대상 봉군 중 여왕벌은 한 봉군에만 있어야 한다.

③ 두 봉군 중 약한 무리를 강한 무리에 합봉한다.

④ 일반적으로 무왕군을 여왕이 있는 봉군에 합봉한다.

⑤ 저밀양이 부족한 경우 사양을 충분히 한 후 실시한다.

⑥ 합봉은 하루 중 사역이 종료되는 해질 무렵에 실시한다.

⑦ 침착하게 신속히 실시한다.

(2) 합봉의 방법

① 직접 합봉법

㉠ 주로 유밀기에 실시하는 방법이다.

㉡ 피합봉군의 여왕벌을 없앤 후 2~3일 후 여왕벌이 있는 봉군에 합봉시킨다.

② 갱지(신문지) 합봉법

㉠ 단상의 경우 20~30개의 직경 2㎜ 정도의 구멍을 뚫은 갱지를 준비한다.

㉡ 갱지를 여왕벌이 있는 소비면에 부착시킨 후 벌통면과 틈새가 없게 한다.

㉢ 양측의 벌이 서로 갱지를 뜯어 제거하는 동안 친숙하게 된다.

③ 합봉망 합봉법

㉠ 소광 모양으로 된 철사망으로 단상을 2등분하여 가운데를 막는다.

㉡ 빈 곳에 무왕군의 소비를 넣고 소문은 봉쇄하여 외역을 중단시킨다.

㉢ 이대로 2~3일 두어 두 봉군이 친밀해지면 합봉망을 제거한다.

④ 훈연 합봉법

㉠ 유밀기 이외의 시기에 합봉하는 방법이다.

㉡ 약군의 여왕벌을 제거하여 벌들이 여왕벌을 원하게 한다.

㉢ 유왕군의 벌통에 훈연하여 분별력을 약하게 한다.

㉣ 무왕군의 소비를 넣고 뚜껑을 닫은 다음 훈연을 하고 소문을 좁혀준다.

6. 분봉과 분봉 예방

(1) 분봉

① 분봉열

㉠ 봉군의 세력이 강해지면 여왕벌은 수벌을 만들고 분봉 준비를 한다.

㉡ 일벌이 만든 왕대에 여왕벌이 알을 낳고 양성하면 분봉열이 일어난다.

㉢ 징후는 활동이 감소되고, 일벌들은 집짓기나 꽃꿀 수집에 태만하다.

㉣ 여왕벌은 산란이 줄어들고 복부가 수축된 것을 볼 수 있다.

② 자연분봉

㉠ 여왕벌은 2~3일 간격으로 여러 왕대에 차례로 산란을 한다.

㉡ 처녀왕벌의 출방 2일 전에 1차 분봉을, 다시 2~3일 후 2차 분봉을 한다.

㉢ 1차 분봉은 증식도 빠르고 성공확률이 높으나 2차 분봉은 불필요한 분봉이다.

(2) 분봉의 예방

① 기본적으로 분봉성이 적은 품종을 선택한다.

② 벌통 중앙에 빈 소비를 넣어 벌들이 밀집되지 않고 환기가 잘 되도록 한다.

③ 그리고 일벌에게는 꿀과 꽃가루의 저장 장소를 확보하여 준다.

④ 여왕벌은 산란능력이 왕성한 개체를 보유하고, 산란 장소를 확보해준다.

⑤ 날개 일부를 잘라 날아가지 못하게 하기도 한다.

⑥ 여왕벌의 제거 또는 격리도 검토할 수 있다. 또한 왕대를 제거하기도 한다.

⑦ 변성왕대를 이용하여 새 왕벌을 육성할 때에는 우량한 왕대 하나만 남기고 나머지는 제거한다.

기출문제

정답 및 해설

01 꿀 수집 능력이 우수하고 분봉성이 적은 품종으로 우리나라에서 많이 사육되는 품종은?

㉮ 코카시안
㉯ 이탈리안
㉰ 토종
㉱ 카니올란

■ 이탈리안은 부저병에 강하나 도봉성이 강한 단점이 있다.

정답 ㉯

02 일벌의 타액선에서 분비되는 물질로 이것을 먹이면 여왕벌로 된다. 이것은 무엇인가?

㉮ 밀납
㉯ 화분
㉰ 꿀
㉱ 로얄젤리

■ 일벌의 타액선에서 분비되는 로얄젤리를 먹으면 여왕벌이 된다.

정답 ㉱

03 벌은 종류에 따라 알에서 태어나는 변태기간이 다르다. 여왕벌의 변태일수는 며칠인가?

㉮ 17일
㉯ 21일
㉰ 24일
㉱ 26일

■ 여왕벌 17일, 일벌 21일, 수벌 24일

정답 ㉮

04 꿀벌의 의사소통에서 밀원이 90m 이내에 있는 경우 어떠한 동작의 춤을 추는가?

㉮ 둘레춤
㉯ 꼬리춤
㉰ 왕복춤
㉱ 비상춤

05 격왕판의 용도는?

㉮ 여왕벌의 먹이 과다 섭취 예방
㉯ 여왕벌의 산란 영역을 제한
㉰ 봉군의 세력을 강화
㉱ 꿀의 채취

06 꿀벌의 습성에 대한 설명으로 바르지 못한 것은?

㉮ 한 무리에 여왕벌은 2~3마리 존재한다.
㉯ 의사소통 방법으로 꼬리춤과 둘레춤을 춘다.
㉰ 귀소성이 매우 강하며 벌통을 잘 찾아온다.
㉱ 절대 무리를 떠나지 않고 분담된 일을 한다.

07 봉군 구성의 여왕벌, 일벌, 수벌에 대한 설명 중 바르지 못한 것은?

㉮ 여왕벌은 공중을 날며 수벌과 교미를 한다.
㉯ 수벌은 무정란에서 태어나고 일벌보다 크다.
㉰ 일벌은 유정란에서 생성되며 체구가 작다.
㉱ 여왕벌은 늙으면 유정란을 많이 낳는다.

정답 및 해설

■ 둘레춤 : 밀원이 90m 이내에 있을 때 소비면 위에서 장소와 방향을 알려준다.
– 꼬리춤 : 밀원이 90m를 약간 초과할 때 분당 40회로 흔들며 춘다.

정답 ㉮

■ 격왕판(隔王板)
보통 벌만 드나들고 여왕벌은 드나들 수 없게 만든 판

정답 ㉯

■ 1봉군 1왕제 : 한 무리에 여왕벌은 1마리만 존재한다.

정답 ㉮

■ 여왕벌은 보통은 수정란을 낳고 약간의 무정란을 낳으나 늙으면 무정란을 많이 낳는다.

정답 ㉱

정답 및 해설

08 우리나라에서 꿀의 생산량이 가장 많은 밀원은?

㉮ 유채
㉯ 아까시나무
㉰ 자운영
㉱ 밤나무

■ 수목 밀원에는 아까시나무, 싸리나무, 피나무, 산수유나무, 산딸나무, 오동나무, 침엽수 등이 있다.

정답 ㉯

09 다음 중 합봉의 요건에 바르지 못한 것은?

㉮ 다른 봉군과 분별이 불가능하도록 훈연 후 실시한다.
㉯ 합봉 대상 봉군 중 여왕벌은 한 봉군에만 있어야 한다.
㉰ 두 봉군 중 강한 무리를 약한 무리에 합봉한다.
㉱ 일반적으로 무왕군을 여왕이 있는 봉군에 합봉한다.

■ 약한 무리를 강한 무리에 합봉한다.

정답 ㉰

10 분봉의 예방방법으로 적합하지 않은 것은?

㉮ 기본적으로 분봉성이 적은 품종을 선택한다.
㉯ 벌통에 빈 소비를 넣어 벌들이 밀집되지 않게 한다.
㉰ 여왕벌은 산란능력이 왕성한 개체를 보유한다.
㉱ 변성왕대를 가급적 많이 설치한다.

■ 변성왕대를 이용하여 새 왕벌을 육성할 때에는 우량한 왕대 하나만 남기고 나머지는 제거한다.

정답 ㉱

제 9 장

동물 위생과 질병

01 동물 위생의 개요

1. 동물 위생의 중요성과 환경

(1) 동물 위생의 중요성

① 건강한 동물로부터 생산된 축산물은 영양적으로 우수하고 위생적으로 안전하다.

② 동물 위생은 동물과 인간의 건강과 복지 증진을 목적으로 한다.

③ 동물의 질병은 식육과 기타 부산물을 통하여 인간의 건강에 영향을 준다.

④ 인수공통전염병은 사람에게 전염되어 생명을 위협할 수 있다.

(2) 동물 위생과 환경

① 농장의 사육 단계에서부터 소비자의 식탁에 이르기까지 전 과정의 위험 요소를 제거

② 동물의 생리와 습성을 이해하고 동물에게 가장 알맞은 환경을 제공해 주어야 한다.

③ 동물의 생활환경에는 자연 환경과 인위적 환경이 있다.

④ 동물의 생산물은 생활환경의 영향을 많이 받기 때문에 동물 생산환경이라고 할 수 있다.

⑤ 동물의 사육 환경은 많은 요인으로 구성되며 이 요인들은 종합적으로 동물에 작용한다.

2. 질병의 이해

(1) 질병이란?

① 동물이 내적 · 외적 환경의 영향을 받아 더 이상 평형 상태를 유지할 수 없는 상태

② 병인체, 숙주, 기타 여러 요인에 의해 신체적 또는 정신적으로 건강하지 못한 상태

(2) 질병의 발생 기전

① 병원체 : 질병을 발생시키는 첫째 요인이다.

② 숙주의 면역력 또는 저항성 : 면역력 즉, 저항성이 약해야 한다는 조건이 필요하다

※ 질병의 발생 = (세균수×균력) / 동물의 저항성

③ 발병에 관련되는 병인(agent), 숙주(host) 및 환경에 의한다.

(2) 전염병 발생의 3대 조건

① 전염원 : 병원체를 배출하는 동물이 전염원이다.

② 전염경로 : 다음 숙주로 전파되는 특유한 경로로 전파된다.

③ 감수성 있는 숙주 : 숙주가 감수성이 있어야 발병한다.

3. 백신의 종류와 접종 방법

(1) 백신이란?

① 예방 접종(백신)은 항원을 투여함으로써 항체를 형성하는 능동 면역이다.

② 세균성 또는 바이러스성 질병의 예방 목적으로 사용된다.

▮ 면역의 종류

① 수동 면역 : 태반, 초유, 혈청을 통해 자연적 면역 획득

② 능동 면역 : 백신

(2) 백신의 종류

① 생독(생균, B_1) 백신

㉠ 병원 미생물을 약하게 만든 약독화 백신

㉡ 신속한 면역이 형성되고 대량 백신이 가능하여 경제적이다.

㉢ 면역지속기간이 길고 효과도 좋으나 안전성이 낮은 편이다.

㉣ 개발기간이 길며, 동물 배양세포 등에서 다른 병원체가 혼입될 염려가 있다.

② 사독(사균) 백신

㉠ 화학물질을 사용하여 병원 미생물을 죽여 만든 불활화 백신

㉡ 사멸되어 안전하고 백신 후유증이 없다.

㉢ 면역지속기간이 짧지만 면역 효과가 균일하고 안전성이 높은 편이다.

㉣ 개발기간이 짧고 면역 형성이 늦다.

(3) 가금류 백신 접종법

① 생독 백신 : 점안 접종법, 부리 침지법, 천자법(계두), 음수법, 분무 접종

② 사독(사균) 백신 : 근육(IM) 또는 피하 주사법(SC)

(4) 일반 가축

피하주사, 근육주사

4. 질병의 조기 발견

(1) 소의 건강 상태 판정

① 전반적인 상태파악을 위해 원기와 식욕, 거동, 분변의 성상, 보행 등에 대해 잘 관찰한다.

② 다음으로 눈, 코, 입, 머리, 등, 배, 꼬리, 다리 등에 대해 순차적으로 관찰한다.

③ 소의 이상 상태는 외모와 거동에 나타나므로 세심한 관찰로 건강상태를 점검한다.

④ 질병을 조기 발견하면 치료가 용이해지고 조기 치료로 진료비를 절감할 수 있다.

⑤ 소의 생산성을 빨리 회복시킬 수 있다.

관찰 부위	조사 내용 및 방법
1. 식욕	● 사료를 남기지 않고 채식 후 반추를 시작한다.
2. 원기와 보행	● 귀의 움직임이 활발하다. ● 걸음걸이가 활기 있고 자세가 바르다. ● 접근하면 경계하는 동작을 취한다(외부의 자극에 민감). ● 건강 이상 : 행동 둔화, 침울, 무리와 떨어져 홀로 있다. 누워 있거나 움직이기를 싫어한다.
3. 눈의 상태 및 동작	● 눈이 충혈되지 않고 움직임이 활발하다. ● 거동이 민첩하고 꼬리의 움직임이 활발하다. ● 눈의 창백 : 영양 불량, 빈혈, 내부 기생충 감염 의심 ● 눈의 충혈 : 열성전염병, 심장과 폐질환

4. 피부, 피모	● 피모가 윤택이 나며 밀도가 높다. ● 피부의 탄력이 좋다. ● 털이 빠지거나 피부에 상처가 없을 것 ● 가려움증 : 피부에 염증, 버짐, 외부기생충 감염 의심
5. 비경 및 점막	● 비경은 점액이 나와 촉촉이 젖어 있다. ● 콧구멍, 눈꺼풀 안의 점막이 붉지 않다. ● 입안에서 거품이 흐르지 않는다. ● 구강, 혀에 수포나 궤양, 침 흘림이 없을 것
6. 비만 정도	● 몸에 풍만미가 있고 좌골단의 뼈를 감지할 수 있다.
7. 오줌 상태	● 오줌에 피나 점액이 없을 것 ● 외음부 주변과 음모가 깨끗한 것
8. 똥의 상태	● 설사를 하거나 변비가 없을 것 ● 똥에 혈액이나 거품이 없을 것
9. 체온 및 맥박	● 평균 정상 체온은 38.6℃ 내외이다. ● 정상 맥박은 1분당 암소 60~70회, 수소 50~60회이다. (송아지는 80~120회) ● 호흡수는 1분당 8~25회이다.

(2) 소의 외형 상태 파악 부위

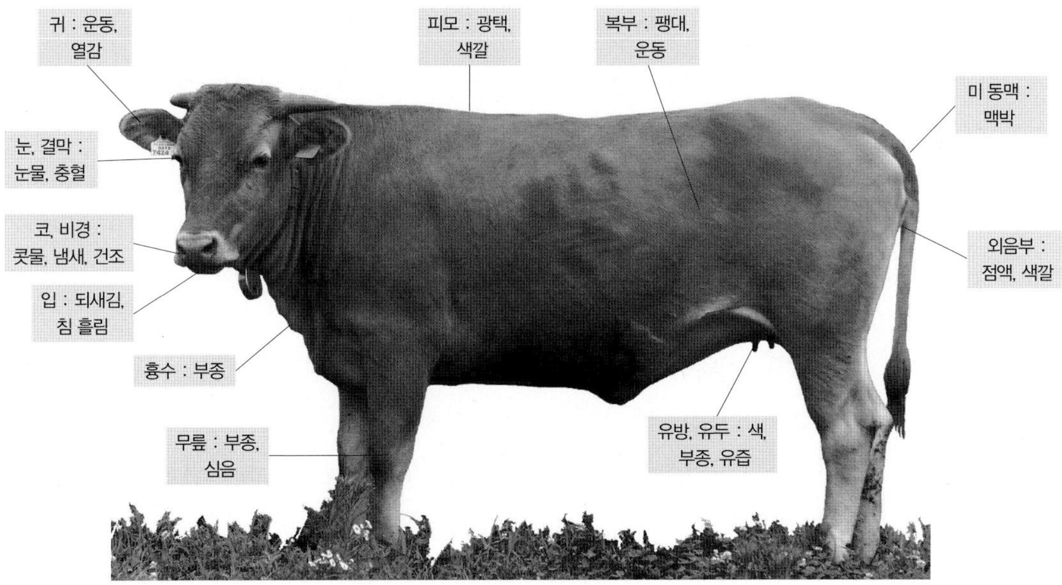

신체 부위별 점검

02 법정 전염병과 방역 의무

■ 인수공통 전염병
장출혈성대장균감염증
일본뇌염
브루셀라증
탄저
공수병(광견병)
조류인플루엔자 인체감염증
중증급성호흡기증후군(SARS)
변종크로이츠펠트-야콥병(vCJD)
큐열
결핵
렙토스피라병

1. 인수공통 전염병

(1) 감염병의 예방 및 관리에 관한 법률 (보건복지부 고시 제2013-211호)

① 인수공통 전염병은 동물과 사람이 같은 병원체에 의하여 발생되는 질병

② 사람은 오염된 식육, 우유를 섭식하거나 감염 동물, 분비물 등에 접촉하여 발병

(2) 기타 인수공통 전염병

돼지수포병, 돼지단독, 리프트계곡열, 수포성구내염, 기종저, 비저, 마웨스트나일병

2. 법정 전염병

(1) 제1종 법정전염병

우역, 우폐역, 구제역, 가성우역, 불루텅병, 리프트계곡열, 럼프스킨병, 양두 수포성구내염, 아프리카마역, 아프리카돼지열병, 돼지열병, 돼지수포병, 뉴캣슬병, 고병원성조류인플루엔자, 그 밖에 이에 준하는 질병으로서 농림축산식품부령으로 정하는 가축의 전염성 질병(15종)

(2) 제2종 법정전염병

탄저, 기종저, 브루셀라병, 결핵병, 요네병, 소해면상뇌증, 큐열, 돼지오제스키병, 돼지일본뇌염, 돼지테센병, 스크래피, 비저, 말전염성빈혈, 말전염성동맥염, 구역, 말전염성자궁염, 동부말뇌염, 서부말뇌염, 베네주엘라말뇌염, 추백리, 가금티프스, 가습콜레라, 광견병, 사슴만성소모성질병, 그 밖에 이에 준하는 질병으로서 농림축산식품부령으로 정하는 가축의 전염성 질병(24종)

(3) 제3종 법정전염병

소유행열, 소아까바네병, 닭마이코플라즈마병, 저병원성조류인플루엔자, 부저병(5종) 그 밖에 농림축산식품부령으로 정하는 전염병으로 소전염성비기관염, 소류코시스, 소렙토스피라병, 돼지전염성위장염, 돼지단독, 돼지생식기호흡기증후군, 돼지유행성설사, 돼지위축성비염, 닭뇌척수염, 닭전염성후두기관염, 닭전염성기관지염, 마렉병, 닭전염성에프(F)낭(囊)병(13종)

3. 방역 의무와 병든 가축의 신고

(1) 방역 및 검역 의무(가축전염병예방법 제5조)

① 가축의 소유자 등은 축사와 그 주변을 청결히하고 주기적으로 소독해야 한다.

② 가축 소유자는 외국인 근로자를 고용한 경우 시장 · 군수 · 구청장에게 고용신고를 하고 가축전염병 예방 교육 및 소독 등을 하여야 한다.

③ 가축전염병 발생 국가에 체류하거나 경유하여 입국하는 경우 도착하는 항구나 공항의 국립가축방역기관장에게 입국 사실 등을 신고하여야 한다.

※ 위반 시 1천만원 이하, 허위 신고 시 300만원 이하의 과태료

(2) 죽거나 병든 가축의 신고(가축전염병예방법 제11조)

다음 가축의 소유자, 검안한 수의사, 연구자, 동물약품 또는 사료 판매자는 신고대상 가축을 발견하였을 때에는 국립가축방역기관장, 관할 시장 · 군수 · 구청장 또는 가축방역기관장에게 신고하여야 한다.

① 병명이 분명하지 아니한 질병으로 죽은 가축

② 가축의 전염성 질병에 걸렸거나 걸렸다고 믿을 만한 역학조사, 정밀검사 결과나 임상증상이 있는 가축

※ 위반 시 3년 이하의 징역 또는 3천만원 이하의 벌금

03 방역 관리

1. 차단 방역

(1) 차단 방역의 의미

① 오염된 또는 오염이 예상되는 지역에서의 병원체 유입과 접촉을 막는 모든 조치

② 유입될 수 있는 경로는 사람, 동물, 차량, 각종 장비 및 자재, 야생동물 등이 있다.

(2) 차단 방역의 단계

단계	장소	내용
제 1 단계	농장 입구	• 차량 : 모든 차량 소독 후 출입 허용 • 사람 : 방역복, 덧신, 장갑 착용 확인, 철저한 소독 조치 후 출입 허용
제 2 단계	농장 내 통로 및 시설 주변	• 농장 입구에서부터 축사까지의 농장로, 출하대, 분뇨 처리장, 사료저장 시설 • 물을 뿌리고 생석회를 살포한다.
제 3 단계	축사 입구	• 방역에 가장 중요한 장소 • 가급적 외부인 출입 금지 • 방역복과 장화를 갈아 신고 출입 • 출입자의 손과 기구 및 장비 소독

2. 소독

(1) 소독의 방법

① 물리적 소독 : 일광(햇빛), 자외선, 화염(불꽃), 자비(끓이기), 발효, 소각

② 화학적 소독

㉠ 고체 소독약제 : 생석회, 과망간산칼륨 등

㉡ 기체 소독약제 : 포르마린 훈증

㉢ 액체 소독약제 : 일반적인 약제

(2) 소독 시 유의점

① 소독제는 작용기전이 다르므로 혼합하여 사용하지 말아야 한다.

② 소독 시에는 보호 장비를 착용해야 한다.

③ 권장 농도로 희석하여 사용하여야 한다.

④ 적당한 온도를 유지해야 한다(온도가 낮으면 소독 효과가 떨어짐).

▮ 소독약의 구비 조건
살균력이 강할 것
용해가 잘되고 취급이 간단할 것
소독 대상물에 손상이 없을 것
구입하기 쉽고 값이 저렴할 것
독성이 적어 인체에 해가 적을 것
표백성이 없고 침투력이 강할 것

(3) 축사 소독 순서와 방법

① 소독전 청소 : 유기물(분변, 오줌, 사료 등)을 청소하여 오염원을 없앤다.

② 세척 : 고압세척기를 이용하여 축사 천장, 벽 및 바닥의 분변, 오물 등을 깨끗이 제거

③ 건조 : 완전히 건조시킨다.

④ 소독 실시 : 천장 → 벽 → 바닥 순으로 뿌린다.

㉠ 소독약은 온도가 낮으면 효과가 낮아진다(염소제는 약 15~20℃)

㉡ 콘크리트나 목재와 같은 침투성 표면의 소독은 약액을 2배로 뿌려준다.

⑤ 소독 후 관리 : 소독 후 출입 통제, 약 2주 후 다시 실시한다.

(4) 운동장 및 흙바닥 소독

① 물기가 있는 흙바닥은 3.3㎡당 약 1㎏의 생석회를 직접 살포한다.

② 건조한 흙바닥은 5% 생석회 유제액을 만들어 살포한 후 1㎡당 생석회 400g과 표백분 200g씩을 살포한다.

③ 습기나 물과 접촉 시 높은 열이 발생되어 화재나 화상을 입을 수 있다.

(5) 포름알데히드 가스(포르말린 훈증) 소독

① 무창 돈사나 밀폐된 실내를 소독할 때 쓰는 방법이다.

② 용적 1㎥당 과망간산칼륨 16g에 35% 포르말린 32mL을 혼합하면 가스가 발생된다.

③ 7시간 이상 밀폐시킨 후 충분한 환기를 시킨다.

④ 빈 축사 내 기구, 공간, 시설, 의류, 사료, 건초 등의 소독에 사용된다.

(6) 소독제 성분별 적용대상 및 특징

분류	성분명	적용대상	사용 농도	작용 시간	소독제의 특징 및 주의사항
염기제	탄산소다	사체, 축사, 환경, 물탱크	4%	10분	● 분변이 있는 곳에도 사용 가능 ● 알루미늄 계통에는 사용 금지
	가성소다	사체, 축사, 환경, 물탱크, 차량, 기계류, 의복	2%	10분	● 오물이 있어도 효과 있음 ● 차량 등 금속 부식성 있음 ● 가격이 저렴함 ● 강산과 접촉을 피할 것
산성제제	구연산	사체, 사람, 분뇨, 배설물, 주택, 차량, 기계류, 의복	0.2%	30분	● 침투력이 약하므로 단단한 표면에만 사용 ● 사람, 축제, 의복 소독에 적용
	복합염류	기계류, 차량, 의류, 소독조	2%	10분	● 광범위하게 적용 가능(축체 제외)
산화제	차아염소산	축사, 주택, 의류	2~3% 유효염소	10~30분	● 유기물에 의해 효과가 감소되므로 반드시 사용 전에 청소 ● 눈과 피부에 독성이 있음
	이소시안산 나트륨	축사, 주택, 의류	0.2~0.4%	5분	● 분변, 우유 등이 있는 곳에 사용금지 ● 정제이므로 사용 직전에 물에 희석 사용
알데히드	포름알데히드 가스	전기기구, 볏짚, 건초	가스	15~24시간	● 자동차 내부, 전기 기구 소독 ● 완전밀폐 후 하루 정치 ● 소독 후 완전 환기 철저
	글루타알데히드	축사내외부, 차량, 소독조	2%	10~30분	● 사용 시 장갑, 의복 등과 같은 보호용구 착용 ● 적당한 환기조건 하에서 사용
	포름알데히드	사료, 의복	8%	10~30분	● 자극성 가스를 배출 (글루타알데히드에 준함)

* 출처: 국립수의과학검역원, 미국(APHIS FMD eradication manual)

3. 폐사축의 처리

(1) 폐사축 처리 지침

① 가축전염병예방법의 폐사축 매몰기준을 준수한다.

② 폐사축 발생 시 기록하고, 시 · 도 가축위생시험소 등 방역기관에 신고

③ 폐사축은 땅에 끌지 않고 운반할 수 있는 수송 기구를 이용하여 운반

④ 폐사축의 처리 후에는 폐사축의 발생장소 및 작업도구를 소독

(2) 폐사축 매몰과 소독

① 매몰 장소는 수원지 · 하천 · 도로 및 주민의 거주 지역에 인접하지 아니한 곳으로 설정한다.

② 매몰 구덩이는 사체를 넣은 후 사체의 상부부터 지표까지의 2m 이상 되도록 한다.

③ 구덩이의 바닥과 벽면에는 비닐을 덮는다.

④ 사체를 투입하고 다시 생석회를 뿌린 후 지표면까지 복토를 하고, 지표면에서 1.5m 이상 성토한다.

⑤ 매몰지 주변에 배수로 및 저류조를 설치하고 서로 연결되도록 한다.

⑥ 우천 시 빗물이 배수로에 유입되지 아니하도록 둔덕을 쌓는다.

04 축산업 허가제

1. 축산업 허가제의 이해

(1) 도입 배경 및 목적

① 2010~2011년 구제역, 고병원성 조류인플루엔자(AI) 발생으로 심각한 피해 발생

② 농가의 시설 · 장비, 교육이수 등을 실시 후 허가 또는 등록 의무화하여 효율적인 방역관리의 목적

(2) 축산업 허가 대상(축산법 시행령 제13조)

① 종축업, 부화업, 정액 등 처리업은 규모에 관계없이 허가 대상

② 사육시설 면적이 50㎡를 초과하는 소, 돼지, 닭, 오리 사육업

(3) 가축 사육업 등록 대상

① 사육시설의 면적이 50㎡ 미만인 소, 돼지 사육업

② 사육시설의 면적이 10㎡~50㎡ 미만인 닭, 오리 사육업

③ 사슴, 산양, 염소는 사육시설 면적에 관계없이 등록

(4) 등록 대상 제외 가축 사육업

① 사육시설의 면적이 10㎡ 미만인 닭, 오리, 거위, 칠면조, 메추리, 타조, 꿩 사육업

② 말, 노새, 당나귀, 토끼, 개, 꿀벌, 오소리, 관상용 조류, 지렁이 사육업

2. 축산업 허가 기준

(1) 시설 장비

구 분	내 용
사육시설	가축사육시설, 환기시설 등
소독시설	차량 · 대인 소독시설, 차량진입 차단바, 방문차량 소독실시 기록부, 출입자 방문기록부, 신발소독조, 분무용 소독시설(물품) 등
방역시설	울타리나 담장, 출입금지 안내판

(2) 단위면적 당 적정 사육량

<table>
<tr><th>구 분</th><th colspan="2">한 · 육우</th><th colspan="2">착유우</th><th colspan="2">돼지</th><th colspan="2">산란계</th><th>육용오리</th></tr>
<tr><td>형태</td><td>방사</td><td>계류</td><td>깔짚</td><td>계류</td><td>임신돈</td><td>비육돈</td><td>케이지</td><td>평사</td><td>평사</td></tr>
<tr><td>㎡/마리</td><td>7.0</td><td>5.0</td><td>16.5</td><td>8.4</td><td>1.4</td><td>0.8</td><td>0.75</td><td>9수/㎡</td><td>0.246</td></tr>
</table>

(3) 축산업 허가자 교육

① 축산업 허가 대상 및 가축사육업 등록대상, 가축거래상인은 법령에서 정한 교육과정을 이수하여야 한다(축산법시행규칙 제36조의2).

② 보수교육은 축산업 허가자는 2년마다, 등록자는 4년마다 받아야 한다.

<table>
<tr><th colspan="3">교육대상</th><th>교육시간</th><th>교육과목</th></tr>
<tr><td rowspan="3">허가 대상</td><td colspan="2">신규 허가 신청자</td><td>허가 전 24시간</td><td rowspan="5">축산법규, 가축방역 및 질병관리, 동물복지 및 친환경축산, HACCP, 실습 등</td></tr>
<tr><td rowspan="2">허가자</td><td>사육경력 3년 미만</td><td>12시간</td></tr>
<tr><td>사육경력 3년 이상</td><td>8시간</td></tr>
<tr><td rowspan="2">등록 대상</td><td colspan="2">신규 등록 신청자</td><td>등록 전 6시간</td></tr>
<tr><td colspan="2">등록자</td><td>6시간</td></tr>
</table>

(4) 허가 제한

① 지방도로 이상에서 30m 이내

② 축산 관련 시설(도축장, 사료공장, 원유 집유장, 종축장 등)에서 500m 이내

③ 기타 지방자치단체의 조례 규정에 따라 다름

(5) 벌칙

① 허가를 받지 않은 농가 : 3년 이하의 징역 또는 3천만원 이하의 벌금

② 등록을 하지 않은 농가 : 2백만원 이하의 과태료

기출문제

정답 및 해설

01 전염병 발생의 조건에 대한 설명으로 바르지 못한 것은?

㉮ 병원체를 배출하는 동물(전염원)이 있어야 한다.
㉯ 다음 숙주로 전파되는 전염경로가 있어야 한다.
㉰ 감수성 있는 숙주가 있어야 발병한다.
㉱ 가축의 지나친 과식으로 발생한다.

■ 전염병 발생의 조건은 병원체 전염원, 전염경로, 숙주이다.

정답 ㉱

02 전염병 발생의 3대 조건에 해당하지 않는 것은?

㉮ 전염원(병원체)
㉯ 전염경로
㉰ 감수성 있는 숙주
㉱ 사육온도

■ 전염병 발생의 조건은 병원체 전염원, 전염경로, 숙주이다.

정답 ㉱

03 다음 중 수동 면역에 해당하지 않는 것은?

㉮ 태반을 통한 면역
㉯ 초유를 통한 면역
㉰ 혈청을 통한 면역
㉱ 백신을 통한 면역

■ 백신은 능동 면역이다.

정답 ㉱

04 다음 중 능동 면역에 속하는 것은?

㉮ 백신
㉯ 초유
㉰ 혈청
㉱ 태반

■ 수동 면역 : 태반, 초유, 혈청을 통해 자연적 면역 획득
능동 면역 : 백신

정답 ㉮

| 정답 및 해설 |

05 질병의 조기 발견 요령 중 눈이 충혈되었을 때 의심이 가는 질병은?

㉮ 열성전염병
㉯ 영양 불량
㉰ 빈혈
㉱ 내부 기생충 감염

■ ㉯㉰㉱는 창백할 때 의심이 가는 증상이다.

정답 ㉮

06 다음 중 건강한 소의 상태가 아닌 것은?

㉮ 비경에 점액이 말라 있다.
㉯ 콧구멍, 눈꺼풀 안의 점막이 붉지 않다.
㉰ 입안에서 거품이 흐르지 않는다.
㉱ 구강, 혀에 수포나 궤양, 침 흘림이 없다.

■ 비경에 점액이 촉촉이 나 있어야 건강한 소이다.

정답 ㉮

07 다음 중 제 1종 법정 전염병에 속하는 것은?

㉮ 우역, 우폐역, 구제역
㉯ 탄저, 기종저, 브루셀라병
㉰ 소유행열, 소아까바네병, 닭마이코플라즈마병
㉱ 광견병, 조류인플렌자 인체감염증, 결핵

■ ㉯ 2종 전염병
㉰ 3종 전염병
㉱ 인수공통 전염병

정답 ㉮

08 다음 소독제 중 기체 소독에 이용되는 것은?

㉮ 생석회
㉯ 과망간산칼륨
㉰ 포르말린
㉱ 크레졸

■ 포르마린은 훈증소독제이다.

정답 ㉰

09 **생독 백신에 대한 설명으로 바르지 못한 것은?**

㉮ 백신 후유증이 없으며 면역 형성이 늦다.
㉯ 병원 미생물을 약하게 만든 약독화 백신
㉰ 신속한 면역이 형성되고 대량 백신 가능
㉱ 면역지속기간이 길고 안전성이 낮은 편이다.

■ ㉮는 사독 백신에 대한 설명이다.

정답 ㉮

10 **다음 중 물리적 소독 방법이 아닌 것은?**

㉮ 화염 소독
㉯ 자비 소독
㉰ 일광 소독
㉱ 훈증 소독

■ 물리적 소독 : 일광(햇빛), 자외선, 화염(불꽃), 자비(끓이기), 발효, 소각
훈증소독 : 포르마린과 과망간산칼륨의 기체소독

정답 ㉱

11 **다음 중 소독약의 구비 조건이 아닌 것은?**

㉮ 살균력이 강할 것
㉯ 맹독성이고 지속적일 것
㉰ 용해가 잘되고 취급이 간단할 것
㉱ 소독 대상물에 손상이 없을 것

■ 맹독성으로 가축과 인체에 해가 있으면 안된다.
㉮㉰㉱ 이외에 구입하기 쉽고 값이 저렴할 것, 독성이 적어 인체에 해가 적을 것, 표백성이 없고 침투력이 강할 것 등

정답 ㉯

12 **소독약의 구비 조건에 해당되지 않는 것은?**

㉮ 값이 저렴할 것
㉯ 인체에 독성이 적을 것
㉰ 표백성이 강할 것
㉱ 살균력이 강할 것

■ 소독 대상 물품이나 기구에 표백 작용이 없어야 한다.

정답 ㉰

정답 및 해설

13 소독 시 유의점으로 바르지 못한 것은?

㉮ 다른 약제와 혼합하여 사용하지 말아야 한다.
㉯ 가급적 낮은 온도에서 소독을 실시한다.
㉰ 권장 농도로 희석하여 사용하여야 한다.
㉱ 소독 시에는 보호 장비를 착용해야 한다.

■ 소독약은 온도가 낮으면 효과가 낮아진다(염소제는 약 15~20℃).

정답 ㉯

14 운동장이나 흙바닥 소독에 적당한 약제는?

㉮ 가성소다
㉯ 차아염소산
㉰ 포르마린
㉱ 생석회

■ 물기가 있는 흙바닥은 3.3㎡당 약 1㎏의 생석회를 직접 살포한다.

정답 ㉱

15 소독 시 유의점에 대한 설명으로 바르지 못한 것은?

㉮ 소독제는 2종 이상 혼합하여 소독력을 높인다.
㉯ 소독 시에는 보호 장비를 착용해야 한다.
㉰ 권장 농도로 희석하여 사용하여야 한다.
㉰ 온도가 낮으면 소독 효과가 떨어진다.

■ 소독제는 작용기전이 다르므로 혼합하여 사용하지 말아야 한다.

정답 ㉮

16 소독의 순서가 바른 것은?

㉮ 청소 → 건조 → 세척 → 소독
㉯ 청소 → 세척 → 건조 → 소독
㉰ 세척 → 건조 → 청소 → 소독
㉱ 건조 → 청소 → 세척 → 소독

■ 청소 → 세척 → 건조 → 소독

정답 ㉯

정답 및 해설

17 무창돈사나 밀폐된 실내를 소독할 때 쓰는 방법으로 적당한 것은?

㉮ 햇빛 소독
㉯ 포르마린 훈증소독
㉰ 생석회 살포
㉱ 크레졸 분무

■ 용적1㎥당 과망간산칼륨 16g에 35% 포르말린 32mL를 혼합하면 가스가 발생된다.

정답 ㉯

18 다음 중 능동 면역에 속하는 것은?

㉮ 태반을 통한 면역
㉯ 초유를 통한 면역
㉰ 백신접종을 통한 면역
㉱ 혈청을 통한 면역

■ ㉮㉯㉱는 수동 면역 즉, 자연적 면역 획득이다.

정답 ㉰

19 사독 백신 접종 방법으로 바른 것은?

㉮ 근육주사
㉯ 음수 접종
㉰ 천자법
㉱ 점안 접종

■ 사독 백신은 근육주사나 피하주사로 접종한다.

정답 ㉮

20 소독 순서와 방법으로 부적절한 것은?

㉮ 소독전 분변, 오줌, 사료 등을 청소하여 오염원을 없앤다.
㉯ 소독 순서는 바닥 → 벽 → 천장 순으로 뿌린다.
㉰ 소독약은 온도 약 15~20℃로 하여 살포한다.
㉱ 콘크리트나 목재 소독은 약액을 2배로 뿌려준다.

■ 소독 실시
천장 → 벽 → 바닥 순으로 뿌린다.

정답 ㉯

정답 및 해설

21 축사 바닥, 발판 소독제로 적당한 것은?

㉮ 알칼리계(가성소다)
㉯ 석탄산계(크레졸, 페놀)
㉰ 산화제(차아염소산)
㉱ 알데히드계(포르마린)

■ 축사 바닥, 발판 등은 크레졸, 페놀 등으로 소독한다.

정답 ㉯

22 다음 중 인수공통 전염병이 아닌 것은?

㉮ 장출혈성대장균감염증, 일본뇌염
㉯ 브루셀라증, 탄저
㉰ 공수병, 조류인플루엔자 인체감염증
㉱ 우역, 구제역

■ 우역, 구제역은 제1종 가축전염병이다.

정답 ㉱

23 다음 중 축산업 허가 대상은?

㉮ 50㎡를 초과하는 소 사육업
㉯ 50㎡ 미만인 돼지 사육업
㉰ 사슴, 산양, 염소 사육업
㉱ 10㎡~50㎡ 미만인 오리 사육업

■ 허가 대상은 사육시설 면적이 50㎡를 초과하는 가축 사육업(소, 돼지, 닭, 오리)
㉯㉰㉱는 등록 대상

정답 ㉮

24 다음 중 등록 대상 제외 가축 사육업이 아닌 것은?

㉮ 산양, 염소 사육업
㉯ 말, 당나귀 사육업
㉰ 토끼, 개 사육업
㉱ 꿀벌, 관상 조류 사육업

■ 등록 대상 제외 가축 사육업
① 사육시설의 면적이 10㎡ 미만인 닭, 오리, 거위, 칠면조, 메추리, 타조, 꿩 사육업
② 말, 노새, 당나귀, 토끼, 개, 꿀벌, 오소리, 관상용 조류, 지렁이 사육업

정답 ㉮

제10장

배설물 처리

01 가축 배설물의 이해

1. 가축 배설물의 정의와 특성

▮ 가축 배설물
- 고형분 함량은 10%(이중 60%가 유기물) 정도로 돈분이 가장 높다.
- 환경오염 지표인 BOD는 계분과 돈분이 우분보다 높다.

(1) 가축 배설물의 정의

① 배설물은 섭취한 사료 중 소화되지 못한 성분과 소화기관의 내용물을 포함한 분+뇨

② 유기물, 기생충, 미생물로 구성

(2) 가축분뇨의 특성

① 오염 부하량이 높다 – 사람보다 10배가 높다.

② 오염성분량은 오줌(뇨)보다 분에 많다 – 분뇨 분리 수거가 중요하다.

③ 오염성분 농도가 높다 – 분뇨의 BOD는 24,000ppm이나 된다.

④ 생물적 처리가 가능하다 – 활성오니법 등

⑤ 질소농도가 높다 – C/N비는 소 20 이상, 돼지 14, 닭 10 정도

⑥ 취기가 강하다 – 암모니아, 황화수소, 휘발성지방산 등

⑦ 가축분뇨는 악취가 강하다 – 암모니아, 황화수소, 휘발성지방산 등

(3) 가축분뇨 발생량

① 분과 뇨 배설량은 축종, 성장단계, 생산성, 사육방법 및 형태, 계절에 따라 다르다.

② 가축 1두당 1일 분뇨 발생량은 한우 13.7㎏, 젖소 37.7㎏, 돼지 5.1㎏, 닭 · 오리 0.12㎏으로 젖소가 가장 많다.

③ 축종별로는 돼지 38%, 소 · 말 35%, 젖소 12%, 닭 · 오리 15%로 돼지가 가장 많다.

④ 오 · 폐수시설이 엄격하게 관리되는 데 비해 가축분뇨는 느슨하게 관리되고 있다.

⑤ 가축분뇨 발생량은 오 · 폐수의 1%에 불과하나 부하량은 37.0%로 특히, 가축분뇨 BOD 부하량은 생활하수의 90배이다.

2. 분뇨가 환경에 미치는 영향

(1) 지력 유지

① 작물 재배에 필요한 영양소를 공급하고 토양구조를 개선할 수 있다.

② 물질의 자연 순환계의 일부로서 중요한 기능이다.

(2) 악취

① 미생물 분해과정에서 발생한 휘발성 물질이 악취의 원인이 된다.

② 질소(N)와 황(S)으로부터 유래되는 암모니아와 유화수소가 악취의 주 원인이다.

(3) 질병 전염

기생충과 병원성 미생물이 하천, 지하수를 오염시킨다.

(4) 생태계 파괴

하천에 유입되어 플랑크톤 및 미생물이 번식하고 용존산소량 급감으로 하천 생물계를 변화시킨다.

3. 가축분뇨의 이용

(1) 비료로 이용

① 분뇨를 발효시켜 미생물과 기생충을 사멸 후 시비한다.

② 작물의 품질과 수량을 증대시키면서 환경오염을 시키지 않는 적정한 양의 시비가 필요

(2) 연료로 이용

① 분뇨를 수분 함량 25% 이하로 건조시켜 연료로 이용하는 방법

② 분뇨에 메탄 발효로 메탄(CH_4)가스를 연료로 이용하는 방법

(3) 사료로 이용

① 축분에는 단백질 12~40%, 탄수화물 40~70% 함유됨

② 계분은 건조 사료, 발효 사료, 사일리지용으로 이용된다.

4. 분뇨의 처리 원칙

(1) 배설물 생산의 최소화

① 적정량의 사료를 급여하고 충분히 소화 흡수되도록 하는 것이 최우선이다.

② 고능력우를 사양하여 우유생산량을 최대화하여 배설물을 최소화 한다.

(2) 비료로 사용

① 가축 배설물을 토양에 환원하여 지력 유지

② 퇴비화, 액비화하여 토양에 환원하는 것이 가장 이상적임

(3) 정화 방류

① 분과 오줌, 음용수, 세척수 등 액상의 오수 발생

② 고액을 분리하여 고체는 비료로 사용하고 액체는 정화 방류한다.

③ 방류하는 오수의 BOD는 30mg/L 이하이어야 한다.

02 가축분뇨의 퇴비화

1. 퇴비화의 이해

(1) 퇴비화의 정의

① 퇴비화는 유기물이 미생물에 의하여 분해되어 안정화되는 과정

② 유기물은 미생물에 의해 완전히 분해되면 이산화탄소, 물 및 무기물로 전환

③ 미생물에 저항성을 갖는 유기물과 분해 과정 중에 합성된 물질은 부식(humus)으로 잔류

④ 부숙이 거의 완료되는 단계를 완숙이라고 한다.

(2) 퇴비화의 목적

① 유기물 중의 C/N율을 20 정도로 조절하여 작물의 질소기아를 방지한다.

② 유기물에 함유된 유해 성분을 미리 분해하여 작물의 생육 장해를 방지한다.

③ 처리 과정 중의 고열로 해충 방제, 잡초 종자의 발아 능력을 제거하게 된다.

④ 오물감을 없애므로 취급이 쉬우며 안심하고 사용할 수 있다.

▮ C/N율(탄질비)
탄소(C)와 질소(N)의 함유비이다. 탄질비가 클 경우, 미생물의 에너지원으로서 탄소는 풍부하지만 영양원으로서의 질소는 부족하기 때문에 미생물의 분해가 느려지고 질소기아 현상이 발생한다.

2. 퇴비화의 기본이론

(1) 퇴비화의 요인

① C/N율(영양원)

㉠ 퇴비화 과정 중 탄소는 미생물의 에너지원으로 질소가 영양원으로 사용된다

㉡ 퇴비화에 적합한 C/N율은 25~30 정도이다.

㉢ 가축분뇨는 C/N율이 8~20으로 질소 함량이 많아 질소가 암모니아 가스로 손실된다.

② pH

㉠ 적합한 pH는 6.5~8.0 정도가 적당하다.

㉡ pH가 8 이상이면 암모니아(NH_3) 생성, 악취 발생

③ 통기성(산소)

㉠ 퇴비더미에 공기를 공급하면 호기성 미생물의 활성유지에 도움을 준다.

㉡ 퇴비더미의 산소 유입을 위해 550㎏/㎡로 퇴적하여 발효시킨다.

④ 미생물

배설물에는 각종 미생물이 1~10억/g이 존재하여 배설물의 유기물을 분해한다.

⑤ 수분 함량

㉠ 퇴비화에 적합한 수분함량은 50~60% 범위이다.

㉡ 수분이 65% 이상일 때 산소 함량이 낮아 발효가 늦다.

㉢ 호기성 미생물의 활성이 억제되어 퇴비화가 지연되고 악취를 일으키는 원인이 된다.

⑥ 온도

㉠ 퇴비화 과정에서 온도가 60℃ 이상으로 상승하다 발효가 완료되면 40℃로 내려간다.

㉡ 병원성 미생물과 기생충 사멸을 위해 60℃ 이상이 수 일간 지속되어야 한다.

㉢ 유기물 분해가 가장 효율적인 온도는 45~65℃ 범위이다.

㉣ 적절한 온도 유지를 위해 발효물을 1m 이상으로 퇴적해야 한다.

(2) 퇴비화의 과정

① 초기단계(1단계)

㉠ 축분과 수분 조절재를 혼합, 중온성인 세균과 사상균이 유기물을 분해한다.

㉡ 퇴비더미 온도가 40℃ 이상되면 중온성균은 사멸되고, 고온성균이 증식한다.

㉢ 초기단계에서는 원료 중에서 분해되기 쉬운 당류, 아미노산 등이 분해된다.

② 고온단계(2단계)

㉠ 고온단계에서 퇴비더미 온도는 50~60℃가 지속된다(기계식은 70℃ 이상의 고온)

㉡ 일반적으로 퇴비화에 가장 적당한 온도는 40~55℃ 범위이다.

㉢ 고온성균에 의해 셀룰로오스, 헤미셀룰로오스, 펙틴 등 난분해성 물질들이 분해된다.

③ 숙성단계(3단계)

㉠ 리그닌 같은 난분해성 유기물을 중온성 미생물이 분해한다.

㉡ 퇴비더미 온도가 40℃ 이하로 낮아지고 안정화 되는 기간

㉢ 퇴비 고유의 냄새가 나고, 퇴비가 완료되면 암갈색 내지 흑갈색으로 전환된다.

3. 분뇨 수거

(1) 돈사 바닥 분뇨 처리

① 수거 방법은 축사의 종류, 구조, 분과 뇨의 분리 유무, 축사 청소 방법, 세척 수량, 소독 등에 따라 다르다.

② 콘크리트 평사, 스크레퍼 축사, 슬러리 축사 등이 있다.

③ 작업은 아침 또는 초저녁에 이루어지며 1~2시간 동안 실시된다.

(2) 분뇨 수거 방법

① 인력 수거 : 수거 후 분뇨처리는 비교적 용이한 편이나 인력 소요가 크다

② 스크레퍼식 수거 : 분뇨 처리의 용이성이 있으나 적절한 관리가 필요하다

③ 슬러리식 수거 : 인력이 절감되어 대규모 농장에서 선호한다.

④ 톱밥 돈사 : 바닥에 톱밥을 깔고 관리하는 톱밥 발효 돈사 관리 방법도 있다.

4. 고액 분리

▮ 고액 분리(固液分離)
액체와 고체를 분리하는 것을 의미한다. 분뇨나 음식물 쓰레기 및 가축분뇨 등을 처리할 때 액체와 고체를 분리하는 것으로 분과 뇨가 혼합된 슬러지를 처리할 때 이용된다.

(1) 고액 분리 필요성

① 가축분뇨의 처리와 자원화 이용의 기본적인 조치임

② 가축분뇨의 퇴비화, 액비화, 정화시설의 효율화를 위함

③ 액비 및 정화처리 등 액상물 처리 이용을 위한 고형물 제거는 필수적임

(2) 퇴비 수분 조절

① 조절재는 톱밥, 왕겨 등이 주로 이용된다.

② 가축분의 수분 함량을 정확하게 파악하여 최소량을 사용한다.

③ 조절재는 수분 조정, 통기성 확보, 초기 C/N비 조절, 토양 개량의 역할을 한다.

$$\text{조절재 소요량(kg)} = \text{분뇨량(kg)} \times \frac{\text{분뇨 수분함량(\%)} - \text{목표 수분량(65\%)}}{\text{목표 수분량(65\%)} - \text{수분조절재 수분량(\%)}}$$

(3) 분뇨 처리 시설

① 퇴비사

㉠ 전처리(분뇨 분리) → 저장조 → 퇴비사(혐기성 분해) → 퇴비 이용

㉡ 퇴비사에서는 180일 정도 부숙시킨다.

② 통풍식 톱밥발효시설

㉠ 분에 톱밥을 혼합하여 발효조의 바닥송풍(0.2m^3/분 이상)으로 발효

㉡ 전처리(분뇨 분리) → 저장조 → 톱밥 등과 혼합 함수율 조정 → 발효조(호기성 분해) → 퇴적장(퇴비화)

③ 기계교반 발효 퇴비화

– 저장조 → 톱밥 혼합(함수율 조정) → 발효조(교반, 분쇄)→ 퇴비화(호기성 발효) → 퇴적장

5. 액비화

(1) 액비화 원리

① 액상물을 부숙시켜 병원성 미생물, 충란, 잡초종자 등을 사멸시킨다.

② 난분해성 물질 등을 분해하여 환경에 노출되어도 위해성이 없게 한다.

③ 화학비료를 대체하여 경종적으로 안정화된 친환경 비료로 사용한다.

④ 활성 슬러지법, 살수 여상법, 회전 원판법, 산화지법, 활성 오니법 등이 있다.

⑤ 혐기성 액비화 : 액상의 가축분뇨를 그대로 저장 탱크에 단순 밀봉 저장하는 방법

⑥ 호기성 액비화 : 액상의 가축분뇨를 교반하면서 공기를 불어넣어 폭기 처리하는 방법

03 악취 관리

1. 악취 성분의 분류

(1) 악취 성분

① 자극성이 있는 기체성 물질로서 불쾌감이나 혐오감을 주는 물질을 말한다.

② 가축분뇨에 유래하는 악취성분은 각종 다양한 악취물질이 포함되어 있다.

③ 축산업에서는 암모니아를 비롯한 7가지 물질이 발생할 가능성이 크다.

〈표 10-1〉 악취 성분 및 취기

악취 성분	취기
암모니아	뇨에 의한 자극성 냄새
메틸메르캅탄	자극적인 유황 냄새
황화수소	부패한 계란 냄새
황화메틸	부패한 양배추 냄새
이황화메틸	부패한 양배추 냄새
트리메틸아민	부패한 생선 냄새
아세트알데히드	풋내기가 자극적

2. 악취의 특성과 발생 기전

(1) 악취의 특성

① 불쾌취, 자극취, 부패취를 나타내며 이들의 복합 요소가 강한 분뇨취를 발생한다.

② 인돌, 휘발성 지방산, 알데히드 등이 삼우신경(비강의 전부, 외측부와 비공부)을 자극한다.

③ 암모니아는 장마철과 겨울철, 메틸메르캅탄은 장마철, 트리메틸아민은 여름철에 높다.

(2) 분뇨의 악취 발생 기전

① 배설된 직후에는 악취가 발생하지 않지만 미생물 분해가 되면 악취가 발생한다.

② 돼지분뇨의 암모니아 최대 발생시기는 분은 8일째, 뇨는 4일째이다.

③ 분뇨가 혼합되면 뇨 중의 요소가 분의 우레아제 작용을 받아 1일만에 최대로 발생한다.

④ 악취는 미생물에 의한 유기화합물의 분해로 고온에서 많이 발생된다.

3. 악취 저감 시스템

(1) 축사 내 환경 개선

① 가축을 건강하게 관리하여 가축분뇨의 취기를 적게 한다.

② 축사에 톱밥 등 기타 수분 조절재를 깔아 분뇨의 수분 및 악취를 흡착시킨다.

③ 신선한 분뇨를 조기 반출하고 청소를 깨끗이 한다.

④ 올인/올아웃을 실천하고 주기적인 세척을 실시한다.

⑤ 여름철 창문 개방 시 차광막을 설치하고 목초액, 미생물제 등을 안개 분무한다.

⑥ 악취 화합물이 먼지 입자와 부착되어 있기 때문에 먼지를 제거한다.

▮ 올인/올아웃(all in all out)
한 축사에 가축을 한꺼번에 입실시키고 동시에 판매한 후 축사를 청소, 세척, 소독하는 위생적인 사육시스템

(2) 축사 외부 냄새 저감

① 무창축사 측벽 배기팬에 바이오필터를 설치한다.

② 측벽배기를 하는 무창축사에 바이오 커튼을 설치한다.

③ 퇴비장이나 액비 저장조에 피복막 재료(볏집 등)를 넣어 악취 휘산을 감소시킨다.

④ 개방형 저장조를 밀폐형으로 바꾼다.

(3) 탈취 흡착제 사용

축사시설에 탈취제를 살포하여 악취를 제거한다.

〈표 10-2〉 탈취제의 종류

구분	원리	재료명
산화제	산화작용으로 취기 성분을 무취화 한다.	과망간산칼륨, 이산화염소, 차아염소산염, 오존 등
중화제	산 또는 염기의 중화반응에 의해 냄새를 없앤다.	석회, 가성소다용액, 묽은 염산, 묽은 황산, 과인산석회, 황산제1철, 부식 물질 등
마스킹제	취기를 다른 향료 등으로 화합하여 냄새의 질을 변화시킨다.	향료, 방향제
흡착제	취기 성분을 흡착하여 제거하는 방법으로 농도가 낮을 경우에는 설치가 간단하다.	활성탄, 제오라이트, 부식물질, 활성백토 등
미생물제제	세균, 곰팡이, 효모 등으로 분해하여 취기 성분의 양과 질을 변환시킨다.	소화효소, 미생물 배양물질 (EM균 등)

(4) 악취 방지 시설

① 방풍벽과 방풍림 설치 : 방풍림 조성은 난류가 증가되어 악취공기를 희석시켜 주나 효과는 크지 않다.

② 바이오 커튼과 방풍댐 : 측벽 배기를 하는 무창돈사에 반쪽 하우스 형태의 파이프 구조에 차광막처럼 된 커버를 씌워 돈사 내에서 배출되는 먼지와 악취를 줄이도록 하는 방법이다. 바람으로 악취가 대기로 상승하여 악취를 희석시킨다.

③ 바이오 필터 : 악취 가스를 필터에 통과시켜 미생물에 의해 악취 물질들을 산화하여 제거하는 방법이다.

④ 생물적 · 화학적 습식 스크러버(wet scrubber) : 악취 가스를 충전탑에 통과시켜 물이나 화학물질을 살포하여 화학반응이나 생물반응이 용이하도록 하여 악취를 제거하는 방법이다.

⑤ 플라즈마 : 악취 가스에 플라즈마를 통과시켜 산화하여 제거하는 방법이다.

⑥ 오존 처리 : 오존을 이용하여 악취를 산화할 수 있도록 통풍 공기에 주입한다.

기출문제

01 가축 배설물이 하천 생태계를 파괴하는 원인은?

㉮ 지하수의 오염에 의한 식수원 고갈
㉯ 병원성 미생물의 전파에 의한 질병 만연
㉰ 악취에 의한 축산업에 대한 혐오 분위기 확산
㉱ 하천 용존산소 감소에 의한 하천 생물체 사멸

02 하천에 방류할 수 있는 폐수의 법적 BOD_5 한계는?

㉮ 30mg/L 이하
㉯ 50mg/L 이하
㉰ 30mg/L 이상
㉱ 50mg/L 이상

03 가축 배설물 생산량의 최소화를 위해 가장 좋은 방법은?

㉮ 사육 시설의 기계화
㉯ 가축 사료의 제한 급여
㉰ 적정량의 사료 급여
㉱ 가축의 최소 체중 유지

04 퇴비화에서 적당한 C/N율은?

㉮ 20
㉯ 30
㉰ 40
㉱ 50

정답 및 해설

■ 하천의 용존산소가 감소하면 하천 생물체의 대부분이 사멸하면서 생태계가 일시에 파괴된다.

정답 ㉱

■ 하천 방류 법적 허용치는 30mg/L 이하이다.

정답 ㉮

■ 생산성을 효율화하여 급여하는 사료의 유기물을 가축이 최대한으로 이용할 수 있도록 한다.

정답 ㉰

■ C/N율, 즉 탄소와 질소의 비율이 20 이하이어야 작물의 질소기아 현상을 방지할 수 있다. 부숙도가 높을수록 탄질비는 낮아진다.

정답 ㉮

정답 및 해설

05 가축분뇨의 효율적인 이용방법은?

㉮ 하천에 방류
㉯ 가축사료로 이용
㉰ 액비화, 퇴비화
㉱ 바다에 방류

■ 액비화, 퇴비화하여 경종 농업에 이용하는 것이 자연 순환형 농업이다.

정답 ㉰

06 가축분뇨의 특성에 대한 설명으로 바르지 못한 것은?

㉮ 오염성분 농도가 낮다.
㉯ 생물적 처리가 가능하다.
㉰ 질소 농도가 높다.
㉱ 취기와 악취가 강하다.

■ 분뇨의 BOD는 24,000ppm이나 된다.

정답 ㉮

07 가축분뇨의 특성에 대한 설명으로 바른 것은?

㉮ 오염 부하량이 인분보다 낮다.
㉯ 오염 성분량은 분보다 오줌에 많다.
㉰ 오염성분 농도가 낮다.
㉱ 암모니아, 황화수소 등 취기가 강하다.

■ 가축분뇨의 특성
① 오염 부하량이 높다.
② 오염 성분량은 오줌(뇨)보다 분에 많다.
③ 오염 성분 농도가 높다.
④ 생물적 처리가 가능하다.
⑤ 질소 농도가 높다.
⑥ 취기가 강하다.

정답 ㉱

08 가축 중 분뇨 발생량이 가장 많은 가축은?

㉮ 한우
㉯ 젖소
㉰ 돼지
㉱ 닭과 오리

■ 1두당 1일 분뇨 발생량
한우 13.7kg, 젖소 37.7kg,
돼지 5.1kg, 닭 · 오리 0.12kg

정답 ㉯

정답 및 해설

09 축사 내 악취 중 자극적인 유황 냄새를 내는 물질은?

㉮ 암모니아
㉯ 트리메틸아민
㉰ 황화수소
㉱ 메틸메르캅탄

■ 황화수소 : 부패한 계란 냄새
메틸메르캅탄 : 자극적인 유황 냄새
황화메틸: 부패한 양배추 냄새

정답 ㉱

10 다음 중 악취 방지 시설이 아닌 것은?

㉮ 방풍벽, 방풍림
㉯ 바이오 커튼
㉰ 바이오 필터
㉱ 정화조 설치

■ ㉮㉯㉰ 이외에 스커러버, 플라즈마, 오존 처리 등이 있다.

정답 ㉱

11 악취의 탈취제 중 산화제에 속하는 것은?

㉮ 석회
㉯ 과망간산칼륨
㉰ 활성탄
㉱ 방향제

■ 산화제 : 과망간산칼륨, 이산화염소, 차아염소산염, 오존 등
흡착제 : 활성탄, 제오라이트, 부식물질, 활성백토 등

정답 ㉯

12 가축분 중 사료로 이용가치가 높은 것은?

㉮ 우분
㉯ 계분
㉰ 돈분
㉱ 마분

■ 계분은 건조 사료, 발효 사료, 사일리지용으로 이용된다.

정답 ㉯

정답 및 해설

13 가축분뇨의 처리 원칙에서 가장 우선적인 것은?

㉮ 정화 방류

㉯ 비료로 사용

㉰ 사료로 이용

㉱ 배설물의 최소화

■ 배설물 생산의 최소화 : 적정량의 사료를 급여하고 충분히 소화 흡수되도록 하는 것이 최우선이다.

정답 ㉱

14 퇴비화에 적합한 수분함량은?

㉮ 20~30%

㉯ 40~50%

㉰ 50~60%

㉱ 70~80

■ 퇴비화에 적합한 수분 함량은 50~60% 범위이다.

정답 ㉰

15 분뇨의 악취 발생에 대한 설명으로 바르지 못한 것은?

㉮ 미생물 분해가 되면 악취가 발생한다.

㉯ 분뇨가 혼합되면 더 악취 발생이 빠르다.

㉰ 저온에서 더 빠르게 많이 발생된다.

㉱ 오줌보다 분이 암모니아가 많이 발생한다.

■ 고온에서 더 빨리 많이 발생한다.

정답 ㉰

제11장

축산물의 가공과 이용

01 우유와 유제품

1. 우유

(1) 우유의 영양학적 가치

① 균형된 영양소를 공급하는 완전식품(단백질, 지방, 탄수화물, 미네랄, 비타민)

② 소화 이용률이 높다(체내 흡수율 90% 이상).

③ 단백질인 카제인(케이신, casein)은 아미노산으로 분해되어 신체의 구성 성분으로 이용된다.

④ 기타 건강과 체력을 유지시키는 영양식품이다.

(2) 우유의 식품적 가치

① 우유는 모든 연령층의 사람이 손쉽게 이용할 수 있는 식품이다.

② 우유는 먹기에 편리하고 버리는 부분이 없다.

③ 소비자의 용도에 맞게 다양한 형태의 제품을 만들 수 있다.

④ 요리에서 우유 · 유제품은 다른 식품과 잘 어울린다.

⑤ 가공법이 다양하여 식품의 선택 폭이 다양하다.

(3) 우유의 성분

▮ 우유의 성분
- 수분, 지질, 단백질, 탄수화물, 무기질, 비타민, 효소 등으로 구성
- 착유시간, 사육방법, 품종, 비유기, 계절, 건강상태 등에 따라 변화된다.
- 수분 88%, 유당 4.5~5%, 지방 3.5~4.0%, 단백질 3.0~3.4%, 무기물 0.7%

① 단백질

㉠ pH 4에서 응고되는 것은 카제인(casein), 응고되지 않는 것은 유청단백질이다.

㉡ 우유의 카제인은 우유 단백질의 80%를 차지하는 인단백질이다.

㉢ 유청 단백질은 락토알부민, 락토글로블린, 혈청알부민, 면역단백질 등이 있다.

㉣ 초유에는 면역단백질이 15% 이상 들어 있다(상유 0.1% 함유).

② 지방

㉠ 우유지방은 지방구로 유탁질 형태로 존재하며 맛의 풍미를 나타낸다.

㉡ 정치해 두면 크림층이 형성되므로 시유는 균질화 처리를 한다.

㉢ 우유 속의 부티르산은 휘발성이 강하고 버터의 풍미를 나타낸다.
㉣ 우유에는 지방 분해효소가 있어 산소, 광선, 열에 의해 지방 산패취가 발생한다.

③ 유당
㉠ 유당은 포도당과 갈락토스가 결합된 이당류로 존재한다.
㉡ 유당 분해효소인 락타제의 분비가 부족하면 설사를 유발하는 유당불내증이 있다.

④ 무기물
㉠ 뼈의 주성분인 Ca, P, Mg, K, Na가 다량 존재한다.
㉡ Ca 함량은 1,200mg/L으로 매우 높고 소화 흡수가 잘 된다.

⑤ 비타민
– 비타민 A, B_2, B_{12}가 많고 C는 가열 살균 시 파괴된다.

(4) 우유의 물리적 성질

① 평균 비중(15℃) : 우유 1.032, 산양유 1.0326, 돼지 젖 1.042, 토끼 젖 1.0493
② 적정 산도 : 0.13~0.18%, 우유 pH 6.6, 면양유 pH 6.41, 말젖 pH 7.22
③ 비열(cal/g) : 지방 0.5cal, 유당 0.3cal, 단백질 0.5cal, 회분 0.7cal, 수분 1.0cal
④ 우유의 빙점 : −0.53℃, −0.53℃ 이상은 가수 의심
⑤ 우유의 비점 : 100.55℃, 농축하면 상승

(5) 우유의 화학적 변화

① 가열에 의한 우유의 변화 : 액상유의 변화, 단백질의 변화, 유청단백질의 변화, 지방의 변화, 유당의 변화, 무기질의 변화 등
② 동결에 의한 우유의 변화 : 유지방은 동결 시 지방의 유화상태가 파괴되기 쉽다.
③ 기타 처리에 의한 변화 : 과산화수소, 균질화, 자외선 및 방사선 조사

2. 유제품

(1) 시유(市乳, market milk)의 제조

▮ 시유
- 젖소에서 착유한 원유를 살균 또는 멸균하여 만든 것이다.
- 살균시유는 5℃에서 4~6일, 멸균시유는 상온에서 1개월 이상 저장력이 있다.

① 일반 시유의 제조 공정

(원유) → 검사 → 저유 → 여과 및 청징 → 표준화 → 균질화 → 살균 → 냉각 → 포장 → (시유)

② 여과 및 청징 : 금속망 등을 이용하여 큰 이물질을 걸러 내는 것을 여과, 원심력에 의해 더 작은 이물질을 걸러 내는 것을 청징이라 한다.

▮ 우유의 살균법
- 저온장시간살균법(LTLT) : 63~65℃, 30분, 내열성인 Bacillus 등의 포자는 생존
- 고온단시간살균법(HTST) : 72~75℃, 15~20초
- 초고온멸균법(UHT) : 80~83℃로 2~6분간 예열한 후 130~150℃로 1~5초간 멸균

③ 표준화 : 생산 제품의 규격에 알맞게 우유의 조성을 균일화하는 공정, 유지방 함량이 너무 높으면 탈지유를 첨가, 낮으면 크림을 첨가한다.

④ 균질화 : 우유 속의 2.5~5.0μ 지방구를 0.1~2.2μ 크기로 잘게 부수는 공정으로 크림층 형성 방지, 지방 소화 흡수율 증진, 산화 민감성 감소의 효과가 있다.

⑤ 살균 : 제품의 목적에 알맞은 살균방법을 선택한다.

(2) 연유 제조

▮ 연유
- 우유의 수분을 증발시켜 고형분 함량을 1/2 정도로 농축한 유가공품
- 무가당연유 : 설탕을 첨가하지 않고 농축한 제품, 커피 첨가식품, 제과용
- 가당연유 : 설탕을 15~20% 정도 첨가한 제품으로 제과용, 제빵용, 가정용

① 무가당 연유의 제조 공정

(원료) → 검사 → 표준화 → 예열 → 농축 → 균질 → 냉각 → 담기 → 밀봉 → 멸균 → 냉각 → (무가당 연유)

② 표준화 : 유지방과 무지고형분의 비율을 1 : 2.25로 조절하여 표준화한다.

③ 예열 : 70~80℃에서 10~20분간 예열한다. 효소 파괴, 단백질 안정화 목적

④ 농축 : 55℃ 정도에서 농축하여 15℃에서의 비중이 1.070~1.085

⑤ 균질 : 지방의 분리를 막고, 소화율 증가, 비타민 D 강화 및 염기평형도 조정

⑥ 냉각 및 밀봉 : 4℃ 정도로 냉각한 다음 표준화하고 용기에 담아 밀봉한다.

※ 가당 연유의 제조 공정은 설탕을 첨가하는 공정이 추가, 멸균 공정이 생략된다.

(3) 분유 제조

① 분유는 우유의 수분을 4% 이내로 제거한 제품으로 저장과 수송이 편리하다.

② 전지분유의 제조 공정

(원료) → 농축 → 예열 → 분무 → 건조 → 냉각 → 선별 → 담기 → 탈기 → 밀봉 → (전지분유)

③ 농축 : 원료 우유를 농축하여 고형분이 40~48% 정도인 무가당 연유를 만든다.

④ 분무 및 건조 : 예열된 농축유를 200㎏/㎠의 압력으로 분무시키면서 약 200℃의 열풍을 불어 넣어 순간적으로 건조시킨다.

⑤ 탈기 및 밀봉 : 진공도 약 76㎝Hg, 질소가스 충전 – 산패 방지

▮ 전지분유

- 우유를 농축시킨 후 건조시키므로 효율이 높다.
- 우유는 최종제품이 유지방 26% 이상을 함유하도록 표준화시킨다.
- 표준화 후에는 청징기를 통과시켜 이물질을 제거한다.
- 전지분유는 일반적으로 균질화 하여야 한다.

▮ 탈지분유

- 우유에서 크림을 분리하여 균질화 작업이 필요 없다.
- 지방이 제거되어 산화에 대해서도 큰 걱정이 없다.
- 인스턴트화 시켜 물에 쉽게 용해되고 저장도 용이하다.

(4) 아이스크림 제조

① 아이스크림은 원유, 분유, 가당연유 등을 주원료로 하여 이에 달걀, 설탕, 향료 등을 가한 후 동결, 경화한 유가공품이다.

② 아이스크림의 제조 공정

(원료) → 혼합 → 살균 → 균질 → 숙성 → 냉동 → (소프트 아이스크림) → 경화 → (하드 아이스크림)

③ 혼합 : 크림 + 버터 + 탈지분유 + 연유 + 설탕 + 젤라틴 + 달걀 노른자 + 향료

④ 살균 : 살균기의 온도를 68~70℃로 올리고 교반하면서 살균시킨다.

⑤ 균질 및 숙성 : 믹스를 60℃로 조정하여 150kgf/㎠ 압력으로 균질시킨 후 냉장고에서 숙성한다.

⑥ 동결 : 냉동기 실린더 부피의 1/3~1/2 정도 넣고 교반시키면서 냉동한다.

⑦ 경화 : 소프트 아이스크림을 동결기에 넣어 경화시키면 하드 아이스크림이 된다.

(5) 버터(butter) 제조

▮ 버터
- 우유 속의 유지방을 분리하여 크림을 만들고 발효시킨 제품이다.
- 버터 무게의 80% 정도가 유지방 성분이다.
- 발효 버터, 감성 버터, 가염 버터, 무염 버터가 있다.

① 버터의 제조 공정

(우유) → 크림 분리 → 중화 → 살균 → 발효 → 숙성 → 교동 → 수세 → 연압 → 성형 → 포장 → (버터)

② 크림 분리 : 우유를 45~55℃로 가온하여 크림 분리기에 넣고 분리한다.

③ 중화 : 알칼리중화제(탄산수소나트륨, 탄산칼슘, 산화마그네슘)를 넣어 산도를 0.15%로 저하시킨다.

④ 살균 : 보통 저온장시간살균법이나 고온단시간살균법을 이용한다.

⑤ 발효 : 3~6%의 젖산균을 접종하고 21℃에서 6시간 정도 발효시킨다.

⑥ 숙성 : 5~10℃에서 8시간 이상 숙성하면 유지방이 결정화되는 것을 조절하여 버터 밀크를 쉽게 제거할 수 있다.

⑦ 교동 : 교동기의 약 1/3~1/2의 크림을 넣고 30회/분당, 40~50분 실시

⑧ 연압 : 연압대에서 버터를 잘 이겨 수분을 제거하고 첨가한 소금(약 2%)이 고루 분산 및 용해되게 하여 치밀한 버터 조직을 만든다.

(6) 치즈(cheese) 제조

① 체더치즈(cheddar cheese) 제조 공정

(원료) → 살균 → 젖산 발효 → 응고 → 커드절단 → 커드 가열 → 유청 제거 → 커드 분쇄→ 소금 넣기→ 압착 및 성형→ 파라핀 입히기 → 숙성 → (치즈)

② 젖산발효 : 1~3%의 젖산균을 원료 우유에 접종하고 1~2시간 발효시킨다.

▮ 레닛(rennet)
송아지 4위에서 추출한 레닌(rennin) 효소로 pH 3.8에서 응고시킨다.

③ 응고 : 젖산 발효에 의해 산도가 0.18~0.20% 정도 되면 원료유의 0.02%에 해당되는 레닛(rennet) 용액을 넣고 잘 저은 다음 40~45℃에서 30~40분간 응고시킨다.

④ 커드 절단 : 37℃로 가열하여 응고되면 커드를 절단, 커드 속의 유청을 빼낸다.

⑤ 소금 넣기 : 분쇄된 커드의 2% 정도 되는 소금을 첨가한다.

⑥ 숙성 : 온도 10~15℃, 습도 85~90%의 숙성실에서 3~6개월 정도 숙성한다.

(7) 발효유 제조

① 요구르트의 제조 공정

(원료) → 표준화 및 가열 → 균질 → 살균 → 냉각 → 담기 → 발효 → 냉장 → 숙성 → (요구르트)

② 표준화 및 가열 : 전지우유에 탈지분유와 물을 첨가하여 전체 고형분 15%, 유지방 1.5%로 표준화한 다음 젤라틴과 설탕을 넣고 가열한다.

③ 균질 · 살균 · 냉각 : 균질기에서 150~170kg/㎠의 압력으로 균질화하고 80~85℃에서 30분간 가열하고 살균한 다음 약 40℃로 냉각한다.

④ 담기 · 발효 : 우유의 2.0~3.0%의 스타터(starter)를 넣고 32℃에서 10~15시간 발효 시킴

※ 스타터 : *L.* 불가리쿠스, *St.* 테르모필루스, *St.* 락티스

⑤ 숙성 : 발효액의 산도가 0.9%, pH가 4.5 정도 되면 발효를 마치고 약 2일 동안 숙성시킨다.

▮ 발효유
젖산 발효유와 젖산균과 효모에 의한 젖산-알코올 발효유로 구분한다. 요구르트(yogurt), 발효크림(hot-pack sour cream), 칼피스(calpis), 캐피어(kefir), 쿠미스(koumiss) 등이 있다.

02 식육과 육제품

1. 식육의 이해

(1) 식육의 성분

▮ 골격근의 조성 (신선육 중량 기준)
- 수분 75%, 단백질 20%, 지방 2.5%, 탄수화물 1.2%
- 기타 무기물 1%, 비단백태질소화합물 1.5% 등으로 구성

① 가축의 종류, 성별, 연령, 사료, 영양, 건강상태 및 도체의 부위에 따라 다르다.

② 근원섬유 단백질은 근육의 수축을 주도하며 약 50%를 차지한다.

③ 식육 단백질은 아미노산 구성이 좋고 소화 흡수가 잘 된다. (계란 〉 우유 〉 고기)

④ 쇠고기 지방은 포화지방산 함량이 높아 경지방이고 돼지, 닭고기는 연지방이다.

⑤ 탄수화물은 글리코젠 형태로 소량 존재하며 도살 후 젖산으로 전환된다.

⑥ 무기물은 1% 정도로 Na, K가 많고 P, Fe, Zn, Cl, S도 있다.

⑦ 비타민은 B군이 들어 있다.

(2) 근육 조직의 구조와 특성

① 근육은 횡문근(골격근, 수의근), 심근(불수의근), 평활근(내장근, 불수의근)으로 구분한다.

② 골격근은 근섬유, 결합조직, 지방세포, 건(힘줄), 혈관, 신경섬유로 구성

③ 근원섬유 → 근섬유 → 1차 근속 → 2차 근속 → 근육

④ 상강육(marbling)은 1차 또는 2차 근속의 근내막에 지방이 침착된 것이다.

⑤ 근원섬유는 0.5~2.0㎛의 가늘고 긴 섬유로 A대(암대)와 I대(명대)가 있어 수축작용을 한다.

(3) 근육의 사후경직

① 동물이 죽은 후 골격근이 굳어지고 신전성이 없어지는 현상이다.

④ 근육 내 ATP가 완전 소실되면 액틴과 미오신이 영구 결합하여 액티노미오신을 형성하여 발생
⑤ 도축 후 강직 개시 시간 : 쇠고기 · 양고기 2~8시간, 돼지고기 30분~2시간, 닭고기 수 분~1시간

(4) 식육의 숙성(aging or conditioning)

① 숙성이란 사후경직의 근육이 시간이 경과함에 따라 장력이 떨어지고 유연해지는 현상을 말한다.
② 근육 내 단백질 분해효소에 의하여 근원섬유 단백질과 결체 단백질이 분해된다.
③ 숙성 기간
  ㉠ 쇠고기 · 양고기 : 4℃ 내외에서 7~14일, 10℃에서는 4~5일, 16℃에서 2일
  ㉡ 돼지고기 : 4℃에서 1~2일, 닭고기는 8~24시간이면 숙성이 완료된다.

(5) 식육(meat)의 관능적 품질

① 육색 : 미오글로빈에 의함, 밝고 선명한 선홍색이고 광택이 있는 것
② 식육의 보수성 : 고기 속에 고정수나 유리수의 함량
③ 식육의 연도 : 식육 내 결합조직이나 근육 내 지방의 함량이 많을수록 좋다.
④ 식육의 조직감 : 강직 상태, 보수성, 근내지방 함량에 따라 조직감이 다르다
⑤ 식육의 풍미 : 혀와 코로 느끼는 맛과 냄새로 느끼는 감각

2. 도축 과정

(1) 생축의 수송과 계류

① 출하 전 절식 의무화, 소와 돼지 12시간 이상, 가금류 3시간 이상
② 수송과정에서는 스트레스를 최소화하여 이상육 발생율을 낮춘다.
③ 급수시설이 완비된 계류장에서 8~24시간 휴식 및 안정을 찾도록 한다.

(2) 생체검사

가축의 자세, 거동, 영양 상태, 호흡 상태 등을 관찰하여 이상 유무를 점검한다.

(3) 기절

① 기절은 고통을 최소화 하고 작업능률과 육질개선을 촉진하기 위해 실시

② 가축의 심폐기능을 유지한 상태에서 방혈시키고 스트레스를 적게 하기 위해 실시한다.

③ 도살은 타격법, 전살법, 총격법, 자격법 또는 CO_2 가스법이 있으나 일반적으로 타격법을 사용한다.

▮ 도살법
타격법 : 도축 해머로 앞이마 가격(대동물)
전살법 : 고압 전류로 쇼크(돼지, 닭)
총격법 : 도축용 피스톨을 이마에 발사(대동물)
자격법 : 예리한 칼로 경동맥을 절단(가금류 등 소형동물)
CO_2 가스법 : 가스실의 CO_2 농도를 65~75%로 유지(돼지)

(4) 방혈

① 방혈은 경동맥을 절단하여 실시, 식도 및 기관이 손상되어서는 안 된다.

② 방혈 시에는 뒷다리를 매달아 방혈하는 것을 원칙으로 한다.

(5) 머리, 다리 제거

① 소머리는 뒷머리 뼈와 제1목 뼈 사이를 절단한다.

② 앞다리는 앞발목 뼈와 앞발 허리 뼈 사이를 절단한다.

③ 뒷다리는 뒷발목 뼈와 뒷발 허리 뼈 사이를 절단한다.

(6) 박피

① 가축의 껍질과 털은 해당 가축의 특성에 맞게 벗기거나 뽑는다

② 소는 가죽을 벗기나 돼지는 박피기를 이용하여 표피를 제거하기도 한다.

③ 돼지 탕박 시에는 60~65℃에 5~7분 담근 뒤 탈모기로 털을 제거한다.

④ 닭의 털은 70~75℃에서 5~8분간 담가 뽑는다.

(7) 내장적출 및 검사

① 내장은 백내장과 적내장으로 구분하여 적출한다.

② 현수된 도체를 위에서부터 아래로 복부를 절개하고 위, 장, 횡경막의 손상 및 내용물이 도체에 오염되지 않도록 한다.

(8) 이분할

① 도체의 2등분은 엉덩이 사이뼈, 허리뼈, 등뼈 및 목뼈를 좌우 균등하게 절단한다.

② 도체의 4등분은 제1허리뼈와 최후등뼈(제13등뼈) 사이를 절단하고 우측도체에 꼬리가 부착되도록 한다.

(9) 도체중 측정 및 예냉

냉장실은 상대습도를 대략 90% 정도로 하여 12~16시간 내에 도체의 품온을 10℃ 이하로, 24시간 후에는 5℃ 내외로 낮추어야 한다.

3. 도체 등급

(1) 쇠고기 등급

① 육질등급 : 근내지방도, 육색, 지방색, 조직감, 성숙도 평가에 따라 1^{++}, 1^{+}, 1, 2, 3등급으로 구분

② 육량등급 : 도체중량, 등지방 두께, 등심 단면적에 따라 A, B, C 등급으로 구분

구 분		육질					등외(D)
		1^{++} 등급	1^{+}등급	1등급	2등급	3등급	
육량	A등급	1^{++}A	1^{+}A	1A	2A	3A	D
	B등급	1^{++}B	1^{+}B	1B	2B	3B	
	C등급	1^{++}C	1^{+}C	1C	2C	3C	
	등외(D)						

PSE육

고기가 창백(pale)하고 탄력이 없으며(soft), 육즙이 삼출(exudative)된 물돼지 고기를 말한다. 이것은 돼지스트레스 증후군(PPS) 유전자 보유돈이나 도축 직전의 극심한 스트레스로 젖산의 생성 및 pH의 급속한 강하에 의하여 강한 근수축 및 경직열이 작용, 근육이 고온 경직, 단백질의 변성을 초래한다. 돼지에서 많이 발생된다.

DFD육

고기의 색이 검고(dark), 조직이 단단하며(firm), 건조한(dry) 암적색 고기이다. 도축 전 돼지가 받는 극심한 스트레스로 근육 내 글리코겐이 소모된 상태에서 도축되면 발생한다. 수소(♂)에서 많이 발생한다.

(2) 돼지고기 등급

구 분	내 용
1차 판정	● 성별, 도체중, 등지방두께
2차 판정	● 외관 항목 : 삼겹살 상태와 지방 부착상태, 비육상태 ● 육질 항목 : 고기색, 지방색, 지방 침착 ● 결함 항목
등급	● 육질등급 : 1+, 1, 2등급 ● 육량등급 : A, B, C, D등급

(3) 닭고기 등급

외관, 비육상태, 지방 부착, 잔털 및 깃털, 신선도, 외상, 변색, 중량 규격, 뼈의 상태, 이물질 부착, 냄새, 도체처리 평가

등 급	평가 결과
1^+ 등급	● 닭도체 품질기준의 모든 항목이 A급 이상
1등급	● 닭도체 품질기준의 모든 항목이 B급 이상
2등급	● 닭도체 품질기준의 모든 항목이 C급 이상

※ 부분육의 품질은 1, 2등급으로 구분

4. 육제품

(1) 육가공품의 종류

① 단미식품 : 햄, 베이컨 등 보수성이 중요

② 연육제품 : 소시지, 햄버거가 속하며 세절 및 혼합 처리되고 결착력이 중요

(2) 육가공품의 주요 공정

① 염지(간먹이기)

염지효과	● 방부 및 보존, 육색의 발색, 보수성과 결착성 증진, 풍미 증진
염지방법	● 습염법(wet curing) – 염지재료를 물에 용해하여 피클로 만들어 식육을 침지하는 방법 – 햄, 베이컨의 제조에 쓰인다. – 시간과 노력이 절약, 균일한 품질 생산

염지방법	● 건염법(dry salt curing) – 분말상태의 염지제를 혼합하여 직접 식육에 바르는 방법 – 식육의 수분에 의하여 용해된 것이 조직속으로 침투되는 것이다. – 시간과 노력이 많이 들고 품질이 균일하지 못하다. ● 염지 주사법(pumping) – 염지액을 고기의 조직에 주사하여 침투하게 하는 촉진법 – 원료육의 10% 정도 중량의 염수를 주사한다. ● 텀블링과 마사징법(tumbling & massaging) – 원료육과 염지액 또는 염지주사 한 원료육을 massager나 tumbler에 넣고 교반시켜 염지기간 단축과 결착력도 증진시킨다.
염지재료	● 소금 : 탈수작용으로 보수성, 결착성, 기호성 및 보존성 증진 ● 설탕 : 고기조직의 경화 억제, 풍미 향상, 건조 방지 ● 아질산염 : 육색 고정, 풍미 증진, 항산화 작용, 미생물 발육 억제 ● 인산염 : 육제품의 보수성과 결착성 증진, 육색 퇴색 방지 ● 향신료(spices) : 독특한 향미와 육제품의 풍미 증진

② 충전(stuffing)

㉠ 햄 : 햄의 모양과 크기가 균일한 소형 섬유질 케이싱(fibrous casing)에 다져 넣는다.

㉡ 프레스 햄 : 충전 결속된 리테이너에 넣어 고정시킨다.

㉢ 소시지 : 천연 케이싱(양장, 돈장, 우장) 또는 인조 케이싱(셀룰로오스, 플라스틱)에 혼합육을 충전시킨다.

㉣ 충전기는 수동식, 전동식, 유압식 등이 있다.

③ 훈연(smoking)

㉠ 목적 : 보존성 부여, 육색 향상, 외관과 풍미 개선, 산화 방지

㉡ 훈연재 : 참나무, 밤나무, 오리나무, 떡갈나무, 옥수수 속, 왕겨 등(침엽수 제외)

④ 세절 및 혼화

㉠ 만육 : 고기 또는 지방을 만육기로 세절하는 것

㉡ 혼화 : 소시지 제조 시 원료육을 세절하며 점착성을 갖게 하고 다른 원료와 혼합

㉢ 혼합 : 프레스햄 제조 시 고기와 고기, 다른 재료의 혼합, 식육혼합기 이용

(3) 햄의 제조

① 햄의 종류

본인햄(bone in ham), 본레스햄(boneless ham), 로스햄(roast ham), 숄더 햄(shoulder ham), 안심햄, 락스햄(lachs ham), 피크닉햄(picnic ham), 프레스햄(press ham) 등

▮ 햄의 종류
본인햄 : 볼기 부위 뼈채로 가공
본레스햄 : 볼기 부위 뼈 제거하고 가공
로스햄 : 등심 부위
숄더햄 : 어깨 부위
안심햄 : 안심
피크닉햄 : 어깨 등심(목심)
프레스햄 : 돈육 외에 다른 고기를 갈아 성형틀에 넣어 만듬
락스햄 : 등심, 어깨, 넓적다리

② 로인 햄의 제조 공정

㉠ 원료육 → 정형 → 피 빼기 → 염지(간 먹이기) → 소금빼기 → 말아 싸기 → 건조 및 훈연 → 가열(삶기) → 냉각 → 포장 → (로인 햄)

㉡ 정형 : 부분육에서 지방을 떼어내고 전체의 모양을 둥글게 잘라내어 다듬는다.

㉢ 피 빼기 : 물에 담가 고기 속의 피를 뺀다.

㉣ 염지 : 2~4℃의 염지액(소금, 아질산염, 설탕, 향신료)에 1~2일 침투시킨다.

㉤ 소금 빼기(수침) : 10~15℃의 물에 고기 1㎏당 7~8분 기준으로 수침

㉥ 말아 싸기 : 물기를 제거한 고기를 광목천으로 말아 싸고 실로 묶는다.

㉦ 훈연 : 훈연기에 매달고 30℃ 전후에서 1~2일 건조 훈연한다.

㉧ 가열 : 고기의 중심부 온도가 70℃ 이상 되도록 20~30분 가열 처리한다.

㉨ 냉각 : 10℃ 이하의 저온실에서 식힌다.

(4) 베이컨(bacon) 제조

① 돼지 복부육(삼겹살) 부위를 염지한 후 훈연하거나 열처리한 제품이다.

② 수분 60% 이하, 조지방 45% 이하의 제품이다.

③ 등심육 또는 복부육이 붙어 있는 것은 로인 베이컨, 어깨 부위육은 숄더 베이컨

④ 베이컨의 제조공정

㉠ 삽겹살 → 정형 → 피 빼기 → 염지 → 수세(소금 빼기) → 건조 및 훈연 → 냉각 → 포장 → 베이컨

㉡ 주로 건염법을 이용, 염지제를 골고루 문지른다.
㉢ 베이컨은 지방이 많아 훈연할 때 온도가 너무 높으면 지방이 흘러 내리므로 냉훈법을 이용한다.
㉣ 가열 처리하는 과정이 없으므로 원료 처리나 포장 시 위생관리에 주의한다.

(5) 소시지 제조

① 식육을 세절하고 조미료 및 향신료 등을 첨가한 후 케이싱에 충전한 제품
② 수분 7% 이하, 조지방 35% 이하이다.
③ 도메스틱 소시지(생소시지, 훈연 소시지, 가열 소시지)와 드라이 소시지가 있다.
㉠ 생소시지 : 프레시 포크 소시지, 이탈리안 포크 소시지, 프레시 더링거 등
㉡ 훈연 소시지 : 포크 소시지, 프랑크푸르트 소시지, 비엔나 소시지, 볼로냐 소시지
㉢ 가열 소시지 : 간 소시지, 혈액 소시지, 혀 소시지
④ 포크 소시지의 제조 공정
㉠ (원료육) → 세절 → 만육(고기 갈기) → 혼화 → 충전 → 건조 및 훈연 → 가열 → 냉각 → 포장 → (포크 소시지)
㉡ 세절 : 육절기를 이용하여 썬다.
㉢ 염지 : 소금, 질산칼륨, 아질산나트륨 염지액에 침지
㉣ 만육 : 고기와 지방을 섞어 만육기(chopper)로 간다(5㎜ 플레이트 통과).
㉤ 혼화 : 사일런트 커터(silent cutter)에 고기와 향신료, 증량 결착제, 얼음(얼음물)을 넣고 가동하여 점착성을 높인다.
㉥ 충전 : 충전기를 이용하여 케이싱에 충전한다. 충전 후 바늘로 찔러 공기 제거
㉦ 가열 : 75~80℃의 열탕에서 중심부 온도가 65℃ 이상 되도록 30분 가열 처리

03 계란과 난제품

1. 계란의 구조와 성분

(1) 구조

① 전란 : 난각(11%), 난황(31%), 난백(58%)으로 구성됨

② 내용물 : 수분 74%, 단백질 13%, 지질 11%, 탄수화물 0.7%, 무기물 0.9%

③ 수분을 제외한 내용물의 50%가 단백질, 43%가 지질, 3%가 탄수화물, 3.5%가 무기물

④ 계란의 평균 중량은 58g이고, 난백은 중성 또는 약알칼리성, 난황은 약산성이다.

⑤ 비중은 1.08~1.09이다.

(2) 단백질

▮ 알의 영양적 가치

– 계란은 수분이 약 74% 정도를 차지하지만 고급 단백질을 많이 함유하고 있다

– 불포화 지방산, 미량 광물질, 비타민 등이 많지만 칼슘과 비타민 C 함량은 낮다.

– 알은 균형 잡힌 영양분을 공급하는 영양식품이다.

– 소화가 잘 되므로 어린이, 노인 및 환자용 식품으로 많이 사용되고 있다.

– 값이 싸고 요리하기 쉬운 좋은 식품이다.

① 흰자의 단백질은 알부민과 오브알부민이고, 노른자의 단백질은 인을 함유하고 있는 비텔린이다.

② 계란 단백질은 아미노산 조성이 좋고, 소화 · 흡수가 잘 되는 우수한 단백질이다.

(3) 지방

① 노른자의 인지질 레시틴은 유화지방이어서 소화 · 흡수가 잘 된다.

② 난황의 2/3가 지방이며, 이중 2/3는 중성지방이고, 1/3은 인지질이다.

③ 인지질은 극성지질로 유화 기능이 있어 마요네즈 제조를 가능하게 한다.

(4) 탄수화물

탄수화물 함량은 1%로 매우 낮다.

(5) 무기질과 비타민

① 흰자에는 나트륨과 칼륨, 칼슘이 많고 노른자에는 철분과 칼슘이 많다.

② 달걀에는 비타민 A를 비롯한 티아민, 리보플라민, 비타민 D가 많다.

2. 알의 등급

(1) 등급 판정

① 외관 판정은 전체적인 모양, 난각의 상태, 오염 여부 등 계란 외부의 상태를 평가한다.

② 투광 판정은 기실의 크기, 난황의 위치와 퍼짐 정도, 이물질 유무 등을 평가한다.

③ 할란 판정은 난황, 농후난백, 수양난백, 이물질 유무, 호우단위 등을 평가한다.

④ 외관, 투광 및 할란 판정을 거쳐 1^+, 1, 2, 3등급으로 구분한다.

(2) 중량 규격

구분	왕란	특란	대란	중란	소란
무게	68 이상	60~68g 미만	52~60g 미만	44~52g 미만	44g 미만

3. 난제품

(1) 마요네즈(mayonnaise)

① 마요네즈는 난황의 유화력을 이용한 대표적인 가공품이다.

② 난황(10~15%)과 식용유(60%)를 주원료로 하여 첨가제를 혼합하여 유화시켜 만든다.

(2) 피단

① 피단은 계란에 조미, 향신료 등을 알 내용물에 침투시켜 숙성시킨 것이다.

② 제조방법에는 도포법과 침지법이 있다.

③ 도포재 : 홍차, 나무재, 생석회, 식염, 탄산소다, 기타(진흙, 왕겨)

④ 도포재를 알에 6~9㎜ 바르고 항아리에서 15~20℃의 온도로 5~6개월간 발효 · 숙성시킨다.

기출문제

정답 및 해설

01 우유의 영양학적 가치에 대한 설명으로 바르지 못한 것은?

㉮ 균형된 영양소를 공급하는 완전식품이다.
㉯ 소화 이용률이 매우 높다.
㉰ 단백질인 카제인은 신체의 구성성분이다.
㉱ 다량 섭취 시 비만의 위험이 있다.

■ 우유는 단백질, 지방, 탄수화물, 미네랄, 비타민이 골고루 함유된 완전 식품이다. 우유의 섭취와 비만과의 연관성은 없다.

정답 ㉱

02 우유 속의 단백질은?

㉮ 레시틴
㉯ 카제인(casein)
㉰ 크림
㉱ 유청

■ 카제인(casein) 또는 케이신이라고도 한다.

정답 ㉯

03 15℃에서 우유의 평균 비중은?

㉮ 1.028
㉯ 1.032
㉰ 1.035
㉱ 1.038

■ 15℃에서 우유의 정상 비중은 1.028~1.034(1.032)이다. 비중은 가수검사 자료로 이용된다.

정답 ㉯

04 신선한 우유의 정상적인 적정 산도는?

㉮ 0.10~0.12%
㉯ 0.13~0.18%
㉰ 0.28~0.32%
㉱ 0.34~0.36%

■ 우유의 적정 산도
: 0.13~0.18%,
우유 pH 6.6, 면양유 pH 6.41,
말젖 pH 7.22

정답 ㉯

정답 및 해설

05 시유의 제조 공정 순서가 바른 것은?

㉮ 표준화 → 검사 → 여과 및 청징 → 균질화 → 살균 → 냉각
㉯ 냉각 → 검사 → 여과 및 청징 → 표준화 → 균질화 → 살균
㉰ 검사 → 여과 및 청징 → 표준화 → 균질화 → 살균 → 냉각
㉱ 균질화 → 검사 → 여과 및 청징 → 표준화 → 살균 → 냉각

■ (원유) → 검사 → 저유 → 여과 및 청징 → 표준화 → 균질화 → 살균 → 냉각 → 포장

정답 ㉰

06 다음의 시유 처리 공정은?

생산 제품의 규격에 알맞게 우유의 조성을 균일화하는 공정으로 유지방 함량이 너무 높으면 탈지유를 첨가, 낮으면 크림을 첨가한다.

㉮ 균질화
㉯ 표준화
㉰ 연화
㉱ 청징

■ 유지방 함량이 너무 높으면 탈지유를 첨가하고, 낮으면 크림을 첨가한다.

정답 ㉯

07 시유 처리 공정에서 지방구의 미세화, 커드의 연화, 지방의 분리방지 목적으로 지방구를 잘게 부수는 공정은?

㉮ 균질화
㉯ 표준화
㉰ 연화
㉱ 청징

■ 우유 속의 2.5~5.0μ 지방구를 0.1~2.2μ 크기로 잘게 부수는 공정이다.

정답 ㉮

정답 및 해설

08 균질화의 목적은?

㉮ 저장성 향상
㉯ 크림층 형성 방지
㉰ 우유의 풍미 증진
㉱ 단백질 소화 향상

■ 균질화의 목적은 크림층 형성 방지, 지방 소화 흡수율 증진, 산화 민감성 감소 등이다.

정답 ㉯

09 일반적인 시유의 살균법으로 130~150℃로 1~5초간 살균하는 방법은?

㉮ 저온장시간살균법
㉯ 고온단시간살균법
㉰ 발효살균법
㉱ 초고온멸균법

■ 저온장시간살균법(LTLT)
: 63~65℃, 30분
고온단시간살균법(HTST)
: 72~75℃, 15~20초
초고온멸균법(UHT)
: 80~83℃로 2~6분간 예열한 후 130~150℃로 1~5초간 멸균

정답 ㉱

10 우유의 수분을 증발시키고 고형분 함량을 1/2 정도로 농축한 유가공품은?

㉮ 분유
㉯ 연유
㉰ 탈지유
㉱ 시유

■ 연유에는 무가당연유와 가당연유가 있다.

정답 ㉯

11 분유의 안전한 저장을 위한 수분 함량 기준은?

㉮ 2% 이내
㉯ 4% 이내
㉰ 10% 이내
㉱ 15% 이내

■ 분유는 우유의 수분을 4% 이내로 제거한 제품으로 저장과 수송이 편리하다.

정답 ㉯

정답 및 해설

12 전지분유의 제조 공정 순서가 바른 것은?

㉮ 농축 → 예열 → 분무 → 건조 → 냉각 → 담기 → 탈기 → 밀봉
㉯ 예열 → 분무 →농축 → 건조 → 냉각 → 담기 → 탈기 → 밀봉
㉰ 농축 → 예열 → 분무 → 담기 → 탈기 → 건조 → 냉각 → 밀봉
㉱ 분무 → 건조 → 냉각 → 농축 → 예열 → 담기 → 탈기 → 밀봉

■ (원료) → 농축 → 예열 → 분무 → 건조 → 냉각 → 선별 → 담기 → 탈기 → 밀봉 → (전지분유)

정답 ㉮

13 전지분유 제조에 대한 설명이다. 바르지 않은 것은?

㉮ 우유를 농축시킨 후 건조시키므로 효율이 높다.
㉯ 최종제품이 유지방 26% 이상을 함유하도록 표준화시킨다.
㉰ 표준화 후에는 청징기를 통과시켜 이물질을 제거한다.
㉱ 전지분유는 일반적으로 균질화 하지 않는다.

■ 전지분유는 지방 성분이 들어 있으므로 균질화가 필수이다.

정답 ㉱

14 전지분유와 탈지분유의 제조 공정의 차이점은?

㉮ 살균　　㉯ 표준화
㉰ 균질화　　㉱ 건조

■ 탈지분유는 우유에서 크림을 분리하여 균질화 작업이 필요 없다.

정답 ㉰

15 버터의 제조 공정 순서가 바른 것은?

㉮ 교동 → 수세 → 크림 분리 → 중화 → 살균 → 발효 → 숙성 → 연압 → 성형
㉯ 살균 → 발효 → 숙성 → 크림 분리 → 중화 → 교동 → 수세 → 연압 → 성형
㉰ 중화 → 살균 → 크림 분리 → 발효 → 숙성 → 교동 → 수세 → 연압 → 성형
㉱ 크림 분리 → 중화 → 살균 → 발효 → 숙성 → 교동 → 수세 → 연압 → 성형

■ (우유) → 크림 분리 → 중화 → 살균 → 발효 → 숙성 → 교동 → 수세 → 연압 → 성형 → 포장 → (버터)

정답 ㉱

정답 및 해설

16 버터의 품질 향상을 위해 첨가하는 알칼리성 중화제로 쓰이지 않는 것은?

㉮ 탄산칼슘
㉯ 탄산수소나트륨
㉰ 염화나트륨
㉱ 산화마그네슘

■ 알칼리중화제(탄산수소나트륨, 탄산칼슘, 산화마그네슘)를 넣어 산도를 0.15%로 저하시킨다.

정답 ㉰

17 버터 제조 시 크림을 교동기에 넣고 회전시켜 지방 입자가 서로 부딪혀서 버터 알갱이로 뭉쳐지는 과정은?

㉮ 교동
㉯ 연압
㉰ 중화
㉱ 성형

■ 크림의 양은 기계 용적의 약 1/3 ~1/2을 넣고 30회/분당, 40~50분 실시한다.

정답 ㉮

18 치즈(cheese) 제조 시 카제인을 응고시키기 위해 첨가하는 응유 효소는?

㉮ 펩신 ㉯ 리파제
㉰ 젖산 ㉱ 레닛

■ 버터는 우유에 젖산균과 응유효소(레닛)를 넣어 casein을 응고(curd)시킨 후 유청를 제거하고 가염 및 가압한다. 레닛(rennet)은 송아지 4위에서 추출한 레닌(rennin)이다.

정답 ㉱

19 체더치즈(cheddar cheese) 제조 공정 순서가 바른 것은?

㉮ 젖산 발효 → 살균 → 응고 → 커드절단 → 유청 제거 → 커드 분쇄 → 소금 넣기 → 압착 및 성형
㉯ 커드절단 → 유청 제거 → 커드 분쇄 → 살균 → 젖산 발효 → 응고 → 소금 넣기 → 압착 및 성형
㉰ 소금 넣기 → 압착 및 성형 → 살균 → 젖산 발효 → 응고 → 커드절단 → 유청 제거 → 커드 분쇄
㉱ 살균 → 젖산 발효 → 응고 → 커드절단 → 유청 제거 → 커드 분쇄 → 소금 넣기 → 압착 및 성형

■ (원료) → 살균 → 젖산 발효 → 응고 → 커드 절단 → 커드 가열 → 유청 제거 → 커드 분쇄 → 소금 넣기 → 압착 및 성형 → 파라핀 입히기 → 숙성 → (치즈)

정답 ㉱

정답 및 해설

20 우유의 성분 중 영양적으로 중요하며 많이 함유된 성분은?

㉮ 지방, 단백질, 유당
㉯ 비타민, 수분, 단백질
㉰ 비타민, 무기물, 유당
㉱ 수분, 유당 비타민

■ 우유의 주성분
수분 88%, 유당 4.5~5%, 지방 3.5~4.0%, 단백질 3.0~3.4%, 무기물 0.7%
Ca 함량이 높고 흡수가 잘 된다.

정답 ㉮

21 치즈는 우유 속의 어떤 성분으로 만들어지는가?

㉮ casein과 유지방
㉯ 유청과 지방
㉰ 유지방고 무기물
㉱ 유당과 비타민

■ 치즈는 우유 단백질인 카제인이 조직을 구성하고 그 내부에 지방이 혼입되어 만들어진다.

정답 ㉮

22 골격근의 조성(신선육 중량기준) 중 가장 많이 함유된 것은?

㉮ 단백질
㉯ 지방
㉰ 무기물
㉱ 비단백태 질소화합물

■ 골격근의 조성
수분 70%(65~75%), 단백질 20%(17~23%), 지방 2.5%(2.5~5.5%), 무기물 1%, 비단백태 질소화합물 1.5%

정답 ㉮

23 비육 가축의 1차 또는 2차 근속의 근내막에 지방이 잘 침착된 고기의 명칭은?

㉮ 부패육
㉯ 상강육
㉰ 가공육
㉱ 숙성육

■ 상강육(marbling)은 1차 또는 2차 근속의 근내막에 지방이 침착된 것이다.

정답 ㉯

| 정답 및 해설 |

24 동물이 죽은 후 골격근이 굳어지고 신전성이 없어지는 현상은?

㉮ 자가분해
㉯ 사후경직
㉰ 숙성
㉱ 연화

■ 근육의 사후경직은 동물이 죽은 후 골격근이 굳어지고 신전성이 없어지는 현상이다.

정답 ㉯

25 사후경직은 가축에 따라 다르다. 사후경직 개시 순서가 빠른 것부터 느린 것 순으로 된 것은?

㉮ 쇠고기 → 돼지고기 → 닭고기
㉯ 돼지고기 → 닭고기 → 쇠고기
㉰ 닭고기 → 쇠고기 → 돼지고기
㉱ 닭고기 → 돼지고기 → 쇠고기

■ 도축 후 강직 개시 시간
쇠고기, 양고기 : 2~8시간
돼지고기 : 30분~2시간
닭고기 : 수 분~1시간

정답 ㉱

26 사후경직의 근육이 시간이 경과함에 따라 장력이 떨어지고 유연해지는 현상은?

㉮ 자가소화
㉯ 사후경직
㉰ 숙성
㉱ 부패

■ 근육 내 단백질 분해효소에 의하여 근원섬유 단백질과 결체 단백질이 분해된다.

정답 ㉰

27 다음 중 식육의 숙성기간이 가장 짧은 것은?

㉮ 쇠고기
㉯ 양고기
㉰ 돼지고기
㉱ 닭고기

■ 쇠고기 · 양고기 : 4℃ 내외에서 7~14일, 10℃에서는 4~5일, 16℃에서 2일
– 돼지고기 : 4℃에서 1~2일
– 닭고기 : 4℃에서 8~24시간

정답 ㉱

28 식육의 육색소의 주요 성분은?

㉮ 미오글로빈
㉯ 카제인과 지방
㉰ 펩타이드
㉱ 캐텝신과 액틴

29 식육의 관능적 검사 항목이 아닌 것은?

㉮ 육색
㉯ 식육의 보수성
㉰ 식육의 연도
㉱ 식육의 향기

30 햄 제조 시 염지의 목적은?

㉮ 보수성과 결착성 증진
㉯ 육량의 증가
㉰ 육색의 증진
㉱ 사후경직 연장

31 다음 중 발색(붉은색)제로 쓰이는 것은?

㉮ 아질산염
㉯ 소금
㉰ 설탕
㉱ 전분

정답 및 해설

■ 육색소는 혈액의 hemoglobin과 전색소의 80~90%를 차지하는 myoglobin이다.

정답 ㉮

■ ㉮㉯㉰ 이외에 식육의 조직감, 식육의 풍미 등이 있다.

정답 ㉱

■ 염지의 효과는 방부 및 보존, 육색의 발색, 보수성과 결착성 증진, 풍미 증진 등이다.

정답 ㉮

■ 아질산염 : 육색 고정, 향미 향상, 항산화 작용, 미생물 발육 억제

정답 ㉮

32 다음 중 훈연의 목적이 아닌 것은?

㉮ 보존성 증진
㉯ 육색 향상
㉰ 육량 증가
㉱ 외관과 풍미 개선

33 훈연재로 적합하지 않은 것은?

㉮ 참나무 밤나무
㉯ 오리나무, 떡갈나무
㉰ 소나무, 향나무
㉱ 왕겨, 옥수수 속

34 로인 햄의 제조 공정 순서가 바른 것은?

㉮ 염지(간 먹이기) → 소금 빼기 → 정형 → 피 빼기 → 말아 싸기 → 건조 및 훈연 → 가열(삶기) → 냉각
㉯ 정형 → 피 빼기 → 염지(간 먹이기) → 소금 빼기 → 말아 싸기 → 건조 및 훈연 → 가열(삶기) → 냉각
㉰ 가열(삶기) → 냉각 → 정형 → 피 빼기 → 염지(간 먹이기) → 소금 빼기 → 말아 싸기 → 건조 및 훈연
㉱ 정형 → 소금 빼기 → 말아 싸기 → 건조 및 훈연 → 가열(삶기) → 피 빼기 → 염지(간 먹이기) → 냉각

35 다음 중 돼지의 등심부위살로 만든 햄은?

㉮ 뼈 햄
㉯ 로인 햄
㉰ 피크닉 햄
㉱ 락스 햄

정답 및 해설

■ 훈연의 목적 : 보존성 부여, 육색 향상, 외관과 풍미 개선, 산화 방지
정답 ㉰

■ 침엽수는 수지가 있어 훈연재로 좋지 않다.
정답 ㉰

■ 원료육 → 정형 → 피 빼기 → 염지(간 먹이기) → 소금 빼기 → 말아 싸기 → 건조 및 훈연 → 가열(삶기) → 냉각 → 포장 → (로인 햄)
정답 ㉯

■ 뼈 햄(regular ham 넓적다리), 뼈 뺀 햄(bonelees ham, 넓적다리), loin ham(등심), shoulder ham(어깨부위), picnic ham(목등심, 어깨 등심), lachs ham(등심, 어깨 넓적다리)
정답 ㉯

정답 및 해설

36 돼지 복부육(삼겹살) 부위를 염지한 후 훈연하거나 열처리한 제품은?

㉮ 햄
㉯ 소시지
㉰ 베이컨
㉱ 순대

■ 등심육 또는 복부육이 붙어 있는 것은 로인 베이컨, 어깨 부위육은 숄더 베이컨

정답 ㉰

37 포크 소시지의 제조 공정으로 옳은 것은?

㉮ 세절 → 만육(고기 갈기) → 혼화 → 충전 → 건조 및 훈연 → 가열 → 냉각
㉯ 만육(고기 갈기) → 혼화 → 세절 → 충전 → 건조 및 훈연 → 가열 → 냉각
㉰ 세절 → 만육(고기 갈기) → 충전 → 혼화 → 건조 및 훈연 → 냉각 → 가열
㉱ 세절 → 만육(고기 갈기) → 건조 및 훈연 → 가열 → 냉각 → 혼화 → 충전

■ (원료육) → 세절 → 만육(고기 갈기) → 혼화 → 충전 → 건조 및 훈연 → 가열 → 냉각 → 포장 → (포크 소시지)

정답 ㉮

38 난황의 유화력을 이용한 대표적인 가공품은?

㉮ 피단
㉯ 소시지
㉰ 마요네즈
㉱ 요구르트

■ 마요네즈는 난황의 유화력을 이용한 대표적인 가공품이다.

정답 ㉰

39 달걀에 가장 많이 들어 있는 성분은?

㉮ 단백질
㉯ 지방
㉰ 탄수화물
㉱ 무기물

■ 내용물의 50%가 단백질, 43%가 지질이다.

정답 ㉮

40 알의 등급판정에 해당하지 않는 것은?

㉮ 시식 판정
㉯ 외관 판정
㉰ 투광 판정
㉱ 할란 판정

41 분유 제조 시 탈기 후 밀봉을 할 때 산패 방지를 위해 충전하는 가스는?

㉮ 산소
㉯ 질소
㉰ 탄산가스
㉱ 수소

정답 및 해설

■ 외관, 투광 및 할란 판정을 거쳐 1^+, 1, 2, 3등급으로 구분한다.

정답 ㉮

■ 질소가스를 충전하여 산패를 방지한다.

정답 ㉯

제12장

축산경영과 유통

01 축산경영의 의의와 특징

1. 축산경영의 의의와 목표

▮ 축산경영의 요소
축산경영의 3요소
: 토지, 노동력, 자본
축산경영의 4요소
: 토지, 노동력, 자본, 경영기술

(1) 축산경영의 의의

① 축산경영은 경영자가 일정한 목적을 가지고 토지, 자본, 노동을 이용하여 가축을 사육하고 사료작물을 재배하여 생산된 축산물을 가공, 이용, 판매 및 처분하는 조직적이며 합리적인 경영 활동을 말한다.

② 경영자가 적정 목표를 달성하기 위해 경영요소를 효율적으로 결합하고 배분하는 합리적인 경영 활동이다.

(2) 축산경영의 목표

① 부업경영 : 일반농업이 주업이고, 축산은 부업으로 농가 소득의 보충이 목표

② 전업경영 : 축산만 주업으로 하는 경영으로 소득의 최대화가 목표

③ 기업경영 : 대규모, 전문경영인이 고용 노동에 의한 경영, 순수익(이윤)의 최대화가 목표

2. 축산경영의 특징

(1) 일반적 특성

① 2차 생산의 성격 : 1차 사료작물 생산, 2차 축산물 생산

② 간접적 토지 관계 : 낙농 부분을 제외하고 토지는 간접적이다.

③ 물량감소와 가치 증대 성격: 물량(곡물)은 감소하고 가치(축산물)는 증진된다.

④ 생산물 저장 증진 : 부패하기 쉬운 사료자원(고구마, 생풀 등)을 동물체에 저장

⑤ 기타 : 경영규모의 영세성, 가족 노작적 경영, 경영과 가계의 미분리, 미상품화

(2) 경제적 특징

① 고도의 경영기술 필요 : 타 농업 분야보다 전문화된 기술이 필요하다.

② 토지의 이용 증진 : 청예작물 재배 및 임야지의 이용률을 높인다.

③ 노동력 이용 증진 : 유휴 노동력을 연중 균등하게 효과적으로 이용

④ 농산물의 이용 및 생산 증진 : 농업 부산물 이용, 구비를 경종에 이용

⑤ 경종 농업과 보완 관계 : 유휴 노동력 이용, 유휴 기계 이용

⑥ 자금회전의 원활화 : 우유와 계란은 매일 생산되므로 연중 자금이 회수된다.

⑦ 농업의 안정화 : 자연재해의 피해가 적고, 사육 시기 조절로 가격의 안정성이 높다.

02 축산경영의 형태

1. 경영 목적에 따른 형태

▮ 축산경영 규모의 척도
① 토지 규모
② 노동 규모
③ 자본 규모
※ 우리나라는 가축 사육두수에 의해 경영규모를 표시한다.

(1) 부업 축산경영

① 경종 농업이 주이며 소득 중 50% 이내를 축산에서 얻는다.
② 축산물의 자가 소비, 농가소득 보충, 유휴 노동력 및 농산 부산물을 이용하기 위한 축산
③ 기술 및 생산력이 떨어지고 시장 경쟁력이 약하다.

(2) 겸업 축산경영

① 농가 소득의 절반 정도를 축산에서 얻는다.
② 축산의 위치가 부업 축산보다 더 높은 비중을 차지한다.

(3) 전업 축산경영

① 전업 축산은 축산만 전문적으로 경영하기 때문에 사육 규모가 크다.
② 선진 기술의 도입이 용이하고 기계화, 자동화 시설로 생산비를 절감할 수 있다.
③ 생산물 판매 및 사료 등 생산자재의 대량거래로 가격경쟁력을 갖는다.
④ 단점으로는 다두사육으로 질병의 발생률이 높고, 분뇨 처리에 추가부담이 요구되며, 축산물 가격 파동과 자연재해에 대한 위험성이 크다.

(4) 기업 축산경영

① 사육규모가 대단히 크고 많은 자본과 시설이 투자되고 전문 경영인이 고용 노동 위주로 경영
② 축산물 수요 증가에 효율적으로 대응할 수 있으며 기계화 · 자동화 시설로 생산성이 증대
③ 단위당 비용 절감으로 시장 경쟁력이 향상되는 이점이 있다
④ 축산분뇨의 공해 문제, 다두화에 따른 방역 및 질병 발생 시 큰 피해가 발생한다.
⑤ 경영의 목적은 이윤의 최대화에 있다.

2. 가축별 경영 형태

(1) 낙농경영

① 경영입지 조건에 의한 분류

㉠ 도시 근교형 낙농 : 착유가 주목적, 토지가 적어 구입사료에 의존하고 집약도가 높다.

㉡ 도시 원교형 낙농 : 지가가 저렴한 농 · 산촌에서 방목 위주의 조방적 경영을 한다.

② 사료 생산 기반에 의한 분류

– 초지형 낙농, 답지형 낙농, 전지형 낙농이 있다.

③ 사육 목적에 의한 분류

– 종축형 낙농, 착유형 낙농, 육성우 낙농이 있다.

(2) 육우 경영

① 비육우 경영 : 젖소 및 한우 밑소를 구입하여 보통 450~500㎏에 판매한다.

② 번식우 경영 : 암소를 사육하여 송아지를 생산하여 판매한다.

(3) 양돈 경영

① 종돈 경영 : 우수한 원종돈, 종돈을 사육하여 모돈 판매를 목적으로 한다.

② 번식돈 경영 : 비육돈 생산을 위한 모돈을 육성 번식하여 판매하는 형태이다.

③ 비육돈 경영 : 자돈을 구입하여 비육시켜 110~120㎏에 판매한다.

④ 일관 경영 : 모돈을 사육하여 자돈을 자체 생산하고 비육시켜 판매한다.

(4) 양계 경영

① 육계 경영 : 병아리를 1~2개월 사육, 자금회전이 빠르나 가격변동으로 위험 부담이 있다.

② 산란 경영 : 계란 생산 목적으로 비교적 안정적이다.

③ 종계 경영 : 종란 판매나 종란을 부화하여 병아리를 판매한다.

03 축산경영의 요소

1. 토지

(1) 자연적 특성(기술적 특성, Goltz)

① 부양력(배양력)

㉠ 식물의 생장, 번식에 필요한 영양분을 공급하는 토지의 성능

㉡ 토지의 자연적 위치 또는 비옥도와 밀접한 관계가 있다.

② 가경력

㉠ 식물의 뿌리 지탱, 엽경부 지지, 뿌리에 흡수작용을 하는 물리적 성능

㉡ 토양의 수분, 공기, 온도 등 토지의 상태에 따라 영향을 준다.

③ 적재력

㉠ 가축 사육장, 식물 재배 포장, 축사 시설 등의 장소 제공 기능

㉡ 노동대상의 역할을 한다.

(2) 경제적 특성

① 불가동성(비이동성) : 원형 그대로 이동할 수 없다.

② 불소모성(불가괴성) : 소모되지 않는다. 항구성, 영구적 이용

③ 불가증성(불확장성) : 토지는 불변, 증가나 확장할 수 없다.

▮ 토지의 확대

토지의 내연적 확대 : 심경, 다비, 윤작 등 집약적 이용

토지의 외연적 확대 : 개간, 간척 등에 의한 경작 면적 확대

(3) 토지의 이용

① 초지(grass land) : 방목지(pasture)와 채초지(meadow)

② 경지 : 논(벼 재배, 볏짚 이용), 밭(곡류나 사료작물 재배), 과수원(과일 재배)

③ 임지 : 농용림, 임산물 채집림, 개간 초지

2. 자본재

(1) 농업 자본재의 특징

① 농업경영의 목적을 효과적으로 달성하기 위한 노동의 보조 수단

② 자본재 : 화폐가 아닌 물적 재화의 형태(가축, 사료, 농기계, 축사 등)

③ 자본 : 자본재를 화폐로 환산하여 평가(자본재의 화폐 가치액)

④ 자산 : 농가의 재산이란 개념

⑤ 농업자본은 가계와 경영을 구분하기 어렵다.

⑥ 고정자본 비율이 낮고 1인당 자본액이 낮다.

(2) 농업 자본재의 분류

① 고정자본재

㉠ 노동 수단으로서의 고정 자본 : 대농기계, 건물

㉡ 토지 생산성을 위한 고정자본 : 토지 및 토지 개선 시설, 관배수 시설

㉢ 자체가 자본인 생물 : 대가축(번식우, 젖소, 산란계, 종돈), 대식물(초지, 과수)

② 유동자본재

㉠ 소동물, 재고 농산물(달걀, 우유 등), 재고생산 자재(사료, 비료, 농약 등)

㉡ 한 번 사용으로 원형이 없어지고 가치가 생산물에 이전되는 것

㉢ 현물 : 원재료로서 구입한 것과 자급한 사료, 생산된 축산물을 말한다.

㉣ 장래 축산경영에 이용하거나 생산물을 판매하거나 가계용으로 사용하는 것

③ 유통자본금 : 현금, 수표, 예 · 적금, 어음, 수표

㉠ 단기 영농자금 : 2년 미만의 자금(사료구입비, 농약, 비료, 약품 구입비 등)

㉡ 중기 영농자금 : 2년~8년 영농자금(농기계, 축산시설, 장비 구입비 등)

㉢ 장기 영농자금 : 8년 이상 영농자금(토지 및 기반 투자, 건물 신축 자금)

- 고정자본재
  - 무생고정자본재
    - 건물 : 축사, 창고, 사일로
    - 대농기구 : 경운기, 트랙터, 착유기 등
    - 토지 개량 : 관, 배수 시설, 진입로, 구획 정리
  - 유생고정자본재
    - 대동물 : 착유우, 번식우, 종돈, 종계, 산란계
    - 대식물 : 초지, 과수
- 유동자본재
  - 유동자본재
    - 소동물 : 비육우, 비육돈, 육계
    - 원자재 : 사료, 종자, 농약, 비료, 약품, 깔짚 등
  - 유통자본금
    - 현금, 예·적금, 어음, 수표, 채권 등

(3) 자본재의 평가 방법

① 취득 원가법 : 구입가격 + 구입 시 소용된 제비용을 합산한 금액

② 시가 평가법 : 평가 시점의 시장 가격으로 평가

③ 추정가 평가법 : 현존하지 않거나 고귀한 물건은 유사한 재화의 가격으로 평가

④ 수익가 평가법 : 매년 얻는 수익금을 기초로 평가

(4) 감가상각의 종류

감가상각비란 고정 자산의 가치 하락(가격 감소)을 보상하기 위한 비용이다.

① 정액법

㉠ 정액법은 내용 연수에 관계없이 매년 균등하게 감가상각한다.

㉡ 감가상각비 = (구입가격−잔존가격) / 내용연수

▮ 단, 육성 중인 유우는 감가상각하지 않음

※ 젖소는 초임 만삭우(초임 분만 전) 가격이 가장 높다.

$$\text{젖소} = \frac{\text{초산우 평균거래가격} - \text{잔존가격}}{\text{전내용연수(全耐用年數)}} \text{ 또는 } \frac{\text{현재 평가액} - \text{잔존가격}}{\text{잔여내용연수}}$$

$$\text{번식우(역우)} = \frac{\text{현재 평가액} - \text{잔존가격}}{\text{잔여내용연수}}$$

$$\text{우유 1kg당 유우 상각비} = \frac{\text{유우의 당초가격} - \text{폐우가격}}{\text{내용연수}} \div \text{년간 생산유량}$$

② 급수법

㉠ 취득원가에서 잔존가치를 뺀 금액을 해당 자산의 내용연수의 합계로 나눈 후 남은 내용연수로 곱하여 감가상각비를 산출하는 방식, 기간이 지날수록 감가상각비가 감소하는 것이 특징이다.

㉡ 급수법 감가상각비 = (취득가액 − 잔존가치) × (잔존 내용연수 / 1+2+3+ .... +내용연수)

▮ 농기계의 감가 원인
물리적 감가(소모)
기능적 감가(구식, 성능 저하)
우발적 감가(화재, 수해 등)

③ 정률법

㉠ 감가상각을 하고 남은 금액(장부가액)에 정률을 곱하여 계산한다.

㉡ 장부가액 = 취득원가 − 감가상각누계액

㉢ 정율법 감가상각비 = 장부가액 × 정율

> 예 취득원가 : 1,000,000, 내용연수 : 5년, 잔존가액 : 360,000,
> 정률 : 연 20% 일때
> 1차년도 = 1,000,000 × 0.2 = 200,000
> 2차년도 = (1,000,000 − 200,000) × 0.2 = 800,000 × 0.2 = 160,000
> 3차년도 = (800,000 − 160,000) × 0.2 = 128,000
> ※ 정율법은 타당성 있는 방법으로 매년 감가상각비가 줄어든다.

3. 노동력

(1) 축산 노동의 특성

① 계절성 : 사료작물 재배, 사일리지 제조 시를 제외하면 경종 노동보다 덜하다.

② 다양성 : 경종 노동보다 종류가 많고 분업화가 곤란하다.

③ 이동성 : 대부분 제한된 축사 내에서 이루어지므로 경종 농업보다 이동성이 적다.

④ 감독 곤란성 : 노동 장소의 공간적 확대로 노동 감독이 곤란하다.

⑤ 중노동성 : 타 산업의 노동에 비해 육체적 중노동이다.

⑥ 수확 체감성 : 처음에는 노동 강도가 높지만 피로로 인해 갈수록 능률이 저하된다.

(2) 농업 노동의 종류와 구성

▮ 가족 노동력의 특징
– 전 가족이 최선의 노력을 다한다.
– 노동 감독이 필요 없고 창의적이다.
– 노동 생산성이 극대화된다.
– 노동 시간의 제한이 없다.

▮ 1인 사양관리 규모
자동화 기계화 시설에 따라 다르나 일반적으로 다음과 같다.
젖소 7두, 역우 15두
육우 30두, 면양 50두
산양 20두, 돼지 30두
토끼 70두, 닭 1,000수

▮ 축산 노동력의 효율화
노동 수단의 고도화
작업방법의 표준화
노동력 분배의 평균화
노동수단의 기계화

① 노동 투하량 : 가족경영 형태는 정신적 노동과 육체적 노동의 혼합된 형태

② 자가 노동 : 경영주 및 그 가족원이 제공하는 노동력을 말한다.

③ 고용 노동

㉠ 연고 : 1년 이상 고용 목부, 사택, 생활비 지급 또는 무료 숙식

㉡ 계절고(임시고) : 사료작물 파종이나 사일리지 제조 시 1~2개월 고용

㉢ 일고 : 파종, 수확, 제초 작업 등 1일 단위 고용

㉣ 품앗이 : 교환노동을 말하며 친척간, 이웃간에 상부상조적인 협동적 노동 관행

㉤ 청부노동 : 일정한 작업량에 대하여 청부를 주고 대가 지불

(3) 축산 노동력의 효율화

① 경제적인 기계화 : 노동력 절감, 작업의 신속화, 중노동성 감소

② 노동 조직의 체계화 : 작업의 간소화, 분업화, 협업화, 적절한 관리인 배치

③ 노동 체계의 환경 조성 : 시설의 합리적 설계, 농로, 경지, 구획정리, 배수시설

4. 경영 능력(기술)

▮ 경영자 능력의 3요소
판단력, 결단력, 실행력

(1) 축산경영자의 정신적 능력

① 목표의식과 신념 : 명확한 목표의식과 투철하고 강인한 신념을 소유

② 창조력 : 새로운 아이디어 창출

③ 조직적인 계획과 결단력 : 계획과 실천, 신속한 결단력 요구

④ 기타, 잠재의식, 명석한 두뇌, 사랑과 인격의 소유

(2) 축산경영자의 주요 기능

① 목표 설정 : 첫 번째 기능

② 계획 수립 : 구체적, 합리적 계획

③ 경제 관리 : 생산요소의 조달, 조직체계 운영, 생산물 판매 등 실천
④ 통제 감독 : 인적 물적 조직의 통제 감독
⑤ 경영 분석 : 진단하고 성과 분석

(3) 축산경영자의 주요 활동

① 경영 기술적인 활동 : 생산 축산물의 결정, 생산요소의 선택, 조합, 기술 수준
② 상업적인 활동 : 생산요소의 구매 조달, 판매, 시장 정보 분석
③ 재정적인 활동 : 자본 조달, 이용방법, 장래 소요량 추정
④ 회계적인 활동 : 수입 지출의 장부 정리, 경영성과 분석

(4) 축산경영자의 의사결정 과정

① 문제를 정확히 파악한다.
② 사실, 정보를 수집한다.
③ 문제해결 방법을 분석한다.
④ 가장 최선적인 방법을 선택한다.
⑤ 실행한다.
⑥ 결과분석, 결과에 대한 책임을 진다.

※ 축산경영 요소의 특징
① 농지 : 농업은 어느 산업보다 토지에 많은 영향을 받는 산업
② 농업노동 : 타 산업의 노동과 농업 노동은 질적으로 차이
③ 농업자본 : 위험과 불확실성이 높아 자본투자 수익률이 낮으며 자본 투입이 제한
④ 기술 : 농업경영 요소를 효율적으로 결합하여 생산성 향상
⑤ 정보 : 기술에 관한 지식과 그 운용 방법 등을 총칭

04 생산비와 수익성

1. 경영비

일반적으로 조수입을 얻기 위하여 투입된 직접비용 즉, 실제로 지불된 비용을 말하며 다음과 같이 구성된다.

(1) 물재비

① 가축비 : 가축 구입비(부대비용 포함)

㉠ 육성비육우 및 큰소 비육우 = 육성우 구입가격 + 구입 제비용

㉡ 자가 생산가축 = 그 지방의 거래금액(시장가격) 또는 가축 생산비

② 농후사료비 : 구입비(부대비용 포함), 시가 평가 혹은 비용가

③ 조사료비 : 볏짚, 건초 등 구입비(제비용 포함), 자급사료는 비용가

④ 진료 위생비 : 수의사 진료비, 의약비, 소독 약품 구입비 등

⑤ 수도, 광열, 동력비 : 전기료, 수도료, 연료비, 동력비

⑥ 소농구비 : 삽, 괭이, 낫, 포크 등

⑦ 제재료비 : 비닐, 방충망, 깔짚, 포장 재료, 못, 청소 용구, 전구 등

⑧ 감가상각비 : 고정자산이 시간이 경과됨에 따라 가치가 하락(감가)하므로 비용으로 처리(상각)하는 것이다.

⑨ 수리비 : 건물, 시설, 농기구의 유지, 수리, 자가 수리는 재료비 및 노동력비

⑩ 종부료 : 수정료, 자가수정 시 정액구입비와 노력비(그 지방 수정료)

⑪ 임차료, 차입금 이자 : 토지, 농기구, 시설, 축사 등 임차료, 차입금 이자

(2) 고용 노력비

① 축산물 생산에 투입된 노동에 대한 비용으로 연고, 계절고, 일고의 임금(현물 지급 포함)

② 이때 지불된 식사, 술, 담배, 간식비도 포함한다.

※ 경영비 = 물재비(차입 자본 이자, 차입 토지 임차료 포함) + 고용 노력비

2. 생산비

① 가축 1단위를 생산하기 위해 투입된 화폐비용으로 명시적 비용(생산비)과 암묵적 비용(기회비용)을 포함한다.

② 지출 비용의 구성요소를 세분화하여 어떤 종류의 재화가 축산물을 생산하는 데 얼마만큼, 어떻게 투입되었는가를 분석하여 원가 계산을 하기 위함이다.

(1) 자가 노력비

① 자가 노임은 경영주와 그 가족의 노동력에 대한 노임 평가액

② 실제 지불되지는 않더라도 지역 고용 노임에 준한 평가액이다.

▮ 자가 노력비
노동투입시간 × 그 지역의 연평균 임금

(2) 자기자본 용역비

① 고정자본 용역비와 유동자본 용역비로 구분, 실제로 축산에 투입했기 때문에 비용으로 간주

② 지불되지 않더라도 시중 은행의 예금 이자 정도를 계산한다.

③ 유동자본 용역비의 이율은 법정이율을 적용하고 투자기간은 사육기간을 기준으로 산정하나 제비용이 생산기간 중 일시에 투하되지 않고 전 기간에 걸쳐 투자되므로 사육기간의 1/2을 계상한다.

▮ 고정자본 용역비
건물, 대농기구, 시설, 대동물 투자액에 대한 이자

▮ 유동자본 이자
(경영비 − 건물, 대농기구, 가축상각비) / 2 × 연이율

(3) 자기토지 용역비

① 인근 유사한 토지의 임차료 또는 토지 평가액×연간 이자율(보통 5%)로 계산

② 임차지대는 실제 지불한 현금 및 현물 평가액으로 계산한다.

▮ 생산비
경영비 + (자가노동비, 자기자본이자, 자기토지용역비)

▮ 단위당 생산비
(전체 생산비 − 부산물 평가액) / 생산량

(4) 생산비와 경영비의 구성

생산비와 경영비의 구성 항목은 다음과 같다.

<table>
<tr><th colspan="5">비 목</th><th>비 목 해 설</th></tr>
<tr><td colspan="3" rowspan="2">조수입</td><td colspan="2">주산물 평가액</td><td>주산물의 판매금 또는 평가액</td></tr>
<tr><td colspan="2">부산물 평가액</td><td>부산물의 판매금 또는 평가액</td></tr>
<tr><td colspan="5">조수입 합계</td><td></td></tr>
<tr><td rowspan="20">생산비</td><td rowspan="16">경영비</td><td rowspan="13">중간재비</td><td colspan="2">가축비</td><td>가축 구입비(부대비용 포함) 또는 자가 평가액</td></tr>
<tr><td rowspan="2">사료비</td><td>농후사료</td><td>배합 사료값 + 구입비용, 자가 생산사료 평가액</td></tr>
<tr><td>조사료</td><td>구입 조사료 : 볏짚, 건초, 목초, 알팔파, 큐브 등
자급 조사료 : 자가 생산 때 투입된 비료값, 종자비, 노임</td></tr>
<tr><td colspan="2">수도 · 광열비</td><td>수도료, 전기료, 난방용 연료비(연탄, 유류 등)</td></tr>
<tr><td colspan="2">방역 · 치료비</td><td>치료 및 소독 약품대, 진료비</td></tr>
<tr><td colspan="2">수 선 비</td><td>축사, 창고, 대농기구 등의 수선비 또는 자급 재료비</td></tr>
<tr><td colspan="2">소농기구비</td><td>삽, 팽이 등의 소농기구 구입비용</td></tr>
<tr><td colspan="2">제 재 료 비</td><td>비닐, 깔짚, 방충망, 수도꼭지 등의 재료비</td></tr>
<tr><td colspan="2">기 타 잡 비</td><td>경영과 관련된 각종 회비, 전화료, 잡지 구독료</td></tr>
<tr><td colspan="2">종 부 료</td><td>번식가축의 인공수정료, 자가수정 시 그 지방 종부료</td></tr>
<tr><td rowspan="3">상각비</td><td>건 물</td><td>축사, 농기구사, 창고, 목부사 등에 대한 감가상각비</td></tr>
<tr><td>대농기구</td><td>트랙터, 경운기, 커터 등 대농기구에 대한 감가상각비</td></tr>
<tr><td>가 축</td><td>번식우, 착유우, 기타 종축의 감가상각비</td></tr>
<tr><td colspan="3">고 용 노 임</td><td>상용 고용인, 일용인에 지급한 현금 또는 현물 평가액</td></tr>
<tr><td colspan="3">차입금 이자</td><td>실제 지불한 차입금 이자(대출금, 사채 등)</td></tr>
<tr><td colspan="3">소 계</td><td>경영비(상기 비목의 합계)</td></tr>
<tr><td colspan="4">자가 노임</td><td>자가노동력에 대한 평가액(평균 상용 고용 노임 기준)</td></tr>
<tr><td colspan="4">고정자본 용역비(이자)</td><td>가축(번식우), 대농기구, 건물, 자본 등의 투자액 또는 평가액에 대한 이자</td></tr>
<tr><td colspan="4">유동 자본 용역비(이자)</td><td>유동 자본액에 대한 이자</td></tr>
<tr><td colspan="4">토지 자본 용역비(이자)</td><td>토지 자본액에 대한 이자 또는 그 지방의 임차료(지대)</td></tr>
<tr><td colspan="5">생산비(비용) 합 계</td><td>생산비(경영비 + 자가 노임 + 자본 용역비)</td></tr>
</table>

05 축산소득과 순수익

1. 축산 소득

(1) 조수입

① 일정기간 동안 축산경영을 통해 얻은 모든 축산물 가액이다.

② 축산 조수입은 주산물과 부산물의 평가액을 합한 것이다.

▮ 축산 조수입
주산물 가액 + 부산물 평가액

구분	축산 주수입	축산 부수입
낙농	우유 판매금	송아지 판매금, 퇴·구비 판매금, 기타
한·육우 경영	육우 판매금	송아지 판매금
산란계 경영	달걀 판매금	폐계 판매금, 계분 판매금
양돈 경영	비육돈 판매금	자돈 판매금, 돈분 판매금
※ 가축증식액 = 연말 평가액 – 연초 평가액		

(2) 축산 소득

① 가족 경영 : 가족 노동 보수

② 전업화, 기업화 경영 : 투하 자본에 대한 순수익으로 평가한다.

㉠ 축산 소득 = 축산 조수입 – 축산경영비

㉡ 농가 소득 = 축산소득 + 농외소득

㉢ 농가경제 잉여 = 농가소득 – (조세공과 + 가계비)

(3) 축산 소득률

① 소득률은 조수입에서 소득으로 발생되는 비율로 소득률이 높을수록 바람직하다.

② 축산 소득률 = 축산 소득 / 조수입 × 100

2. 축산 순수익

(1) 순수익과 순수익율

① 축산 순수익 : 조수입-생산비, 즉 생산에 투입된 모든 비용을 뺀 것

② 생산물 단위당 순수익 : 생산물 단위당 가격 - 생산물 단위당 생산비(총비용)를 뺀 것

㉠ 축산 순수익(이윤) = 축산 조수입 - 생산비(총비용)

㉡ 단위당 순수익 = 축산물 단위당 가격 - 축산물 단위당 비용

㉢ 순수익률 = 순수익 / 조수익 × 100

③ 축산 순수익율 : 조수익에 대한 순수익의 비율, 기업 경영은 순수익율이 높을수록 유리하다.

(2) 가족노동과 경영주 보수

① 가족 노동력에 대한 평가는 고용노동과 같이 평가하고 가족노동의 효율을 1시간당 또는 1일당(8시간 기준)으로 산출하여 평가한다. 해당 지역의 평균 임금 수준 이상이면 양호하다.

② 경영주 보수는 실제 투입한 육체적 노동과 각종 의사 결정을 하는 정신적 노동을 합한 것이다. 경영주 보수는 타 업종의 경영주 능력과 비교하는 척도이다.

㉠ 가족노동 보수 = 소득 - (토지자본 용역비 + 자기자본 이자)

㉡ 경영주 보수 = 조수입 - (경영비 + 자기자본용역비 + 자기토지용역비 + 경영주를 제외한 가족노력비)

(3) 자본 회전율과 자본 이익률

① 자본 회전율은 투하 자본에 대한 매출액(조수입)의 비율을 나타내며 짧을수록 높다.

② 자본 이익률은 경영에서 수익성 판정의 최고 지표로 일반 금리 수준보다는 높아야 한다. 따라서 매출액 이익률을 높이든지 자본 회전율을 높여야 한다.

㉠ 자본 회전율(%) = (매출액 / 총자본액) × 100

㉡ 자본 이익률 = 순이익 / 자본

㉢ 매출액 이익률 = (순이익 / 매출액) ×100

06 경영 진단

1. 경영 진단의 필요성과 순서

(1) 경영 진단의 필요성

① 경영을 계획하고 실천한 후 이를 분석하여 잘못된 점을 개선하기 위함

② 향후의 경영 개선 대책을 수립할 수 있는 자료를 제시

③ 경영실태가 기록되고 분석된 것을 진단 지표에 의해 검토하여 규명

④ 경영의 안정과 농가소득 증대에 기여

(2) 경영 진단의 순서

① 1단계 : 경영 실태 파악 및 분석

㉠ 장부에 기록된 진단에 필요한 조사항목을 계수적으로 정리

㉡ 조사항목(진단지표)을 합리적으로 선택하고 체계화

② 2단계 : 문제의 발견 및 판단

㉠ 구체적으로 파악된 수치에 대해서 좋고 나쁨, 문제점을 판단

㉡ 시험기관의 표준치, 모범농가의 평균치, 자기 농장의 목표치와 비교

③ 3단계 : 문제의 요인 분석

㉠ 2단계의 문제점 요인이 무엇이고 어디에 있는지 구체적으로 분석

㉡ 정확한 요인분석을 위해서는 충분한 기술과 경영 지식, 경험을 가져야 한다.

㉢ 경영현상이나 기술현상에 대한 조사 자료가 사전에 충분히 준비되어야 한다.

④ 4단계 : 대책 및 처방

㉠ 개선 대책을 검토하여 경영조직을 조정하고 새로운 계획을 수립

㉡ 농가 경제여건과 농가경영 개선목표 등을 고려한 후 결정한다.

2. 경영 진단의 종류와 방법

(1) 경영 진단의 종류

① 경영 진단은 향후 경영 개선대책을 수립할 수 있도록 판단 자료를 제시하는 경영 활동

② 경영 진단 지표를 어디에 둘 것인가에 따라 외부 비교법과 내부 비교법이 있다.

- 진단의 종 류
  - 외부 비교법 (타인 비교)
    - 표준 비교법
      - 경영 실험 농가 또는 시험장 성적 비교
      - 지대별 경영 모형과 비교
    - 직접 비교법
      - 부기 집단 기장 결과와 비교
      - 지역 경영 조사 결과와 비교
  - 내부 비교법 (자기 비교)
    - 시계열 비교법
    - 계획 대 실적 비교법
    - 부문간 비교법

경영 진단의 종류

(2) 경영 진단 방법

① 표준 비교법

㉠ 표준 비교법은 일반적으로 많이 이용하고 있는 방법

㉡ 어떤 지역에서 가장 합리적인 표준 모델 농장 또는 시험장 성적과 비교하는 방법

㉢ 모델 농장의 경영요소, 경영조직, 경영성과 등 표준 모형을 설정하기가 쉽지 않다.

㉣ 표준적 지표의 설정의 기본 조건을 충분히 이해하고 있어야 한다.

② 직접 비교법

㉠ 대상 농가의 경영조직과 같은 규모와 형태를 가진 우량농가와 직접 비교하는 방법

㉡ 분석지표를 기준으로 평균치를 사용하기 때문에 신뢰성이 있다.

㉢ 경영조건이 비슷한 경영끼리 비교하게 되는 장점이 있으나 기술적, 경영적 성과 자료를 가지고 있는 농장 선정이 어렵다.

③ 시계열 비교법 : 전년도와 금년의 성적을 비교하여 육성 성적, 번식 성적 등을 파악

④ 계획 대 실적 비교법 : 목표치와 실적치를 비교하여 평가하는 방법

⑤ 부문 간 비교법 : 복합 경영인 경우 상호 경영간 비교하는 방법

07 축산물 유통과 비용

1. 축산물 유통의 기능

축산물 유통은 양축가로부터 소비자까지의 축산물의 흐름을 유도하는 활동으로 다른 농산물과 달리 신선도 유지를 위한 위생적 취급이 필요하다. 특수한 저장 · 운송 시설이 요구되고 운영비가 많이 든다.

(1) 물리적 기능

▮ 물리적 기능
시간적(저장), 장소적(운송), 형태적(가공) 효용의 창출 기능

① 운송 기능

㉠ 축산물의 생산지에서 가공지 및 소비지로 운송하여 장소적 효용을 창출

㉡ 특수한 운반 시설이 필요하다.

㉢ 도로 조건, 운송 거리, 취급 규모, 운송 비용, 상인의 전통적인 수송 관행 등에 따라 달라진다.

② 저장 기능

㉠ 축산물의 공급은 자연적 조건에 의해 계절적인 제약을 받는다.

㉡ 수요는 연간 균등하고 생산은 과잉과 부족으로 수급 불일치가 되어 저장이 필요하다.

㉢ 축산물은 부피가 크고 부패하기 쉬우므로 특별한 저장 시설이 필요하다.

㉣ 저장 시설과 저장 위치, 저장 기간을 적절히 하여 저장 비용을 최소화 해야 한다.

③ 가공 기능

㉠ 축산물은 부패되기 쉬우므로 통조림, 냉동, 건조 등의 가공이 필요

▮ 단순 가공
도축

㉡ 부피가 큰 것을 가공하면 운송에 간편, 소비자의 기호에 맞게 가공(형태적 효용 창출)

▮ 복합 가공
햄, 소시지, 통조림, 아이스크림, 버터, 분유 등

㉢ 축산물 공급의 평준화와 장기 저장, 새로운 수요의 창출 또는 시장 개척이 목적

▮ 교환 기능
판매와 구매 행위로 축산물의 소유권 이전 기능

(2) 교환 기능(경제적 유통)

① 구매(수집) : 축산물을 인도 받고 대금을 지불하는 과정

② 판매(분산) : 예상고객이 상품과 서비스를 구매하는 과정

㉠ 교환 장소는 산지시장(가축시장), 도매시장, 소비자 시장(정육점, 슈퍼마켓)으로 구분

㉡ 도매상은 수집시장과 분배시장의 중간에서 운송 및 저장기능 담당

㉢ 산지 시장 – 생축으로 거래, 도매시장 – 지육으로 거래, 소매시장 – 정육으로 거래

▮ 조성 기능
교환 기능과 물리적 기능을 효율적으로 수행하는 데 필요한 기능

▮ 축산물 등급제
쇠고기, 돼지고기, 닭고기, 계란, 말고기, 오리고기 등

▮ 포장유통 의무화
닭고기, 오리고기, 계란 등

▮ 쇠고기 품질 평가제
부분육 거래 활성화 및 유통의 지표 제공

※ 닭고기, 계란은 품질공정 평가제 도입

(3) 조성 기능(보조 기능)

① 표준화, 등급화 기능

㉠ 축산물의 가치 측정을 위한 규격을 제정하고 통일화하여 공정거래를 하는 기능

㉡ 등급표시제 : 쇠고기는 5개 부위가 의무표시, 돼지고기, 닭고기, 계란 등의 등급이 표시

㉢ 쇠고기, 돼지고기는 이력제를 실시, 모든 축산물은 원산지 표시제와 도축장 실명제 실시

② 시장정보 기능

㉠ 축산물의 유통 과정에 발생하는 각종 정보를 수집, 분석, 배분

㉡ 축산물 유통이 보다 효율적으로 이루어지도록 해 준다.

㉢ 정보는 축산물의 생산 및 유통에 대한 적절한 계획을 세우고 대응할 수 있도록 해 준다.

③ 유통합리화 기능

㉠ 도축장 구조조정 및 거점 도축장을 육성하고 직거래 활성화

㉡ 식육에 대한 냉장보관 온도관리 강화, 돈육선물 및 브랜드 육성, 축산물 즉석 가공 판매업 신설, 계란 GP센터 건립 확대 등이 있다.

▮ 농업 재해보험 제도
정부 50%, 지자체 26% 보조, 자가부담 24%
보험금액의 70~85% 보상

④ 유통금융과 농업 재해 보험

㉠ 상인들에게 신용대부를 실시하여 사업규모 확대에 기여

㉡ 저장 및 수송 과정에서 발생하는 물적 위험, 상거래에서 발생하는 손실을 부담해 주는 기능

㉢ 농업 재해보험, 자조회 등이 있다.

(4) 축산물 유통의 특수성

① 축산물의 생체인 가축은 성숙 전에도 상품적 가치가 있다 – 가축은 생산 중간단계에도 거래될 수 있다.

② 가축의 이동 시 생체의 감량이 발생하므로 중간 상인이나 구매자가 구매한다.

③ 생산농가가 영세하므로 수집상 등 중간 상인이 개입한다.

④ 가축시장의 경매가격, 도축시장의 육류 가격의 평가기준 설정이 어렵다.

⑤ 부패성이 강하여 냉장 운반, 보관비용이 소요되고 인력이 필요하다.

⑥ 생체로부터 가공까지 가공시설과 기술을 필요로 한다.

⑦ 가격변동에 대한 대응이 단시간에 이루어지기 어렵다.

⑧ 소득 수준향상에 따라 다른 농산물에 비하여 소비량이 계속 증가한다.

2. 축산물의 유통 경로

(1) 축산물 유통 기구와 경로

① 직접 유통 : 생산자 → 소비자형

② 간접 유통 : 양축가 → 지방 수집상 및 반출상 → 도매상 → 소매상 → 소비자

③ 계통출하 : 양축가 → 축협 도축장 경매 → 소매상 → 소비자

㉠ 일반 농산물보다 유통 단계가 많고 복잡하며, 유통점마다 관계하는 주체가 많고 영세하다.

㉡ 따라서 유통 비용을 증가시키는 요인으로 작용하고 있다.

▮ 축산물 유통기구
수집 기구 : 수집상, 반출상, 농업협동조합 등
중계기구: 농수산물 도매시장(중도매인)
분산 기구 : 도매상, 소매상

(2) 소와 쇠고기의 유통

① 소의 출하 형태

㉠ 농가가 우시장, 공판장에 직접 개별 출하

㉡ 농협을 통한 계통출하에 의한 경매방법이 있다.

② 출하방법은 임도축이 가장 많으나 점차 경매 방법이 증가하고 있다.

③ 쇠고기 유통은 짧게는 3단계, 길게는 8단계를 거쳐 유통

④ 양축가 → 우시장 → 거래상인 → 식육포장업체, 식육판매 업체, 육가공업체 → 도매시장, 공판장, 도축장 → 축산물 시장, 식육포장 업체 → 식육 판매업체 → 음식점, 급식소, 소비자 순으로 유통된다.

(3) 돼지와 돼지고기의 유통

① 돼지고기는 짧게는 3단계, 길게는 7단계를 거쳐 유통되고 있다.

② 도축장을 반드시 거쳐야 하는 구조로 되어 있다.

③ 양축가 → 수집 상인 → 식육판매업체 농협, 정육점 → 도매시장, 공판장, 도축장 → 축산물 시장, 식육포장 업체 → 식육 판매업체 → 음식점, 급식소, 소비자

(4) 닭고기의 유통

① 닭고기는 짧게는 3단계, 길게는 6단계를 거쳐 유통되고 도축장을 반드시 거쳐야 한다.

② 양축가 → 수집 상인 → 계열화 업체, 식육포장 업체 → 도계장 → 대리점, 포장 업체 → 식육 판매업체, 음식점, 급식소, 소비자

(5) 달걀의 유통

① 달걀은 짧게는 1단계, 길게는 5단계를 거쳐 유통되고 있다.

② 식용란 수집 판매 업체간 거래까지 포함할 경우 유통 경로는 더욱 복잡하다.

③ 양축가 → 집하장 → 수집업체, 판매업체 → 유통업체 → 판매업체, 음식점, 소비자

(6) 우유와 유제품의 유통

① 원유는 민간 유업체, 지역 축협과 낙농업협동조합에 의하여 집유

② 낙농가 → 집유 → 가공업체 → 대리점 → 제과점, 가정, 소매업체 → 소비자

3. 축산물 유통 비용과 마진

(1) 유통 비용

유통 비용은 생산자로부터 소비자에 이르기까지 발생하는 비용으로 매매, 운송, 보관, 유통업자의 이윤 등(유통 마진에서 상업이윤을 제외한 비용)을 말한다.

① 직접비 : 작업비, 운송비, 포장재비, 상 · 하차비, 수수료, 감모비 등

② 간접비 : 점포 유지관리비, 인건비, 제세공과금, 감가상각비

③ 이윤 : 유통업자 이윤, 임대료, 지대, 이자, 감가상각비, 기타 잡비

(2) 유통 마진(marketing margin)

① 유통 마진 : 최종 소비자 지불 가격 − 양축 농가의 수취가격(즉, 유통비용 + 중간 상인 이윤)

② 축산물은 부피가 크고 무거우며 부패, 변질이 쉬워 수송, 저장, 가공 등의 비용이 많이 들기 때문에 유통 마진이 다른 상품에 비해 높다.

③ 단계별 비용은 소매단계의 비용이 가장 높다.

④ 농협을 통한 계통 출하는 유통 단계가 줄어들어 농가 수취율이 높다.

(3) 유통 비용 절감 방안

① 산지 유통 시설 확충과 공동 출하

② 직거래 및 전자상거래 활성화

③ 도매시장 거래 방식의 다양화

④ 농산물 표준화, 등급 활성화 등

기출문제

정답 및 해설

01 구입사료를 중심으로 한 토지 이탈적 유형에 속하는 것으로 주로 도시근교에 집중되어 있는 낙농경영의 유형은?

㉮ 전업적 낙농경영
㉯ 복합적 낙농경영
㉰ 겸업적 낙농경영
㉱ 착유전업적 낙농경영

■ 도시 근교형 낙농은 착유를 주목적으로 하며, 토지가 적어 구입사료에 의존하고 집약도가 높다.

정답 ㉱

02 축산경영의 일반적 특징으로 볼 수 없는 것은?

㉮ 1차 생산의 성격
㉯ 간접적 토지 관계
㉰ 물량감소와 가치증대
㉱ 생산물의 저장 증진

■ 축산경영은 2차 생산의 성격이다. 1차는 사료작물 생산, 2차는 축산물 생산

정답 ㉮

03 다음에서 설명하는 경영 진단 방법은?

> 전년도와 금년의 성적을 비교하여 육성 성적, 번식 성적 등을 파악한다.

㉮ 표준 비교법
㉯ 시계열 비교법
㉰ 부문간 비교법
㉱ 직접 비교법

■ 시계열 비교법은 전년도와 금년의 성적을 비교하여 육성 성적, 번식 성적 등을 파악한다.

정답 ㉯

정답 및 해설

04 다음의 가축 중 고정자본재로 분류되어 감가상각의 대상이 되는 것은?

㉮ 착유우
㉯ 비육우
㉰ 육계
㉱ 비육돈

■ 1~2년 이상 지속적인 생산성이 있는 가축

정답 ㉮

05 다음 가축 중 유동자본재인 것은?

㉮ 젖소
㉯ 산란계
㉰ 종돈
㉱ 비육우

■ 비육우, 비육돈, 육계 등은 유동자본재이다.

정답 ㉱

06 축산물 유통의 교환 기능에 속하는 것은?

㉮ 운송 기능
㉯ 저장 기능
㉰ 가공 기능
㉱ 구매 기능

■ 교환 기능에는 구매(수집), 판매(분산)기능이 있다.

정답 ㉱

07 축산물 유통의 특수성이라고 볼 수 없는 것은?

㉮ 축산물의 생체인 가축은 성숙 전에도 상품적 가치가 있다.
㉯ 가축의 이동 시 생체의 감량이 발생하므로 중간 상인이 구매한다.
㉰ 생산농가가 영세하므로 수집상 등 중간 상인이 개입한다.
㉱ 가축시장의 경매가격, 육류 가격의 평가기준 설정이 명확하다.

■ 가축시장의 경매가격, 도축시장의 육류 가격 평가기준 설정이 어렵다.

정답 ㉱

08 유통 마진에 대한 설명으로 바른 것은?

㉮ 최종 소비자 지불가격 – 양축 농가의 수취가격
㉯ 매매, 운송, 보관, 유통업자의 이윤 등이다.
㉰ 유통 마진에서 상업이윤을 제외한 비용을 말한다.
㉱ 생산자로부터 소비자에 이르기까지 발생하는 비용이다.

09 축산물 유통에 있어서 유통 비용이란?

㉮ 축산물이 생산자에서 소비자에게 유통되는 과정에서 발생된 일체의 비용과 유통기관의 이윤을 포함한 것이다.
㉯ 축산물의 생산과 유통과정에서 발생된 모든 비용을 포함한 것이다.
㉰ 축산물의 가공 · 저장기능을 수행하는 데 소요된 비용만을 말한다.
㉱ 중간상인의 상업적 이윤을 말한다.

10 전업축산의 단점이 아닌 것은?

㉮ 질병의 발생률이 높다.
㉯ 생산물 가격 파동에 위험성이 있다.
㉰ 생산물 판매에 불리하다.
㉱ 자연재해에 위험성이 크다.

11 도시 근교형 낙농경영의 특징이라고 볼 수 없는 것은?

㉮ 착유를 주목적으로 한다.
㉯ 구입사료에 의존하므로 사료의 자급률이 낮다.
㉰ 경영의 집약도가 높다.
㉱ 방목위주의 조방적 경영이다.

정답 및 해설

■ 유통 마진
= 유통 비용 + 중간상인의 이윤

정답 ㉮

■ 유통 비용은 생산자로부터 소비자에 이르기까지 발생하는 비용으로 매매, 운송, 보관, 유통업자의 이윤 등(유통 마진에서 상업이윤을 제외한 비용)이다.

정답 ㉮

■ 전업축산은 분뇨의 처리에 추가적인 비용이 들고, 생산물 판매 및 사료 등 생산자재의 대량 거래로 가격 경쟁력을 갖는다.

정답 ㉰

■ 도시 근교형 낙농경영은 시유 생산 목적의 착유 경영 형태로 토지가 적고 구입사료에 의존하며, 집약도가 높다.

정답 ㉱

정답 및 해설

12 축산의 기업경영 목표는?

㉮ 경영비의 최소화
㉯ 순이익 최대화
㉰ 생산비의 최소화
㉱ 조수익 극대화

■ 기업경영 : 순수익(이윤) 최대화
전업경영 : 소득의 최대화

정답 ㉯

13 낙농경영에 있어 다두화의 장점이 아닌 것은?

㉮ 노동수단의 고도화
㉯ 시설의 근대화
㉰ 신용도 증가
㉱ 질병 발생의 최소화

■ 다두화는 질병 발생의 피해가 크다.

정답 ㉱

14 자돈을 구입하여 체중을 100~110㎏ 정도 사육하여 판매하는 경영형태를 무엇이라고 하는가?

㉮ 종돈 생산경영
㉯ 비육돈 경영
㉰ 번식돈 경영
㉱ 복합 양돈경영

■ 번식돈 경영은 비육돈 생산을 위한 모돈을 육성 번식하여 판매하는 형태이다.

정답 ㉯

15 다음 가축 중 투자 자본의 회수기간이 가장 짧은 것은?

㉮ 비육우
㉯ 돼지
㉰ 번식우
㉱ 육계(브로일러)

■ 육계는 1~2개월이면 자금회수가 가능하다.

정답 ㉱

정답 및 해설

16 농가소득의 대부분이 축산에 의해 얻어지는 경영형태는?

㉮ 전업축산
㉯ 부업축산
㉰ 기업축산
㉱ 겸업축산

■ 전업축산은 축산만 전문적으로 경영하기 때문에 사육 규모가 크다.

정답 ㉮

17 육계 경영의 장점이라고 할 수 있는 것은?

㉮ 육계 가격의 진폭이 심하다.
㉯ 자본회전율이 빠르다.
㉰ 사료 요구율이 높다.
㉱ 출하조정이 어렵다.

■ 육계 경영은 자금회전이 빠르나 가격변동으로 위험 부담이 있다.

정답 ㉯

18 경종농업에서 생산되는 부산물이나 사료작물을 가축에 급여하여 축산물을 생산한다는 축산경영상의 특징은?

㉮ 2차 생산적 성격
㉯ 토지와 간접적 관계
㉰ 농업의 안정화
㉱ 생활수단의 자급화

■ 1차는 사료작물을 생산하고, 2차는 축산물을 생산하는 2차 생산의 성격을 가지고 있다.

정답 ㉮

19 진단대상 농가와 비슷한 경영형태를 가진 그 지역의 우수농가 평균치와 비교하는 진단방법은?

㉮ 표준 비교법
㉯ 직접 비교법
㉰ 내부 비교법
㉱ 부문간 비교법

■ 직접 비교법은 분석지표를 기준으로 평균치를 사용하기 때문에 신뢰성이 있다.

정답 ㉯

정답 및 해설

20 전업적인 축산경영이 갖는 장점은?

㉮ 기계화, 자동화 시설로 생산비를 절감할 수 있다.
㉯ 노동배분의 평균화를 기할 수 있다.
㉰ 자금회전을 원활히 할 수 있다.
㉱ 경제적 위험을 분산시킬 수 있다.

■ 전업 축산경영의 단점으로는 다두사육으로 질병의 발생률이 높고 분뇨 처리에 추가부담이 요구, 축산물 가격 파동과 자연재해에 대한 위험성이 크다.

정답 ㉮

21 일반적으로 축산에서 규모의 척도로 사용되는 것은?

㉮ 토지면적
㉯ 사육마릿수
㉰ 자본금
㉱ 건물 크기

■ 축산경영 규모의 척도는 토지 규모, 노동 규모, 자본 규모가 있으나 우리나라는 가축 사육두수에 의해 경영규모를 표시한다.

정답 ㉯

22 양돈 경영형태를 사육목적에 따라 분류한 것으로 틀린 것은?

㉮ 종돈생산 경영
㉯ 번식돈 경영
㉰ 비육돈 경영
㉱ 전업적 경영

■ 부업, 겸업, 전업, 기업적 경영은 경영 목적에 따른 분류이다.

정답 ㉱

23 모돈을 사육하여 자돈을 자체 생산하고 비육시켜 판매하는 양돈경영 형태는?

㉮ 비육 경영
㉯ 번식 경영
㉰ 일관 경영
㉱ 단일 경영

■ 일관 경영은 모돈 사육→ 자돈 생산 → 비육돈 판매의 형태로 대부분 이러한 형태로 운영된다.

정답 ㉰

정답 및 해설

24 초임 만삭우의 구입가격이 300만원이고, 구입가격에 대한 잔존가격의 비율이 60%일 때 매년 감가상각비를 정액법을 채택하여 계산한 값은? (단, 사용년수는 6년으로 한다.)

㉮ 10만원
㉯ 20만원
㉰ 30만원
㉱ 40만원

■ (취득가 – 잔존가격) / 내용 연수
취득가 : 300만원
잔존가격 : 300만원×60%
= 180만원
감가상각비 = (300만원 – 180만원) / 6년 = 20만원

정답 ㉯

25 다음 유동부채에 해당하는 것은?

㉮ 장기차입금
㉯ 단기차입금
㉰ 출자금
㉱ 외상매출금

■ 대차대조표일로부터 1년 이내에 지급되리라 기대되는 부채로 단기부채라고 한다.

정답 ㉯

26 다음 낙농경영에 있어 고정자산에 해당하는 것은?

㉮ 사료비
㉯ 외상매출금
㉰ 착유우
㉱ 소농기구

■ 고정자산에는 토지, 건물, 대동물, 대식물 등이 있다.

정답 ㉰

27 다음 중 가족노동력의 장점에 관한 설명으로 가장 적절한 것은?

㉮ 감독을 필요로 한다.
㉯ 노동연령의 제한을 받는다.
㉰ 노동시간의 제한이 없다.
㉱ 노동에 취미와 창의적인 노동을 할 수 없다.

■ 가족 노동력의 특징은
㉰ 이외에
전 가족이 최선의 노력을 다한다.
노동 감독이 필요 없고 창의적이다.
노동 생산성이 극대화 된다.

정답 ㉰

정답 및 해설

28 축산 경영자의 능력 3가지 요소와 관계가 없는 것은?

㉮ 판단력
㉯ 노동력
㉰ 결단력
㉱ 실행력

■ 경영자 능력의 3요소
판단력, 결단력, 실행력

정답 ㉯

29 일반적인 가경력(可耕力)을 가진 토지에 해당하지 않는 것은?

㉮ 암반과 자갈이 많은 토지
㉯ 경토가 깊고 심토가 좋은 토지
㉰ 보수력이 강한 토지
㉱ 적당한 공극력이 있는 토지

■ 가경력은 식물의 뿌리 지탱, 엽경부 지지, 뿌리에 흡수작용을 하는 물리적 성능으로 토양의 수분, 공기, 온도 등 토지의 상태에 따라 영향을 준다.

정답 ㉮

30 축산경영의 4대 요소로 적합하지 않은 것은?

㉮ 노동력
㉯ 정보
㉰ 경영기술
㉱ 자본재

■ 토지, 노동, 자본, 경영기술

정답 ㉯

31 노동능률을 높이기 위한 방법이 아닌 것은?

㉮ 노동수단의 고도화
㉯ 노동수단의 인력화
㉰ 작업방법의 표준화
㉱ 노동력 분배의 평균화

■ 노동 수단의 고도화
작업방법의 표준화
노동력 분배의 평균화
노동수단의 기계화

정답 ㉯

정답 및 해설

32 다음 축산경영과 관련된 설명 중 옳은 것은?

㉮ 한우 비육우는 감가상각을 하지 않는다.

㉯ 모든 가축은 감가상각을 해야 한다.

㉰ 비육돈도 고정자산이기 때문에 감가상각을 해야 한다.

㉱ 착유우는 감가상각을 하지 않는다.

■ 가치가 증가되므로 감가상각을 하지 않는다.

정답 ㉮

33 토지가 지역별로 다르게 나타나는 것은 토지는 원형 그대로 이동할 수 없기 때문이다. 이것의 특징은 ?

㉮ 불확장성

㉯ 불가동성

㉰ 불소모성

㉱ 무한성

■ 불가동성(비이동성) : 원형 그대로 이동할 수 없다.
불소모성(불가괴성) : 소모되지 않는다.
불가증성(불확장성) : 토지는 증가나 확장할 수 없다.

정답 ㉯

34 다음 중 경영비에 속하지 않는 것은?

㉮ 고용 노임

㉯ 사료비

㉰ 차입금 이자

㉱ 자기자본 용역비

■ 자가 노력비, 자기자본 용역비, 자기토지 용역비 등은 생산비이다.

정답 ㉱

35 다음 자본재 중에서 고정자본재가 아닌 것은?

㉮ 사료재

㉯ 토지개량자본재

㉰ 건물자본재

㉱ 축산기구자본재

■ 토지 개량 : 관 · 배수 시설, 진입로, 구획 정리
대농기구 : 경운기, 트랙터, 착유기
건물, 시설 : 축사, 사일로, 창고

정답 ㉮

정답 및 해설

36 다음 중 고정자산인 농기계의 감가 원인이 아닌 것은?

㉮ 물리적 감가(소모)
㉯ 기능적 감가(구식, 성능 저하)
㉰ 경제적 효율에 의한 감가
㉱ 우발적 감가(화재, 수해)

■ 농기계 감가의 원인
물리적 감가(소모), 기능적 감가(구식, 성능 저하), 우발적 감가(화재, 수해 등)

정답 ㉰

37 축산경영 요소에 해당되지 않는 것은?

㉮ 자본
㉯ 노동력
㉰ 조수익
㉱ 토지

■ 축산경영의 3요소 : 토지, 노동력, 자본
축산경영의 4요소 : 토지, 노동력, 자본, 경영능력(기술)

정답 ㉰

38 다음 가축 중 유동자본재인 것은?

㉮ 번식우
㉯ 착유우
㉰ 번식돈
㉱ 육계

■ 유동자본재
소동물 : 비육우, 비육돈, 육계
원자재 : 사료, 종자, 농약, 비료, 약품, 깔짚 등

정답 ㉱

39 다음에서 설명하는 토지의 자연적 특성은?

- 식물의 생장, 번식에 필요한 영양분을 공급하는 토지의 성능
- 토지의 자연적 위치 또는 비옥도와 밀접한 관계가 있다.

㉮ 가경력
㉯ 부양력(배양력)
㉰ 적재력
㉱ 친화력

■ 가경력은 식물의 뿌리 지탱, 엽경부 지지, 뿌리에 흡수작용을 하는 물리적 성능
- 적재력은 가축 사육장, 식물 재배포장, 축사 시설 등의 장소 제공 기능

정답 ㉯

정답 및 해설

40 자본재의 평가 방법에 해당되지 않는 것은?

㉮ 취득원가법
㉯ 시가평가법
㉰ 감가상각법
㉱ 추정가평가법

■ ㉮㉯㉱ 이외에 수익가평가법이 있다.

정답 ㉰

41 축산소득률을 계산하는 공식이 바르게 기술된 것은?

㉮ 축산소득률 = 축산경영비/축산소득 × 100
㉯ 축산소득률 = 축산소득/축산조수익 × 100
㉰ 축산소득률 = 축산조수익/축산수익 × 100
㉱ 축산소득률 = 판매량/축산물 총생산량 ×100

■ 소득률은 조수입에서 소득으로 발생되는 비율로 소득률이 높을수록 바람직하다.

정답 ㉯

42 낙농경영의 수익에 해당되지 않는 것은?

㉮ 우유 판매대금
㉯ 송아지 판매대금
㉰ 자가소비 우유
㉱ 자가 노동비

■ 주수입 : 우유 판매금
부수입: 송아지 판매금, 퇴 · 구비 판매금, 기타 자가소비

정답 ㉱

43 전업 낙농가의 연간 우유판매수입 3,800만원, 송아지 판매수입 1,000만원, 구비평가액 200만원, 사료비 3,350만원, 위생비 50만원, 제재료비 50만원, 고용노임 300만원, 융자금 이자 150만원, 토지 임차료 100만원, 가족노동비 350만원, 자기 기본이자 50만원일 때 경영비는 얼마인가?

㉮ 1,000만원
㉯ 2,000만원
㉰ 3,000만원
㉱ 4,000만원

■ 조수입 : 3,800만원+1,000만원 + 200만원 = 5,000만원
경영비 : 3,350만원+50만원+50만원+300만원+150만+100만원= 4,000만원
※ 경영비에는 자가노동비, 자기자본 및 자기 토지 용역비는 포함되지 않는다.

정답 ㉱

44 경영 진단의 종류 중 외부 비교법에 해당하는 것은?

㉮ 시계열 비교법
㉯ 계획 대 실적 비교법
㉰ 부문간 비교법
㉱ 직접 비교법

45 시험장 성적 또는 조사지역에서 가장 합리적인 경영모형을 설정하여 진단하려는 농가의 경영실적과 비교하는 진단방법은?

㉮ 표준 비교법
㉯ 직접 비교법
㉰ 시계열 비교법
㉱ 내부 비교법

46 낙농경영에서 주산물 수입은?

㉮ 우유 수입
㉯ 송아지 수입
㉰ 구비 수입
㉱ 노폐우 수입

47 다음 중 경영 진단의 순서가 바르게 된 것은?

㉠ 문제의 발견과 파악	㉡ 문제의 요인 분석
㉢ 경영 실태 파악	㉣ 대책 및 처방

㉮ ㉡ → ㉢ → ㉠ → ㉣
㉯ ㉠ → ㉡ → ㉣ → ㉢
㉰ ㉢ → ㉡ → ㉠ → ㉣
㉱ ㉢ → ㉠ → ㉡ → ㉣

정답 및 해설

■ 외부 비교법 : 표준 비교법과 직접 비교법
– 내부 비교법 : 시계열 비교법, 계획 대 실적 비교법, 부분간 비교법

정답 ㉱

■ 표준 비교법은 일반적으로 많이 이용하고 있는 표준치와 비교하는 방법이다.

정답 ㉮

■ ㉯㉰㉱는 부수입이다.

정답 ㉮

■ 1단계 : 경영실태 파악 및 분석
2단계 : 문제의 발견 및 판단
3단계 : 문제의 요인 분석
4단계 : 대책 및 처방

정답 ㉱

48 연간 조수익이 5,000만원이고, 경영비 4,000만원, 총 생산비가 4,400만원이 되는 낙농가의 순수익률은?

㉮ 3%
㉯ 6%
㉰ 12%
㉱ 24%

49 다음 양돈경영비 중 가장 높은 비율을 차지하는 것은?

㉮ 진료, 위생비
㉯ 사료비
㉰ 고용노임
㉱ 건물 감가상각비

50 생산비에 포함되지 않는 항목은?

㉮ 사료비
㉯ 광열 수도료
㉰ 가족노동 노임
㉱ 부산물 가액

51 A 양돈농가의 어느 해 비육돈 1두당 조수익이 133,000원, 경영비가 94,000원, 비용합계액이 112,000원이었다. A 양돈농가의 비육돈 1두당 소득은?

㉮ 21,000원
㉯ 39,000원
㉰ 115,000원
㉱ 15,000원

정답 및 해설

■ 순수익률 = 순수익 / 조수익 ×100
순수익 = 5,000만원 − 4,400만원 = 600만원
순수익율= 600만원 / 5,000만원 ×100 = 12%

정답 ㉰

■ 양돈경영비 중 가장 높은 비율을 차지하는 것은 사료비이다.

정답 ㉯

■ 부산물 가액은 축산 부수입이다.

정답 ㉱

■ 1두당 소득 = 소득 / 사육두수
소득 = 133,000원 − 94,000원 = 39,000원

정답 ㉯

52 다음 중 자기경영의 진단 결과를 시각적으로 쉽게 알아볼 수 있도록 도표에 의하여 목표달성의 정도를 상 · 중 · 하로 표시하는 방법은 ?

㉮ 수표법
㉯ 온도계법
㉰ 원형그래프법
㉱ 막대그래프법

53 농업 조수익 – 농업 경영비는?

㉮ 농외 소득
㉯ 농가 소득률
㉰ 농업 소득
㉱ 겸업 소득

54 경영 진단에 있어 직접 비교법으로 경영계획을 세웠을 때 진단 지표의 기준값이 되는 것은?

㉮ 평균값
㉯ 표준값
㉰ 최저값
㉱ 최고값

55 경영비의 구성요소가 아닌 것은?

㉮ 재료비
㉯ 임차료
㉰ 자가 노력비
㉱ 감가상각비

정답 및 해설

■ 원형그래프법은 진단 지표를 상, 중, 하로 평가한 후 원형 도표의 등급선상에 점을 찍는다.

정답 ㉰

■ 농업 소득
= 농업 조수익 – 농업 경영비

정답 ㉰

■ 직접 비교법은 분석지표를 기준으로 평균치를 사용하며 신뢰성이 있다.

정답 ㉮

■ 경영비 = 물재비(차입 자본 이자, 차입 토지 임차료 포함) + 고용노력비
생산비 항목에는 자가노력비, 자기자본 용역비, 자기토지 용역비가 포함된다.

정답 ㉰

정답 및 해설

56 축산물 유통의 물리적 기능이 아닌 것은?

㉮ 운송기능
㉯ 저장기능
㉰ 가공기능
㉱ 등급화

■ 물리적 기능의 역할 : 시간적, 장소적, 형태적 효용 창출 기능
종류 : 운송, 저장, 가공기능

정답 ㉱

57 축산물의 유통조성 기능에 해당되는 것은?

㉮ 축산물의 저장
㉯ 축산물의 표준화 및 등급화
㉰ 축산물의 구매와 판매
㉱ 원유의 집유

■ 유통조성 기능의 역할 : 교환기능과 물리적 기능의 보조
종류: 표준화 및 등급화, 시장정보, 농업유통 금융, 위기 부담 등

정답 ㉯

58 축산물의 유통 기능 중 교환 기능에 해당되는 것은?

㉮ 쇠고기 판매
㉯ 시장정보의 제공
㉰ 축산물의 수송
㉱ 축산물 가공

■ 교환 기능은 소유권 이전 기능으로 구매 기능, 판매 기능(수집, 분산 기능)이 있다.

정답 ㉮

59 축산물의 유통 기능 중 장소적 효용을 창출하는 기능은?

㉮ 운송 기능
㉯ 교환 기능
㉰ 저장 기능
㉱ 가공 기능

■ 운송 기능은 축산물의 생산지에서 가공지 및 소비지로 운송하여 장소적 효용을 창출한다.

정답 ㉮

정답 및 해설

60 축산물의 형태적 효용 창출 과정으로 축산물 공급의 평준화와 장기 저장, 새로운 수요의 창출 또는 시장 개척이 목적인 기능은?

㉮ 수송 기능
㉯ 저장 기능
㉰ 가공 기능
㉱ 경영적 기능

■ 운송 기능 : 장소적 효용 창출
저장 기능 : 시간적 효용 창출
가공 기능 : 형태적 효용 창출

정답 ㉰

61 비육한 소의 출하 방식으로 신뢰도가 높고 유리한 방식은?

㉮ 우시장 이용
㉯ 계통출하 이용
㉰ 산지시장 이용
㉱ 소매시장 이용

■ 계통출하 : 양축가 → 축협 도축장 경매 → 소매상 → 소비자

정답 ㉯

62 다음 중 생산자와 소비자를 동시에 보호하기 위한 축산물 가격정책은?

㉮ 가격안정 정책
㉯ 부족분 지불제도
㉰ 가격지지 정책
㉱ 소비촉진 정책

■ 과잉 생산 시 수매 비축, 가격 폭등 시 방출

정답 ㉮

63 축산물에 대한 시장으로 산지시장의 대표적인 것은?

㉮ 소비시장
㉯ 도매시장
㉰ 가축시장
㉱ 소매시장

■ 가축시장은 주로 한·육우, 젖소 등이 거래되고 중계거래, 경매거래로 이루어진다.

정답 ㉰

| 정답 및 해설 |

64 축산물의 수집분배 및 경매기능을 수행하는 곳은?

㉮ 소매시장
㉯ 도매시장
㉰ 소비시장
㉱ 산지시장

■ 도매시장은 생축의 도축, 등급사정, 경매, 입찰, 지육 반출 등의 기능을 한다.

정답 ㉯

65 다음 중 축산물 유통의 특수성에 대한 설명으로 틀린 것은?

㉮ 가축의 거래는 가축시장에서만 이루어진다.
㉯ 부패성이 강하여 냉장 운반 및 보관비용이 많이 든다.
㉰ 가격변동에 대한 대응이 단시간에 이루어지기 어렵다.
㉱ 가축은 성숙 전에도 상품적 가치가 있다.

■ 축산농가가 영세하므로 수집상 등 중간상인이 개입한다.

정답 ㉮

안 제 국

건국대학교 농과대학 및 동 대학원에서 축산학(농학사)과 농업교육학(석사)을 공부하고 네덜란드 IPC Livestock Barneveld에서 연수하였다.

37년간 충북 청주농고 외 3개교에서 축산교사로 재직하다 2014년 청주농업고등학교 교감으로 퇴직하였다.

축산기사(1995), 축산기술사(2011)
중등 1급 정교사(축산, 식품가공)

전북, 충남, 충북, 경기 축산직 공무원 출제위원 역임
한국산업인력공단 축산기능사, 기사 출제위원 역임
NCS개발위원 및 NCS학습모듈집필위원(축산)

현재 (사)한국농업인력개발포럼 대표
디지털서울문화예술대학교 반려동물과 외래교수

저서
『애완동물사육』, 부민문화사, 2005
『양어기술』, 우리기획, 2007
『동물매개치료』, 학지사, 2007
『동물실험핸드북』, 선진, 2008
『동물자원』, 지학사, 2007, 2010
『가축관리실무』, 부민문화사, 2011
『대가축관리』, 교육과학부, 2012
『돼지사육』, 한국직업능력개발원, 2015
『축산기사』, 부민문화사, 2022
『동물자원』, 이오북스, 2017
『실험동물과 기타가축』, 이오북스, 2017
『축산기능사』, 부민문화사, 2022
『가축사양학』, 도서출판 탑스팟, 2017
『가축육종학』, 도서출판 탑스팟, 2017

축산 연구직·지도직 공무원 시험
중등교사[동물자원] 임용 시험
농업마이스터지정 역량 평가 시험

축산학개론

2026년 2월 10일 완전개정판 발행

지은이 : (사) 한국농업인력개발포럼 안제국(축산기술사)
만든이 : 정민영
펴낸곳 : 부민문화사

04304 서울시 용산구 청파로73길 89(서계동 33-33)
전화: 714-0521~3 FAX: 715-0521
등록 1955년 1월 12일 제1955-000001호
http://www.bumin33.co.kr
E-mail: bumin1@bumin33.co.kr

정가 24,000원

공급 한국출판협동조합

ISBN 978-89-385-0389-3 93520